李德毅　杜鹢　著

不确定性人工智能（第2版）

Artificial Intelligence with Uncertainty

(Second Edition)

国防工業出版社
National Defense Industry Press
·北京·

图书在版编目(CIP)数据

不确定性人工智能/李德毅,杜鹢著.—2 版.—北京:
国防工业出版社,2014.5(2022.4 重印)
“十二五”国家重点图书出版规划项目
ISBN 978-7-118-09081-9

Ⅰ.①不... Ⅱ.①李...②杜... Ⅲ.①人工智能
Ⅳ.①TP18

中国版本图书馆 CIP 数据核字(2013)第 226268 号

※

国防工业出版社 出版发行

(北京市海淀区紫竹院南路 23 号 邮政编码 100048)

北京凌奇印刷有限责任公司印刷
新华书店经售

*

开本 787×960 1/16 **插页** 10 **印张** 22¾ **字数** 258 千字
2022 年 4 月第 2 版第 3 次印刷 **印数** 4501—5000 册 **定价** 126.00 元

国防书店:(010)88540777 发行邮购:(010)88540776
发行传真:(010)88540755 发行业务:(010)88540717

致 读 者

本书由国防科技图书出版基金资助出版。

国防科技图书出版工作是国防科技事业的一个重要方面。优秀的国防科技图书既是国防科技成果的一部分,又是国防科技水平的重要标志。为了促进国防科技和武器装备建设事业的发展,加强社会主义物质文明和精神文明建设,培养优秀科技人才,确保国防科技优秀图书的出版,原国防科工委于1988年初决定每年拨出专款,设立国防科技图书出版基金,成立评审委员会,扶持、审定出版国防科技优秀图书。

国防科技图书出版基金资助的对象是:

1. 在国防科学技术领域中,学术水平高,内容有创见,在学科上居领先地位的基础科学理论图书;在工程技术理论方面有突破的应用科学专著。

2. 学术思想新颖,内容具体、实用,对国防科技和武器装备发展具有较大推动作用的专著;密切结合国防现代化和武器装备现代化需要的高新技术内容的专著。

3. 有重要发展前景和有重大开拓使用价值,密切结合国防现代化和武器装备现代化需要的新工艺、新材料内容的专著。

4. 填补目前我国科技领域空白并具有军事应用前景的薄弱学科和边缘学科的科技图书。

国防科技图书出版基金评审委员会在总装备部的领导下开展工作,负责掌握出版基金的使用方向,评审受理的图书选题,决定资助的图书选题和资助金额,以及决定中断或取消资助等。经评审给予资助的图书，由总装备部国防工业出版社列选出版。

国防科技事业已经取得了举世瞩目的成就。国防科技图书承担着记载和弘扬这些成就，积累和传播科技知识的使命。在改革开放的新形势下，原国防科工委率先设立出版基金，扶持出版科技图书，这是一项具有深远意义的创举。此举势必促使国防科技图书的出版随着国防科技事业的发展更加兴旺。

设立出版基金是一件新生事物，是对出版工作的一项改革。因而，评审工作需要不断地摸索、认真地总结和及时地改进，这样，才能使有限的基金发挥出巨大的效能。评审工作更需要国防科技和武器装备建设战线广大科技工作者、专家、教授，以及社会各界朋友的热情支持。

让我们携起手来，为祖国昌盛、科技腾飞、出版繁荣而共同奋斗！

国防科技图书出版基金

评审委员会

作者简介

李德毅

1944 年生于江苏泰县,1967 年毕业于南京工学院,1983 年获英国爱丁堡 Heriot - Watt 大学博士学位,1999 年当选中国工程院院士,2004 年当选国际欧亚科学院院士。现任中国人工智能学会理事长,中国指挥和控制学会名誉理事长,国家信息化专家咨询委员会委员,中国电子学会云计算专家委员会主任委员,清华大学、国防大学兼职教授。主要研究方向为计算机工程与人工智能。

杜鹢

1971 年生于陕西武功县,1993 年毕业于解放军通信工程学院,2000 年获解放军理工大学军事通信学博士学位,2005 年获国防大学军事战略学硕士学位。先后被评为总参优秀中青年专家,军队高层次科技创新人才工程拔尖人才培养对象,主要研究方向为网络管理与人工智能。

再版前言

《不确定性人工智能》第1版问世已经9年，重读9年前写下的文字，依然亲切。再版的主要原因，是不确定性人工智能基础理论研究的深化，是在互联网环境下导致云计算、大数据、物联网和智慧地球的共识，是在社会计算中通过分享和交互涌现出的群体智能。这些都告诉我们，历经半个多世纪，曾经的图灵计算已经扩展到互联网计算的新时代，用确定性数学和符号逻辑方法模拟人脑思维活动的人工智能学，已经步入到一个不确定性人工智能的新时代。

语言是人类思维的载体，也是人类智能的积淀。我们认为，应该把自然语言作为不确定性人工智能研究的切入点。语言值表示的定性概念，是人类思维的基础，既具有随机性，也具有模糊性。对人们曾经用隶属度表示的模糊集合和二型模糊集合，我们做出概率和统计的解释，发现模糊性对随机性的依赖性，隶属度不是一个精确值，具有不确定性，不是一个主观值，具有客观性。对此，书中表述得更清楚了。

云模型，尤其是高斯云模型，通过期望、熵和超熵这3个数字特征，反映人类认知过程中概念的不确定性。由大量云滴构成的高斯云，源于高斯分布又不同于高斯分布，通过超熵这个“妖”，可获得一系列有趣而又有意义的统计性质。通过增加阶数形成的高阶云模型，随着阶数的不同，形成的云滴群甚至可以在高斯分布和幂律分布之间游走。对此，书中表述得更清楚了。

物理改变世界，原子模型和场是物理学对客观世界的认知，我们将其引入到对主观世界的认知中来。人们常把大脑称为小宇宙,说的是宇宙有多么广阔,大脑就有多么丰富。人脑就是自然和社会的映射。我们用云模型、云变换、云推理、云控制、数据场、拓扑势等作为重要支撑,形成认知计算的物理学方法,控制三级倒立摆使其呈现各种各样的动平衡姿态,解释音乐厅自发掌声的涌现机理,研制轮式机器人并模拟不同人的驾驶行为,开发云计算环境下可变粒度的个性化挖掘引擎等。通过这些生动的案例,我们对不确定性人工智能的认识更清楚了。

本书已在清华大学、北京航空航天大学、武汉大学、北京邮电大学、解放军理工大学等多所大学作为研究生教材使用,完成了6个学年300余名研究生的教学,并配有教学课件、教学网站、课程实践库和教学资料库,在教学过程中一次次的不同思想碰撞,至今难忘。

科学植根于讨论,无论作者还是读者,无论教还是学,都意味着交流,期待着有更多的人加入到不确定性人工智能的探索中来,共同感受不确定性人工智能的无限魅力!

作　者

于2014年3月27日

初版前言

人们常说,世界尚有三大难题没有解决:生命的产生、宇宙的起源以及人脑是如何工作的。这本书和第三个问题相关,研究、探索在人脑认知过程中,知识和智能的不确定性,以及如何用计算机模拟并处理这种不确定性。

人为什么有智能?人的大脑如何工作?人脑作为数亿年生物进化、数百万年人类进化的结晶,是怎样处理不确定性的?对于这些非常重要也非常有趣的问题,我们却知之不多。

如果说脑科学是通过在细胞和分子水平上的研究来探索大脑的奥秘,如果说认知心理学家们是通过对“刺激—反应”,即对“输入—输出”的观测来掌握大脑的规律,那么历经了近 50 年研究的人工智能学,则似乎更倾向于对知识进行形式化表示,更多地用符号逻辑的方法去模拟人脑的思维活动。

21 世纪,我们进入信息时代,信息产业成为全球经济发展的主导产业,信息技术的迅猛发展正在改变着我们所生存的社会,包括人类的工作模式和生活形态。有人声称,以信息产业和信息技术为主导的知识经济时代正在全球范围内宣告它的到来。然而,我们在享受因特网技术和文化的同时,也面临着信息的泛滥,人们正力图通过人工智能的方法,从数据的海洋中挖掘出真实的信息,挖掘出自己想要的信息,甚至挖掘出新的知识来。这里涉及到一个人工智能中最基本的问题,即知识的表示问题。曾经对电子计算机发展做出卓越贡献的20世纪最有影响的大科学家、被誉为“电子计算机之父”的冯·诺依曼先生，深入地研究了电子计算机和人脑的异同，在他的遗作中断言：“人脑的语言不是数学语言。”

自然语言是人类思维的基本工具。我们认为，人工智能研究的一个很重要的切入点，应该是自然语言。它是知识和智能的载体。人们用自然语言值来表示的定性概念，具有不确定性，尤其是随机性、模糊性，以及随机性和模糊性之间的关联性。如此选择切入点，并深化研究，就是我们要探讨的不确定性人工智能。

本书讨论了人类知识和智能中不确定性存在的客观性、普遍性和积极意义，并围绕不确定性人工智能的数学基础、特征、表示、模型、推理机制、不确定性思维活动中的确定性等进行了研究，从用于定性定量转换的云模型、认知的物理学方法，到数据挖掘、知识发现和智能控制逐层展开，寻找不确定性知识和智能处理中的规律性，最后对不确定性人工智能研究的发展方向进行了展望。

最近十几年来，我们在国家自然科学基金项目、973计划、863计划和国防预先研究基金的支持下，围绕不确定性人工智能做了一些研究工作。这些研究似乎正朝向一个有机的整体，能够把许多重要的但又是局部的结果，统一到一个令人满意的框架内，说明不确定性人工智能怎样拓展和一般化了传统人工智能学科。

“求知”和“求美”是人类天生的欲望。人是怎样认知的？又是怎样力图用一个“美”的理论去解释和模拟人的认知的？这正是我们努力探索的兴趣所在。鉴于本书研究的课题是如此富有挑战性，如此生动有趣，而作者的学识水平和实践能力却是有限的，因此写这本书是一次探索，是研究工作的深化活动。书中难免存在不妥之处，敬请广大读者批评指正。

本书的读者，可以是从事认知科学、脑科学、人工智能、计算机科学和控制论研究的学者，尤其是从事自然语言理解与处理、智能检索、知识工程、数据挖掘和知识发现、智能控制的研究和开发人员。同时,本书也可成为大专院校相关专业的研究生教学用书和参考用书,期望着有更多的人加入到不确定性人工智能的探索中来。我们内心的真诚和祝福同样要送给你——在某个时刻不经意地看到这本书的人们,也许它对你的工作和兴趣同样有益,这正是不确定性知识和智能的魅力所在。

作　者

于 2005 年 3 月 18 日

目　录

Contents

第1章

面向不确定性的人工智能

19世纪的工业革命,科学技术突飞猛进,机器代替或减轻了人的体力劳动。20世纪的信息技术,尤其是计算机的出现,机器代替或减轻了人的脑力劳动,促使人工智能诞生并迅速崛起。21世纪互联网和云计算广泛应用,智能计算大发展,分享、交互和群体智能改变了人类的生活方式,不确定性人工智能的新时代已经到来。

智能即智慧和能力,所谓人工智能(Artificial Intelligence,AI),是指人类的各种智能行为,诸如感知、记忆、情感、判断、推理、证明、识别、理解、沟通、设计、思考、学习、遗忘、创造等,可用物化了的机器、系统或网络予以人工地实现。

50多年来,人工智能虽然取得了很大成就,但大多是建立在确定性或者精确性基础之上的机器智能,不断暴露出因为其公理系统的强形式化,即所谓的严格、精确而带来的诸多局限,尤其是不能模拟人类思维过程中的不确定性。

思维是人脑对客观事物本质属性和内在联系的反映和认知。语言是人类思维的载体,思维依靠语言来表达。**人类智能和机器智能,乃至和其他生物智能的最大差别,就是唯有人类能够通过语言文字,传承千百年来积累的知识。**智能的不确定性必然反映在语言之中、知识之中、思维过程和结果之中。因此,研究人类智能不确定性的表示、推理和模拟问题,研究人类智能不确定性中的基本确定性,研究面向不确定性的人工智能,将是本书的重点。

1.1 人类智能的不确定性

1.1.1 不确定性的魅力

19 世纪,以牛顿理论为代表的确定性科学,创造了精确描绘世界的方法,将整个宇宙看作是一种确定性的动力学系统,按照确定、和谐、有序的规律运动,知道初始条件就可以决定未来的一切。从牛顿到拉普拉斯,再到爱因斯坦,描绘的是一幅幅完全确定的科学世界图景。确定论者认为世界是决定性的,不确定性只是出于人们的无知,而并非事物本来的面貌。如果我们清楚地知道事物的初始状态和边界条件,那么事物今后的一切发展规律就会全部在我们的掌握之中。

确定性科学的影响曾经十分强大,以至于在相当长的一段时间内,限制了人们认识宇宙的方式和视野。虽然生活在到处都有复杂混乱现象的现实世界中,科学家看到的却只是钟表式的机械世界,科学的任务只是阐明这架钟表的结构和运行规律,而将不确定性看作是无足轻重的,排除在近代科学的研究范围之外。

按照确定论的观点,宇宙的一切现状与发展,早在混沌初开时就已经被决定。大至世界格局风云变幻,小至个人命运坎坷沉浮,都是百亿年前就已经注定了的。显然,如今任何人都不会同意这样的观点,现实中不确定性的例子比比皆是。无论知识、经验如何丰富,也不能确定性地预知一个人的生命过程中会发生什么事情,奥运赛场上谁将会最终夺冠,刚买的彩票是否能够中大奖等。

随着科学的发展,确定论思想在越来越多的研究领域中遇到了无法克服的困难,例如对分子热运动的研究。当自然科学进入到由大量要素组成的多自由度体系时,确定论不再有效。单值的确定论不仅难以解决系统固有的复杂性,更重要的是系统的复杂性会导致事物发生根本的变化——即使精确地确定粒子的全部轨道和它们之间相互的作用力,也不能掌握它们所组成的整体的精确行为。因此,19世纪后期,玻耳兹曼(L. Boltzmann)、吉布斯(W. Gibbs)等人把随机性引入物理学,建立了统计力学。统计力学指出:对于一个群体事物来说,能够用牛顿定律进行确定描述的,只有总体上的规律,而群体中的任何个体,是不可能进行确定描述的,只能给出个体行为的可能性,给出这种行为的“概率”。

对确定论造成更大冲击的是量子力学的出现,量子力学进一步揭示了不确定性是自然界的本质属性。量子力学研究原子或者粒子构成的群体的运动规律,在由粒子构成的微观世界里,事物的本质发生了变化,既具有波动性,又具有粒子性。由于粒子非常小,无论采用什么样的观测手段,都会对被观测的对象产生实质性的干扰,我们不可能同时精确地确定粒子的坐标和动量。粒子的坐标值越确定,动量值就越不确定,二者不可能同时具有确定值,据此德国物理学家沃纳·海森伯格(Werner Heisenberg)提出了“测不准原理”。**客观世界的不确定性不是由我们的无知或者知识不完备造成的过渡状态,而是自然界本质特性的客观反映,是客观世界中的一种真实存在,是存在于宇宙间的自然形态。**

科学家们也承认,虽然今天称为科学知识的东西,是由具有不同程度的确定性陈述所构成的集合体,但在科学中我们所说的所有东西、所有结论又都具有不确定性。20世纪科学哲学的代表人物卡尔·波普尔(Karl Popper)在其后期重要论著《客观知识——一个进化论的研究》中,曾将“所有的云都是钟——甚至最阴沉的云也是钟”

作为物理决定论的一个简要表达。云象征的是不规则、无秩序、难以预测的不确定性,例如气候变化、生态系统、天体运行、互联网计算、人类心理活动等,而钟则是精确的、有秩序且高度可预测的。笛卡儿主义者们认为我们所做的一切不过是试图将云转换成钟。而非决定论则认为,在物理世界里不是所有的事件在一切极微的细节上都被绝对精确地预先决定了。不少科学家和哲学家都认同这样一个观点:从根本上说,不确定性将是我们人类所具有的认识能力的客观状态。

天空中大量云滴构成的云,远观有形,近看无边,千姿百态,飘逸不定,有时如朵朵棉花,有时一泻千里,或淡或浓,或卷或舒,自在洒脱,在长空中漂浮着,聚散着,变幻着,引发人类诸多遐想,造就多少不朽诗句。正因如此,才有人把互联网上不确定性计算比作云计算。

连绵起伏的山峦轮廓,蜿蜒曲折的海岸线,四通八达的江海河川,不确定、不光滑、不规则,其体积、长度、面积随测量的尺度而变化。一旦尺度确定了,测量值才能确定,在一定测量范围内,尺度和测量值之间存在幂函数关系。问海岸线的长度,只有告诉用什么样的刻尺去测量,才能得到确定的结果。这是度量的不确定性。

从很远处看一个线团是个点,近一些看是三维的球,再近一些贴近其表面看,它是曲面,再近看是一维的毛线,再细看是三维的柱体,再近一些它又是二维柱面或者平面,再接近看毛线上的纤维,它又是一维的,再近则又变成三维的柱体。在银河系外的宇宙空间看地球,地球是个点;进入太阳系后,在太空沿地球轨道飞行,地球是个椭球;再近一些贴近地球表面,它是二维的球面;在飞机上看地球是二维的面,倘若站在旷野上环顾左右或者站在草原的小山丘上向四周眺望,则又是另一番景象。这是系统维数的不确定性。

变量之间的依赖关系不确定,难以精确地用解析函数表示。农产品产量与施肥量(y_1,x_1)、血压与年龄(y_2,x_2)、强力与纤维长度

$(y_3, x_3)\cdots$。其中 x_i 为可控变量,可在一定范围指定数值;y_i 为随机变量,有其概率分布;广而言之,更有多个变量或者随机变量,相互不完全独立,有依附或关联。这是变量之间相互关系的不确定性。

你可能遗传祖父那样的鼻子和祖母那样的耳垂,你的姐姐可能具有叔父那样的眼睛,而你们俩可能都具有父亲那样的额头。这是遗传的不确定性。

微粒之间的碰撞结果,导致微粒随机的轨道运动,轨道具有统计的自相似性,即轨道的某一小部分放大之后与某一较大部分有相同的概率分布。这是运动的不确定性。

客观世界具有不确定性,客观世界在人脑中的映射,即主观世界,也应该具有不确定性。因此,人类在认知过程中表现出的智能和认知,不可避免地伴随有不确定性。

存在与思维具有同一性,但思维活动的抽象力、想象力和任意性比存在更重要,导致人类智能中的直觉、联想、类比、顿悟,导致发散和收敛的不确定性,导致创造。创造没有确定的模式。

在人类走向文明的四个重大里程碑中,语言和文字占据了其中的两个位置,带声音的语言可以认为是外部对象的符号,而文字则是语言的编码,传达的都是信息。有了语言,尤其是有了文字,才有传承。客观世界的不确定性,造就了自然语言的不确定性。单个人脑认知的渐进性和局限性,使得人对客观世界的描述出现不确定性,这些会通过语言反映出来。对同一个事件,不同人的认知能力的差异,也会表现在语言表述的差异上。因此,**语言带有不确定性是很自然的,是人类思维的本质特征。**

语言如何组织,从来没有确定的结构。思想如何表达,从来没有固定的顺序。语言由句子构成,一个句子如何组成,虽有一定的语法约束,但在不同的语境里却有不同的语义,甚至完全相同的一个句子,都会有不同的意义。在句子"我不知道你知道她知道"中,含有切分的不确定,在句子"冬天你能穿多少就穿多少","夏天你能穿多少就穿多少"中,**由于语境的不同,语气重点的不同,两段相同的叙述会有完全相反的含义。**在句子"苏东坡的词没有景德镇的瓷好"中,同一语音对应着不同的文字。句子的基本单元是语言值,常常对应一个个概念。一般地说,概念用名词表达,概念之间的相互关系是通过谓词表现的,概念和谓词都有不确定性。在句子"你不理财,财不理你"中,就有词义的不确定。

语言文字中的不确定性,并没有妨碍我们的理解,反而会给人们带来无限的遐想。唐代王勃的诗句"落霞与孤鹜齐飞,秋水共长天一色",展现了一幅优美的画卷。曹雪芹笔下的"两弯似蹙非蹙笼烟眉,一双似喜非喜含情目",则刻画出林黛玉病态、怜人的唯美眼神。这些,都是精确数字无法替代的。

常识是不言而喻的知识,是对共性知识的抽象,其中也有着太多的不确定性。如:人们的背景知识按照宽度、高度与用途来区分杯子、碗和盆;杯装水、碗装饭、盆装汤;杯有把、碗无把、盆有边。但理解杯子、碗和盆,宽度对高度之间并不存在确定的比值范围和界限。

常识的普遍性和直接性,决定了它与专业知识不同,它不要求具备专业知识所必不可少的严密性、深刻性和系统性,而是具有较强的相对性,受时间、地域、认识主体等多种因素的影响,随时间、地点、人群的不同而变化。这是相对性带来的不确定性。

人工智能界曾经有这样的共识:有无常识是人和机器的根本区别之一。人的常识知识能否被物化,将决定人工智能最终能否实现。因此,常识和常识中的不确定性无法回避,成为人工智能的一个重要研究方向。

认知的不确定性,归根到底,来源于客观世界的不确定性。所谓确定的、规则的现象,只会在一定的前提和特定的条件下发生,只会在局部或者较短的时间内存在。无论在物理学、数学、生命科学等自然科学领域,还是在哲学、经济学、社会学、心理学等社会科学领域,虽然许多人在从事着确定性的研究,但已经很难有人对世界的不确定性本质提出实质性的怀疑了。**越来越多的科学家相信,不确定性是这个世界的魅力所在,只有不确定性本身才是确定的!正是在这样的背景下,混沌学、复杂性科学和不确定性人工智能得到了蓬勃发展。**

接受不确定性的存在,并不意味着我们要停止寻找基本的、确定性的解决方案,只不过我们要提醒自己和他人:我们常常在还未完全理解事实时就过早地给出了结论。而对确定性的武断推测,则会阻碍我们发现有效的解决方法。不仅如此,在面对复杂情况时,接受不确定性的存在还会敦促我们保持开阔的胸襟、开放的心态,激发创造性思维,推动科学的进步。

认知的不确定性,必然导致不确定性人工智能的研究。研究不确定性知识的表示、处理,寻找并且形式化地表示不确定性知识中的规律性,利用机器、系统或网络模拟人类认识客观世界和人类自身的认知过程,使其具有智能,成为人工智能学家的重要任务[1]。本书从不确定性知识表示入手,提出一种定性定量双向转换的认知模型——云模型,建立不确定性知识发现的物理学方法,并在云计算、自然语言理解、图像识别、数据挖掘和智能控制,以及社会计算等方面做了有益的尝试。

1.1.2 熵的世界

众所周知,熵(Entropy)是度量不确定性的一个重要指标。什么是熵?和这个问题相比,几乎没有什么其他问题,在科学史的进程中曾经被更为频繁地讨论过。

热力学第一定律早已指出,自然界中任何热力学过程都必须遵守能量转化和守恒定律,能量是守恒的、不灭的,只能从一种形式转变到另一种形式。在科技飞速发展和后工业化的今天,人们看到的是人口增长、水资源日益紧缺、土壤沙漠化日趋严重,各种非再生能源消耗过快,人们不得不认真思考人和自然的走向,不得不认真思考可持续发展这一根本问题。似乎总是有一只看不见的手在发生作用,也许这就是熵在发挥作用。熵是热力学第二定律的核心概念,其历史可以追溯到19世纪。1854年德国物理学家克劳修斯(R. J. Clausius)在研究热力学时首先提出熵的概念,熵ΔS定义为

$$\Delta S = \frac{\Delta Q}{T}$$

式中:T为温度;Q为热量。

在孤立的系统内,热分子的运动总是从集中、有序的排列状态,趋向分散、混乱的无序状态。**熵用来表示任何一种能量在空间中分布的均匀程度。能量分布得越均匀,熵就越大**。系统从有序向无序转化的自发过程中,熵总是增加的,用符号表示为$\Delta S \geqslant 0$。当熵在一个系统内达到最大时,这个系统就进入能量平衡状态。这时,系统内再没有自由能来进一步做功,整个系统就呈现出一种静寂的状态。热力学第二定律认为:如果没有某种动力的消耗或其他变化,就不可能使热从低温转到高温。

这一定律指出了实际过程的不可逆性:除了由于摩擦、黏滞等因素引起的机械能转变为内能的过程,功变热的过程即机械能转变成为内能的过程是不可逆的。热量总是从高温物体传到低温物体,但不能从低温物体传到高温物体。气体的自由膨胀和扩散过程也是不可逆的。例如,把一杯开水置于室内,如果把房间和杯子看作一个孤立系统,开水的热量要向四周散发,直至它的温度降到和室温一样,这时热量交换的过程停止,而已散发到室内的热量,却不可能自动地

重新聚集到杯中,使水再次沸腾。在大自然中,我们可以看到嵯峨雄伟的高山,经长年的风化,逐渐变成砂砾乱石,婀娜多姿的百花最终也要零落成泥碾作尘,这些都是熵在起着作用。

1877年,玻耳兹曼又给出了熵的统计学定义——玻耳兹曼公式,即

$$S = k \ln W$$

式中:k是玻耳兹曼常数;W是某一宏观态所对应的微观态数目,即该宏观态的热力学概率。

熵与热力学概率的对数成正比。

热力学概率越大,系统处于越混乱的状态。因此,**热力学中的熵是系统无序程度的一个度量。**

1948年,克劳德·香农(Claude E. Shannon)将熵的定义引入信息领域,给出了信息熵,即概率熵的定义。

设一个系统X由n个事件$\{X_i\}$($i=1, 2, \cdots, n$)组成,事件X_i的概率为$p(X_i)$,那么信息熵(概率熵)定义为

$$H(X) = -\sum_{i=1}^{n} p(X_i) \log p(X_i)$$

信息熵表示事件集X中事件出现的平均不确定性。熵越大,不确定程度越大。**在信息领域,熵是系统状态不确定性的度量**,这里的状态已经不局限于热力学系统的状态,把熵的概念广义化了。熵的计算公式中,对数如果以2、10或者自然数e(2.71828…)为底,**信息熵的单位分别被称为比特、哈特和奈特**。当X中事件出现的概率相等时,信息熵达到最大值。**比特成为信息传输过程中的基本单位,说的是通信过程的不确定性,这正是香农的贡献。**

时至今日,科学的发展已远远超出了克劳修斯当时引进熵的目的。熵作为基本概念被引入热力学,拓展了物理学的内容,这是克劳修斯所始料不及的。今天,历史赋予熵越来越重要的使命,其作用、

影响遍及各个领域，越来越被人们所关注。到了20世纪90年代，熵的概念更为泛化，在统计物理和量子物理中，就有热量熵、电子熵、移动熵、振动熵、自旋熵等，其他学科中还有许多，如拓扑熵、地理熵、气象熵、黑洞熵、社会熵、经济熵、人体熵、精神熵、文化熵等。

熵曾经被爱因斯坦称为整个科学的首要法则。从熵的定义的历程可以看出，熵从被用来度量分布的均匀程度，到度量状态的无序程度，再到度量不确定性程度，一直呈现非常活跃的状态。

可以说，熵被引入人工智能领域是必然的。**熵是不确定性的重要度量，因此也是研究不确定性人工智能的重要参数**。本书中，我们在研究定性定量转换的双向认知模型中就引入了熵，并进一步提出了超熵的概念，都是用以表示并度量不确定性程度的重要参数。

1.2　人工智能50年

人们对人造方法的智能充满幻想，并不断探索和发明，是从构造体力和脑力劳动工具开始的，有关的传说可以追溯到古埃及。公元前2世纪，在古埃及亚历山大城有个名叫赫伦的人，曾创造了许多自动机来减轻人们的劳动，他的自动机被祭司用来显示神的力量。当庙宇中燃起祭火时，大门自动开启，站在祭坛上的两个铜制祭司举起他们手中的祭壶往火里浇圣水，听讲的人只要把钱币投进钱孔，就能自动得到所需的圣水，这也许就是最早期的智能机器。

如果说，当初人们把自动化看作智能的话，今天的人工智能无论在内涵还是外延上都得到了极大的拓展。追溯学术界何时第一次正式使用“人工智能”这一术语，不能不谈到著名的“达特茅斯会议”。

1.2.1 从著名的达特茅斯会议谈起

1. 达特茅斯会议上不同学科的碰撞

1956 年 6 月在美国的新罕布什尔州达特茅斯，四位年轻的学者：约翰 · 麦卡锡(John McCarthy)、马文 · 明斯基(Marvin Minsky)、纳撒尼尔 · 罗彻斯特(Nathaniel Rochester)和克劳德 · 香农共同发起并组织召开了用机器模拟人类智能的暑期专题研讨会。会议长达两个月，邀请了包括数学、神经生理学、精神病学、心理学、信息论和计算机科学等领域的 10 名学者参加，科学家们从不同的学科角度，强调了各自的研究重点，各种论点发生了激烈的碰撞。

在达特茅斯会议上，马文 · 明斯基的神经网络模拟器，约翰 · 麦卡锡的搜索法，以及赫伯特 · 西蒙(Herbert Simon)和艾伦 · 纽厄尔(Allen Newell)的“逻辑理论家”成为研讨会的三个亮点，他们分别讨论了如何穿过迷宫、如何搜索推理和如何证明数学定理[2]。

赫伯特 · 西蒙等人研究人类证明定理的心理过程，发现了一个共同规律：先把整个问题分解为几个子问题，然后根据记忆中的公理和已被证明的定理，用代入法、替换法解决子问题，最后解决整个问题。在此基础上他们建立了机器证明数学定理的启发式搜索法，并用“逻辑理论家”程序证明了伯特兰 · 罗素(B. Russell)、怀特海(A. N. Whitehead)的数学名著《数学原理》第 2 章中的许多定理。人们对这一工作给予了高度评价，认为这是用计算机模拟人类智能的一个重大成果[3]。

会议上，虽然科学家们研究的出发点有所不同，但都汇聚到探讨人类智能活动的表现形式和认知规律上来。科学家们借用严格的数理逻辑和计算机的计算能力，提供关于形式化计算和处理的理论，模拟人类某些智能行为的基本方法和技术，构造具有一定智能的人工系统,让计算机去完成以往需要人的智能才能胜任的工作。

在达特茅斯会议上,约翰·麦卡锡提议用“人工智能”作为这一交叉学科的名称,这次会议成为人类历史上第一次人工智能研讨会,标志着人工智能学科的诞生,具有十分重要的历史意义。为此,有人把约翰·麦卡锡称为“人工智能之父”[2]。

事实证明,达特茅斯会议之后的半个世纪里,参加第一次会议的许多学者在相当长的时间里都是人工智能发展潮流的引领者,成为著名的人工智能专家。达特茅斯会议对人工智能的发展起到了奠基性的作用。

2. 发展中的风风雨雨

当今时代,智能已经不绝于耳,甚至有赋予智能时代的倾向。智能经济、智能机器、智能社区、智能电网、智能大厦、智能交通、智慧城市随处可见,几乎每一所大学都有相应的学院和学科进行人工智能相关领域的研究。但是,人工智能的发展过程起伏跌宕,也存在很多争议和误解。

20 世纪 80 年代初,数理逻辑和形式化推理成为人工智能的时尚,逻辑程序设计语言 LISP、PROLOG 风靡全球,日本开始了第五代计算机的研制计划,即处理知识和信息的计算机系统,把人工智能研究推向高潮。但是人们期望的第五代计算机没有能够突破冯·诺依曼结构的框架,仍然以程序和数据的方式工作,无法以自然的形式实现图像、声音、语言文字的人机交互,更无法模拟人类大脑的思维活动,最终以失败告终。

神经网络的研究也曾经把人工智能推向一个新的高潮。早在 20 世纪 40 年代初期,就有学者提出了人工神经网络方法。1982 年约翰·霍普菲尔德 (John J. Hopfield) 提出用硬件实现人工神经网络[4],1986 年戴维·鲁梅尔哈特(David E. Rumelhart)等人提出多层网络中的反向传播模型,成为神经网络研究的重要标志。但是在之后约20年的时间里,其研究和实用的成果远没有想象的那么好。直到2006年,杰弗里·辛顿(Geoffrey Hinton)提出深度置信网络模型,与尤舒·本吉奥(Yoshua Bengio)、延恩·勒昆(Yann LeCun)等共同建立了深层神经网络框架——深度学习,掀起了神经网络的第二次发展浪潮。

20世纪70年代,人们就把人工智能与空间技术、能源技术并列为当时世界三大尖端技术。在新世纪里,随着信息技术广泛渗入人类经济、社会和生活,人们对用机器模拟人的智能的需求更加迫切,并再次对冯·诺依曼结构的计算机提出了质疑,开始寻找互联网、量子计算机等新的结构形态,把人工智能放到更宽广的范畴中去思考。**到了云计算被普遍应用的今天,人人联网,物物联网成为人类生活和生产的社会基础设施,分享、交互导致的群体智能又把人工智能推向一个新的阶段。**

1.2.2 与时俱进的研究目标

回顾人工智能发展50多年的历程,人工智能究竟要达到什么样的研究目标,学术界有各种各样的说法。

1. 图灵测试

2012年是英国数学家阿兰·图灵(Alan Turing)诞辰100周年,这位天才数学家于1950年提出了一个人工智能的测试标准,用以判断机器是否具备人的智能,被称为图灵测试。这个测试标准是:如果一台机器的表现、反应以及相互作用,都和有意识的人类个体一样,那么它就应该被认为是有意识的,是具有智能的。为消除测试的偏见,图灵设计了一种模仿方法,即远处的测试者,在规定的时间里,根据人和机器对他提出的各种问题的反应来判断谁是人谁是机器,通过一系列这样的测试来测出机器具备的智能程度。

有些学者认为,机器的这种智能与人类差之甚远。设想用一台机器与人对话聊天,无论这台机器多么聪明,也不可能具备与人一样的常识,不可能有正确的、独特的语音、语调和情感,不可能根据聊天进程的发展和语境去随机应变。从这个意义上说,机器还很难具备人的智能,哪怕是一个孩童的智能。

也有人对这个测试标准提出了质疑,因为标准描述中有太多的不确定因素,无法清晰和固化测试的边界条件,测试标准的约束也难以精确界定。真正的机器智能,应该是无处不在的、不被感知地为人类服务着,以人为本地与人和谐相处着。人们对机器具备智能的要求与时俱进。

2. 机器定理证明

数学被公认为科学的皇后,它主要研究现实世界中的数与形,是最广泛的基础学科。作为一种典型的脑力劳动,数学的表达必须严密精确,便于形式化。于是,机器定理证明成为人工智能首先追求的方向。数学领域中对已知的定理寻求一个证明,不仅需要有根据假设进行演绎的能力,而且需要有某些直觉的技巧。数学家在求证一个定理时,会熟练地运用他丰富的专业知识,猜测应当先证明哪一个引理,精确判断出已有的哪些定理将起作用,并把主问题分解为若干子问题,分别独立进行求解。如果能将这些巧而难的智能行为,用计算机变为繁而易的机械计算,就实现了脑力劳动的机械化,而这方面的研究已取得了不少成果[5]。

在通常情况下,定理的假设与结论将分别转化为一个多项式方程组或一个多项式方程。于是,定理证明变成一个纯代数问题,即如何从相当于假设的多项式组中得到相当于结论的多项式。特别要指出的是,中国学者王浩和吴文俊在这方面做出了杰出贡献[5],吴文俊先生长期担任中国人工智能学会的名誉理事长。

定理证明研究的深入，带动了使用谓词逻辑语言、专家系统和知识工程进行特定知识领域的问题求解方法的研究，开发了一批应用系统，如化学和矿物分析、医疗诊断、信息检索等。我们就曾经对关系数据库的查询与高阶谓词逻辑证明的等价性，做过深入的研究工作[6]。

3. 卡斯帕罗夫与"深蓝"的对决

博弈被认为是典型的智能活动，在达特茅斯会议召开的次年，国际上就开始研究如何让计算机与人下国际象棋。半个世纪来，人机对弈的一个个重大研究项目和重要活动，就构成了计算机智能生动的发展历史。

1956 年 IBM 公司的阿瑟·塞缪尔(Arthur Samuel)编写了具有自学习、自适应能力的西洋跳棋程序。这个程序可以像一个优秀棋手那样，向前多看几步，它还能学习棋谱。到了 1958 年，名为"思考"的 IBM704 机成为第一台与人下国际象棋的计算机，速度为 200 步/s。1988 年"深思"计算机击败了丹麦国际象棋特级大师拉尔森，最高速度达到 200 万步/s。1997 年 IBM"深蓝"计算机采用启发式搜索方法，以 2 胜 3 平 1 负的战绩战胜国际象棋世界冠军加里·卡斯帕罗夫。2001 年德国的"更弗里茨"国际象棋软件更是击败了当时世界排名前 10 位中的 9 名棋手，速度达到创纪录的 600 万步/s。2011 年 IBM 沃森系统在《危险边缘》智力竞赛中战胜了人类冠军。面对计算机不断取得的胜利，人们不禁要问：国际象棋的世界冠军都被计算机打败了，能说计算机还不具备智能吗？

从人工智能的角度看，人机大战或者是机器人比赛，其实是科学家展示人工智能的一种方式。可以认为，在处理与下国际象棋具有类似性质和类似复杂性的问题上，计算机具备了智能。**人机大战中，**

电脑的优势在于推理和速度，注重逻辑思维；人脑的优势在于直觉、想象力和全新的战略战术，注重形象思维。人机大战的实质是人在前台、计算机在后台的一方和计算机在前台、人在后台的另一方的人机—机人大战。一方面，领域专家在后台已经为计算机预先存储了大量棋局和战术，计算机在前台可根据当前棋盘走势，通过运算分析特定的棋局，判断怎样走棋对自己有利，然后回应下一步棋，在计算机的软、硬件里面，隐含着专家群体的智慧。另一方面，象棋大师们平时也通过跟计算机对弈来提高自己的棋艺，同时寻找智能计算机的弱项。从一定意义上讲，人机大战将是一个永远的过程。如今，活跃在互联网上的各种博弈类游戏，开辟了人类培训和娱乐的一个新阵地，各类机器人比赛如火如荼。人机大战的总体结果，从统计意义上看也许永远是个平局，各有胜负，没有尽头。

4. 会思维的机器

当初计算机之所以被人们称为电脑，就是希望计算机成为一个能够思维的机器。但是已有的电脑与人脑相比，内部组织结构迥然不同。计算机虽然经历了从电子管、晶体管、集成电路、超大规模集成电路等几代的发展，在性能和工艺方面都有了巨大的进步，其运算速度、存储容量、集成电路的密度、通信的带宽等，都是以摩尔定律所说的每18个月或更短时间的速度翻一番，甚至更高，但是可计算的图灵机模型并没有被突破，计算机仍然是冯·诺依曼的系统结构；而另一方面，小型化、微型化，甚至嵌入式的计算机，在大量交互式软件的支撑下，又具备了更多的类人的智能行为，如感知、识别和自动处理，尤其是包括图像识别、语音识别、文字识别在内的模式识别技术的飞速发展，使机器在外特性上具备了一定程度的自学习、自适应、自组织和自修复等智能行为。

当今，物联网的兴起，进一步扩展了嵌入人工智能后机器表现出的类人能力，各种各样的感知机器、识别机器和行为机器，通过感知、接受并理解人类的文字、图像、声音、语言、行为等，与人进行友好交互，提高机器的智能水平。如各类工程感觉装置、智能仪表、印刷体文字阅读机、机械手、机器人、操作机、自然语言合成器、智能控制器等，智能机器人可望成为继云计算、物联网和大数据之后的又一个战略性的新兴产业。

总之，研究思维能力更强的、能与人和谐交互的计算机或机器人，依然是人们追求的目标。

5. 人工生命

自然智能的基础是生命，地球上的生命从无到有，从单细胞到多细胞，从无机物到有机物，从低等生物到高等生物，经历了几十亿年的漫长过程。然而，生命的本质是什么？生命是如何起源的？是否可以从无生命的物质中创造出有生命的人造物，并通过研究人造物去发现和探索生命的起源和进化等。这些问题始终激励人类不断地去探索。

现代人工生命思想的萌芽可以追溯到20世纪中叶阿兰·图灵和冯·诺依曼的工作。图灵证明生物的胚胎发育可以用计算的方法加以研究，而冯·诺依曼则试图用计算的方法描述生物自我繁殖的逻辑形式。到了20世纪70年代，随着计算机的日益普及，在约翰·康韦(John Conway)、斯蒂芬·沃弗拉姆(Stephen Wolfram)等人有关生命游戏研究的基础上，克里斯·兰顿(Chris Langton)发现，处于混沌边缘的细胞自动机既有足够的稳定性来存储信息，又有足够的流动性来传递信息。当把这种规律与生命和智能联系起来时，他意识到，生命或者智能很可能就起源于混沌的边缘。于是兰顿萌生一个崭新的思想：如果我们在计算机中建立一定的混沌边缘规则，那么，从这些规则中就有可能浮现出生命来。由于这种生命不同于地球上以碳为基础的生命，兰顿把它称为人工生命。兰顿关于混沌的边缘和人工生命的想法得到了美国洛斯·阿拉莫斯非线性研究中心多伊恩·法默(Doyne Famer)教授的赞赏,在他的支持下,兰顿筹备了1987年的第一次国际人工生命会议,标志着人工生命这个崭新的研究领域正式诞生。

早期人工生命的研究涉及到计算机病毒、细胞自动机等。目前,关于人工生命的研究热点主要包括虚拟人工生命和进化机器人等。其中,虚拟人工生命主要指以计算机软件、虚拟计算技术等制造出的数字生命,如人工鱼、虚拟电视主持人等。相关研究中,最具代表性的是美国热带雨林专家托马斯·雷(Thomas Ray)的数字生命世界Tierra模型。在Tierra模型中,“生物”由一系列能够自我复制的机器代码或程序组成,它在计算机中的复制分别受到计算机的存储空间和运算时间的约束,能有效地占有内存空间和利用运算时间的生物将具有更高的适应度,繁衍进化到下一代的机会就越大。由于每一个由机器代码或程序指令编写的行动,具有一定的执行错误的概率,因此进化是可能发生的。为了避免快速复制的生物迅速填满所有可用的内存空间,Tierra模型利用收割器模拟自然死亡。每个生物一出生就进入收割器队列,一旦群体达到某一临界水平,收割器就开始消灭生物,而能够有效完成行动的生物总是可以延长生命。

如果说计算机病毒曾经是人们对人工生命的一种理解,如果说Tierra模型研究的是在计算机硅环境中创造新生命形式的可能性,那么进化机器人的研究则是利用计算机和非有机物质在现实物理世界中创造出具体的、具有真正生命的人工生命。虽然关于机器人的研究很早就已开始,但人工生命中进化机器人的研究却刚刚起步,许多尚待解决的问题也是不确定性人工智能研究的基本内容。例如,如何使机器人具有人的感知、学习和自适应能力?怎样才能使机器人的智能产生进化等。**人工生命的研究,也许是解开生命起源和智能**

问题的钥匙。生命曾经被认为是物质,也曾经被认为是能量。今天,更多的人认为,生命是信息。从母体里传到下一代的基因信息,随着新一代在自然环境中交换和成长。我们期待着人工生命研究能取得突破性进展。

1.2.3 人工智能50年主要成就

人工智能对计算机乃至信息科学的作用,可以用屡屡获得图灵奖的人工智能学家的贡献来说明。例如,1969年获奖的马文·明斯基,1971年获奖的约翰·麦卡锡,1975年获奖的赫伯特·西蒙和艾伦·纽厄尔,1994年获奖的爱德华·费根鲍姆(Edward Feigenbaum)和劳伊·雷迪(Raj Reddy)等。2011年美国科学家朱地娅·佩尔(Judea Pearl)因其在概率编程语言方面的研究获得图灵奖,把不确定性人工智能研究推向一个新的阶段。他们在各自领域所做出的杰出贡献,令人景仰。

如果我们从人工智能在信息技术中的广泛应用来看人工智能是如何推动科技进步和社会发展的,那么模式识别、知识工程和机器人三个方面尤为突出。

模式识别曾经是与人工智能并列的学科,在几十年的发展过程中,逐渐融入智能科学,成为人工智能的核心内容之一,取得了辉煌的成就。

早期的计算机模式识别研究着重在模型的建立上。20世纪50年代末,弗兰克·罗森布拉特(Frank Rosenblatt)提出了一种简化的模拟人脑进行识别的感知机,通过给定类别的各个样本对识别系统进行训练,使系统在学习完成后,具有对其他未知类别的样本进行正确分类的能力;20世纪60年代用统计决策理论求解模式识别问题得到了迅速的发展;70年代出版了一系列反映统计模式识别理论和方法的专著;80 年代,约翰·霍普菲尔德揭示出人工神经元网络所具有的联想、存储和计算能力,为模式识别技术提供了一种新的途径,形成了模式识别的人工神经元网络新方向。

随着信息技术应用的普及,模式识别呈现多样性和多元化趋势,可以在不同粗细的概念粒度上进行深度学习,其中生物特征识别成为模式识别的新高潮,包括语音识别、文字识别、图像识别、人物景象识别等。在信息安全迫切需求的推动下,生物特征的身份识别技术,如依靠指纹、掌纹、人脸、签名、虹膜、行为姿态等进行身份识别成为研究的热点,通过小波变换、模糊聚类、遗传算法、贝叶斯理论、支持向量机、统计学习等方法进行图像分割、特征提取、分类、聚类和模式匹配,使得身份识别技术成为确保经济和社会安全的重要工具。例如,签名识别已经成为互联网环境下电子金融和电子商务顺利进行的重要保障,通过指纹或人脸图像进行身份识别也在公安和海关系统得到普遍应用。

人工智能迫切需要在实际工程中得到应用。知识工程的倡导者爱德华·费根鲍姆在 1977 年第 5 届国际人工智能联合会议上,以"人工智能的艺术:知识工程课题及实例研究"为题对知识工程作了第一次系统的论述[7]。从此,知识工程这个名称便在全世界流行开来。

作为知识工程的实践者,费根鲍姆所领导的研究小组于 1968 年研究成功第一个专家系统 DENDRAL,用于质谱仪分析有机化合物的分子结构,它根据给定的有机化合物的分子式和质谱图,从几千种可能的分子结构中挑选出正确的结果。1976 年他们又成功开发 MYCIN 医疗专家系统,用于帮助医生诊断传染病和提供抗生素药物治疗建议。20 世纪 80 年代以来,专家系统在全球得到了迅猛的发展,其应用遍及税收、海关、农业、矿产、航空、医疗、金融等各个领域和部门。

以机器翻译为代表的自然语言理解,成为近 30 年来知识工程取得巨大进步的杰出代表。计算机自然语言理解，主要研究如何用计算机处理、理解和生成人类自身熟悉的语言，从而使机器能与使用各种自然语言的人进行交流。用于语音和文字之间、这种语言和那种语言之间的翻译或者转换的智能产品，正在改变人类的日常生活和交流活动。自然语言理解研究的内容，主要包括词法分析、句法分析、语法分析、语义分析、语境分析、短语结构语法、格语法、语料库语言学、计算语言学、计量语言学、中间语言、翻译评测等，正普遍用于手机中短信和话音的自动转换技术很可能成为下一个颠覆性技术。

随着数据库和网络的普遍应用，人们淹没于海量的数据中，却饥饿于需要的数据价值和知识。由包括垃圾数据在内的、非结构化特征为主的大数据引起的数据真实性和安全性问题日益突出，人们对特定知识和价值的渴望使数据挖掘研究从知识工程领域中迅速崛起。数据挖掘是指在特定领域内，从结构化的数据库、数据仓库中，或者直接从非结构化的、原生态的大数据中挖掘并发现有效的、新颖的、潜在有用的、最终可理解的信息和知识的过程。到目前为止，数据挖掘、文本挖掘、声音挖掘、图像挖掘、Web 挖掘、跨媒体挖掘等各式各样的挖掘对象与工具成为信息时代的宠儿，数据挖掘的专著和工具书随处可见。由美国人工智能学会 1989 年起主办的 KDD (Knowledge Discovery in Database) 专题年度讨论会从 1995 年起扩大为一年一度的国际学术大会，其中 2012 年在中国召开。特别要指出的是，数据挖掘技术从一开始就有极强的应用背景和价值目标。IBM、GTE、SAS、Microsoft、Silicon Graphics、Integral Solutions、Thinking Machines、DataMind、Urban Science、AbTech、Unica Technologies 等公司，相继开发出一系列实用的 KDD 商业系统，如市场分析用的 BehaviorScan、Explorer、Management Discovery Tool，金融投资领域的 Stock Selector、Automated Investor，欺诈预警用的 Falcon、FAIS、Clonedetector 等。

机器人研究是从机械手开始的，它是机械结构学、传感技术和人工智能相结合的产物，是一种能模拟人的行为的机械。1948 年在美国的阿贡实验室研制成功了第一代遥控机械手；14 年后第一台工业机器人诞生，这台机器人可通过编程来灵活地改变作业程序。20 世纪 60 年代，美、英等国很多学者把机器人作为人工智能的载体，研究如何使机器人具有环境识别、问题求解以及规划能力；80 年代工业机器人产业得到了巨大的发展，用于汽车工业的点焊、弧焊、喷涂、上/下料等生产过程的机器人相继诞生；进入 90 年代后，装配机器及柔性装配技术进入大发展时期，机器人的应用甚至进入军事领域，无人机首当其冲。

机器人研究历经了三代。第一代为程序控制机器人，一般按两种方式工作：一种是在预先设定好的程序控制下工作；另一种是示教再现方式，这种方式是机器人学习了一次又一次的示教之后，按示教顺序完成工作，即再现。如果任务或环境发生改变，则需要重新进行示教。程序控制机器人能尽心尽责地在机床、熔炉、焊机、生产线上工作。目前商品化的实用机器人很多属于这一类，其缺点是只能刻板地按程序运作，没有感知功能，无法在环境有变化的情况下正常工作。第二代为自适应机器人，配备有相应的感觉传感器，如视觉传感器，能获取作业环境的简单信息，允许操作对象的微小变化，由机器人内部的计算机进行分析、处理，控制机器人的动作，具有自主能力。第三代为智能机器人，它更加具有类似于人的智能，装备了视觉、听觉、触觉等多种类型的传感器，在多个方向平台上感知多维信息，具有较高灵敏度，能对环境信息进行精确的认知和实时的分析，能协同控制自己的多种行为，具有一定的自学习能力，能适应环境的变化，并和其他机器人进行交互，从而完成各种复杂、困难的任务。一年一度的机器人世界杯足球赛大大地促进了第三代机器人的研究。最近,包括中国在内的世界各国推出的智能车自主驾驶,以及各种各样的家庭机器人,又把机器人研究推向一个新的高潮。物联网是把物和物连在一起,可以预见,更高境界的物联网也许是机器人联网。如果把手机看作是人的智能代理机器人的话,更复杂更灵巧的各式各样的机器人将成为从产品制造到家政服务等人类活动与互联网连接的桥接器。**智能机器人是集新能源、移动通信、全球定位导航、移动互联网、云计算、大数据、自动化、人工智能、认知科学,乃至人文艺术等多个学科、多种技术于一身的人造精灵,是人联网、物联网不可或缺的端设备,它们将是人类社会走向智慧生活的重要伴侣。**机器人的视听觉认知计算,以及用自然语言进行交互是其中的两个主要难点。

1.3 人工智能研究的主要方法

在人工智能50多年的研究历程中,围绕基础理论和方法,出现了几个主要学派。1987年在美国波士顿,由麻省理工学院人工智能研究所、美国国家科学基金会和美国人工智能学会联合举办了人工智能基础国际研讨会,许多在人工智能历史上做过重要贡献的专家应邀出席了会议。在会上他们阐述了各自的学术思想和基础理论,讨论了这些基础理论的思想来源,叙述了各自理论的表达形式和基本模型,并探讨了它们的适用性和局限性。从此之后,不少学者把人工智能的主要理论和方法归纳为符号主义方法、联结主义方法和行为主义方法。

1.3.1 符号主义方法

符号主义认为,认知是一种符号处理过程,人类思维过程可用符号来描述,思维就是计算,这种思想一度构成了人工智能的基础理论。

符号主义方法以西蒙和纽厄尔为代表。1976年他们提出了物理符号系统假设,认为物理符号系统是表现智能行为的必要和充分条件。用数学方法研究智能,寻找智能结构的形式、模型和公式,使智能可以像数学符号和公式一样具有系统化、形式化的特点,这样,就可以把任何信息加工系统看成是一个具体的物理符号系统,利用基于规则的记忆,获取、搜索、控制知识和操作符,实现通用问题求解。**符号就是模式。任意模式,只要它能与其他模式相区别,它就是一个符号。不同的汉字或英文字母就是不同的符号。对符号进行操作,就是通过符号串变换,从一些合乎语法的符号串中推导出另外一些合乎语法的符号串。物理符号系统的基本任务,就是形式化和符号变换。通过形式化,可以撇开原来系统内所有概念的物理涵义,仅从符号和符号串结构的角度研究思维规律;而符号变换则是按照规定的一组规则,将一组符号串变换为另一组符号串,正确性仅依赖于形式,与内容无关。**为此,这种系统就必须能够辨别出不同符号之间的实质差别。符号既可以是物理世界的具体符号,如电子系统中的电子运动模式,或者头脑中神经元的运动方式,也可以是人脑思维中的抽象符号,如概念。

一个完整的符号系统应具有下列六种基本功能:

(1) 输入符号;

(2) 输出符号;

(3) 存储符号;

(4) 复制符号;

(5) 通过找出各符号间的关系,在符号系统中形成符号结构;

(6) 条件性迁移:根据已有符号,继续完成活动过程。

能够完成这个全过程的系统,就是一个完整的物理符号系统。人具有上述六种功能,现代计算机也具备这六种功能。因此,人和计算机都是完整的物理符号系统。

任何一个系统,它能表现出智能,那么它就必定能够执行上述六种功能;任何系统如果具有这六种功能,那么它就能够表现出智能。它们互为充分必要条件。物理符号系统的假设伴随有如下三个推论:

推论 1:人具有智能,那么人就是一个物理符号系统;

推论 2:计算机是一个物理符号系统,那么计算机就具有智能;

推论 3:人是一个物理符号系统,计算机也是一个物理符号系统,那么我们就能够用计算机来模拟人的智能活动。

这样的物理符号系统,仅仅是系统在某一个粒度上的外在表现形式,可以在不同的粒度上去构造。**计算机作为物理符号系统,可以模拟人的智能的宏观、中观、甚至微观的活动,人和机器之间,只要这六种功能的外在形式在相同粒度上一样就可以了,在这个粒度上,计算机就模拟了人的智能。而在更细的粒度上,智能的机理可能完全不同。**例如,人类对同一个复杂问题进行求解时,每个人的思维过程也许会有差别,但结果是相同的。当用计算机进行模拟,采用不同于人的思维过程的某种程序结构实现时,也会得到相同的结果,我们就说计算机实现了人的智能。因此,符号主义主张采取功能模拟方法,通过分析人类认知系统所具备的功能,然后用计算机模拟这些功能,实现人工智能。

人工智能的符号主义方法,在相当时期内,基础是符号数学,集中体现在谓词演算和归结原理上;手段是程序设计工具,集中体现在逻辑程序设计语言上;目的是应用,集中体现在专家系统上。

随着符号主义数学基础的日臻完善,在谓词演算和归结原理的基础上,任何数学或逻辑系统都能被设计成某种产生式规则系统,大多数类型的知识,都可以用产生式规则表示,这就为信息时代研制各类基于领域知识的专家系统奠定了理论基础。

一般地说,专家系统是一个具有大量专门知识与经验的程序系统,它根据某个领域中专家提供的知识和经验进行推理和判断,模拟人类专家的决策过程,以解决那些需要领域专家才能解决的复杂问题。专家系统具有如下所述的技术特征[8]:

(1) **数理逻辑的隐蔽性**。领域专家的知识常常是非数学的,很难要求领域专家用数学符号和公式去表达领域知识及其推理过程。而专家系统恰恰构建了一个通用的数学框架,把领域专家的一个个案例通过一条条特定规则来表达,这种规则表示方式正是人类解决问题的一个自然方法。把推理过程的逻辑隐藏起来,从外表看,规则库就是知识库,只要给出待解决的问题,专家系统就能通过对规则的推理,给出正确的结果,这个结果其实就是归结原理中的一次归结,或者数理逻辑中的一次证明,而证明过程用户是看不见的。

(2) **程序执行的非过程性**。专家系统只要求给出问题的描述,而问题解决的过程是通过专家系统中的推理机实现的,是通过知识库中子句的析取、匹配、实例化和回溯等,达到推理的目的。解决问题的实际顺序,也就是程序具体的执行过程,对知识工程师是透明的,即使对编程人员也是透明的。

(3) **领域专家知识规模的开放性**。正是专家系统中数理逻辑的隐蔽性和程序执行的非过程性,使得知识容易封装,知识库的更新就变得十分容易,专家系统可以不断地扩充知识,因此具有很好的开放性。

(4) **专家系统的可信性和友好性**。通常专家系统都带有解释机制,主动向用户解释系统的行为,包括解释结果的推断依据,以及系统输出其候选解的原因。其实,这些仅仅是这一次归结的具体过程的再现而已,从而增加了专家系统的可信性和友好性。

Internet把路由器看作节点，把光缆的物理连接看作边，不同的色彩看作不同的国家，见Winlliam R.Cheswich的研究

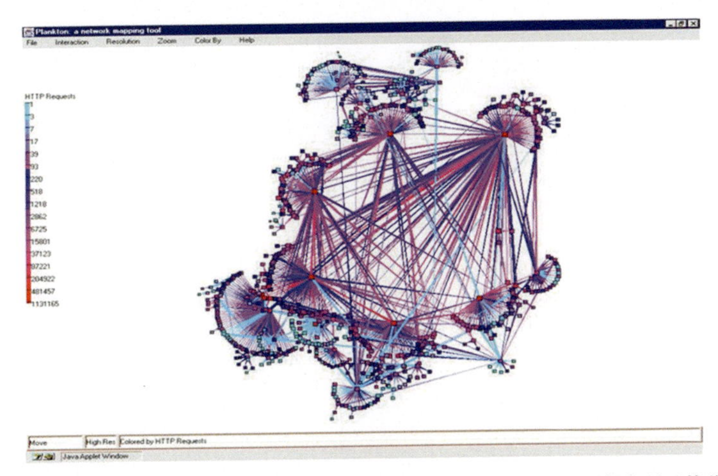

HTTP把参与的高速缓存器看作节点，接收到HTTP的请求看作边，线的不同颜色显示接收请求的数量，见Bradley Huffaker的研究

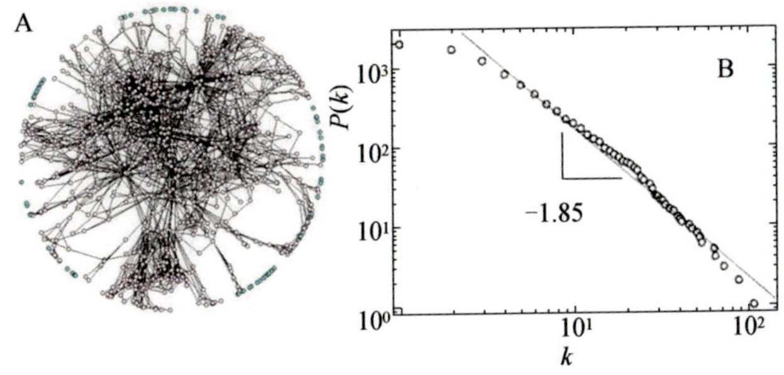

ProRally系统主要用于Playstation2控制台的图像处理和系统模拟，对由1900多个类组成的网络扑图(A)及其度分布图(B)分析表明，其结构具有"小世界"和"无尺度"特性，见S.Valverde的研究

图 1.1　我们生活在网络的社会中

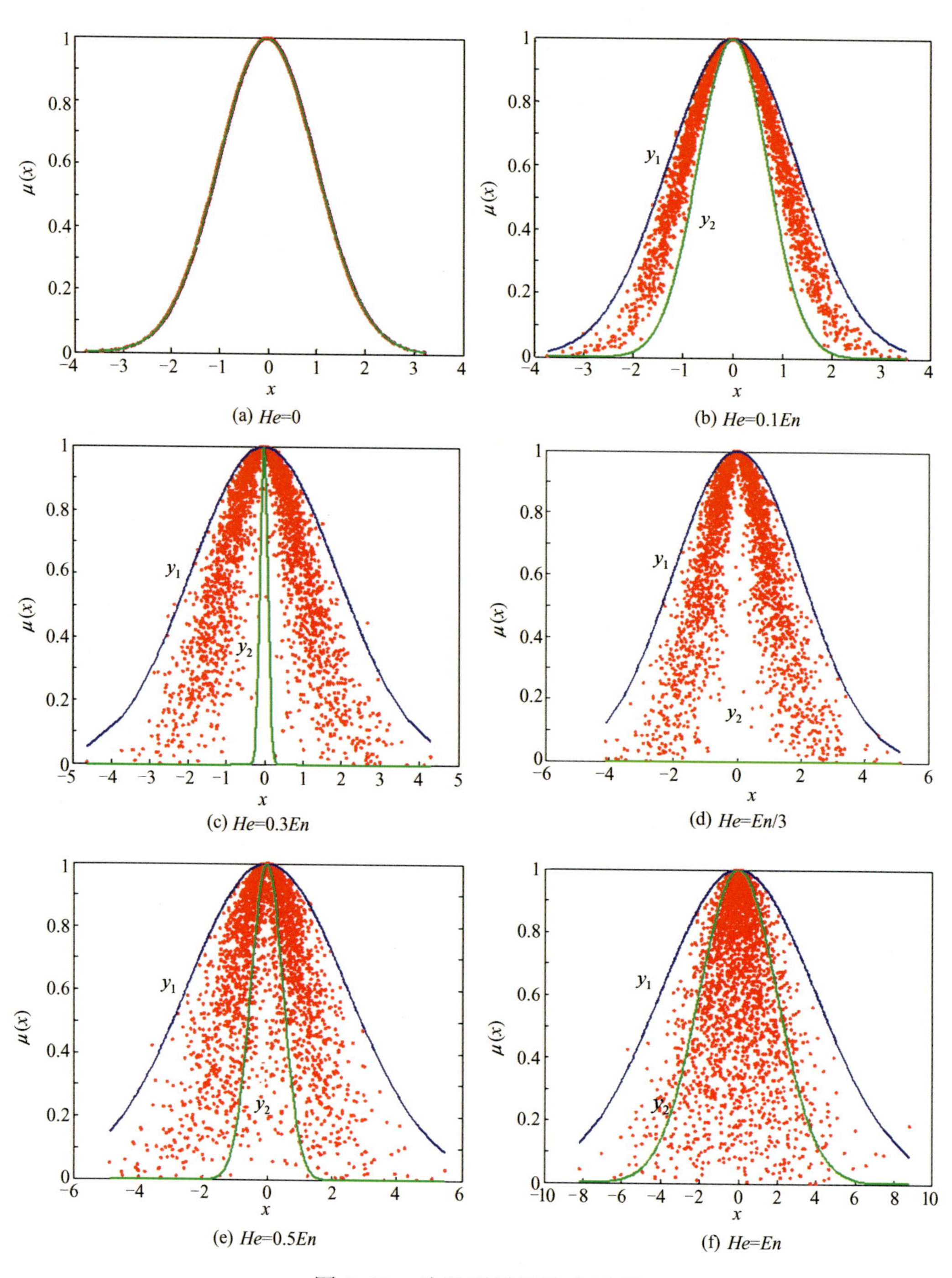

(a) $He=0$ (b) $He=0.1En$

(c) $He=0.3En$ (d) $He=En/3$

(e) $He=0.5En$ (f) $He=En$

图 2.13　从云到雾的演变过程

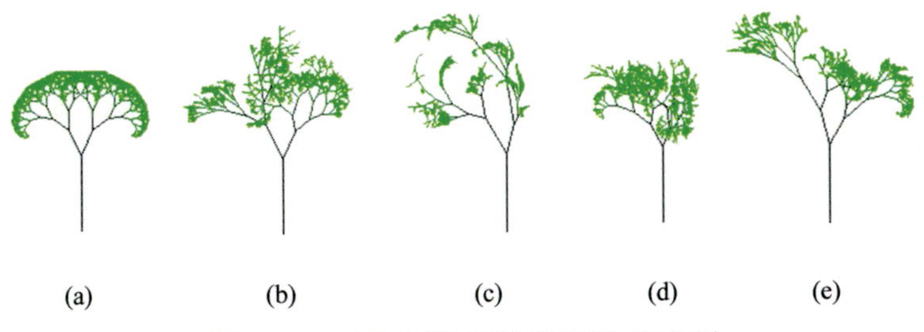

图 2.18　用云模型模拟植物的变异

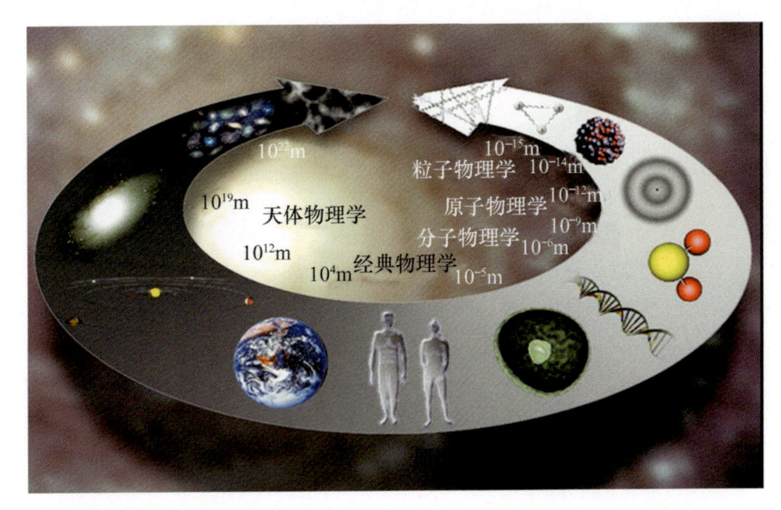

图 3.1　科学从不同尺度认识人与自然,具有向相似性

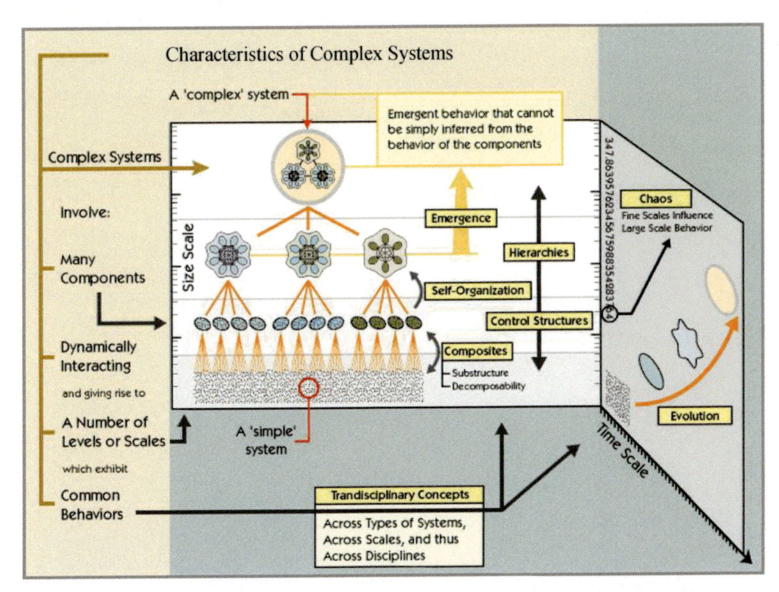

图 3.2　复杂系统具有多层次、多粒度、演化、涌现等特性

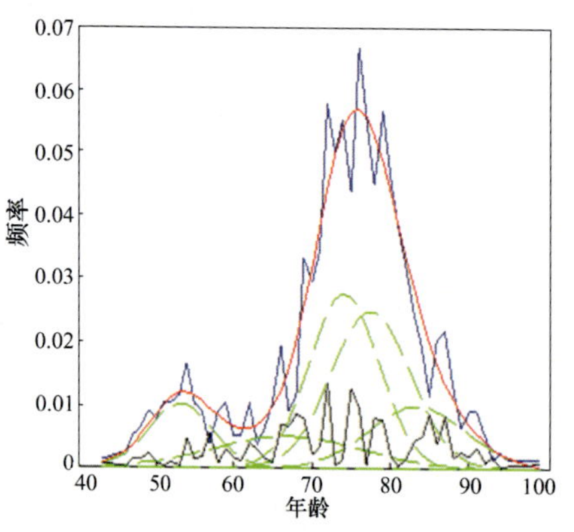

图 3.6　利用高斯变换对院士群体进行分类

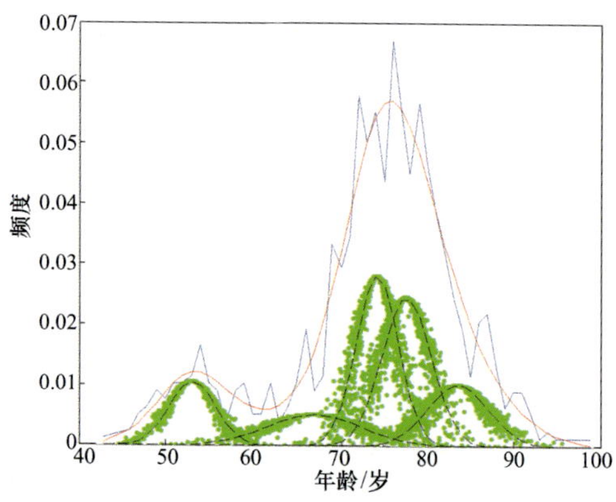

图 3.7　将中国工程院院士按年龄划分成 5 个群体

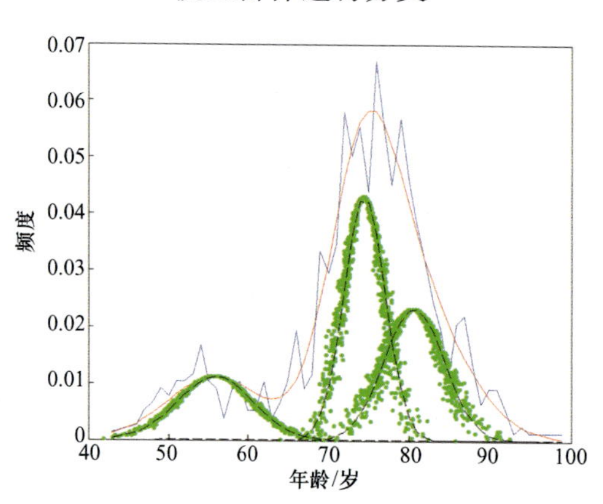

图 3.8　将中国工程院院士群体按年龄划分为老、中、青 3 个概念

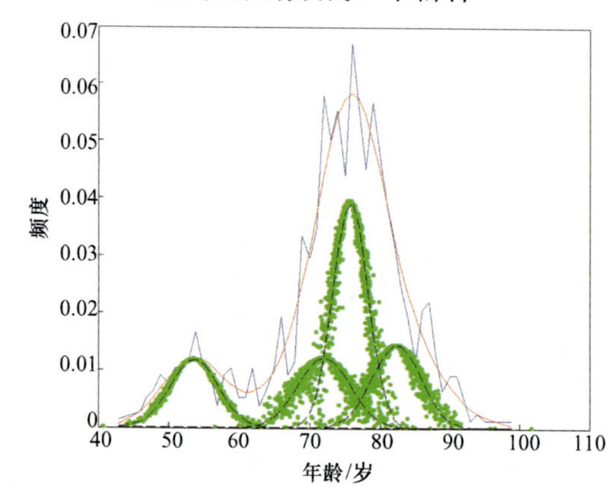

图 3.9　将中国工程院院士群体按年龄划分成 4 个概念

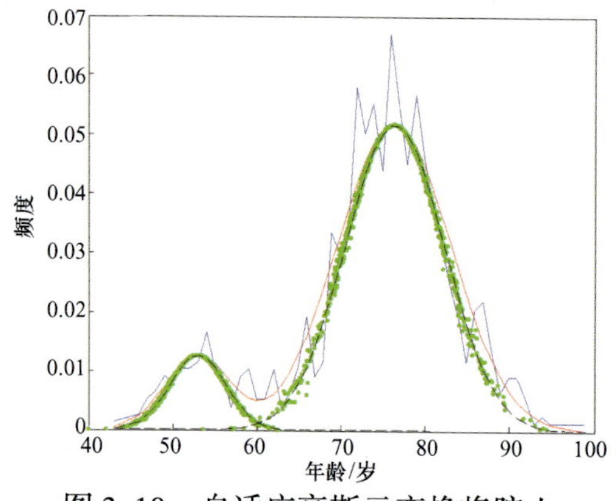

图 3.10　自适应高斯云变换将院士群体按年龄聚成两类

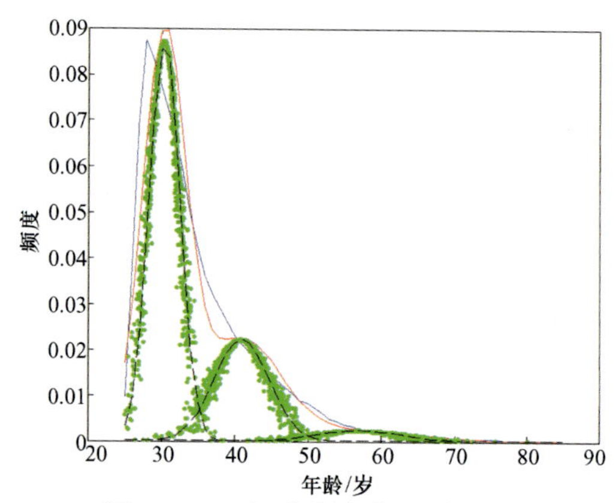

图 3.12　自适应高斯云变换将学术网用户群体按年龄聚成 3 类

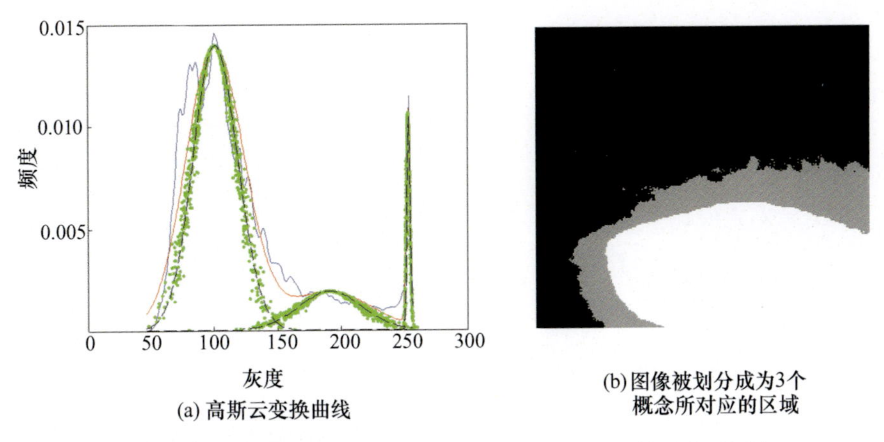

(a) 高斯云变换曲线

(b) 图像被划分成为3个概念所对应的区域

图 3.16　将激光熔覆图 1 聚类成 3 个概念并进行分割

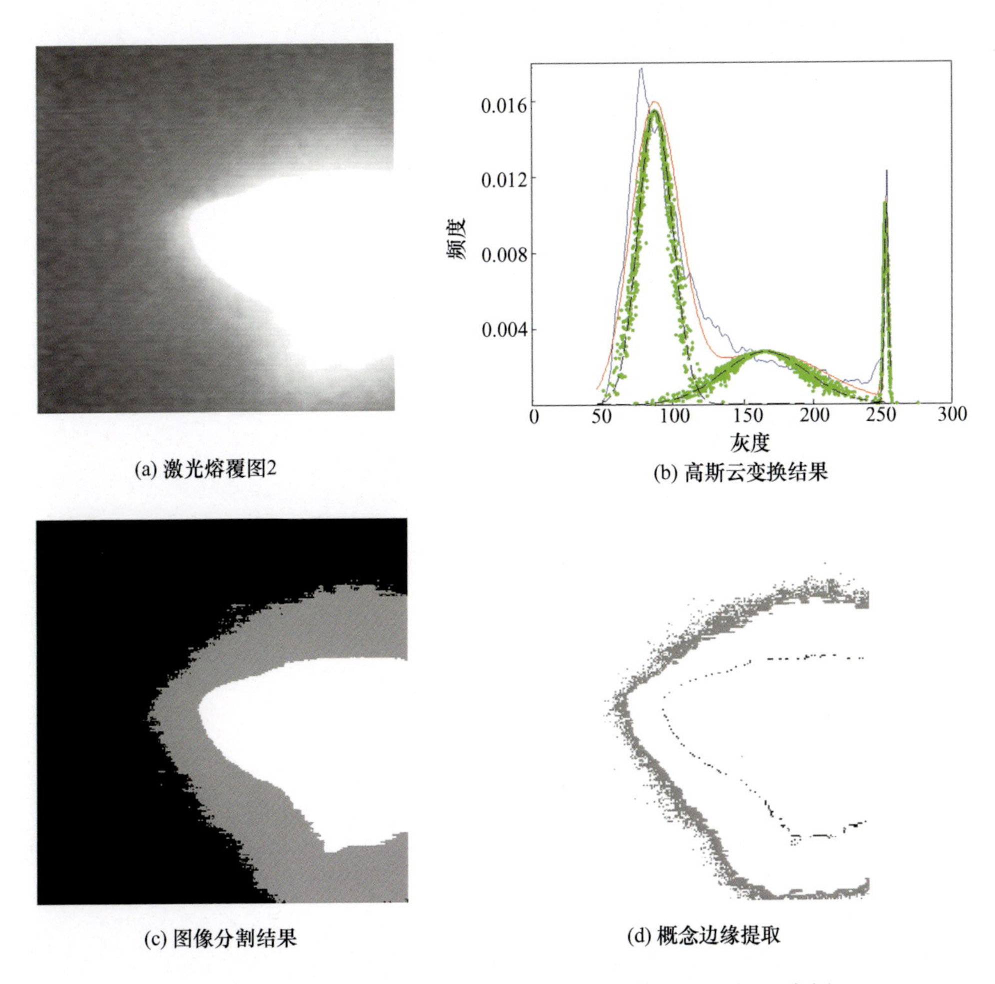

(a) 激光熔覆图2

(b) 高斯云变换结果

(c) 图像分割结果

(d) 概念边缘提取

图 3.19　自适应高斯云变换对激光熔覆图 2 聚类和分割

(a) 原图

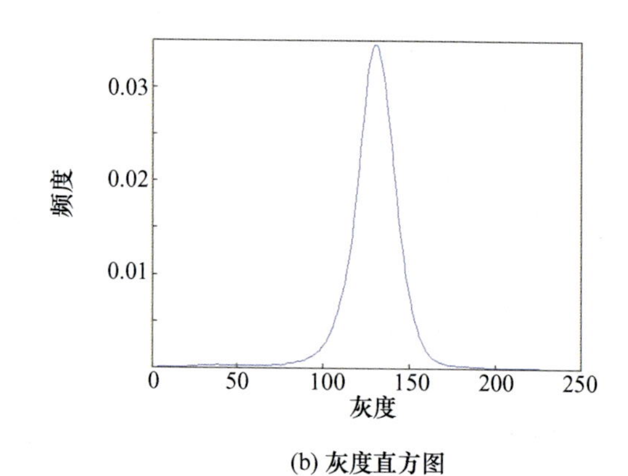

(b) 灰度直方图

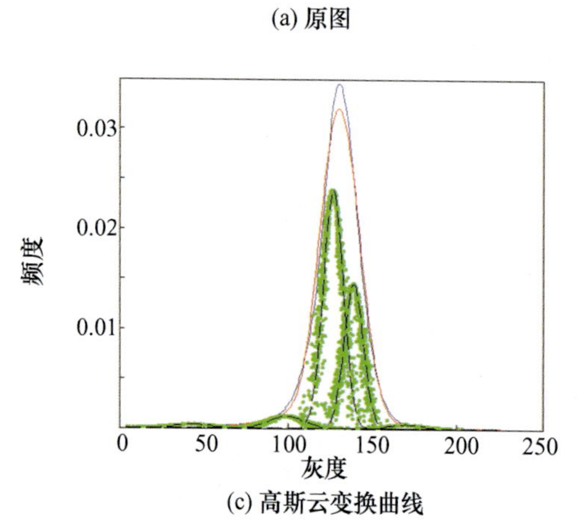

(c) 高斯云变换曲线

(d) 黑色区分割图

图 3.22 高斯云变换对沙漠蛇图实现差异性目标提取

图 3.23 一幅彩色艺术图像

(a) 分割结果

(b) 最清晰目标提取

图 3.24 自适应高斯云变换的分割结果

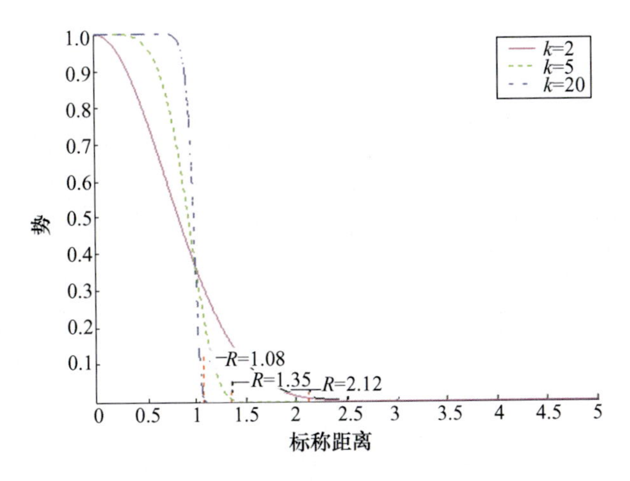

图4.5　不同 k 值的拟核力场势函数及其影响半径(m, $\sigma=1$)

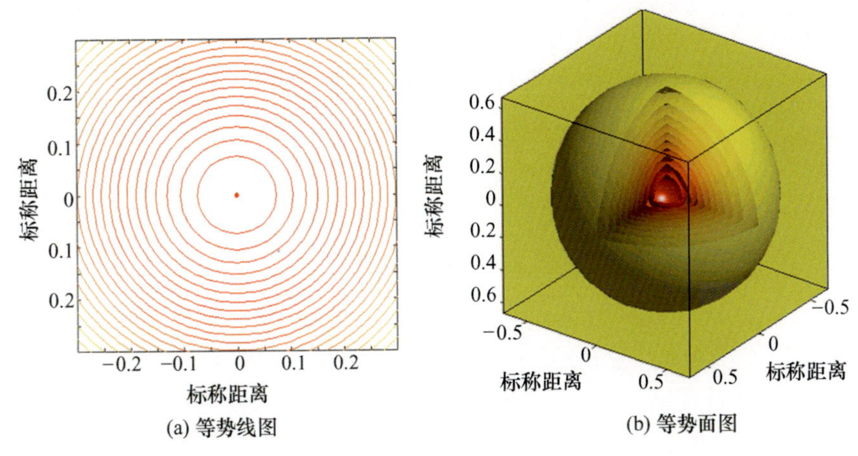

(a) 等势线图

(b) 等势面图

图4.6　单对象数据势场的等势线(面)分布 ($\sigma=1$)

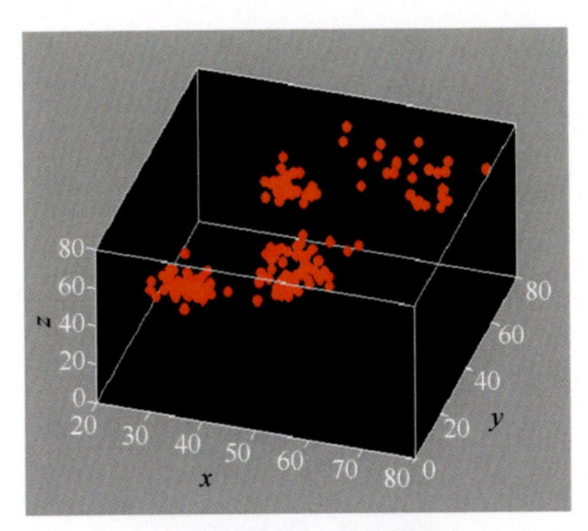

(a) 三维空间中180个数据点

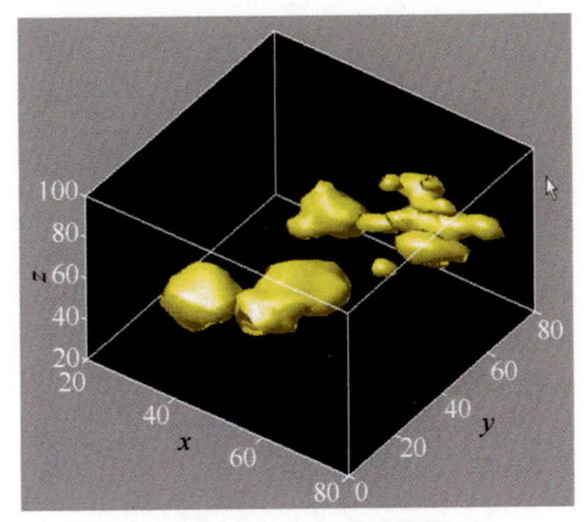

(b) 势值 $\psi=0.381$的等势面

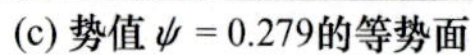
(c) 势值 ψ = 0.279的等势面

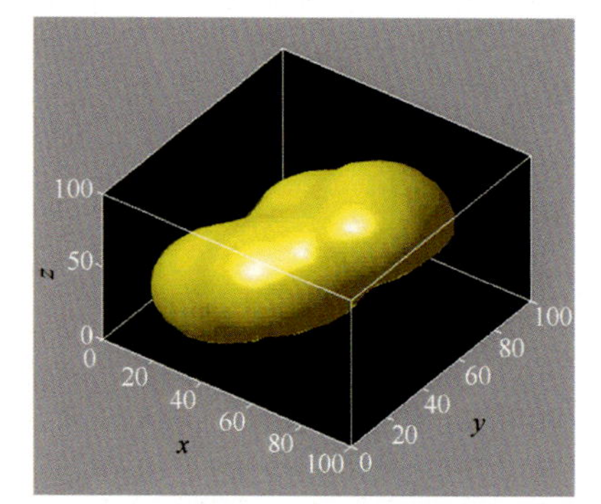

(d) 势值 ψ = 0.107的等势面

图 4.7　三维数据势场的等势面分布(σ = 2.107)

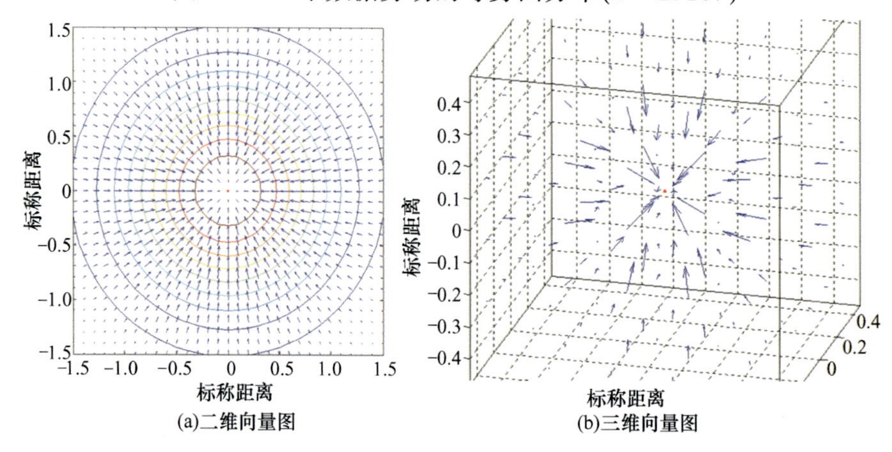

(a)二维向量图　　(b)三维向量图

图 4.9　单对象数据力场的场力线分布(m, σ = 1)

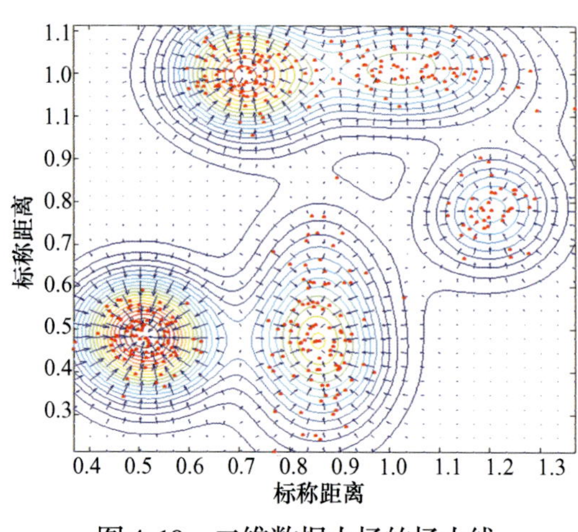

图 4.10　二维数据力场的场力线分布(σ = 0.091)

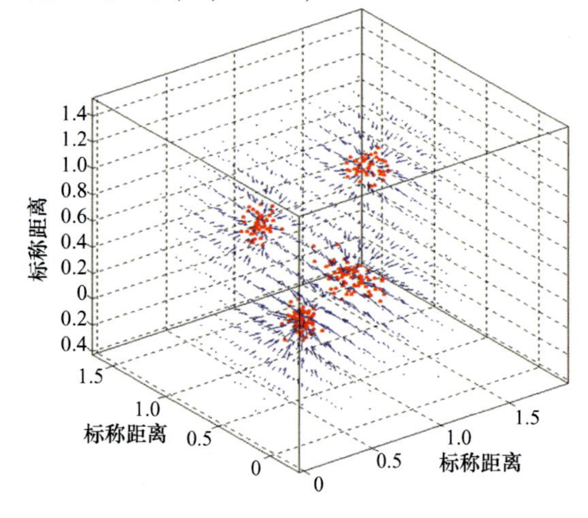

图 4.11　三维数据力场的场力线分布(σ =0.160)

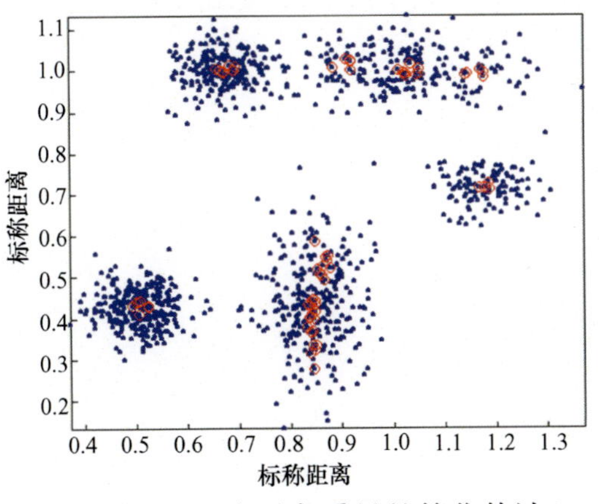

图 4.14　数据场中 1200 个对象质量的简化估计($\sigma=0.078$)

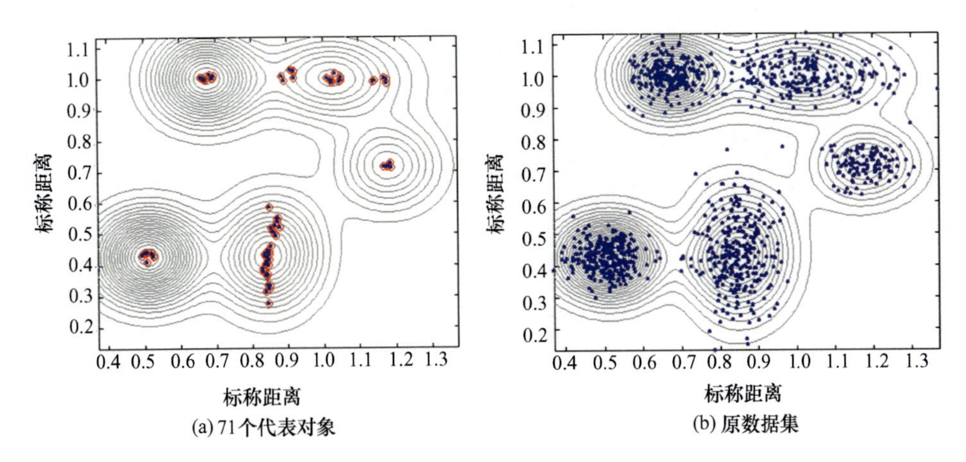

图 4.15　代表对象与原数据集产生的数据场比较($\sigma=0.078$)

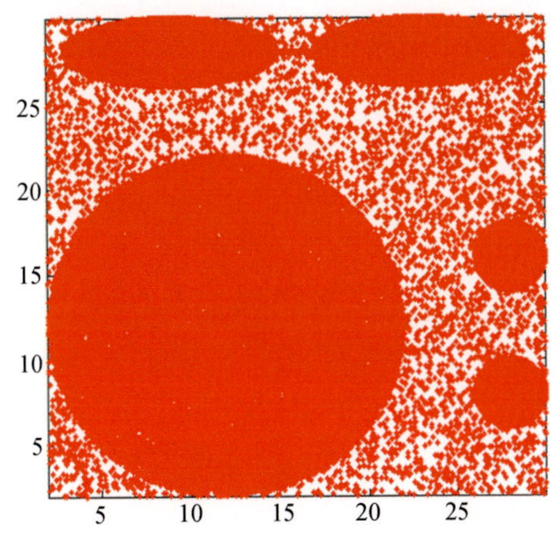

图 4.16　10 万个数据点组成的测试数据

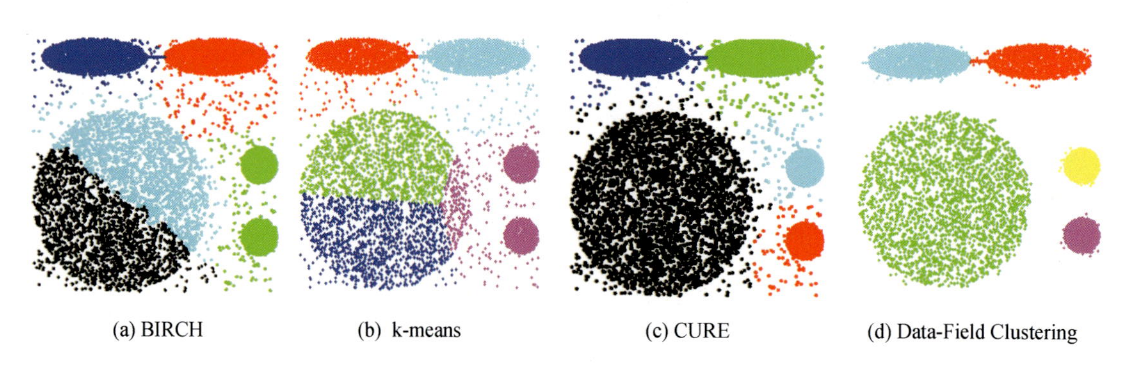

图 4.17　聚类结果比较($k=5$,不同的颜色标识不同的类)

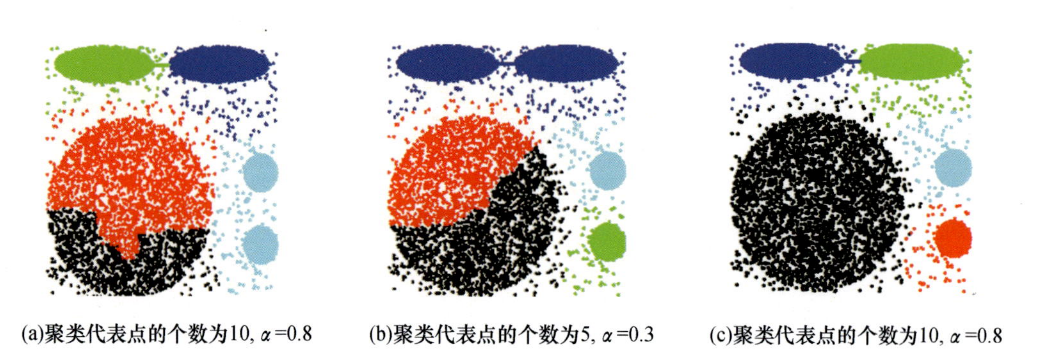

(a)聚类代表点的个数为10, α=0.8
(b)聚类代表点的个数为5, α=0.3
(c)聚类代表点的个数为10, α=0.8

图 4.18　CURE 算法严重依赖于聚类代表点个数和收缩因子 α 的取值

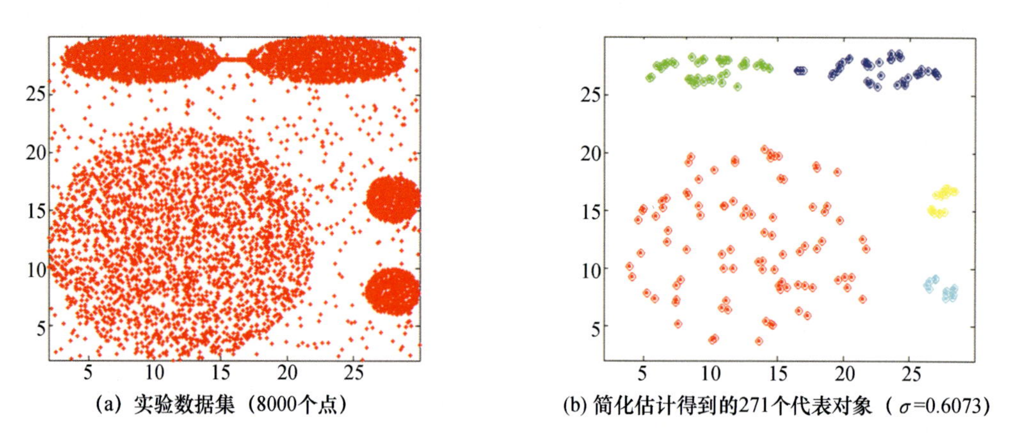

(a) 实验数据集（8000个点）
(b) 简化估计得到的271个代表对象（σ=0.6073）

图 4.19　原数据集及其简化估计得到的 271 个代表对象

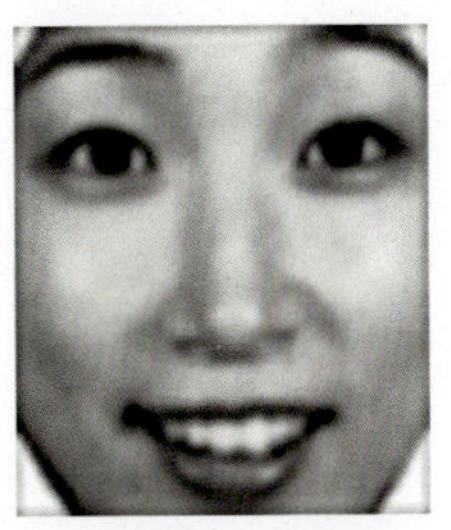

(a)标准化人脸图像

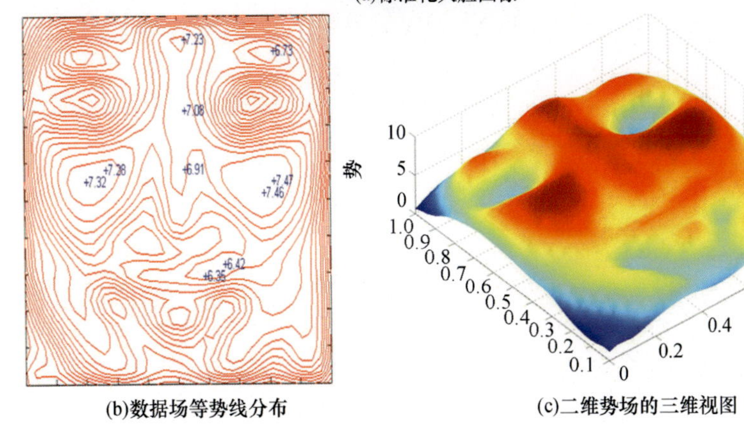

(b)数据场等势线分布　　(c)二维势场的三维视图

图 4.24　人脸图像 KA. HA2. 30. 256 的数据场分布($\sigma=0.05$)

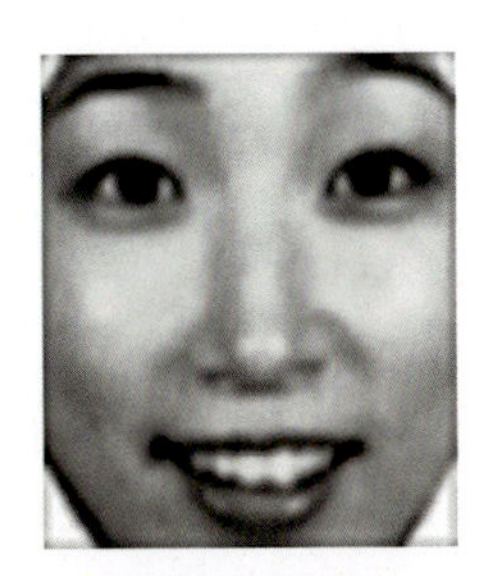

(a)标准人脸图像

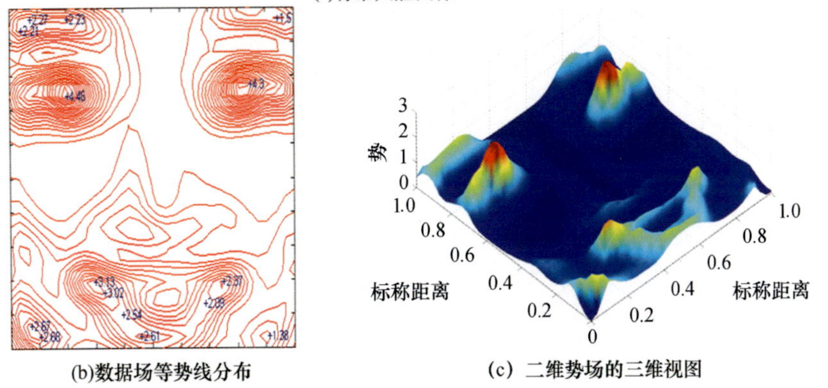

(b)数据场等势线分布　　(c) 二维势场的三维视图

图 4.25　对灰度数据进行非线性变换后的人脸图像数据场 ($\sigma=0.05$)

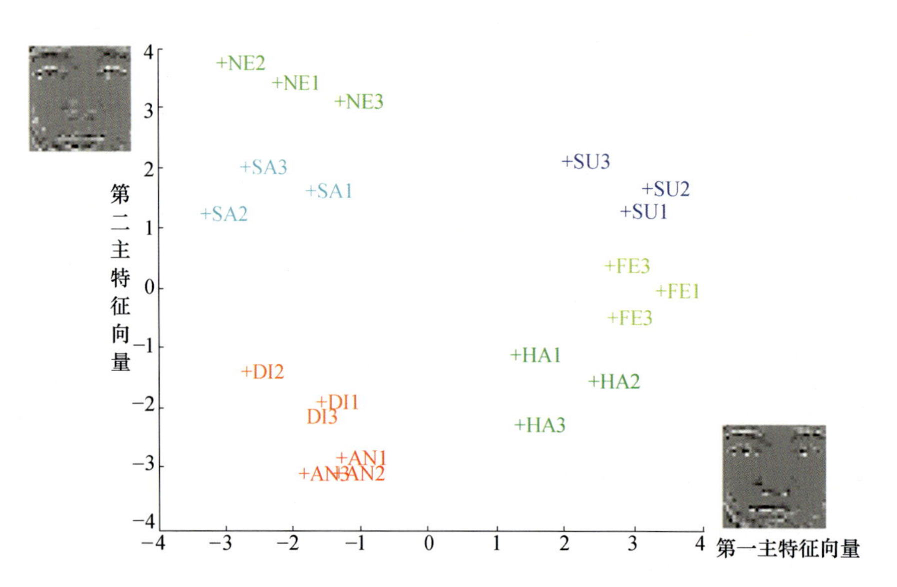

图 4.30　测试人脸图像聚类结果在二维“特征脸”空间中的投影

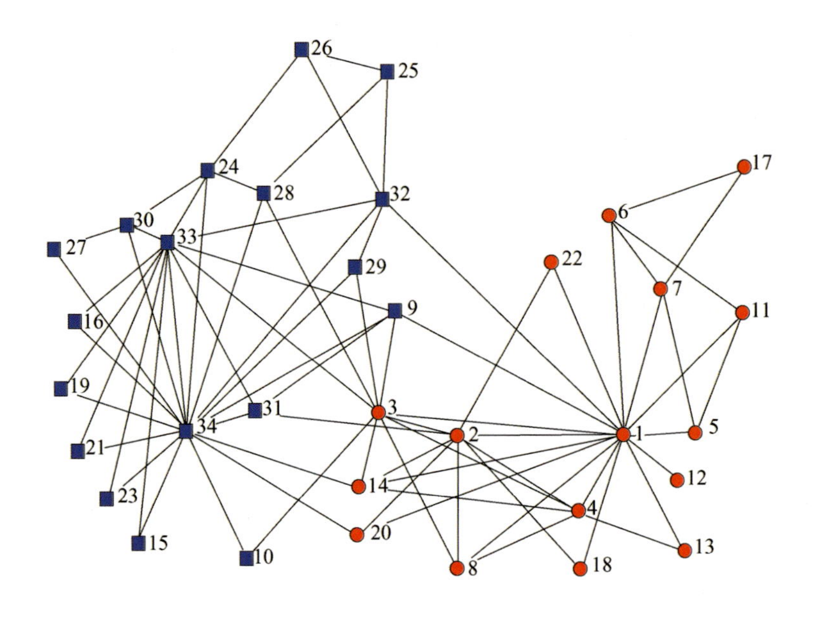

图 4.31　Zachary 研究的空手道俱乐部成员社会关系网络($n=34$)

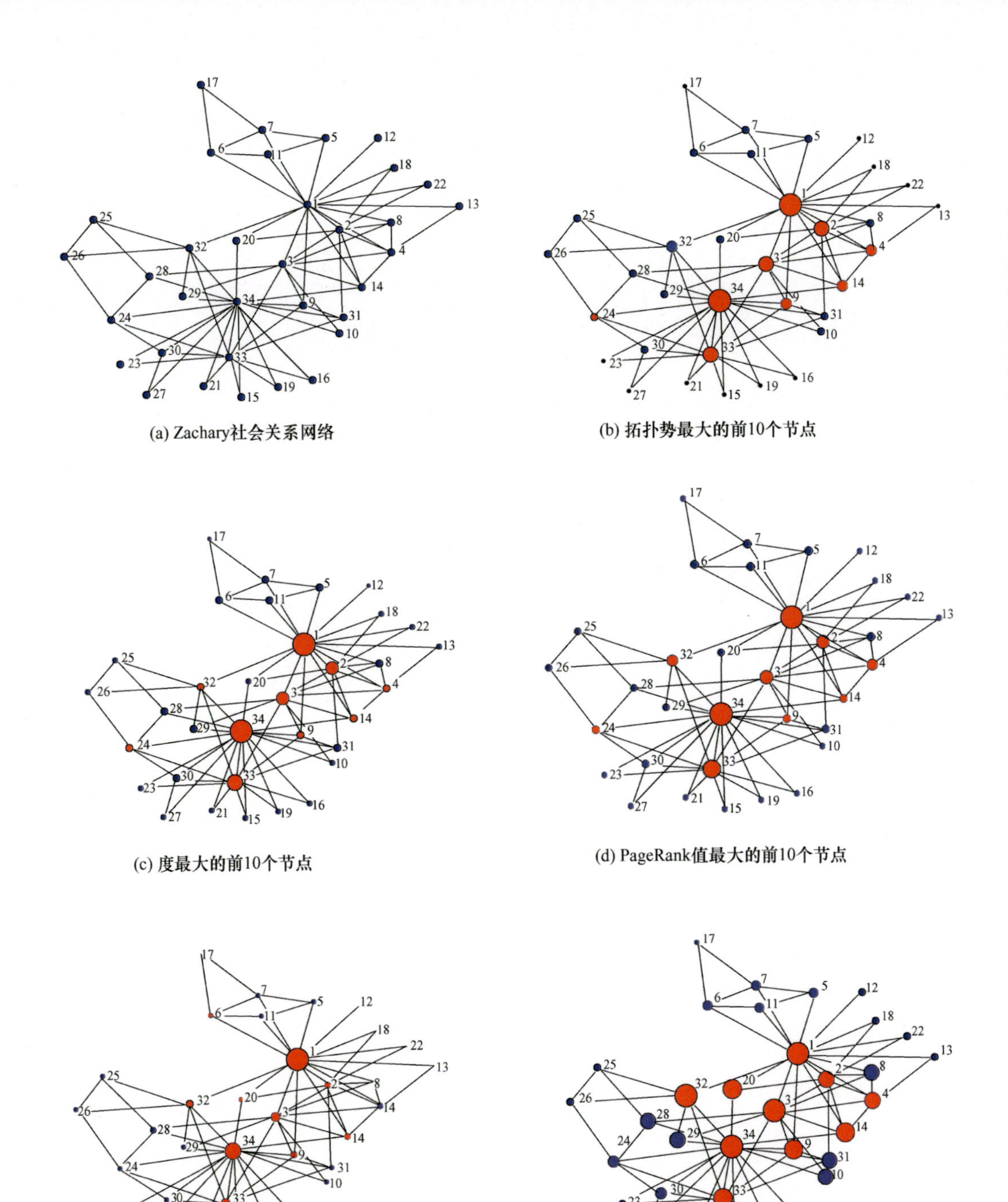

(a) Zachary社会关系网络
(b) 拓扑势最大的前10个节点
(c) 度最大的前10个节点
(d) PageRank值最大的前10个节点
(e) 介数最大的前10个节点
(f) 接近度最大的前10个节点

图 4.32　Zachary 网络的节点重要性排序

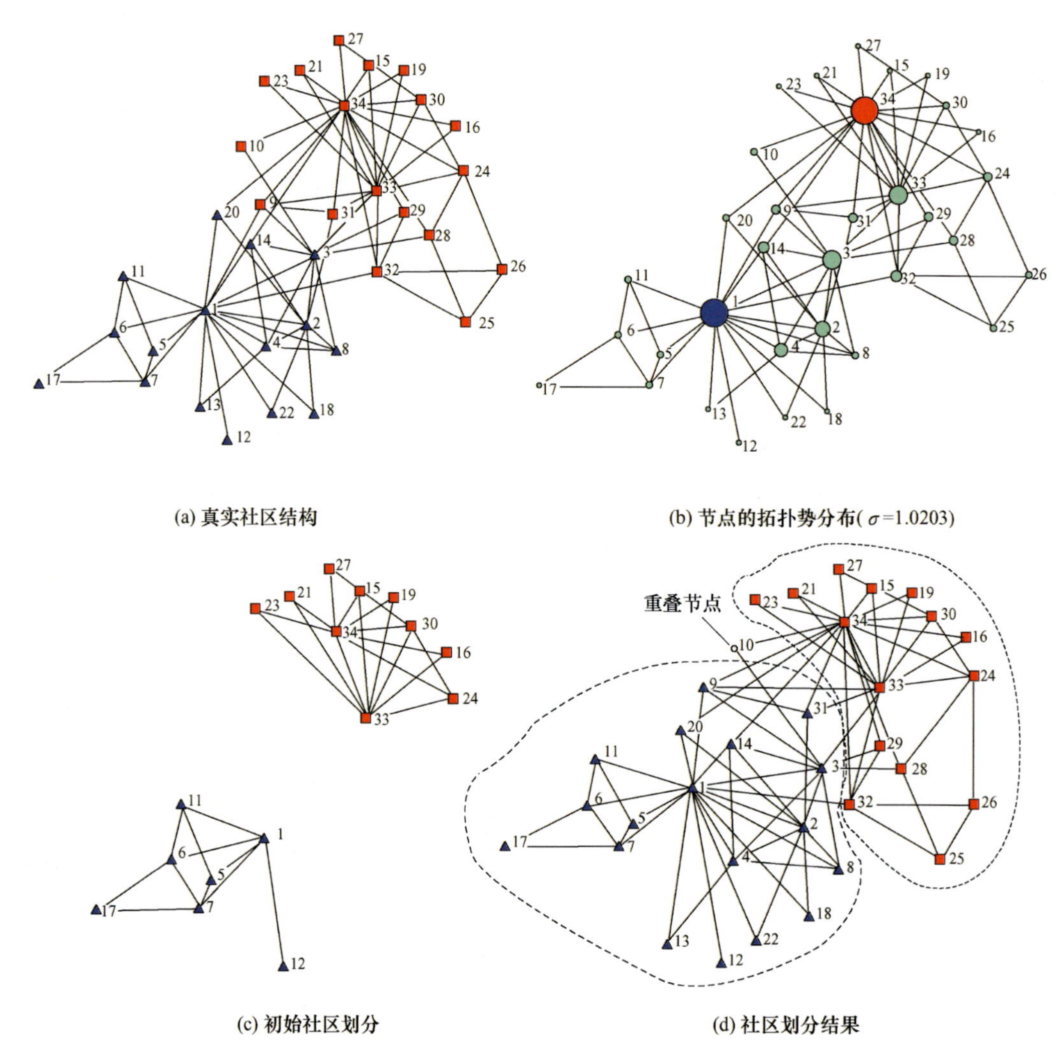

(a) 真实社区结构

(b) 节点的拓扑势分布(σ=1.0203)

(c) 初始社区划分

(d) 社区划分结果

图 4.33　用拓扑势社区发现方法分析 Zachary 网络的社区结构

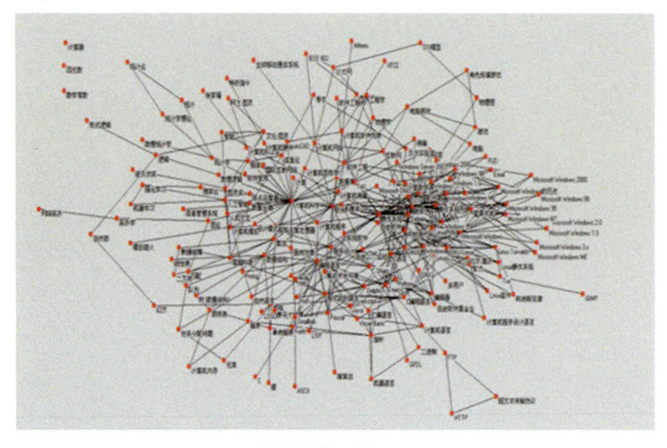

(a) 2003 年

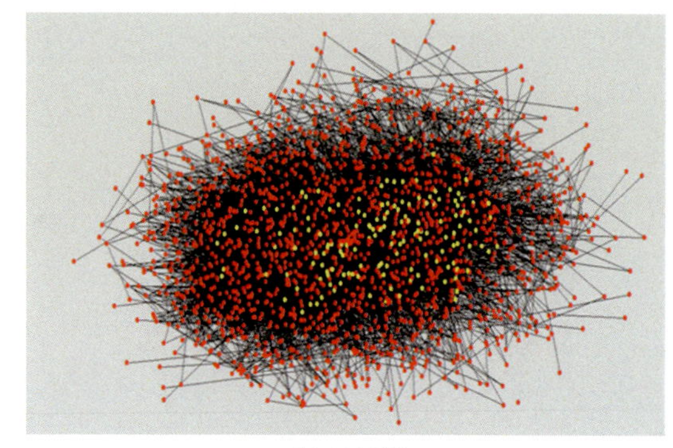

(b) 2005年

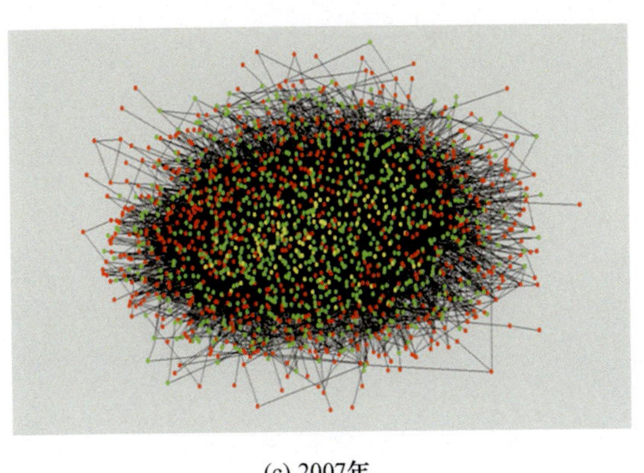

(c) 2007年

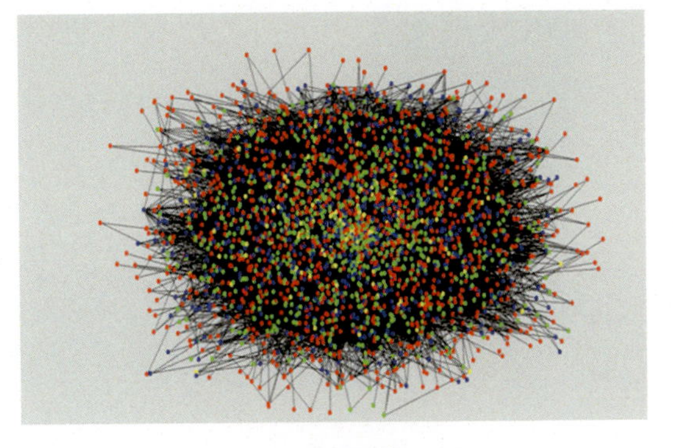

(d) 2009年

图 4.34　2003 年—2009 年中文维基百科计算机领域词条关系网络的拓扑演化

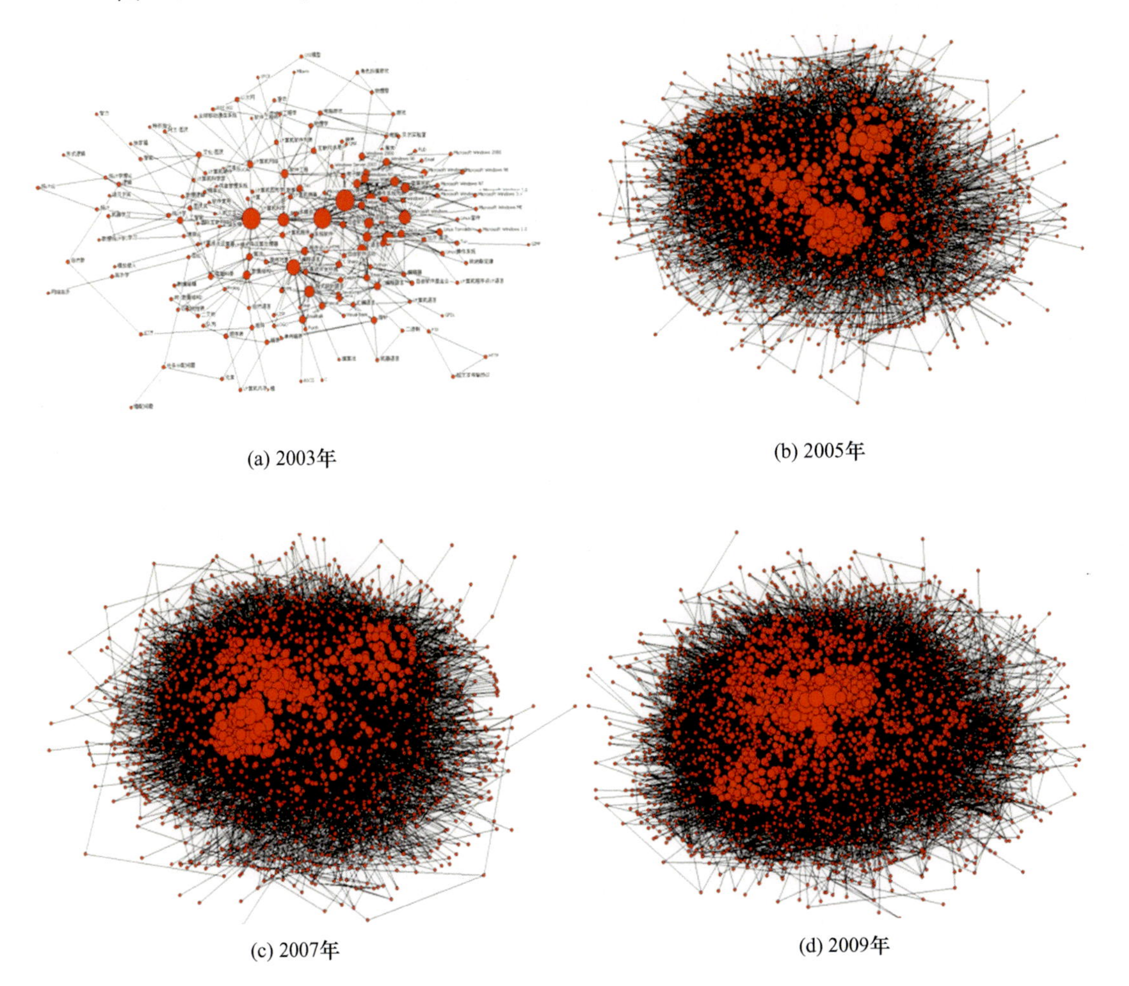

(a) 2003年

(b) 2005年

(c) 2007年

(d) 2009年

图 4.36　不同年度中文维基百科计算机领域词条拓扑结构图

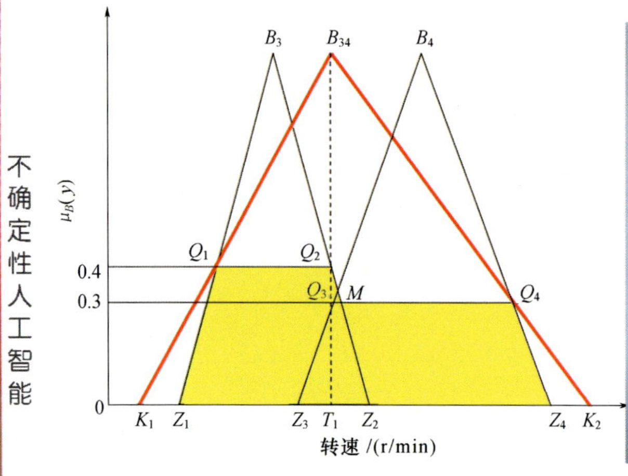

图 5.13　用云方法解释 Mamdani 方法

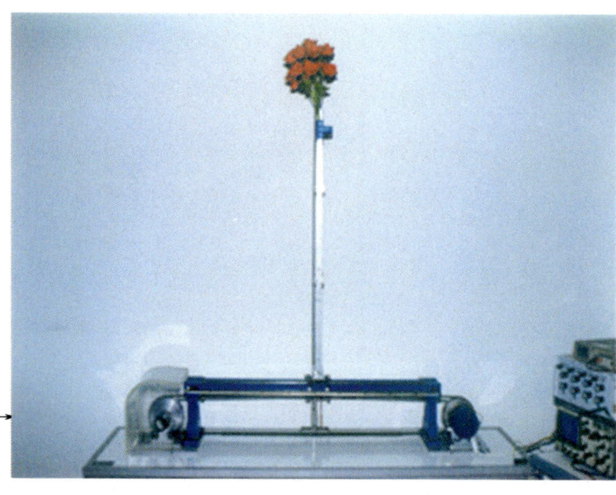

图 5.21　三级倒立摆的鲁棒性实验

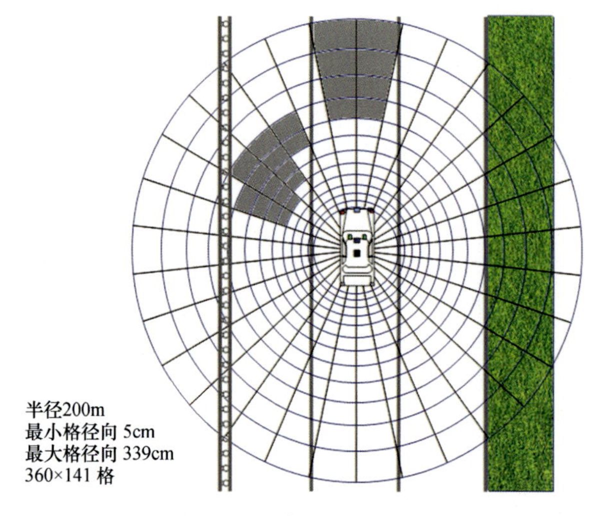

图 5.36　路权雷达图示意

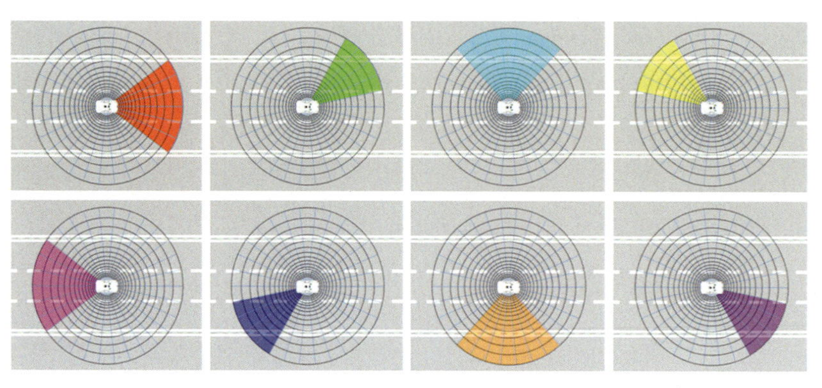

图 5.37　路权雷达图划分的 8 个关注区域

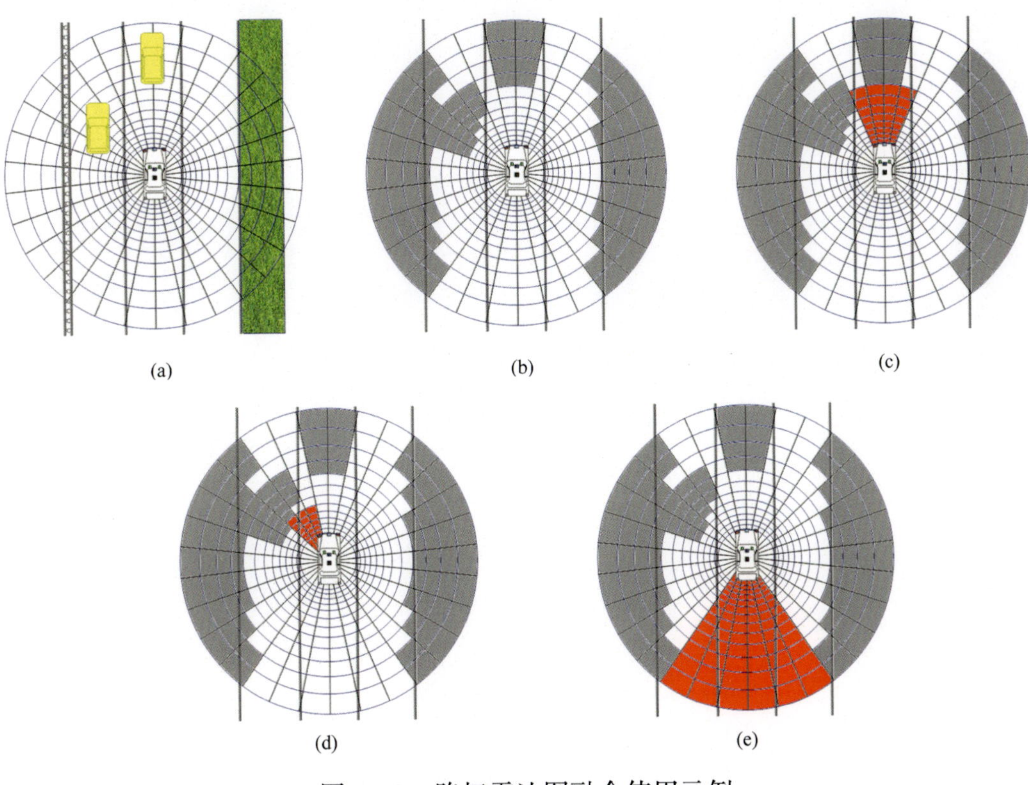

图 5.38　路权雷达图融合使用示例

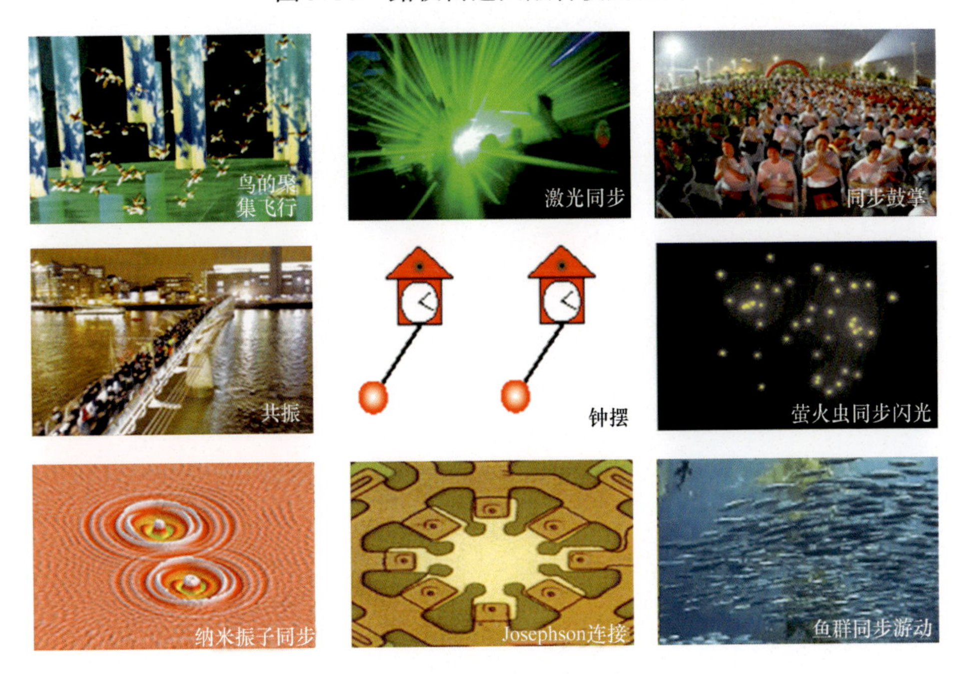

图 6.2　同步现象的普遍存在

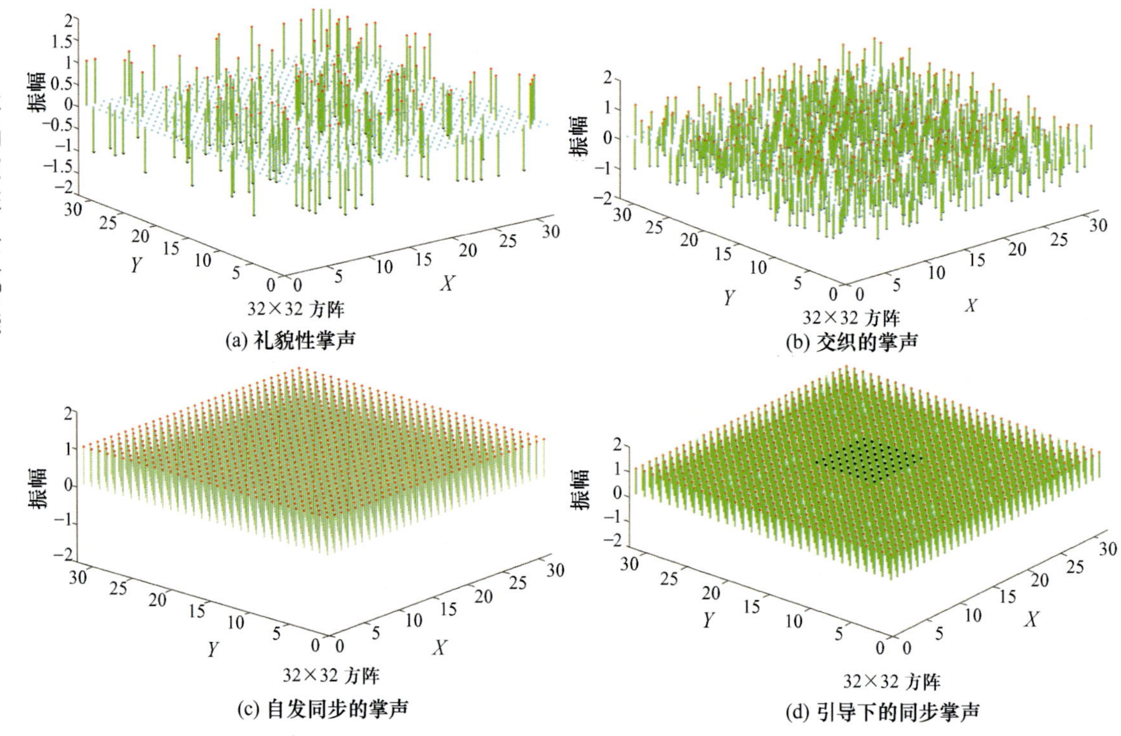

图 6.9　四种掌声的可视化表示

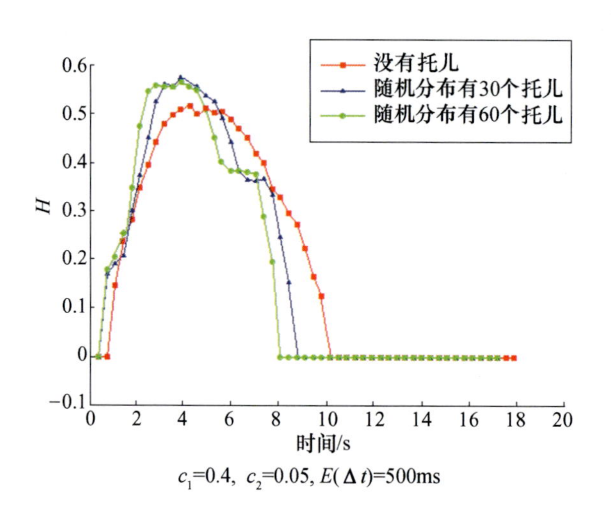

图 6.13　托儿数量的差异对同步的影响

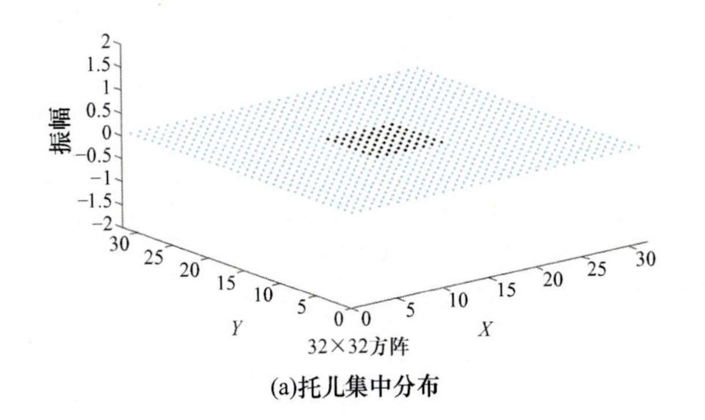

(a)托儿集中分布

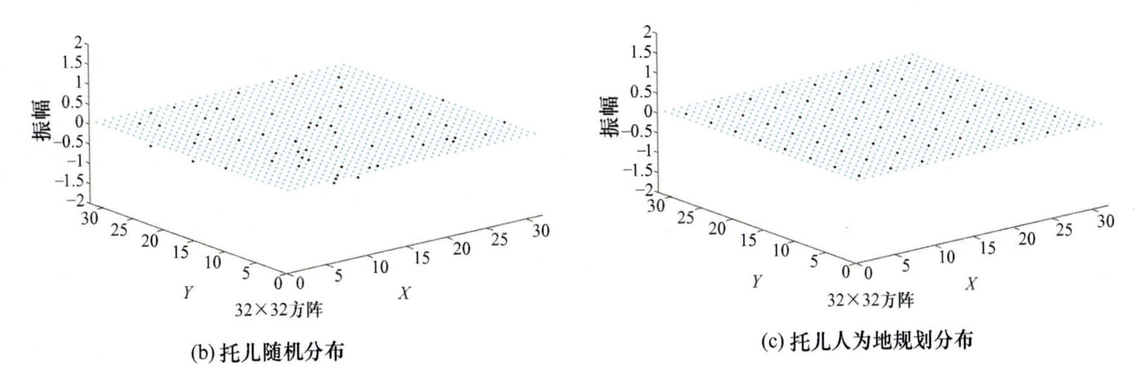

(b) 托儿随机分布

(c) 托儿人为地规划分布

图 6.14　三种不同的托儿分布

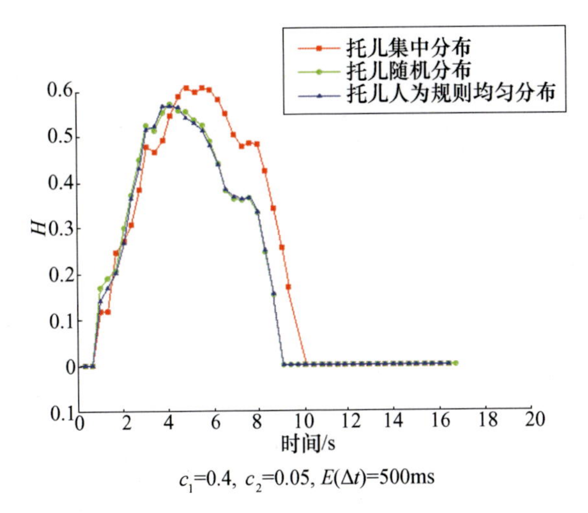

c_1=0.4, c_2=0.05, $E(\Delta t)$=500ms

图 6.15　托儿分布的差异对同步的影响

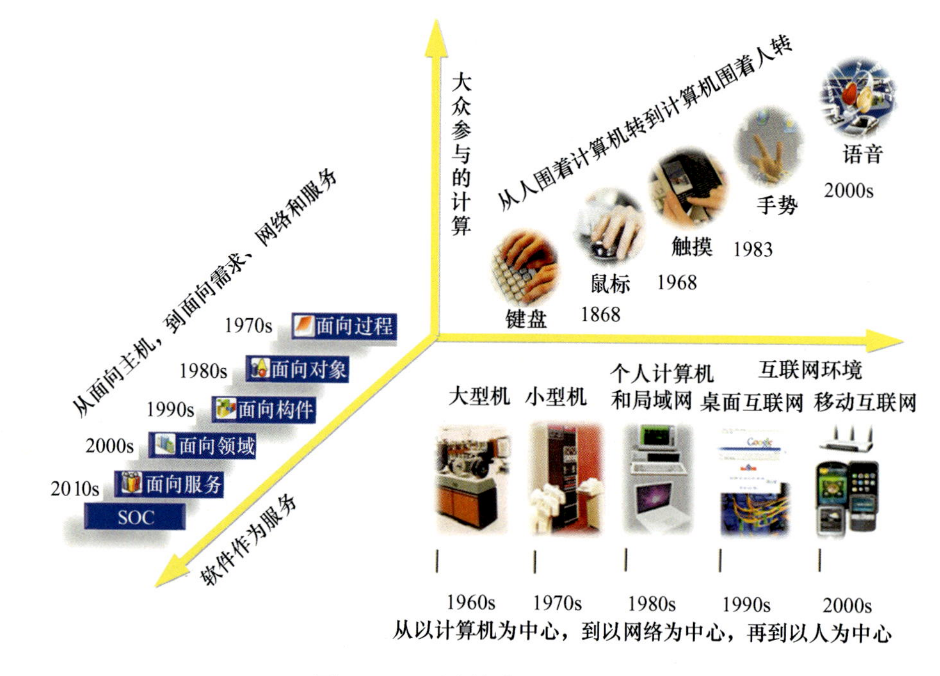

图 7.4　云计算产生的背景

(a) 提供给参与者的图像

(b) 参与者达成共识的6个分类结果

图 7.12　群体智能对图像进行分类的实验

1.3.2 联结主义方法

20 世纪 80 年代以后,人工智能学界发生了一场人工神经网络的革命,联结主义方法对符号主义方法产生了很大冲击。联结主义认为人类的认知活动主要基于大脑神经元的活动。

人工神经网络的概念最早可追溯到 1943 年,美国生理学家沃伦·麦卡洛克(Warren McCulloch)和沃尔特·皮茨(Walter Pitts)提出了神经元的数理模型,形成了神经元模型基础,把神经元模型结合成的多层结构模型,称为神经网络[9]。20 世纪 60 年代人工神经细胞模型与计算机结合研制出了简单感知机,这种感知机包括感受神经网络的输入层、中枢神经网络的联系层和效应神经网络的输出层三层结构,通过示教学习和样本训练,采用对刺激—反应奖惩的方式,具有简单的文字识别、图像识别和声音识别的功能,但不能识别线性不可分的模式。到了 70 年代,感知机与神经网络的研究陷入低谷。1982 年约翰·霍普菲尔德提出一种新的全互联型 Hopfield 神经网络模型,他提出了系统的能量函数,把有反馈的神经网络看作一个非线性动力学系统,用于系统稳定性的分析。利用模拟电子线路构造的 Hopfield 神经网络的电路模型,特别适合解决人工智能中的组合优化问题,如计算复杂度为 NP 型的推销员问题[4],这一突破性进展使神经网络研究开始复苏。1983 年杰弗里·欣顿(Geoffrey E. Hinton)和特伦斯·谢诺夫斯基(Terrence Sejnowski)研制出可以求解非线性动力学系统优化问题的神经网络模型。1986 年戴维·鲁梅尔哈特和欣顿等人在杂志 *Nature* 上提出误差反向传播神经网络学习算法[10],解决了多层神经网络中隐含层单元连接权值的学习问题,实现了明斯基的多层网络设想。在传统的正向传播模型中,输入信号从输入层经多个隐含层逐层处理,并向输出层传播,每一层神经元的输出只影响下一层的状态。而反向传播模型属于误差修正型学习,它的学习过程是由输入的正向传播和误差的反向传播两部分组成。当正向传播过程中输出与期望输出存在误差时,将该误差进行反向传播,由后向前修改各层神经元之间的连接权值,逐步调整,最终减小输出误差[10]。

联结主义方法的代表人物主要是麦卡洛克、霍普菲尔德等人。他们认为,**模拟人的智能要依靠仿生学,特别是要模拟人脑,建立脑模型**。他们对物理符号系统假设持不同的意见,认为人脑不同于电脑。**人类思维的基本单元是神经元,而不是符号,智能是相互联结的神经元竞争与协作的结果**。用电脑模拟人脑,应着重于结构模拟,即模拟人的生理神经网络结构,并认为功能、结构和行为是密切相关的,不同的结构表现出不同的功能和行为。

在神经网络中,知识是由网络的各个单元之间相互作用的加权参数值来表征的,这些加权参数可以是连续的。网络的学习规则取决于以这些连续参数为变量的活动值方程,因此它描述认知和智力活动的基本单元,已经不是与生物学无关的、抽象的符号了,而是离散的、亚符号的数值变量。这样一来,**人工神经网络就向仿生学方向迈出了一大步,从微观上更接近人脑的神经元构成**。因此,人工神经网络的提出被看作是一次革命性的变革,这场革命可以称为认知科学实现的一次从符号主义到联结主义研究范式的转换。

近年来,深度学习技术的兴起为多层计算模型的发展创造了条件,大大提高了人工神经网络的计算能力、运行速度和训练效果。受益于其擅长发现大数据中复杂结构的优势,深度学习在语音识别、图像分析、文本挖掘等诸多技术领域都取得了突破性的进展,在科研、商业和日常生活中扮演着越来越重要的角色。与此同时,GPU、FPGA等专用芯片的出现,为人工神经网络的硬件实现开辟了道路。

1.3.3 行为主义方法

用控制论方法进行人工智能研究由来已久,该方法认为智能取决于感知和行为,提出智能行为的感知——动作模式,通常被称为行为主义方法。追溯控制论的发展历程,大致经历了以下三个阶段。

从20世纪40年代到60年代,被称为古典控制理论时期。这一时期主要是解决单输入单输出问题,通过采用传递函数、频率特性、根轨迹为基础的频率分析法,研究线性定常系统。这一时期的理论能够较好地解决生产过程中单输入单输出问题,代表人物有博德(H. W. Bode)和埃文斯(W. R. Evans)。

20世纪60年代,由于计算机的飞速发展,控制论进入现代控制理论时期。人们把古典控制理论中的一个高阶常微分方程,转化为一阶微分方程组,用以描述系统的动态过程,被称为状态空间法。这种方法可以解决多输入多输出问题,从定常的线性系统,扩展到时变的非线性系统。这一时期的代表人物有列夫·西门诺维奇·庞特里亚金(Lev Semenovich Pontryagin)、卡尔·贝尔曼(Carl M. Bellman)及鲁道夫·卡尔曼(Rudolph Kalman)等。

20世纪70年代起,控制论向着广义系统理论的方向发展。一方面,用控制和信息的观点,研究广义系统的结构表示、分解方法和协调等问题;另一方面,研究并模拟人类的感知和行为,研制具有仿生功能的信息处理过程与控制。这一时期代表人物有钱学森、傅京逊、乔治·萨里迪斯(George N. Saridis)等。

行为主义方法早期的工作,主要是模拟人在控制过程中的智能行为和作用,如自寻优、自适应、自校正、自镇定等,研制所谓的控制论动物。到20世纪80年代,诞生了智能控制系统和智能机器人,使行为主义方法在人工智能研究中掀起高潮。行为主义的代表人物罗德尼·

布鲁克斯(Rodney Brooks)于1988年发明了六足行走机器,这是一个基于感知—动作模式的、模拟昆虫行为的控制系统。多级倒立摆控制系统和机器人之间的协同成为行为主义方法研究的典型代表。

控制论的一个重要分支是机器人学。这个领域涵盖了从机器人感知、手臂的最佳移动,到实现机器人目标的动作序列规划等各个方面,控制是其中极为重要的内容。类似心理学的刺激——反应,机器人只要某个触发条件被满足,则可经控制采取相应的行动。如果触发条件完备,而相应的行动之间的差别也很明显,则无需智能也能做出精确的反应。机器人控制的精度,取决于电路的集成密度、控制运算部件的速度、存储器的容量、可编程芯片的性能、诊断和通信、伺服系统的精度等。

传统的控制论把被控对象的输出和输入之间的关系用传递函数表示,要求精确的数学模型,这常常是很困难的。一些学者研究自学习、自组织的控制机理,把人工智能技术引入到控制系统中。杰里·蒙代尔(Jerry Mendel)教授在空间飞行器控制中采用了学习的机理,并提出了人工智能控制的概念。1967年利昂德斯(C. T. Leondes)和蒙代尔首次引入智能控制一词。从20世纪70年代开始,傅京逊、格洛里瑟(Gloriso)和萨里迪斯等人提出智能控制就是人工智能与控制论的交叉学科,并创立了人机交互式分级递阶智能控制的系统结构。20世纪80年代,微处理器及嵌入式系统的发展,为智能控制器的开发提供了条件。人工智能中关于知识表达、推理技术及专家系统的设计与建造方面的技术进展也为智能控制系统的研究提供了新的途径。1992年美国国家科学基金会和美国电力研究院联合发出《智能控制》研究项目倡议书,1993年IEEE控制系统学会智能控制专业委员会成立智能控制小组,1994年在美国奥兰多召开了IEEE全球计算智能大会,将模糊控制、神经网络、进化计算融合在一起,扩展了智能控制的内涵。

智能控制是指一大类具有仿人的智能行为特征的控制策略，是对于那些模型参数甚至结构是变化的，或者难以用数学方法精确描述的，具有非线性、不确定性、时变特征的被控对象而言的。智能控制的外部环境难以用数学参量进行约束，要求具有自组织、自学习、自适应能力，也就是智能行为的能力，自主机器人就是一例。控制方法可以是基于模式识别的学习控制，基于专家系统的规则控制，基于模糊集合的模糊控制，基于人工神经网络的神经控制等。**多级倒立摆是一个典型的智能控制的例子。它是一个变结构的、无法用精确数学模型描述的恒不稳定系统，但可以通过规则系统进行训练学习，并具有一定的抗外界干扰能力。通过倒立摆控制，可以展现智能控制中的自组织、自学习、自适应能力。**

前面提到的符号主义方法、联结主义方法、行为主义方法都是对人类智能的模拟。50多年来，人工智能虽然取得了很大成就，但至今尚未形成一个普遍认可的理论体系，各个学派对人工智能的基本理论问题，诸如定义、基础、核心、学科体系以及人工智能与人类智能的关系等，均有不同的观点。不管它们的研究策略有什么不同，但所研究的人工智能问题，都常常是人类智能中的一个确定性的范畴。从哲学、脑科学、认知科学、数学、心理学、语言学等更广泛的角度看人类的智能，尤其是不确定智能，还有很多并未涉及，如人的情感、联想、顿悟、灵感、直觉等。

1.4 人工智能的学科大交叉趋势

1.4.1 脑科学与人工智能

人脑被认为是自然界中最复杂、最高级的智能系统。揭示大脑的工作机制，了解人类精神和智力的奥秘，正是千百年来对人类最富吸引力也最具挑战意义的问题。对人脑的探索，人类已走过漫长的道路。早在公元前400年,古希腊医师希波克拉底(Hippocrates)就提出脑是智慧的器官。17世纪笛卡儿提出了反射的概念;19世纪末卡哈尔(S. R. Cajal)发明的以他的名字命名的染色法奠定了神经元学说基础;进入20世纪后,巴甫洛夫创立了高级神经活动的条件反射学说;40年代微电极的发明开创了神经生理研究,对神经活动的认识出现了重大飞跃;60年代神经科学蓬勃发展,从细胞与分子水平研究脑科学,无创伤大脑成像技术为人们认识活体脑的活动及分析其机制提供了前所未有的有效工具;90年代人们开始重视脑科学研究中整合性的观点,1989年美国率先推出了全国性的脑科学计划,并把20世纪最后10年命名为“脑的十年”。从脑科学与神经生理学家获得诺贝尔奖的情况(表1.1)不难看出,人类在探求脑的崎岖之路上迤逦而行,同时也取得了辉煌成就。

表1.1 脑科学与神经生理学家获得诺贝尔奖的情况

时间	国家	姓名	主要贡献
1904	俄国	巴甫洛夫(I. P. Pavlov 1849—1936)	提出了条件反射和信号学说
1906	意大利	高基(C. Golgi 1843—1926)	关于神经系统构造的研究
	西班牙	卡哈尔(S. R. Cajal 1852—1934)	
1932	英国	谢灵顿(C. S. Sherrington 1857—1952)	关于神经元功能的研究
	英国	阿德里安(E. D. Adrian 1889—1977)	
1936	英国	戴尔(H. H. Dale 1875—1968)	关于神经冲动的化学传递的研究
	奥地利	洛伊(O. Loewi 1873—1961)	
1944	美国	厄兰格(J. Erlanger 1874—1965)	对单根神经纤维功能的研究
	美国	加塞(H. S. Gasser 1888—1963)	

（续）

时间	国家	姓名	主要贡献
1949	瑞士	赫斯（W. R. Hess 1881—1973）	对间脑的机能，特别是对内脏活动的调节机能的研究
1963	澳大利亚	埃克尔斯（J. C. Eccles 1903—1997）	对神经元兴奋与抑制的离子机制的研究
	英国	霍奇金（A. L. Hodgkin 1914—1998）	
	英国	赫胥黎（A. F. Huxley 1917—2012）	
1970	英国	卡茨（B. Katz 1911—2003）	发现神经末梢的化学递质及对递质的储藏、释放、激活等机制的研究
	瑞典	奥伊勒（U. S. V. Euler 1905—1983）	
	美国	阿克塞尔罗德（J. Axelrod 1912—2004）	
1977	美国	吉尔曼（R. Guillemin 1924— ）	对下丘脑促垂体激素的研究
	美国	沙利（A. V. Schally 1926— ）	
1981	美国	斯佩里（R. Sperry 1913—1994）	对大脑两半球功能特异性的研究
2000	美国	卡尔松（A. Carlsoon 1923— ）	对神经系统的信号传导的研究
	美国	格林加德（P. Greengard 1925— ）	
	美国	坎德尔（E. R. Kandel 1929— ）	

脑科学的目的是认识脑、保护脑和创造脑。人工智能目前是用电脑模拟人脑，力图制造人工脑，因此脑科学和人工智能的交叉是必然的。

脑科学从分子水平、细胞水平、行为水平和整体水平对脑功能和疾病进行综合研究，并从脑的发育过程了解脑的构造原理。人工智能研究怎样用计算机来模仿人脑所从事的推理、学习、思考、规划等思维活动，解决人类专家才能处理的复杂问题。人脑研究是人工智能的必要前提。脑的复杂性体现在它是由太（10^{12}）个数量级的神经元和拍（10^{15}）个数量级的突触联结组成的信息处理和决策系统。人们的认知活动反应在大脑上很可能对应着一定的生理上的化学、电学变化。但是目前生命科学还不能在思维活动与亚细胞的化学、电学层次的活动之间建立确切的关系。例如，一个概念如何以生物学形式存储，它与其他概念发生联系的生物学过程是什么,至今还没有搞清楚;同时也不能断定什么样的神经构造可以决定哪些认知模式的发生。脑科学今后的任务仍将是从多层次来研究脑的整合功能,包括脑如何感知、如何思维、如何理解语言、如何产生情感,并把对神经活动的认识推向细胞和分子水平,这些研究都将有助于推动人工智能科学的发展。

尽管经过脑科学多年的探索,意识的本质仍然是一个未解之谜,但这并不能妨碍我们用机器去模拟人的智能的努力。脑科学研究的进展对人工智能的影响是毋庸置疑的,在对待脑科学与人工智能关系的问题上,要树立揭示脑功能的本质、预防和治疗脑的疾病及创造具备人脑特点的智能计算机的学科交叉意识,也就是树立认识脑、保护脑和创造脑的学科交叉意识。

1.4.2 认知科学与人工智能

认知科学是从认知心理学发展起来的。认知科学首次出现于公开发行物,是在1975年波布洛(D. Bobrow)和柯林斯(A. Collins)编著的 *Representation and Understanding: Studies in Cognitive Science* 一书中。1977年《认知科学》创刊。1979年在加利福尼亚大学圣迭戈分校召开了第1届认知科学会议,比人工智能的达特茅斯会议晚了23年。在这次会议上,主持人诺曼(D. A. Norman)所作的报告"认知科学的12个主题"为认知科学的研究选择了战略目标,成为认知科学的纲领性文献[11]。

认知科学是研究人类感知和人类思维信息处理过程的科学,包括研究感知、记忆、学习、语言和其他认知活动。感知是大脑通过各种感觉器官,接受外界的声、光、触、嗅等信息,其中视觉感知起着重要的作用。记忆是对感知的保持,有了记忆,当前的反映才能在以前反映的基础上进行;有了记忆,人才能积累经验;记忆是大脑的本能,遗忘是记忆的丢失,也是人类智能的表现。学习是基本的认知活动,学习的神经生物学基础是神经细胞之间的联系结构突触的可塑性变化，该方向的研究已经成为当代脑科学中一个十分活跃的领域。有人把学习分为感知学习、认知学习和意义学习。学习主要是通过语言来表达的，人类智能和其他生物智能最突出的差别就在于语言，尤其是文字语言。语言以语音为外壳，词汇为材料，语法为规则。语言是结构最复杂、使用最灵活、应用最广泛的符号系统，人们通过语言进行思维的活动和认知的交流，强调语法、语义、语用和语境。

认知科学理论发展的历程中出现过四种不同的理论体系：物理符号论、联结理论、模块论和生态现实理论。心理学家加德纳（H. Gardner）指出了与认知科学有密切关系的6个学科，它们是：哲学、心理学、语言学、人类学、人工智能、神经科学。要想在人工智能中的搜索、表示、学习、优化、预测、计划、判断、自适应等方面取得突破性成果，就离不开脑科学和认知科学的支持。

1.4.3 网络科学与人工智能

21世纪是复杂性的世纪，美国社会生物学创立人爱德华·威尔逊（Edward. O. Wilson）曾说过："整个科学所面临的最大挑战在于复杂系统的准确和完全描述。过去科学家分解研究各种系统，已经对大多数的元素和影响因素都有了解，下一步的任务就是将这些元素和影响因素重新整合在数学模型当中，使得这些模型能够抓住整体的关键特征"[12]。复杂网络就是刻画复杂系统的模型，对网络拓扑的定量与定性特征的科学理解，已成为科学研究中一个极其重要的挑战性课题，被称为网络科学。

对各种各样现实网络进行抽象而形成的复杂网络，常常具有节点众多、结构复杂的拓扑特性。宋代词人张先的《千秋岁》中"莫把幺弦拨，怨极弦能说，天不老，情难绝。心似双丝网，中有千千结，夜过也,东窗未白凝残月”。其中人心是节点,丝是连边,千千结表明这种心网是一种包含数不清节点的无限网络,双丝即双向连线,将心网描写得形象、深刻而又精准。节点可以是形形色色的行为主体,主体之间相互作用,强调系统的结构并从结构角度分析系统的功能是复杂网络的研究思路。**网络化和复杂化促使人们不再仅仅关注网络的微观细节,而更注重它的整体特性,自然科学进入了网络科学研究的新时代,网络科学已经渗透到数理、生命和工程学科等众多领域。**

网络时代,从万维网到移动互联网,从大型电力网到全球交通网,从新陈代谢网到神经网,从科研合作网到社会系统中的人际关系网,可以说我们已经生活在一个错综复杂的网络社会里(图1.1),甚至于人的心理世界和感情生活中也存在着网络结构,对人的行为有着重要影响。

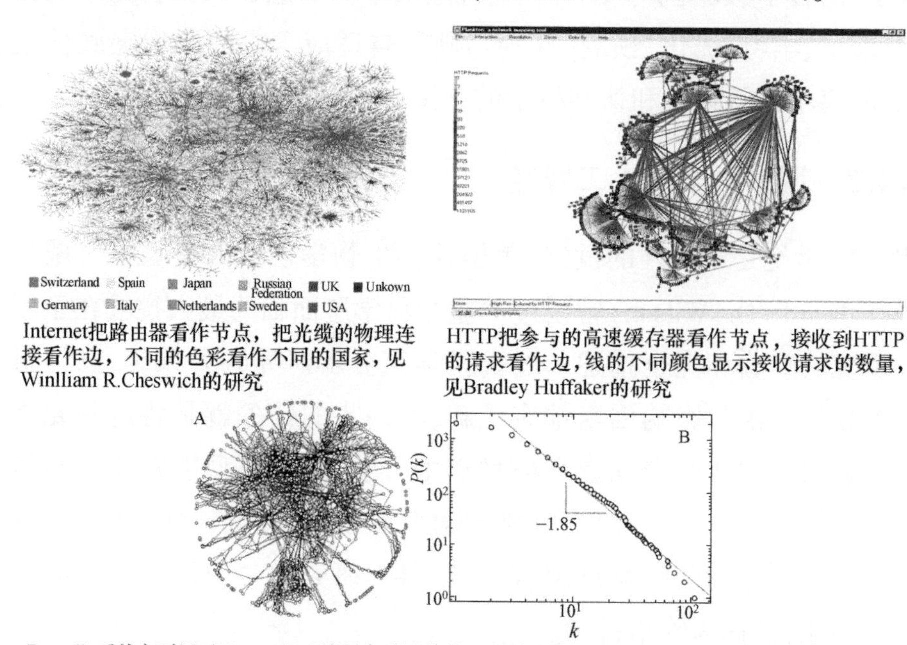

Internet把路由器看作节点，把光缆的物理连接看作边，不同的色彩看作不同的国家，见Winlliam R.Cheswich的研究

HTTP把参与的高速缓存器看作节点，接收到HTTP的请求看作边，线的不同颜色显示接收请求的数量，见Bradley Huffaker的研究

Prorally系统主要用于Playstation2控制台的图像处理和系统模拟，对由1900多个类组成的网络扑图(A)及其度分布图(B)分析表明，其结构具有“小世界”和“无尺度”特性，见S.Valverde的研究

图1.1　我们生活在网络的社会中(见彩页)

网络拓扑作为知识表示的重要手段,可抽象刻画复杂系统及交互关系,是对网络进行数据挖掘或知识发现的基础。首先要对现实世界中的物理网络进行抽象,形成拓扑结构。但是,现实世界的网络是一个演化的过程,严格数学意义下的随机网络、小世界网络和无标度网络几乎都不存在,网络拓扑模式之间也不存在严格的界限。因此,如何模拟生成能够最大程度符合现实网络统计特征的网络拓扑,利用一些典型的网络模型通过带有不确定性的生长、叠加、变异等方式生成一个个复杂网络,或者把复杂网络进行简化和抽象,是网络拓扑作为知识表示的基础性问题。其次,在用网络拓扑作为知识表示的过程中,将对象表示为节点,对象之间的关系表示为边,节点的属性,边的属性等都可以赋予特定的物理属性。例如,交通网中的城市规模、因特网中的节点吞吐量、万维网中的网站点击率、人际关系网络中的个人威望等,都可以用节点的属性来表示;而交通网络中城市间的地理距离、通信网络中节点间的带宽、万维网中超文本间的链接次数、人际关系网中的疏密程度等,都可以用边的属性表示。再次,用网络拓扑来描述现实中的复杂系统,尤其要引入时间特性,可借助物理学中的波动性来表征。以此为基础,形成计算实验平台,研究网络上的动力学行为,模拟复杂网络在什么样的临界条件下会发生网络节点的级联失效或连锁崩溃行为。总之,采用网络拓扑方式来表示知识是不确定性人工智能要研究的重要内容。

研究人与人之间基于互联网的沟通行为,可以把交流的个体作为有主体行为的节点,把主体间的某种关联映射为边,将得到一个个典型的网络拓扑。**从复杂网络拓扑特征的角度研究互联网和社区结构,探究其表面庞杂无章背后所蕴含的规律,如节点度分布的幂律特性,节点之间平均跳数很小的小世界特征,甚至超小世界特征,由于节点高集聚造成的结构不均匀性,无标度网络脆弱性和鲁棒性并存**

特性,级联失效和连锁崩溃等,这些特性揭示了复杂网络行为的一般规律。

对现实网络的拓扑挖掘是复杂网络研究的基础和出发点,拓扑结构为实际系统提供了直观的表示方法,发现不同事物的共性,揭示不同复杂系统涌现出的一般规律,是人工智能研究的一个重要途径。另一方面,网络挖掘的研究有助于理解具有复杂外部结构的网络的内在形成机制,还为网络的动力学过程研究提供了载体,在此之上可以对各种动力学过程进行仿真实验和解析分析,为复杂网络系统中一些重要的现象和问题提供更为直观的理论解释。因此可以说网络科学与人工智能已经紧密地结合在一起了。

1.4.4 学科交叉孕育人工智能大突破

科学发展到今天,一方面是高度分化,学科在不断细分,新学科、新领域不断产生;另一方面是学科的高度融合,更多地呈现交叉和综合的趋势,新兴学科和交叉学科不断涌现。回顾人类发展史,不论是自然科学还是社会科学从来都是共同发展的,都是人类知识系统的结晶。随着人类文明的进步,自然科学和人类活动的关系愈加密切,从科学本质上决定了自然科学和社会科学的交叉、融合就会越来越紧密和广泛,正在兴起的社会计算就是一个典型的例子。自然科学和社会科学都有从对方的研究中得到新的科学方法的强烈渴求,科学技术飞速发展的今天,自然科学的发展也已经越来越离不开社会科学的支持。

大学科交叉的这种普遍趋势,在人工智能领域表现得尤为突出。人工智能是哲学、脑科学、认知科学、数学、心理学、信息科学、医学、生物学、语言学、人类学等多个自然科学和社会科学交叉的结晶。对人类智能行为的研究,一旦取得突破性进展,将会对人类文明产生重大影响。而要有所突破，单靠某一个学科的发展是很难实现的，需要多个学科合作，每一个学科的研究成果都可以成为另外一个学科的研究基础或辅助手段。这方面的例子很多：比如人工智能中的人工神经网络就是借鉴了医学和生物学的研究成果；又比如按照人类基因组计划，经过艰苦的努力，科学家已绘制出人类和许多生物体的DNA序列。倘若没有自动化仪器处理大量的样例，没有高速计算机管理、储存、对比和恢复这些数据，要在数年的时间内完成人类30亿对碱基对的测序工作是完全不可能的。可以想见，作为创新思想的源泉，学科交叉与融合必将孕育人工智能的大突破，迫切需要科学家同时成为多个不同学科的真正专家。

第2章 定性定量转换的认知模型—云模型

面向不确定性的人工智能，首先要解决语言文字中不确定性的形式化表示问题。语言文字使人类获得了一个强有力的思维工具，是人类智能与其他生物智能的根本区别。人工智能用机器模仿人脑的思维活动，就必须解决语言文字在机器里如何表示这一实质性问题，而这个任务正是由形式化来担当的。

2.1 不确定性人工智能研究的切入点

2.1.1 人类智能研究的多个切入点

人工智能研究50多年来，人们试图从不同的切入点研究人的智能和人工智能。从较高层次的物理符号假说切入，认为认知基元是符号，智能行为通过符号操作来实现，着重问题求解中的启发式搜索和推理过程；从较低层次的人脑神经构造切入，建立人工神经网络，认为人的思维基元是神经元，把智能理解为相互联结的神经元竞争与协作的结果，着重结构模拟，研究神经元特征、神经元网络拓扑、学习规则、网络的非线性动力学性质和自适应的协同行为；从“感知—行为”切入，认为没有反馈就没有智能，强调智能系统与环境的交互，通过感知从运行的环境中获取信息,通过自己的动作对环境施加影响;从更低层次的细胞和亚细胞切入,通过研究脑细胞、亚细胞的电化学反应来了解人在情感和活动上的变化。

事实上,数学的公理常常要依靠自然语言来描述其背景和条件,是与自然语言紧密联系的。**人们在数学的深入研究过程中,常常专注于越来越复杂的形式化符号,却忽略了即使是严谨的数学也是要用自然语言来作为元语言支撑这一事实。**

自然语言是人类智慧的结晶,是人类智能的重要体现,具有不可替代性。**因此从自然语言这一层面切入研究人类智能,研究自然语言中的不确定性及其形式化表示方法,是不确定性人工智能的基础,是一个无法回避且不可替代的切入层面。**

2.1.2 抓住自然语言中的概念不放

人脑的思维不是纯数学的,自然语言才是思维的载体。自然语言中的基本单元是语言值,是人类思维的基本细胞。如同在物理学中研究物质的构成,最基本的单元是原子一样。因此我们要从自然语言中的概念切入研究不确定性智能。

认知科学家和脑科学家认为,客观世界涉及物理客体,主观世界从认知单元和它指向的客体开始,反映主客观内外联系的特性。任何思维活动都是指向一定客体的,通过客体的存在映射到主观意识自身的存在。人与环境的相互作用,包括人体的所有运动和感知活动,都要反映到人脑的神经活动中来。人脑将客观物体的形状、颜色、序列及主观的情绪状态等进行分类,产生另一层次的表示,这就是抽象的概念,并通过语言值表现出来。人脑进一步选取概念,并激发产生相应的词语,或反过来根据从另外一些人或环境那里接受到的词语抽取相应的概念。**与概念直接关联的语言值能够起到浓缩认**

知的作用,将客观世界进一步分类,并把概念结构的复杂性降低到可以掌握的程度。对事物和现象的感觉和知觉,在头脑中进行加工的过程中,概念起到了关键作用。

人类创造了语言文字。人类使用语言文字的过程,就是运用语言文字这样的符号进行思维的过程。从人类进化的角度看,**以概念为基础的语言、理论、模型是人类认知和理解世界的方法。**

自然语言中,常常是通过语言值,主要是词来表示概念。本书中,语言值、词、概念具有同等含义,和数学、物理中的符号的最大区别,就是在语言值中有太多的不确定性。

2.1.3 概念中的随机性和模糊性

对不确定性的研究有多种方法。最早最成熟的方法就是概率论,从事件发生的必然性和偶然性出发,形成概率论、随机过程和数理统计三大分支,至今已有一百余年。后来出现的模糊集合和粗糙集合的理论,从事件的亦此亦彼性出发,分别提出了隶属度、上下近似集的思想。更通常的,不确定性度量是通过熵来定义的,有热力学的熵、信息熵等。此外,对于确定系统中的不确定性研究还有混沌和分形的方法。这些方法是从不同的视角去研究不确定性。

应该说,**随机性和模糊性是不确定性的两个基本特征,但两者之间的关联性研究一直没有引起人们足够的重视。**

在模糊集合中,用隶属度来刻画亦此亦彼的程度,相对于概率论中非此即彼的假设,是认识上的一大进步。但是隶属度通常是依靠专家的先验知识给定,或者用统计方法求得,精确的隶属度值常常带有一定的主观性。

中国学者张南纶等人曾经用统计方法求得模糊概念“青年人”的隶属度,这是一个典型的求隶属度的统计实验。张在武汉建材学院选取了129位合格人选,让他们独立给出各自认为的"青年人"的最适宜年龄段,然后分组计算相对频度,每组以中值为代表计算隶属频率,作为各点的隶属度,其结果如表2.1所列。

表2.1 概念"青年人"的隶属度

年龄	14	15	16	17	18	19
隶属度	0.0155	0.2093	0.3953	0.5194	0.9612	0.9690
年龄	20	21	22	23	24	25
隶属度	1	1	1	1	1	0.9922
年龄	26	27	28	29	30	31
隶属度	0.7984	0.7829	0.7674	0.6202	0.5969	0.2171
年龄	32	33	34	35	36	37
隶属度	0.2171	0.2093	0.2093	0.2093	0.0078	0

这个实验反映了在获取隶属度过程中,不同主体在不同环境条件下的差异性,而这些差异性体现在确定隶属度的随机性上,可以通过概率理论来解释。

概率论最基本的假设就是排中律,即事件A和事件非A的概率之和必须为1。这其中却忽略了事件A本身可能具有的模糊性 。模糊理论突破了排中律,隶属度与非隶属度之和可以大于1,但是却回避了在确定隶属度的过程中所带来的随机性,尤其是利用统计方法确定隶属度时,隶属度的随机性体现得更明显。另外,人们在使用自然语言进行交流时,所使用的概念可能并不严格区分随机性或是模糊性,而是两者兼有。如人们在使用大概、可能、偶尔、经常、左右等大量词语时,模糊性里蕴含着随机,随机性里蕴含着模糊。在描写情感、心理活动时更是如此,难以区分。

不管怎么说,自然语言中的概念是定性的,对自然语言中概念的不确定性的理解,迫切需要建立一个定性概念与定量描述之间的双向转换的认知模型,表现其不确定性。这正是本书的一个重要贡献。

2.2 用云模型表示概念的不确定性

用概念的方法把握量的不确定性,比数学表达更真实、更具有普适性。那么,如何表示用自然语言表述的定性知识呢?如何反映自然语言中的不确定性,尤其是模糊性和随机性呢?怎样实现定性和定量知识之间的相互转换?怎样体现语言思考中的弹性推理能力呢?为此,我们提出了定性定量转换的认知模型——云模型,实现定性概念与定量数值之间的双向转换。

2.2.1 云和云滴

设 U 是一个用精确数值表示的定量论域, C 是 U 上的一个定性概念,若定量值 $x \in U$,且 x 是定性概念 C 的一次随机实现, x 对 C 的确定度 $\mu(x) \in [0, 1]$ 是有稳定倾向的随机数

$$\mu: U \to [0,1] \qquad \forall x \in U \qquad x \to \mu(x)$$

则 x 在论域 U 上的分布称为云,每一个 x 称为一个云滴[13-17]。

云具有以下特征:

(1) 论域 U 可以是一维的,也可以是多维的。

(2) 定义中提及的随机实现,是概率意义下的实现。定义中提及的确定度,是模糊集合意义下的隶属度,同时又具有概率意义的分布,体现了模糊性和随机性的关联性。

(3) 对于任意一个 $x \in U$, x 到区间 $[0, 1]$ 上的映射是一对多的

变换，x 对 C 的确定度是一个概率分布，不是一个固定的数值。

(4) 云由许许多多的云滴组成，云滴之间无时序性，一个云滴是定性概念在数量上的一次实现，云滴越多，越能反映这个定性概念的整体特征。

(5) 哪个云滴出现的概率大，哪个云滴的确定度就大，该云滴对概念的贡献就大。

为了更好地理解云，可以借助(x, μ)的联合分布表达定性概念 C。书中将(x, μ)的联合分布也记为 $C(x, \mu)$。

云是用语言值表示的某个定性概念与其定量表示之间的双向认知模型，用以反映自然语言中概念的不确定性，不但可以通过经典的概率论和模糊数学给出解释，而且反映了随机性和模糊性之间的关联，尤其是用概率的方法去研究模糊性，构成定性和定量之间的相互映射。

云从自然语言中的基本语言值切入，研究定性概念的量化方法，具有直观性和普遍性。定性概念转换成一些定量值的集合，具体而言，是转换成论域空间中一些点的集合，这是个离散的转换过程，具有偶然性。每个特定点的选取是个随机事件，可以用其概率分布函数来描述。**云滴的确定度反映了模糊性，这个值自身也是个随机值，可以通过概率分布函数来描述**。在论域空间中，大量云滴构成的云，可伸缩、无边沿，远观有形，近看无边，与自然现象中的云有着相似之处，所以用“云”来命名概念与数值之间的数学转换是很自然的。

云可以用图形表示，简称云图。云的几何形状对理解定性和定量之间的转换很有帮助。下面以二维平面上“坐标原点附近”这一个基本概念为例，说明云滴是如何表示概念的，本书给出三种可视化方法[18]，如图 2.1 所示。

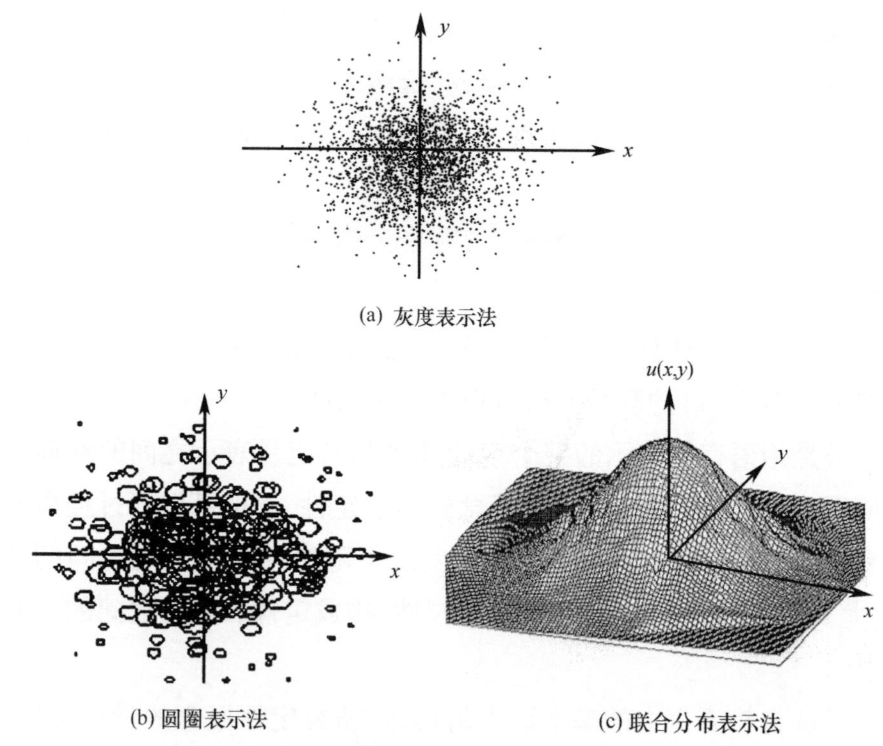

(a) 灰度表示法

(b) 圆圈表示法

(c) 联合分布表示法

图 2.1　概念“坐标原点附近”的三种可视化方法

图 2.1(a)给出了云滴在二维论域中的位置,一个点表示一个云滴,同时,用该点的灰度表示出这个云滴能够代表概念“坐标原点附近”的确定度。图 2.1(b)用数域里的一个圆圈表示一个云滴,显示云滴在数域中的位置,圆圈的大小表示出这个云滴能够代表概念的确定度。图 2.1(c)是云滴与确定度的联合分布 $C(x,y,\mu)$,其中,(x,y)是二维论域空间中云滴的位置,μ 是反映该云滴能够代表概念 C 的确定度,在这个空间里所有的 μ 值形成一个曲面图。

2.2.2　云的数字特征

概念的整体特性可以用云的数字特征来反映,这是定性概念的整体定量特性,对理解定性概念的内涵和外延有着极其重要的意义。

云模型用期望 *Ex*（Expected Value）、熵 *En*（Entropy）和超熵 *He*（Hyper Entropy）三个数字特征来整体表征一个概念。

期望 *Ex*：定性概念的基本确定性的度量，是云滴在论域空间分布中的数学期望。通俗地说，就是最能够代表定性概念的点，或是这个概念量化的最典型样本。

熵 *En*：定性概念的不确定性度量，由概念的随机性和模糊性共同决定。一方面，熵是定性概念随机性的度量，反映了能够代表这个定性概念的云滴的离散程度；另一方面，又是隶属于这个定性概念的度量，决定了论域空间中可被概念接受的云滴的确定度。用同一个数字特征来反映随机性和模糊性，反映了它们之间的关联性。

超熵 *He*：熵的熵，是熵的不确定性度量，也可以称为二阶熵。对于一个常识性概念，被普遍接受的程度越高，超熵越小；对于一个在一定范围内能够被接受的概念，超熵较小；对于还难以形成共识的概念，则超熵较大。超熵的引入为常识知识的表示和度量提供了手段。

从数学的角度延伸下去，还可以有三阶熵、四阶熵等，形成高阶云。

人们是借助语言进行思维的，通常并不涉及过多的数学运算。语言文字中的不确定性，不妨碍人们正确理解其所表达的内容，也不妨碍思维推理的进行。相反，语言文字对人们的交流和理解既有基本的确定性，又留有冗余空间。云模型用三个数字特征表征概念，这和概率论中使用期望、方差、高阶矩等数字特征表示随机性是一脉相承的，但云模型还考虑了模糊性；和模糊集合中用隶属度表示模糊性相比，云模型考虑了隶属度的随机性；和粗糙集用基于精确知识背景下的上近似、下近似两个集合度量不确定性相比，云模型考虑了背景知识的不确定性。

2.2.3 云模型的种类

云模型是一个定性定量转换的双向认知模型,是云变换、云聚类、云推理、云控制等方法的基础。云模型包括正向云和逆向云两类基本算法。**正向云算法实现从用数字特征表示的定性概念到定量的数据集合的转换,是从内涵到外延的转换;逆向云算法企图实现从一组样本数据集合去获取表示定性概念的数字特征,是从外延到内涵的转换。**

云模型的实现方法可以有多种,基于不同的概率分布可以构成不同的云,如基于均匀分布的均匀云、基于高斯分布的高斯云、基于幂律分布的幂律云等。云模型的组合方法也可以有多种,如对称云、半云、组合云、聚合云等。

对称云通常表示具有对称特征的定性概念,如定性概念“中等个头”,图 2.2 所示为不同高度对“中等个头”的确定度分布。

半云通常表示具有单侧不确定性特征的定性概念,如反映病人体温的概念“发烧”,图 2.3 所示为不同体温对“发烧”的确定度分布。

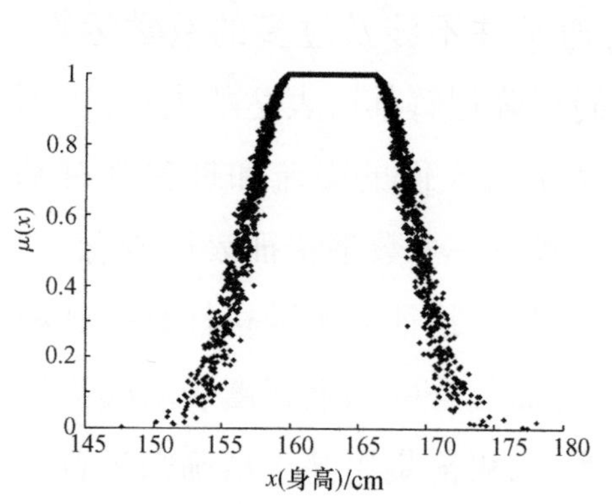

图 2.2 概念“中等个头”的对称云表示

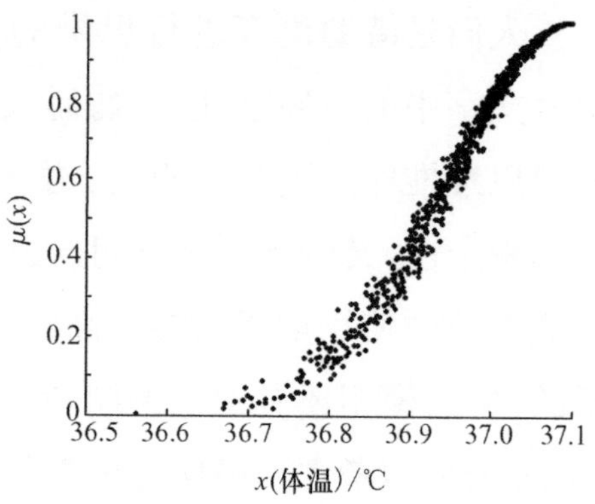

图 2.3 概念“发烧”的半云表示

也有一些概念表征的范围可能是不对称的,可用组合云表示,如表示职员工资收入时的定性概念“白领”(图2.4)。

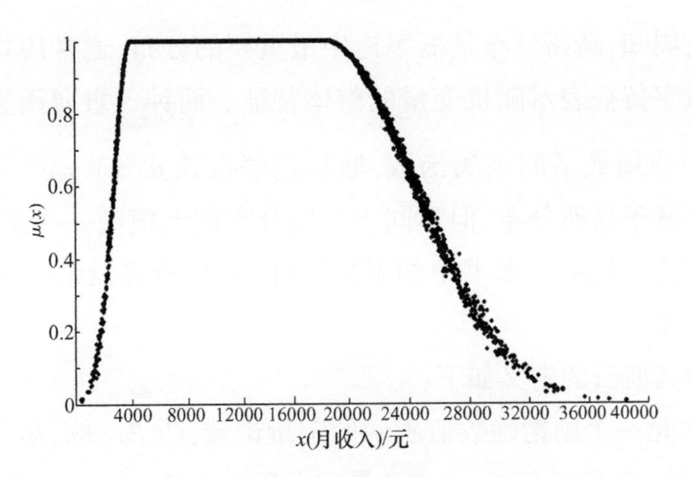

图2.4 概念“白领”的组合云表示

还可以用多维云表示具有多个属性的概念,图2.5是一个从生理年龄和心理年龄两个属性去体现“青年人”这个概念的二维云。

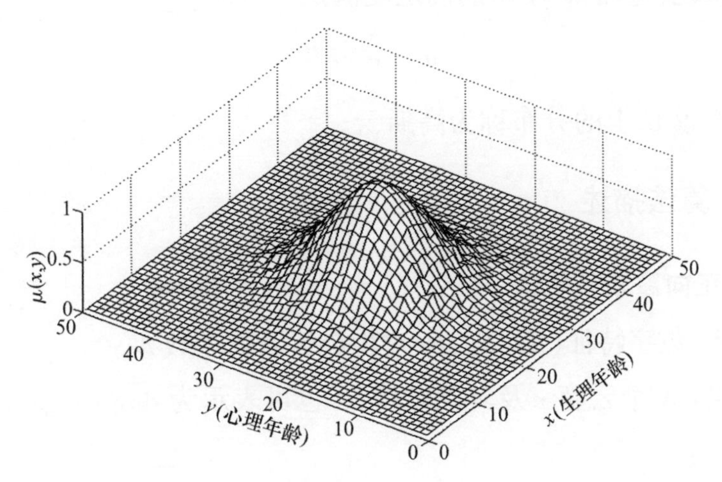

图2.5 用生理和心理年龄表示“青年人”概念的二维云模型

2.3　正向高斯云算法

众所周知,高斯分布是概率论中最重要的分布,通常用均值和方差两个数字特征表示随机变量的整体特征。而钟形隶属函数作为模糊集合中使用最多的隶属函数,通常用解析式$\mu(x)=e^{-\frac{(x-a)^2}{2b^2}}$表示。本章讨论基于高斯分布、但不同于高斯分布的云模型——高斯云,作为最常用的云模型。本书中如不加特殊说明,所提及的云模型均指高斯云模型。

正向高斯云的定义如下:

设U是一个用精确数值表示的定量论域,$C(Ex,En,He)$是U上的定性概念,若定量值x $(x\in U)$是定性概念C的一次随机实现,服从以Ex为期望、En'^2为方差的高斯分布$x\sim N(Ex, En'^2)$;其中,En'又是服从以En为期望、He^2为方差的高斯分布$En'\sim N(En, He^2)$的一次随机实现;进而,x对C的确定度满足

$$\mu=e^{-\frac{(x-Ex)^2}{2(En')^2}}$$

则x在论域U上的分布称为高斯云。

2.3.1　算法描述

1. 正向高斯云算法

输入:数字特征(Ex,En,He),生成云滴的个数N。

输出:N个云滴x及其确定度μ(也可表示为drop(x_i,μ_i),$i=1,2,\cdots,N$)。

算法步骤:

(1) 生成以En为期望值,He^2为方差的一个高斯随机数$En'_i=$

NORM(En, He^2);

(2) 生成以 Ex 为期望值,En'^2_i 为方差的一个高斯随机数 x_i = NORM(Ex, En'^2_i);

(3) 计算 $\mu_i = e^{-\frac{(x_i - Ex)^2}{2En'^2_i}}$;

(4) 具有确定度 μ_i 的 x_i 成为数域中的一个云滴;

(5) 重复步骤(1)到(4),直至产生 N 个云滴为止。

该算法既适用于论域空间为一维的情况,也可扩展到论域空间为二维甚至高维的情况。算法生成的云滴分布,称为高斯云分布。正向高斯云算法可以通过固化的集成电路来实现[19],构成相应的正向高斯云发生器,其示意图如图 2.6 所示。

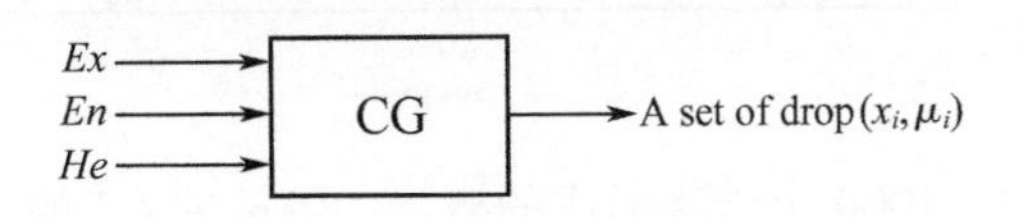

图 2.6　正向高斯云发生器

特别要关注的是:**高斯云分布不同于高斯分布,该算法两次用到高斯随机数的生成,而且一次随机数是另一次随机数的基础,是复用关系,这是本算法的关键。**

通常在生成高斯随机数时,方差是不允许等于 0 的,因此在算法中通常要求 En 和 He 都大于 0。**如果 $He = 0$,算法步骤(1)总是生成一个确定的值 En,x 就退化为高斯分布。如果 $He = 0$, $En = 0$,那么算法生成的 x 就退化为同一个精确值 Ex,且 μ 恒等于 1。从这个意义上说,确定性是不确定性的特例,高斯分布是高斯云分布的特例。**

高斯随机数的生成方法是整个算法实现的基础。几乎所有的编程语言中都有生成[0, 1]区间均匀分布随机数的函数,用均匀随机数计算生成高斯随机数时,生成的随机数序列由均匀随机函数的种子决定。利用均匀随机数生成高斯随机数或其他分布随机数的方法在有关统计计算的书中都有详细介绍。

对于一个定性概念"20km 左右",给定 $Ex = 20\text{km}$, $En = 1\text{km}$, $He = 0.1\text{km}$,生成1000个云滴,云滴及其确定度的联合分布形成的云图如图2.7所示。

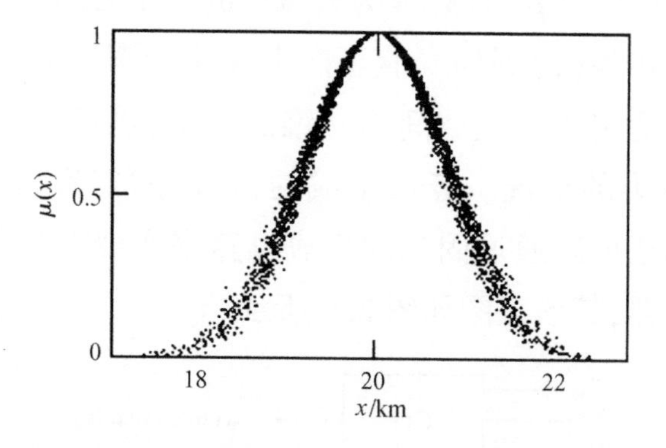

图2.7 1000个云滴形成的概念"20km 左右"的云图

一维正向高斯云算法可推广至二维、三维等。例如,给定二维高斯云模型[20]的数字特征:期望值(Ex, Ey)、熵(Enx, Eny)和超熵(Hex, Hey),可以通过二维正向高斯云算法来生成云滴。

2. 二维正向高斯云算法

输入:数字特征(Ex, Ey, Enx, Eny, Hex, Hey),生成云滴的个数N。

输出:drop(x_i, y_i, μ_i), $i = 1, 2, \cdots, N$。

算法步骤:

(1) 产生一个期望值为(Enx, Eny),方差为(Hex^2, Hey^2)的二维高斯随机数(Enx'_i, Eny'_i);

(2) 产生一个期望值为(Ex, Ey),方差为(Enx'^2_i, Eny'^2_i)的二维高斯随机数(x_i, y_i);

(3) 计算 $\mu_i = e^{-\left[\frac{(x_i - Ex)^2}{2Enx'^2_i} + \frac{(y_i - Ey)^2}{2Eny'^2_i}\right]}$;

(4) 令 drop(x_i, y_i, μ_i)为一个云滴,它是该云表示的语言值在数量上的一次具体实现,其中(x_i, y_i)为定性概念在论域中这一次对应的数值,μ_i为(x_i, y_i)属于这个语言值的程度的量度;

(5) 重复步骤(1)到(4),直到产生 N 个云滴为止。

相应的二维正向高斯云发生器如图 2.8 所示,也可通过固化的集成电路实现。

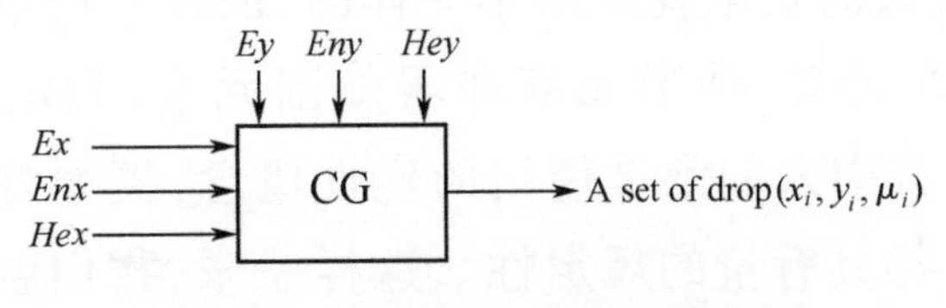

图 2.8　二维正向高斯云发生器

2.3.2　云滴对概念的贡献

一个定性概念,是由许多量化了的云滴(样本)组成的。单个云滴可以用确定度反映它属于这个概念的程度,所有云滴对这个概念都会有贡献,不同云滴群对概念的贡献是不同的。为进一步深化理解云模型,下面以一维高斯云模型为例来计算云滴群的贡献程度[21]。

一维论域 U 中,任一小区间上的云滴群 Δx 对定性概念 C 的贡献 ΔA 为

$$\Delta A \approx \mu_C(x) \times \Delta x / \sqrt{2\pi} En$$

论域上所有元素对概念 C 的总贡献 A 为

$$A = \frac{\int_{-\infty}^{+\infty} \mu_C(x) \mathrm{d}x}{\sqrt{2\pi} En} = \frac{\int_{-\infty}^{+\infty} e^{-(x-Ex)^2/2En^2} \mathrm{d}x}{\sqrt{2\pi} En} = 1$$

因为

$$\frac{1}{\sqrt{2\pi}En}\int_{Ex-3En}^{Ex+3En}\mu_C(x)\,\mathrm{d}x = 99.74\%$$

所以,对于论域 U 中的定性概念 C 有贡献的云滴,主要落在区间 $[Ex-3En, Ex+3En]$ 中。

近似地,可以忽略 $[Ex-3En, Ex+3En]$ 区间之外的云滴对定性概念 C 的贡献,这就是高斯云的“$3En$ 规则”。

如表2.2所列,通过计算可以看出,位于不同区间的云滴群(样本群)对概念的贡献程度是不一样的,因此它们也分别被称作骨干元素、基本元素、外围元素和弱外围元素,相应如图2.9所示。在自然语言中人们常常使用的定性概念,例如骨干、基本、外围、弱外围等,都具有量的规定性。这样一来,我们就通过云模型方法计算出了不确定性中的基本确定性。包括骨干元素在内的基本元素覆盖了整个概念的70%左右。如果把外围元素再考虑进去,就占了整个概念的90%多,这也许就是人们常说的八九不离十吧。

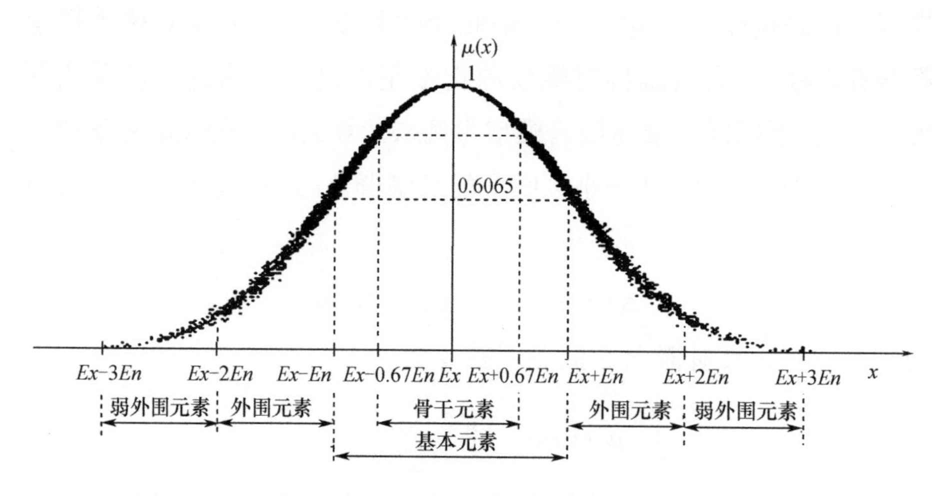

图2.9　不同区域内的云滴群(样本群)对定性概念的贡献

表 2.2 不同区间的云滴群对概念的贡献程度

名 称	区 间	贡献度
骨干元素	$[Ex-0.67En, Ex+0.67En]$	50%
基本元素	$[Ex-En, Ex+En]$	68.26%
外围元素	$[Ex-2En, Ex-En][Ex+En, Ex+2En]$	27.18%
弱外围元素	$[Ex-3En, Ex-2En][Ex+2En, Ex+3En]$	4.3%

2.3.3 用高斯云理解农历节气

高斯云模型可以很好地用来理解许多定性概念。举个例子，我国古代劳动人民在长期的农业生产实践中，积累了农事季节与气候变化的丰富经验，“春天”、“夏天”、“秋天”、“冬天”是一年 365 天中的四个季节，农历 24 节气是认识春、夏、秋、冬气候演变的重要经验总结。春、夏、秋、冬这四个语言值，可以用四个高斯云模型表征，它们的熵均为 15 天，超熵均为 0.3 天。某年某月某日属于某季节的程度，可以通过云滴的确定度来反映。

据记载，早在春秋时代，便有“二分”（春分、秋分）和“二至”（夏至、冬至）四个节气。“分”和“至”表示转折或极值，因此，分别对应春、夏、秋、冬四个定性概念的期望，这四个时刻分别属于春、夏、秋、冬的确定度为 1，云图在该点的对称性反映了季节的转折。

经过五百年左右，到了战国末期，又增加了“四立”（立春、立夏、立秋、立冬），“立”表示新季节的开始，也表示上一个季节的结束。又经过一百多年的逐步补充，到秦、汉时期，就完备起来，在二分、二至和四立这八个节气之间又各增加了两个节气，分别用天气的寒暑（小暑、大暑、处暑、小寒、大寒）、水气凝结（白露、寒露、霜降）、雨雪多少

(雨水、谷雨、小雪、大雪)和生物发育(惊蛰、清明、小满、芒种)来反映它们分别属于春、夏、秋、冬的程度。以定性概念“春”为例:雨水和谷雨这两天属于“春天”的确定度的期望值皆为0.1353,惊蛰和清明这两天为0.6065;从惊蛰到清明这一段日子对“春天”的贡献为68.26%,从雨水到谷雨这一段日子对“春天”的贡献为95.44%,从立春到立夏对“春天”的贡献为99.74%。夏天、秋天、冬天以此类推。这24个节气,不妨认为是高斯云期望曲线上的特定点,都落在 En 点的整数倍上,如图2.10所示。至于高斯云的期望曲线,在2.4.3节还会详细谈到。

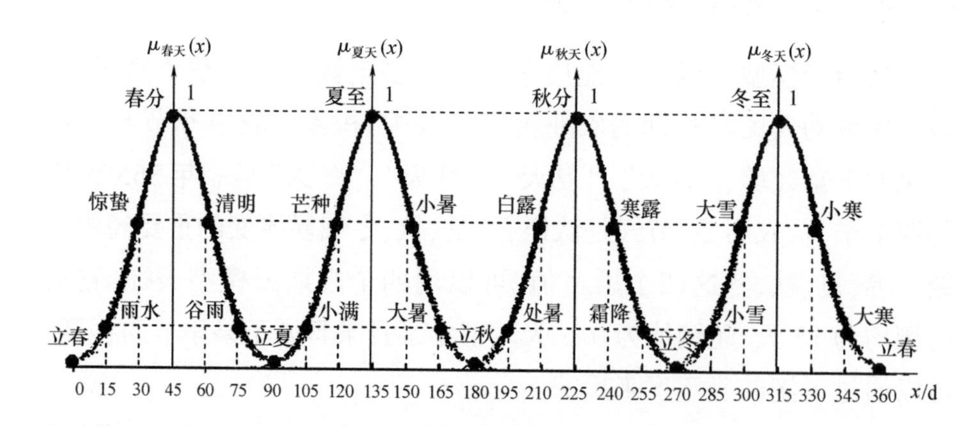

图2.10 用云模型表示24节气

2.4 高斯云的数学性质

鉴于高斯云在云模型中的重要地位,本节对其数学性质作进一步的分析。正向高斯云算法产生的所有云滴构成随机变量,有其特定的分布规律。单个云滴生成后随即进行的计算得到一个云滴确定度,所有云滴确定度又构成一个随机变量。从统计观点来看,它们都有确定的分布函数。

2.4.1 云滴分布的统计分析

根据高斯云模型的正向算法,可以看出,所有云滴最终构成一个随机变量 X,所有 En'_i 构成一个中间随机变量 S,二者之间是条件概率关系。

由高斯云算法可知,S 服从均值为 En、标准差为 He 的高斯分布,即 S 的概率密度函数为

$$f(s) = \frac{1}{\sqrt{2\pi He^2}}\exp\left\{-\frac{(s-En)^2}{2He^2}\right\}, \forall s \in U$$

当 $s=\sigma$ 时,随机变量 X 服从均值为 Ex,方差为 σ^2 的高斯分布,则 X 的条件概率密度函数为

$$f(x \mid s=\sigma) = \frac{1}{\sqrt{2\pi\sigma^2}}\exp\left\{-\frac{(x-Ex)^2}{2\sigma^2}\right\}, \forall x \in U$$

根据条件概率密度公式,高斯云分布的概率密度函数为

$$\begin{aligned} f(x) &= \int_{-\infty}^{+\infty} f(x \mid s=\sigma) f(\sigma)\,\mathrm{d}\sigma \\ &= \int_{-\infty}^{+\infty} \frac{1}{\sqrt{2\pi\sigma^2}}\exp\left\{-\frac{(x-Ex)^2}{2\sigma^2}\right\}\frac{1}{\sqrt{2\pi He^2}}\exp\left\{-\frac{(\sigma-En)^2}{2He^2}\right\}\mathrm{d}\sigma \end{aligned}$$

性质一:

高斯云分布的期望

$$E(X) = Ex$$

证明:

$$\begin{aligned} E(X) &= \int_{-\infty}^{+\infty} x f(x)\,\mathrm{d}x \\ &= \int_{-\infty}^{+\infty}\int_{-\infty}^{+\infty} x\frac{1}{\sqrt{2\pi\sigma^2}}\exp\left\{-\frac{(x-Ex)^2}{2\sigma^2}\right\}\mathrm{d}x\,\frac{1}{\sqrt{2\pi He^2}}\exp\left\{-\frac{(\sigma-En)^2}{2He^2}\right\}\mathrm{d}\sigma \\ &= \int_{-\infty}^{+\infty} Ex\frac{1}{\sqrt{2\pi He^2}}\exp\left\{-\frac{(\sigma-En)^2}{2He^2}\right\}\mathrm{d}\sigma \\ &= Ex \end{aligned}$$

性质二[22]：

当$0<He<En/3$时，高斯云分布的一阶绝对中心矩

$$E\{|X-Ex|\}=\sqrt{\frac{2}{\pi}}En$$

证明：

$$E\{|X-Ex|\}=\int_{-\infty}^{+\infty}|x-Ex|f(x)\mathrm{d}x$$

$$=2\int_{Ex}^{+\infty}\frac{x-Ex}{\sqrt{2\pi\sigma^2}}\mathrm{e}^{-\frac{(x-Ex)^2}{2\sigma^2}}\mathrm{d}x\int_{-\infty}^{+\infty}\frac{1}{\sqrt{2\pi He^2}}\mathrm{e}^{-\frac{(\sigma-En)^2}{2He^2}}\mathrm{d}\sigma$$

$$=\sqrt{\frac{2}{\pi}}\int_{Ex}^{+\infty}\frac{x-Ex}{|\sigma|}\mathrm{e}^{-\frac{(x-Ex)^2}{2\sigma^2}}\mathrm{d}x\int_{-\infty}^{+\infty}\frac{1}{\sqrt{2\pi He^2}}\mathrm{e}^{-\frac{(\sigma-En)^2}{2He^2}}\mathrm{d}\sigma$$

$$=\sqrt{\frac{2}{\pi}}\int_{-\infty}^{+\infty}\frac{|\sigma|}{\sqrt{2\pi He^2}}\mathrm{e}^{-\frac{(\sigma-En)^2}{2He^2}}\mathrm{d}\sigma$$

$$=\sqrt{\frac{2}{\pi}}En\qquad\left(\text{当}0<He<\frac{En}{3}\text{，即}\sigma\text{的取值为正}\right)$$

性质三：

高斯云分布的方差

$$D(X)=En^2+He^2$$

证明：

$$D(X)=\int_{-\infty}^{+\infty}(x-Ex)^2f(x)\mathrm{d}x$$

$$=\int_{-\infty}^{+\infty}(x-Ex)^2\frac{1}{\sqrt{2\pi\sigma^2}}\mathrm{e}^{-\frac{(x-Ex)^2}{2\sigma^2}}\mathrm{d}x\int_{-\infty}^{+\infty}\frac{1}{\sqrt{2\pi He^2}}\mathrm{e}^{-\frac{(\sigma-En)^2}{2He^2}}\mathrm{d}\sigma$$

$$=\int_{-\infty}^{+\infty}\frac{\sigma^2}{\sqrt{2\pi He^2}}\mathrm{e}^{-\frac{(\sigma-En)^2}{2He^2}}\mathrm{d}\sigma$$

$$= \int_{-\infty}^{+\infty} \frac{(\sigma - En + En)^2}{\sqrt{2\pi He^2}} e^{-\frac{(\sigma-En)2}{2He2}} d\sigma$$

$$= \int_{-\infty}^{+\infty} \frac{(\sigma - En)^2}{\sqrt{2\pi He^2}} e^{-\frac{(\sigma-En)2}{2He2}} d\sigma + \int_{-\infty}^{+\infty} \frac{En^2}{\sqrt{2\pi He^2}} e^{-\frac{(\sigma-En)2}{2He2}} d\sigma + 0$$

$$= He^2 + En^2$$

从上面性质可以看出,高斯云模型的云滴集合是一个期望为 Ex、方差为 $En^2 + He^2$ 的随机变量。这是高斯云分布的重要数学性质。

性质四[23]:

高斯云分布的三阶中心矩

$$E\{[X - E(X)]^3\} = 0$$

证明:

$$E\{[X - E(X)]^3\} = \int_{-\infty}^{+\infty} (x - Ex)^3 f(x) dx$$

$$= \int_{-\infty}^{+\infty} (x - Ex)^3 \frac{1}{\sqrt{2\pi\sigma^2}} e^{-\frac{(x-Ex)2}{2\sigma 2}} dx \int_{-\infty}^{+\infty} \frac{1}{\sqrt{2\pi He^2}} e^{-\frac{(\sigma-En)2}{2He2}} d\sigma$$

$$= 0$$

性质五[23]:

高斯云分布的四阶中心矩

$$E\{[X - E(X)]^4\} = 9He^4 + 18He^2 En^2 + 3En^4$$

证明:

$$E\{[X - E(X)]^4\} = \int_{-\infty}^{+\infty} (x - Ex)^4 f(x) dx$$

$$= \int_{-\infty}^{+\infty} (x - Ex)^4 \frac{1}{\sqrt{2\pi\sigma^2}} e^{-\frac{(x-Ex)2}{2\sigma 2}} dx \int_{-\infty}^{+\infty} \frac{1}{\sqrt{2\pi He^2}} e^{-\frac{(\sigma-En)2}{2He2}} d\sigma$$

$$= \int_{-\infty}^{+\infty} 3\sigma^4 \frac{1}{\sqrt{2\pi He^2}} e^{-\frac{(\sigma-En)2}{2He2}} d\sigma$$

$$= 3\int_{-\infty}^{+\infty} (\sigma - En + En)^4 \frac{1}{\sqrt{2\pi He^2}} e^{-\frac{(\sigma-En)2}{2He2}} d\sigma$$

$$= 3\int_{-\infty}^{+\infty}[(\sigma - En)^4 + En^4 + 6En^2(\sigma - En)^2]\frac{1}{\sqrt{2\pi He^2}}e^{-\frac{(\sigma-En)2}{2He2}}d\sigma$$

$$= 9He^4 + 18En^2He^2 + 3En^4$$

在以上五个性质的基础上,对 He 反映高斯云偏离高斯分布的程度,可以作进一步讨论:

对于一个给定的高斯云 X,可构建一个尽可能接近的高斯随机变量 X',这里“尽可能地接近”的含义是 X 和 X' 的各阶中心矩要尽可能地相等,这个构建的高斯随机变量 X' 的密度函数为

$$f(x') = \frac{1}{He\sqrt{2\pi(En^2 + He^2)}}e^{-\frac{(x'-Ex)2}{2(En2+He2)}}$$

因为 X' 的期望、方差及三阶中心矩分别为 Ex、$En^2 + He^2$ 和 0,这与高斯云分布 X 完全相同,所不同的是 X' 的四阶中心矩为

$$E\{[X' - Ex]^4\} = 3(En^2 + He^2)^2 = 3He^4 + 6He^2En^2 + 3En^4$$

与性质五中高斯云分布的四阶中心矩比较,我们发现高斯云分布 X 的四阶中心矩要比高斯分布 X' 的四阶中心矩大 $6He^4 + 12He^2En^2$。

2.4.2 云滴确定度分布的统计分析

性质六:

高斯云的云滴确定度分布的概率密度函数为

$$f(y) = \begin{cases} \frac{1}{\sqrt{-\pi\ln y}} & 0 < y < 1 \\ 0 & \text{其他} \end{cases}$$

也就是说,高斯云的云滴确定度分布与高斯云的三个数字特征无关。

证明:

根据正向高斯云生成算法，所有云滴的确定度构成随机变量 Y，每一个确定度可以看作是由随机变量 $Y_i = e^{\frac{-(X-Ex)^2}{2(En'_i)^2}}$ 产生的一个样本。

首先求出 Y_i 的分布函数 $F_{Y_i}(y)$。

当 $y \in (0,1)$ 时，

$$
\begin{aligned}
F_{Y_i}(y) &= P\{Y_i \leqslant y\} \\
&= P\left\{\exp\left[\frac{-(X-Ex)^2}{2(En'_i)^2}\right] \leqslant y\right\} \\
&= P\left\{\frac{X-Ex}{En'_i} \leqslant -\sqrt{-2\ln y}\right\} + P\left\{\frac{X-Ex}{En'_i} \geqslant \sqrt{-2\ln y}\right\}
\end{aligned}
$$

因为

$$X \sim N(Ex, En'^2_i)$$

所以

$$\frac{X-Ex}{En'_i} \sim N(0,1)$$

故

$$F_{Y_i}(y) = \int_{-\infty}^{-\sqrt{-2\ln y}} \frac{1}{\sqrt{2\pi}} e^{-\frac{t^2}{2}} dt + \int_{\sqrt{-2\ln y}}^{+\infty} \frac{1}{\sqrt{2\pi}} e^{-\frac{t^2}{2}} dt$$

此时 Y_i 的概率密度为

$$
\begin{aligned}
f_{Y_i}(y) &= F_{Y_i}(y)' \\
&= \frac{1}{\sqrt{2\pi}} e^{-\frac{(-2\ln y)}{2}} (\sqrt{-2\ln y})' - \frac{1}{\sqrt{2\pi}} e^{-\frac{(-2\ln y)}{2}} (-\sqrt{-2\ln y})' \\
&= \frac{1}{\sqrt{-\pi\ln y}} \quad y \in (0,1)
\end{aligned}
$$

而当 $y \geqslant 1$ 时，$F_{Y_i}(y) = 1$；当 $y \leqslant 0$ 时，$F_{Y_i}(y) = 0$。故 Y_i 的概率密度为

$$
f(y) = \begin{cases} \dfrac{1}{\sqrt{-\pi\ln y}} & 0 < y < 1 \\ 0 & \text{其他} \end{cases}
$$

由此可见，无论 En'_i 取何值，随机变量 Y_i 的概率密度函数都不变，即所有的确定度都来自一个密度为

$$f(y) = \begin{cases} \dfrac{1}{\sqrt{-\pi \ln y}} & 0 < y < 1 \\ 0 & 其他 \end{cases}$$

的随机变量。故 $f(y)$ 就是随机变量 Y 的概率密度函数，其形态如图 2.11所示。

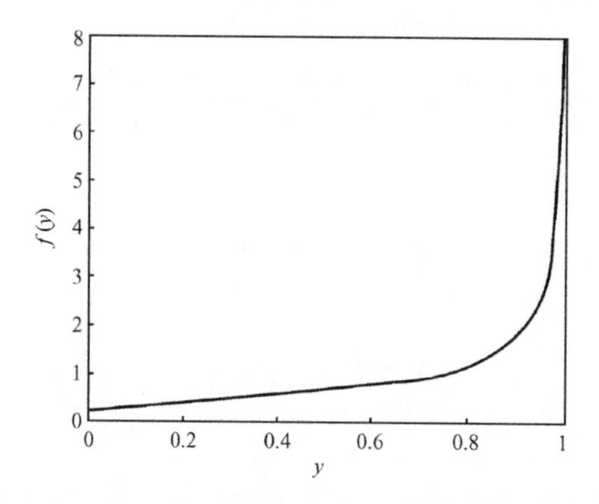

图 2.11　确定度的概率密度函数曲线

云滴的确定度分布和概念的数字特征的无关性，也就是和概念内涵的无关性，正好说明了虽然个体上对同一个概念的认知是有差异的，但总体认知规律是一致的。这正是云模型的价值所在，也可以说是一个重要的发现。

对于论域空间 U 中的 x_i，还可以研究联合分布 $C(x_i, \mu_i)$ 的概率密度函数。

当论域空间 U 是一维时，$C(x_i, \mu_i)$ 是一个二维的随机变量，可以计算其联合概率密度函数。由前面分析可知

$$f_Y(y) = \begin{cases} \dfrac{1}{\sqrt{-\pi \ln y}} & 0 < y < 1 \\ 0 & 其他 \end{cases}$$

对任意 $\mu = y$，

$$X = Ex \pm \sqrt{-2\ln y}\,En'$$

因为 $En' \sim N(En, He^2)$，所以 X 也服从高斯分布，计算得其概率密度函数为

$$f_X(x \mid \mu = y) = \begin{cases} \dfrac{1}{\sqrt{2\pi} \times \sqrt{-2\ln y}\,He} e^{\frac{-(x-Ex-\sqrt{-2\ln y}\,En)^2}{2(\sqrt{-2\ln y}\,He)^2}} & Ex \leqslant x < +\infty \\ \dfrac{1}{\sqrt{2\pi} \times \sqrt{-2\ln y}\,He} e^{\frac{-(x-Ex+\sqrt{-2\ln y}\,En)^2}{2(\sqrt{-2\ln y}\,He)^2}} & -\infty < x \leqslant Ex \end{cases}$$

故 $C(x_i, \mu_i)$ 的联合概率密度函数为

$$\begin{aligned} f_{X,\mu}(x,y) &= f_\mu(y) f_X(x \mid \mu = y) \\ &= \begin{cases} \dfrac{1}{2\pi He\ln y} e^{\frac{(x-Ex-\sqrt{-2\ln y}\,En)^2}{4He^2\ln y}} & 0 < y \leqslant 1, \quad Ex \leqslant x < +\infty \\ \dfrac{1}{2\pi He\ln y} e^{\frac{(x-Ex+\sqrt{-2\ln y}\,En)^2}{4He^2\ln y}} & 0 < y \leqslant 1, \quad -\infty < x \leqslant Ex \end{cases} \end{aligned}$$

当论域空间为二维时，其联合概率密度函数呈现为三维，随着维数的增加，将更为复杂。

2.4.3 高斯云的期望曲线

当论域为一维时，虽然联合分布 $C(x_i, \mu_i)$ 的概率密度函数形式复杂，但是产生的样本形成的云图具有明显的几何特征，可以借助回归曲线和主曲线来研究其整体特征。

高斯云的回归曲线的形成过程为：对于给定的 x_i，对应的确定度 μ_i 的期望值为 $E\mu_i$，不同的 x_i 对应的 $E\mu_i$ 拟合形成回归曲线。高斯云的回归曲线为

$$f(x) = \int_{-\infty}^{+\infty} \frac{1}{\sqrt{2\pi}He} e^{-\frac{(y-En)^2}{2He^2}} \times e^{-\frac{(x-Ex)^2}{2y^2}} \mathrm{d}y$$

其解析形式难以求出,但可通过线性逼近的方法近似求得。

与回归曲线不同,高斯云的主曲线的每一点是投影到该点的所有点的期望值。高斯云的主曲线的解析形式也难以给出,但仍可通过线性逼近的方法近似求得。

回归曲线和主曲线都反映云图几何形状的整体特征,前者是考虑垂直方向的期望,后者是考虑正交方向的期望。能否考虑水平方向的期望来定义期望曲线呢?下面从这种角度来分析高斯云的期望曲线。

由 $\mu = e^{-\frac{(x-Ex)^2}{2En'^2}}$ 知道,对任意的 $0 < \mu \leqslant 1$

$$X = Ex \pm \sqrt{-2\ln\mu}En'$$

因为 En' 是一个随机变量,所以 X 是对称地位于 Ex 两边的随机变量,可只对 $X = Ex + \sqrt{-2\ln\mu}En'$ 进行分析,对 $X = Ex - \sqrt{-2\ln\mu}En'$ 的讨论完全类似。

由 $En' \sim N(En, He^2)$ 知 X 服从高斯分布,期望为 $E(X) = Ex + \sqrt{-2\ln\mu}En$,标准差为 $B = \sqrt{DX} = \sqrt{-2\ln\mu}He$。

由 $E(X) = Ex + \sqrt{-2\ln\mu}En$ 解出

$$\mu = e^{-\frac{(E(X)-Ex)^2}{2En^2}}$$

即曲线

$$\mu(x) = e^{-\frac{(x-Ex)^2}{2En^2}}$$

是这样形成的:对于每一个固定的 μ_i,对应的云滴的期望值为 Ex_i,期望曲线上的每一点就是每一个 μ_i 对应云滴的期望值 Ex_i。我们可以将此曲线称为高斯云的期望曲线。

用期望曲线方法研究数据集在空间随机分布中的统计规律性,反映高斯云的重要几何特征。对高斯云来讲,回归曲线和主曲线的解析形式难以给出,以上定义的期望曲线能给出明确的解析形式。这三种期望曲线都平滑地穿过云滴中间,勾画出云的整体轮廓,是云滴集合的骨架,所有的云滴都在期望曲线附近随机波动。**回归曲线、主曲线和期望曲线分别从垂直方向、正交方向、水平方向按波动情况,形成三种不同意义的"中间",只是分析问题的切入点不同而已。**

图2.12中的曲线就是概念 $C(Ex = 0, En = 3, He = 0.5)$ 对应的 $C(x, \mu)$ 的期望曲线。

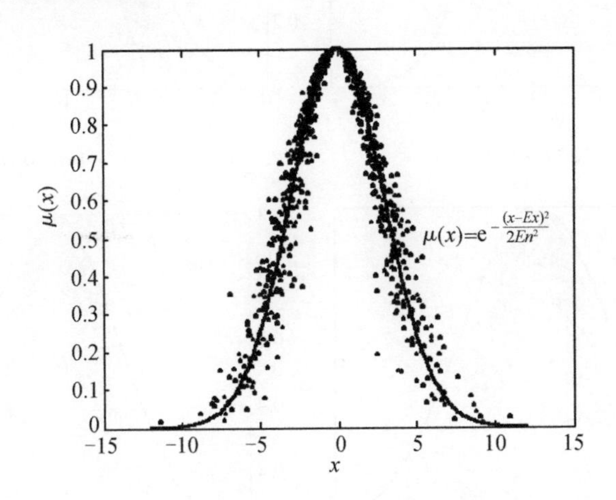

图2.12 概念 $C(Ex=0, En=3, He=0.5)$ 对应的 $C(x, \mu)$ 的高斯云期望曲线

2.4.4 从云到雾

高斯云中的熵 En 和超熵 He 是概念的不确定性度量,超熵和熵之间的比值关系直接影响着所表征概念形成共识的程度。

(1) **当 $He=0$ 时,数据样本对概念的确定度是确定的,高斯云的云滴呈严格的高斯分布**,如图2.13(a)所示,概念外延聚集,形成共识,是一个成熟的概念。

(2) **当 $0<He<En/3$ 时,数据样本对概念的确定度呈现出不确定性,高斯云的云滴逐渐偏离高斯分布,呈泛高斯分布状态。**

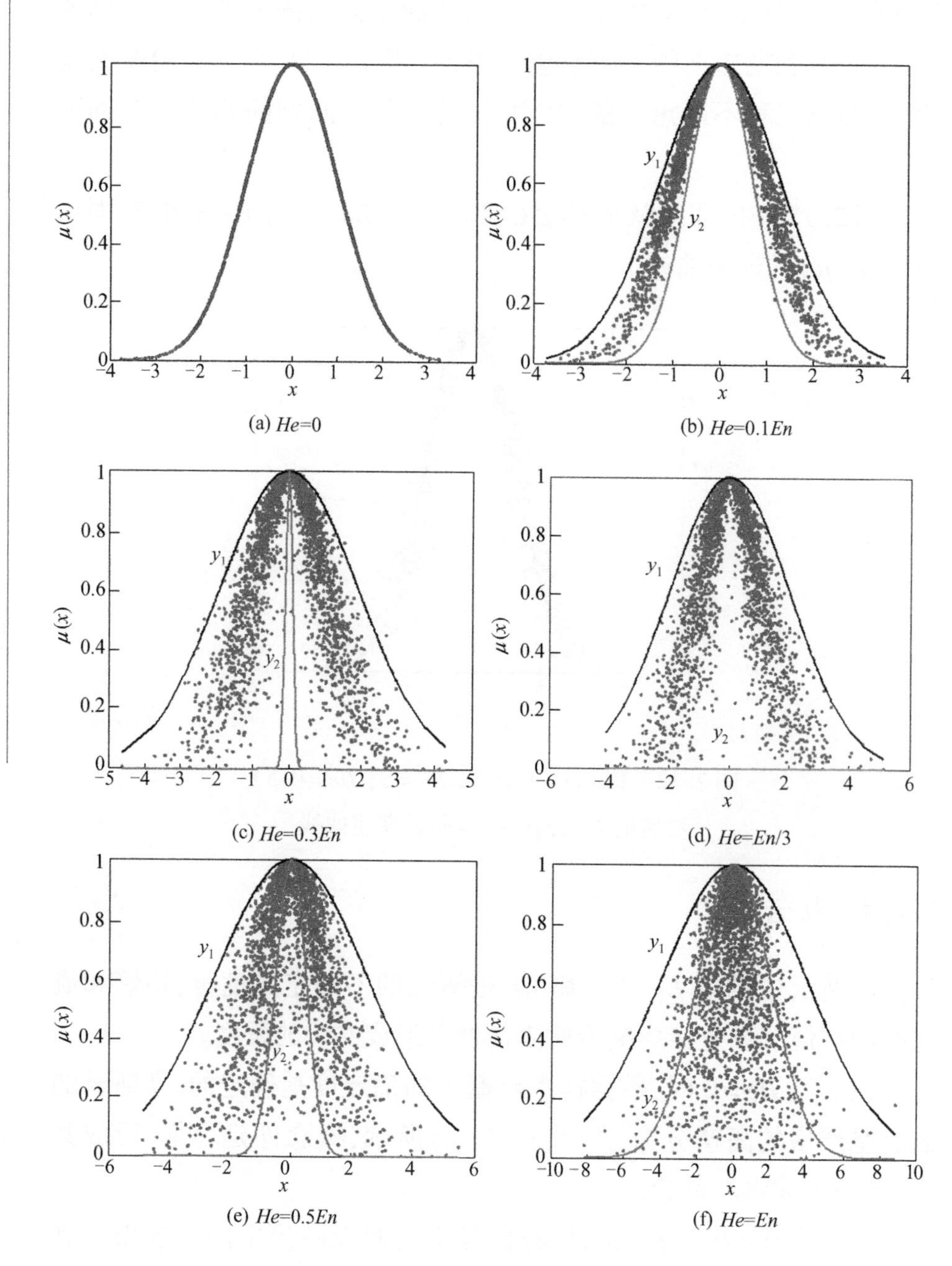

(a) He=0　(b) He=0.1En

(c) He=0.3En　(d) He=En/3

(e) He=0.5En　(f) He=En

图 2.13　从云到雾的演变过程(见彩页)

由 $3En$ 规则可知

$$P\{En - 3He < En' < En + 3He\} = 0.997$$

因此，当 $0 < He < En/3$ 时，99.7%的云滴落在外包络曲线

$$y_1 = \exp\left[-\frac{(x - Ex)^2}{2(En + 3He)^2}\right]$$

和内包络曲线

$$y_2 = \exp\left[-\frac{(x - Ex)^2}{2(En - 3He)^2}\right]$$

之间的区域内，如图2.13(b)、(c)所示。

（3）当 $He = En/3$ 时，由于 y_2 的指数趋向负无穷大，函数值趋于0，如图2.13(d)所示。高斯云的云滴更加分散，不再汇聚成云，呈现雾状，此时概念不能形成共识，高斯云的期望曲线不再明显，称为雾。

（4）如果 $He > En/3$，曲线 y_2 的内径开始加宽，部分云滴落在曲线 y_1 与 y_2 所围成的区域之外，如图2.13(e)所示。随着 He 继续增大，越来越多的云滴超出了两曲线所围区域，如图2.13(f)所示。而最终变化趋势为：$\lim_{He\to\infty} y_2 \to y_1$，即两条函数曲线趋向重合，此时所有云滴均逃离了两曲线所包络的范围。

由此可见，高斯云在表征概念时，$He = En/3$ 处是一个明显的分界，**为此，可定义一个新的概念——概念含混度（Confusion Degree，CD）**

$$CD = \frac{3He}{En}$$

来衡量概念外延的离散程度，也即高斯云分布偏离高斯分布的程度。含混度为0，则概念外延汇聚，形成共识，是一个成熟概念；含混度为1，则概念外延发散，难以形成共识，概念雾化。有时我们也会用成熟度描述问题，含混度与成熟度是一个问题的两个方面。

2.5 逆向高斯云算法

逆向高斯云算法实现从样本数据集合到表示定性概念的数字特征(Ex,En,He)的转换，是正向高斯云算法的逆运算。逆向云算法本质上是基于统计的参数估计方法。参数估计的方法很多，如矩估计、极大似然估计和最小二乘估计等。由于云模型的概率密度函数是积分表达的非显式的解析式，用极大似然估计法或最小二乘估计法比较困难，所以可以利用计算各阶中心矩的矩估计法。矩估计法的基本原理是用样本矩（可通过样本数据集合计算求得）代替总体矩，建立关于待估参数的方程组，然后求解方程组，得到参数的表达式即样本矩的函数。**最简单也是最常用的矩估计法是利用一阶原点矩来估计期望，利用二阶样本中心矩来估计方差。**用样本矩作为相应的总体矩估计来求出估计量的方法的思路是：如果总体中有 K 个未知参数，则可以用前 K 阶样本矩估计相应的前 K 阶总体矩，然后利用未知参数与总体矩的函数关系，求出参数的估计量。

本书中逆向云算法主要是基于矩估计的方法，可以有三种算法：有确定度的逆向云算法；在无确定度的情况下，基于样本一阶绝对中心矩和二阶中心矩的算法；在无确定度的情况下，基于样本二阶中心矩和四阶中心矩的算法。

2.5.1 算法描述

1. 有确定度的逆向高斯云算法

输入：样本点 x_i 及其确定度 y_i，其中 $i=1,2,\cdots,n$。

输出：反映定性概念的数字特征(Ex,En,He)。

算法步骤:

(1) 计算 x_i 的平均值$\hat{E}x = \text{MEAN}(x_i)$;

(2) 对每一数对(x_i, y_i),计算

$$\hat{E}n_i^2 = \frac{-(x_i - \hat{E}x)^2}{2\ln y_i}$$

(3) 记所有$\hat{E}n_i^2$ 形成的随机变量为 En'^2,则根据正向云算法中讨论的中间变量的统计数学性质有

$$\begin{cases} E(En'^2) = \dfrac{1}{k}\sum\limits_{i=1}^{k} \hat{E}n_i^2 = En^2 + He^2 \\ D(En'^2) = \dfrac{1}{k-1}\sum\limits_{i=1}^{k}(\hat{E}n_i^2 - \dfrac{1}{k}\sum\limits_{i=1}^{k}\hat{E}n_i^2)^2 = 2He^4 + 4En^2He^2 \end{cases}$$

(4) 求解方程组得

$$\begin{cases} \hat{E}n^2 = \dfrac{1}{2}\sqrt{4[E(\hat{E}n'^2)]^2 - 2D(\hat{E}n'^2)} \\ \hat{H}e^2 = E(\hat{E}n'^2) - \hat{E}n^2 \end{cases}$$

(5) 开方获得$\hat{E}n$ 和$\hat{H}e$。

对该算法作进一步的说明:

正向云算法中 Ex、En 和 He 是三个已知量;$\hat{E}n_i(i=1,\cdots,n)$由上述算法中的第 2 步计算得到。所有的$\hat{E}n_i(i=1,\cdots,n)$构成随机变量 En',$\hat{E}n_i^2(i=1,\cdots,n)$构成随机变量 En'^2,En'和 En'^2 是两个中间变量;$x_i(i=1,\cdots,n)$构成随机变量 X,$y_i(i=1,\cdots,n)$构成随机变量 Y,云滴变量 X 和确定度变量 Y 是输出量。En'服从高斯分布,期望为 En,方差为 He^2;En'^2 的期望和方差计算如下:

(1) 因为

$$D(En') = E(En'^2) - [E(En')]^2$$

所以

$$E(En'^2) = En^2 + He^2$$

(2) 因为

$$D(En'^2) = E(En'^4) - [E(En'^2)]^2$$

而

$$\begin{aligned}E(En'^4) &= \int_{-\infty}^{+\infty} En'^4 f_{En'}(En')\mathrm{d}x \\ &= \int_{-\infty}^{+\infty} (En' - En + En)^4 \frac{1}{\sqrt{2\pi He^2}}\mathrm{e}^{-\frac{(En'-En)2}{2He2}}\mathrm{d}En' \\ &= \int_{-\infty}^{+\infty} (En' - En)^4 \frac{1}{\sqrt{2\pi He^2}}\mathrm{e}^{-\frac{(En'-En)2}{2He2}}\mathrm{d}En' + \\ &\quad \int_{-\infty}^{+\infty} En^4 \frac{1}{\sqrt{2\pi He^2}}\mathrm{e}^{-\frac{(En'-En)2}{2He2}}\mathrm{d}En' + \\ &\quad 6En^2 \int_{-\infty}^{+\infty} (En' - En)^2 \frac{1}{\sqrt{2\pi He^2}}\mathrm{e}^{-\frac{(En'-En)2}{2He2}}\mathrm{d}En' \\ &= 3He^4 + En^4 + 6En^2He^2\end{aligned}$$

所以

$$D(En'^2) = 2He^4 + 4En^2He^2$$

有确定度的逆向云算法是严格意义上的正向云算法的逆过程,但是由于在实际数据集中,样本常常不带确定度信息,因此无法使用该算法。无确定度的逆向云算法主要是利用高斯云分布的数学性质来计算求得三个数字特征。根据高斯云分布的性质二和性质三可以得到基于样本一阶绝对中心矩和样本二阶中心矩的逆向云算法。

2. 基于样本的一阶绝对中心矩和二阶中心矩的逆向云算法

输入:样本点 x_i,其中 $i=1,2,\cdots, n$。

输出:反映定性概念的数字特征 (Ex,En,He)。

算法步骤:

(1) 计算 x_i 的平均值 $\hat{E}x = \frac{1}{n}\sum_{i=1}^{n} x_i$，样本一阶绝对中心矩 $\frac{1}{n}\sum_{i=1}^{n} |x_i - \hat{E}x|$，样本二阶中心矩 $S = \frac{1}{n-1}\sum_{i=1}^{n}(x_i - \hat{E}x)^2$；

(2) 根据高斯云分布的性质二，当 $0 < He < \frac{En}{3}$

$$\hat{E}n = \sqrt{\frac{\pi}{2}} \times \frac{1}{n}\sum_{i=1}^{n} |x_i - \hat{E}x|$$

(3) 根据高斯云分布的性质三：$\hat{H}e = \sqrt{S - \hat{E}n^2}$。

该算法计算简单，其中 $0 < He < En/3$ 的条件限制对大多数定性概念，尤其是共识性强的定性概念是容易满足的。

根据高斯云分布的性质三和性质五，可以得到基于样本二阶中心矩和样本四阶中心矩的第三种逆向云算法。

3. 基于样本的二阶中心矩和四阶中心矩的逆向云算法[23]

输入：样本点 x_i，其中 $i = 1, 2, \cdots, n$。

输出：反映定性概念的数字特征 (Ex, En, He)。

算法步骤：

(1) 计算 x_i 的平均值 $\hat{E}x = \frac{1}{n}\sum_{i=1}^{n} x_i$，样本二阶中心矩 $c_2 = \frac{1}{n-1}\sum_{i=1}^{n}(x_i - \hat{E}x)^2$，样本四阶中心矩 $c_4 = \frac{1}{n-1}\sum_{i=1}^{n}(x_i - \hat{E}x)^4$；

(2) 根据高斯云分布的性质三和性质五，联立方程组

$$\begin{cases} c_2 = \hat{H}e^2 + \hat{E}n^2 \\ c_4 = 9\hat{H}e^4 + 3\hat{E}n^4 + 18\hat{E}n^2\hat{H}e^2 \end{cases}$$

(3) 解方程组，得 $\hat{E}n = \sqrt[4]{\frac{9c_2^2 - c_4}{6}}$，$\hat{H}e = \sqrt{c_2 - \sqrt{\frac{9c_2^2 - c_4}{6}}}$。

2.5.2 逆向高斯云的参数估计与误差分析

高斯云分布是建立在高斯分布基础之上又不同于高斯分布的一种分布形态,其参数估计比高斯分布的参数估计更为复杂,其估计的精度取决于样本数据集的质量。如果样本数据集远离高斯分布,则参数估计的误差会很大,这是很自然的;如果样本数据集接近高斯分布,则参数估计的精度受样本数据集的大小以及偏离高斯分布程度的影响;即使样本数据集全部是由正向高斯云算法产生的,参数估计的误差也是存在的,当超熵较大时,样本的参数估计误差会更大。

1. *Ex* 误差分析

三种逆向云算法中,均用求平均值的方法来求 Ex。由高斯云的算法可知,样本均值$\overline{X} = \frac{1}{n}\sum_{i=1}^{n} x_i$ 服从期望为 Ex、方差为$\frac{1}{n}(En^2 + He^2)$的高斯分布。所以当用样本均值$\overline{X}$ 作为 Ex 的估计值时,估计值$\overline{X}$的误差为

$$P\left\{|\overline{X} - Ex| < \frac{3}{\sqrt{n}}\sqrt{En^2 + He^2}\right\} = 0.9973$$

由于 En 也是待估参数,可以用样本标准差来代替,即

$$P\left\{|\overline{X} - Ex| < \frac{3}{\sqrt{n}}S\right\} \approx 0.9973$$

更进一步,假设给定云滴数 n,显著性水平 α,那么 Ex 的$(1-\alpha)$-置信区间是

$$\left(\overline{X} - t_\alpha(n-1)\frac{S}{\sqrt{n}}, \overline{X} + t_\alpha(n-1)\frac{S}{\sqrt{n}}\right)$$

即

$$P\left\{|\overline{X} - Ex| < t_{\alpha}(n-1)\frac{S}{\sqrt{n}}\right\} = 1 - \alpha$$

式中：$\overline{X}$,S 分别是样本均值和样本标准差，可以由云滴计算得到；显著性水平 α 一般取 0.1、0.05、0.01、0.005、0.001；$t_{\alpha}(n-1)$ 是自由度为 $n-1$ 的 t－分布的 α－水平双侧分位数，可以利用概率分布表得到或者直接计算。

当 $n>200$ 时，对于给定的 α，t_{α} 约等于一个常数，此时可以计算出 Ex 以多大的概率落在一个区间内。

由

$$D(X) = \frac{1}{n^2}\sum_{i=1}^{n} En'^2_i = \frac{1}{n}(En^2 + He^2)$$

可以看出：n 越大，Ex 的误差越小；而 En、He 越大，Ex 的误差也越大。

2. *En*、*He* 的误差分析

首先讨论样本数据集是由超熵较小的正向高斯云算法产生的情况。形象地说，在云滴生成过程中存在复用的随机过程，误差被传递，En 的误差被 Ex 的误差放大，He 的误差又被 En 的误差放大。这样形成的误差传递是几何级数而不是代数级数关系。

对于样本数据集接近高斯分布但存在噪声数据的情况，误差分析更为困难；如果样本数据集远离高斯分布，比如说幂律分布，强行用高斯云分布的参数估计，误差会很大，这也是自然的。

3. 给定误差和置信水平条件下样本数的确定

通常，样本数据要有相当的数量，数据太少误差会很大；样本数据到足够大的时候，再增加样本对误差估计的贡献将微乎其微。因此逆向云参数估计需要适当规模的样本数据集合。

由 Ex 的误差分析知道，如果给定显著性水平 α，要使得 Ex 的估计值误差小于 Δ，那么可以确定最少需要多少个样本，即估计所需要

的样本数 n。

由于通常并不知道 En、He,所以只能通过样本标准差来计算 n。实际应用中,取显著性水平 $\alpha = 0.001$ 足够,若要使 Ex 的估计误差不能超过 Δ,只要 $t_{0.001}(n-1)\frac{S}{\sqrt{n}} \leqslant \Delta$。而 $t_{0.001}(n-1) < 4.45$,所以云滴数 $n \geqslant \frac{20S^2}{\Delta^2}$ 即可,其中 S^2 是样本方差。以上结果的置信水平为99.999%。

如果在已经知道 En 和 He 的情况下求最少云滴数,那么只要 $n \geqslant \frac{9(En^2 + He^2)}{\Delta^2}$ 就足够了。

基于样本的二阶中心矩和四阶中心矩的逆向云算法,在推导过程中没有了 He 与 En 之间关系的限制条件,但计算中常常会出现 $En^2 < 0$ 或 $He^2 < 0$ 的情况,即在实数域内无解。

若要保证 $\hat{E}n^2 = \sqrt[2]{\frac{9c_2^2 - c_4}{6}} > 0$ 且 $\hat{H}e^2 = c_2 - \sqrt{\frac{9c_2^2 - c_4}{6}} > 0$,则必须保证 $9c_2^2 > c_4 > 3c_2^2$,即

$$9\left(\frac{1}{n-1}\sum_{i=1}^{n}(x_i - \hat{E}x)^2\right)^2 > \frac{1}{n-1}\sum_{i=1}^{n}(x_i - \hat{E}x)^4 >$$

$$3\left(\frac{1}{n-1}\sum_{i=1}^{n}(x_i - \hat{E}x)^2\right)^2$$

显然,上式是否成立与期望值 Ex 的误差和样本数 n 相关,需要根据具体的样本情况进行判断。对此,王国胤教授在文献[24]提出可以先对数据样本进行分组,统计求得各组的方差和均值,作为新的样本集,再计算组间方差和组间均值,联立方程组求得熵和超熵。通过这种分组求解方式,可以避免 $En^2 < 0$ 或 $He^2 < 0$ 的情况,还可以方便地形成高斯云的逆向算法。

总之,云模型是一个基于概率统计的定性定量转换的认知模型,表征概念内涵的三个数字特征 Ex、En 和 He,不必过分追求其精度。比如对于概念“年轻人”而言,期望是 18.1 岁还是 18.11 岁,在人类认知和思维中并没有太大的区别,这正体现了定性概念的鲁棒性。

2.6 进一步理解云模型

云模型是本书中研究不确定性人工智能的基础,为了更好地理解云模型,这里给出另外两个典型案例。

2.6.1 射击评判

云模型是描述不确定问题的一种方法。刚开始接触时,往往会拿它和统计学方法或模糊学方法相比较,将云模型简单地看作随机加模糊、模糊加随机、二次模糊或二次随机等。为了回答这些疑惑,排除混淆,下面从一个射击的例子谈起。

假设,统计学家、模糊学家和云模型研究者被邀请参加射击评判。射手甲、乙、丙参加射击比赛,每人各打 20 发,射击结果分别如图 2.14中的三个靶标所示。

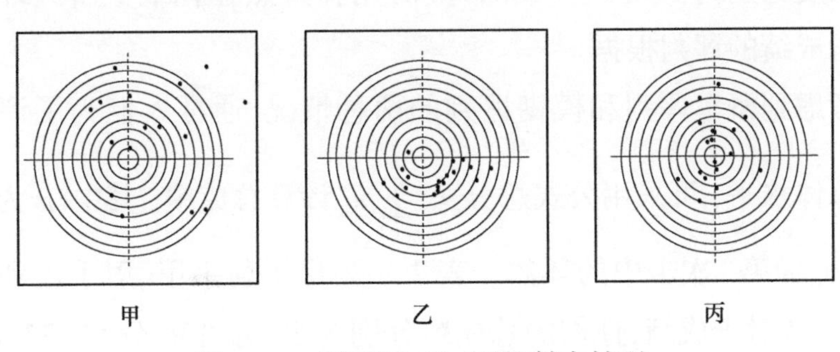

图 2.14 射手甲、乙、丙的射击情况

统计学家认为射中与射不中有明确的定义,是非此即彼的,不存在亦此亦彼的中间状态。但每次是否射中,具有随机性。令试验样本空间 $U=\{x\}$,x 为样本空间的事件,对于试验的结果,引入变量 u,其值分别规定为0和1。对应于样本空间的每个事件,变量 u 取不同的值,因而 $u(x)$ 可以看成是定义在样本空间上的函数。用"射中"与"射不中"来衡量每一次射击结果,统计射手射击若干次后中靶的次数(频数)来反映射手的总体水平。射手甲经过20次射击,18次上靶,2次跑靶,击中概率为0.9,按照百分制的总成绩为90分;射手乙和丙的20次射击全部上靶,成绩都为100分。因此,射手乙和丙的水平相当,都优于甲。

模糊学家认为射中与射不中是相对的,取决于弹着点离靶心的距离,难以明确一个边界对射中与射不中进行精确的划分。如果样本空间 $U=\{x\}$ 中的元素 x 代表不同的弹着点,把"肯定射中"用数字1表示,"肯定不中"用数字0表示,则对样本空间中的部分元素来说,它们属于射中的程度可能不同,用0和1之间的数值来反映这种中间过渡性。射中与射不中可以用弹着点对目标靶的隶属度表示,每人打一发子弹即可测出他们的水平。将目标从靶心开始分为10个等级表示击中目标的程度,依次为10环、9环、…、1环,脱靶为0环,对应的隶属度分别为1、0.9、…、0.1和0,用弹着点在靶纸上所处环数作为射击成绩的评判根据。

考虑到概率评判和模糊评判的两种情况,通常人们为了评定射手的总体水平,可采用公式总分 $=\sum_{i=1}^{n} w_i$ 计算总成绩,其中,n 为射击次数,w_i 为第 i 次击中的环数。表2.3列出了射手甲、射手乙和射手丙的20次射击成绩,他们的总成绩分别为80分、136分和137分,射手丙的成绩最优,射手乙的成绩优于甲。

表 2.3　三个射手 20 次射击靶标数据

次数 \ 射手	射手甲			射手乙			射手丙		
	X 坐标	Y 坐标	环数	X 坐标	Y 坐标	环数	X 坐标	Y 坐标	环数
1	0.03451	0.09795	9	-0.13753	0.037523	9	-0.42249	-0.19442	6
2	-0.4224	0.48874	4	-0.19442	-0.11633	8	-0.31902	0.51236	4
3	0.84542	-0.4828	1	0.41092	-0.028216	6	-0.17904	0.31782	7
4	0.01840	0.65503	4	0.32156	-0.14648	7	-0.1641	0.58703	4
5	0.05852	0.17723	9	0.72087	-0.10617	3	-0.14554	-0.15835	8
6	0.49159	0.48183	4	-0.15308	-0.17783	8	-0.063297	0.12755	9
7	-0.1455	0.89867	1	-0.15835	-0.28292	7	-0.020185	0.16976	9
8	0.59969	0.73848	1	0.16492	-0.28915	7	0.018401	-0.32156	7
9	0.83737	0.8548	0	0.22966	-0.23945	7	0.034512	-0.13753	9
10	0.34766	0.30481	6	0.088081	-0.0754	9	0.058527	0.72087	3
11	0.61691	0.20583	4	-0.26154	-0.36671	6	0.20052	0.2542	7
12	-0.0202	-0.7184	3	0.16976	-0.31323	7	0.34766	0.3881	5
13	1.2589	0.5026	0	0.17908	-0.23169	8	0.49159	-0.1531	5
14	0.2005	0.3017	7	0.2542	-0.17036	7	-0.023213	0.24687	8
15	0.79021	0.1643	2	-0.42405	-0.26168	6	-0.0538	0.12586	9
16	0.68509	-0.5015	2	0.022811	-0.27424	8	0.00767	-0.0657	10
17	-0.179	-0.3622	6	0.31782	-0.043327	7	-0.0936	-0.2217	8
18	-0.0633	-0.5895	5	0.12755	-0.35071	7	-0.18441	-0.46115	6
19	-0.1641	0.1532	8	0.58703	-0.224	4	0.17446	0.00329	9
20	-0.3191	0.5782	4	0.51236	-0.089599	5	0.01318	0.22684	8

对于不同射手而言，瞄准点与实际弹着点之间可能存在固有偏差。例如从射手乙的射击数据中可以看出，他的弹着点期望在 8 环，

比较密集,虽然射手丙的弹着点期望比射手乙更靠近靶心,但是他的靶点比较离散。**人们常常更习惯于用自然语言而不是数值的方法来评判射手水平**。射中或射不中带有随机性,射中的程度又带有模糊性,每次射击的弹着点可以看作是一个云滴,射击若干次后形成的云团整体特征反映了射手总体水平,可以通过定性的概念来描述这些云团,这正是逆向云算法的用武之地。对上述三位射手的射击情况,根据表2.3中的弹着点位置,在X轴、Y轴上有20个样本,分别利用本章中的逆向高斯云算法可以计算得到反映三个射手射击水平的数字特征。如表2.4所列,期望值(Ex_1, Ex_2)是所有云滴(弹着点)在靶纸上的期望坐标,反映了射手对准心的把握;熵(En_1, En_2)体现了弹着点相对于平均点的离散度;超熵(He_1, He_2)反映了熵的离散程度。由数字特征可以得出如下的定性评价:射手甲略偏右上且不够稳定,射手乙略偏右下较稳定,丙的射点靠近靶心但不稳定。

表2.4 逆向云算法还原出射手射击水平的数字特征

数字特征 \ 射手	射手甲	射手乙	射手丙
Ex_1, Ex_2	(0.27, 0.20)	(0.14, −0.19)	(0.016, 0.098)
En_1, En_2	(0.50, 0.48)	(0.29, 0.12)	(0.187, 0.325)
He_1, He_2	(0.19, 0.10)	(0.057, 0.039)	(0.097, 0.077)
定性评价	偏右上,较离散,不稳定	右偏下,较集中,较稳定	近靶心,较离散,不稳定

进而,根据逆向云算法得到的三个数字特征,还可以通过正向云算法生成更多的云滴去模拟三位射手的射击数据,图2.15中通过正向云算法给出射手射击20次和100次的弹着点情况。

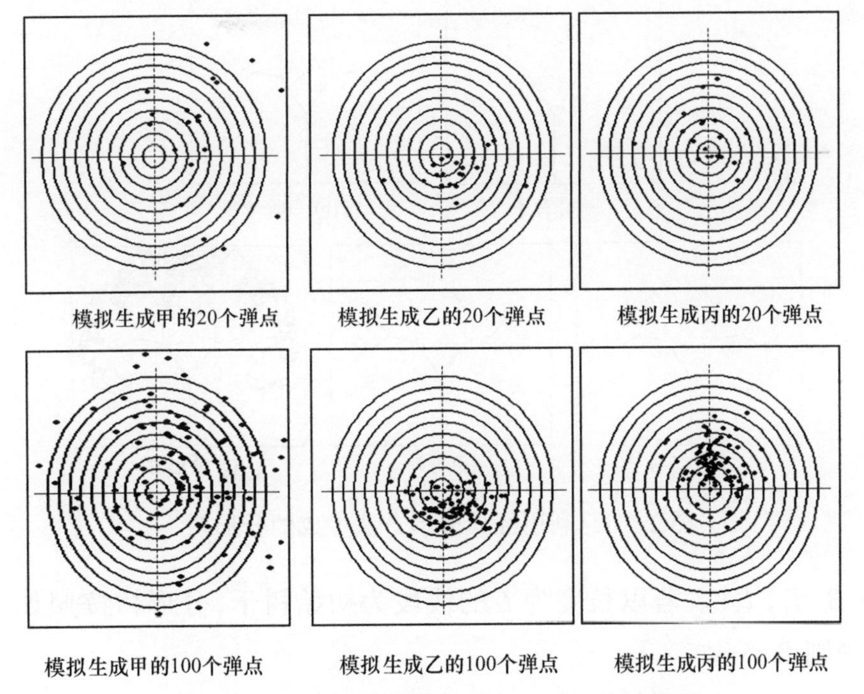

图2.15　用正向云算法模拟生成射手的弹着点

2.6.2　带有不确定性的分形

分形是自然界中的一个普遍现象，通常被定义为一个粗糙或零碎的几何形状，可以分成数个部分，且每一部分都（至少近似地）是整体缩小后的形状，它反映了自然界中的自相似或无标度特征，如弯曲的海岸线、植物的叶片形状等都有分形性质。**目前通过计算机模拟生成的分形图案都是确定的，没有反映自然界在分形过程中的不确定性。**图2.16显示了经典分形方法利用计算机模拟生成的一棵树，在它的生长过程中，新的树枝或向左或向右生长，形成左偏角α、右偏角$\beta(0 \leqslant \alpha, \beta \leqslant 180°)$，新枝的长度分成左长度比例$l_1$、右长度比例$l_2(0 \leqslant l_1,\ l_2 \leqslant 1)$。以上四个参数可以表示为四元组

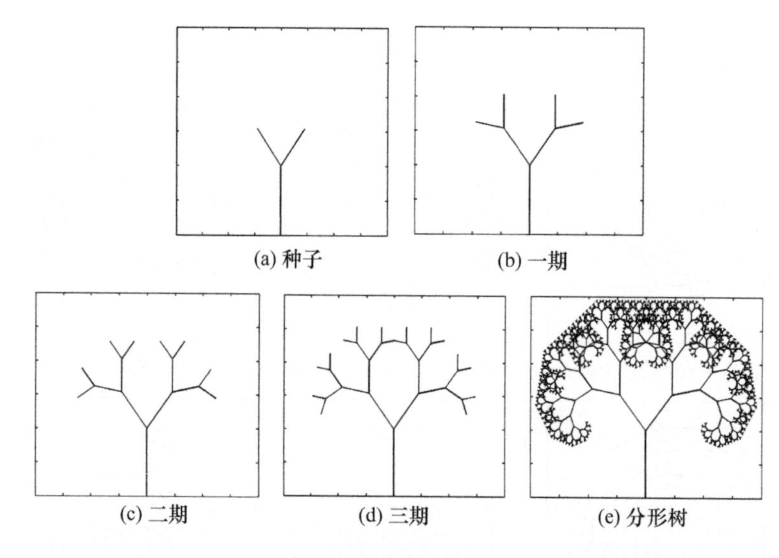

图 2.16 利用经典分形方法生成的分形树

$\{\alpha,\beta, l_1, l_2\}$。若以长度为 L 的线段为初始树干,分形树按照如下的规则 R 产生:

(1) 从树干顶部左偏 α 度,画长度为 $L\times l_1$ 的左树枝 1,右偏 β 度,画长度为 $L\times l_2$ 的右树枝 2。

(2) 从树枝 1 的顶部出发,左偏 $\alpha+\alpha$ 度,画长度为 $L\times l_1\times l_1$ 的左树枝 3,右偏 $\beta+\beta$ 度,画长度为 $L\times l_1\times l_2$ 的右树枝 4;从树枝 2 顶部出发,左偏 $\alpha+\alpha$ 度,画长度为 $L\times l_2\times l_1$ 的左树枝 5,右偏 $\beta+\beta$ 度,画长度为 $L\times l_2\times l_2$ 的右树枝 6。

如此循环,迭代至 M 次结束,产生 $2^{M+1}-1$ 条线段构成的一个二叉树,称为分形树,这是一种标准的没有不确定性的分形树算法。

在自然界中,阳光、土壤、温度、湿度等因素对树木的生长产生不确定性影响,带来树丫生长过程中枝干生长比例和角度的不确定性。**为此,可以用云模型作为工具更真实地模拟自然界中的不确定性分形现象**。将云模型数字特征中的期望值,拓广为一个由多个因素构成的参数集，把熵和超熵对期望值的作用，拓广到对整个参数集的作用。

$$\alpha_i = \mathrm{CG}(Ex\_\alpha,\ En\_\alpha,\ He\_\alpha),$$
$$\beta_i = \mathrm{CG}(Ex\_\beta,\ En\_\beta,\ He\_\beta),$$
$$l_{1i} = \mathrm{CG}(Ex\_\ l_1,\ En\_\ l_1,\ He\_\ l_1),$$
$$l_{2i} = \mathrm{CG}(Ex\_\ l_2,\ En\_\ l_2,\ He\_\ l_2),$$

以$\{Ex_\alpha = Ex_\beta = 40, Ex_\ l_1 = Ex_\ l_2 = 0.7\}$为云模型的期望，$\{En_\alpha = En_\beta = 0.05, En_\ l_1 = En_\ l_2 = 0.1\}$为熵，$\{He_\alpha = He_\beta = 0.001, He_\ l_1 = He_\ l_2 = 0.01\}$为超熵，利用正向云算法，可以生成带有不确定性的分形树

$$\alpha_i = \mathrm{CG}(40,\ 0.05,\ 0.001)$$
$$\beta_i = \mathrm{CG}(40,\ 0.05,\ 0.001)$$
$$l_{1i} = \mathrm{CG}(0.7,\ 0.1,\ 0.01)$$
$$l_{2i} = \mathrm{CG}(0.7,\ 0.1,\ 0.01)$$

生成的参数集$\{\alpha_i, \beta_i, l_{1i}, l_{2i}\}$按照规则 R′生成的分形树如图 2.17(a)~(e)所示。规则 R′表示如下：

(1) $\alpha_1 = \mathrm{CG}(40, 0.05, 0.001)$，$\beta_1 = \mathrm{CG}(40, 0.05, 0.001)$，$l_{11} = \mathrm{CG}(0.7, 0.1, 0.01)$，$l_{21} = \mathrm{CG}(0.7, 0.1, 0.01)$。

从树干顶部左偏α_1度，画长度为$L\times l_{11}$的左树枝 1，右偏β_1度，画长度为$L\times l_{21}$的右树枝 2。

(2) $\alpha_2 = \mathrm{CG}(40, 0.05, 0.001)$，$\beta_2 = \mathrm{CG}(40, 0.05, 0.001)$，$l_{12} = \mathrm{CG}(0.7, 0.1, 0.01)$，$l_{22} = \mathrm{CG}(0.7, 0.1, 0.01)$。

从树枝 1 的顶部出发，左偏$\alpha_1+\alpha_2$度，画长度为$L\times l_{11}\times l_{12}$的左树枝 3，右偏$\beta_1+\beta_2$度，画长度为$L\times l_{11}\times l_{22}$的右树枝 4；从树枝 2 顶部出发，左偏$\alpha_1+\alpha_2$度，画长度为$L\times l_{21}\times l_{12}$的左树枝 5，右偏$\beta_1+\beta_2$度，画长度为$L\times l_{21}\times l_{22}$的右树枝 6。

如此循环,迭代一次增加一层,图2.17(a)是迭代12次的结果,由8191条线段构成的一棵分形树,显然它和确定分形的形态是不同的。

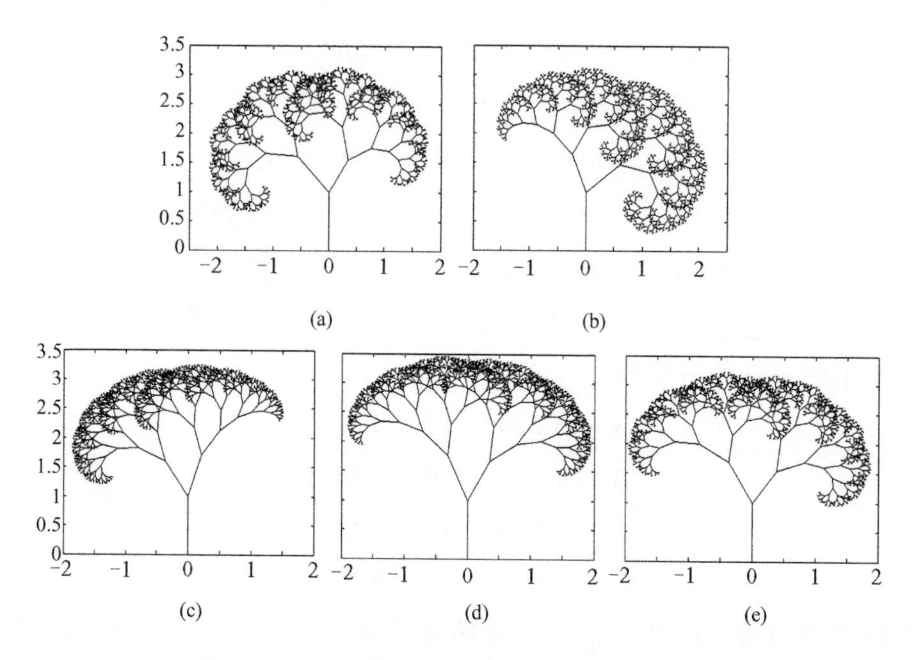

图2.17　用云模型模拟植物的不确定性分形

如果以上生成分形树的规则不变,将不确定性分形树的算法重新运行一遍,又将会得到不同的形态。图2.17(b)~(e)中显示的四棵树,就是上述算法运行了四次得到的不同结果。

如果改变分形树的生成规则,将迭代过程中前一次生成的云滴作为本次参数的期望,即:

(1) $\alpha_1 = \mathrm{CG}(40, 0.05, 0.001)$,$\beta_1 = \mathrm{CG}(40, 0.05, 0.001)$,$l_{11} = \mathrm{CG}(0.7, 0.1, 0.01)$,$l_{21} = \mathrm{CG}(0.7, 0.1, 0.01)$。

从树干顶部左偏 α_1 度,画长度为 $L \times l_{11}$ 的左树枝1,右偏 β_1 度,画长度为 $L \times l_{21}$ 的右树枝2。

(2) $\alpha_2 = \mathrm{CG}(\alpha_1, 0.05, 0.001)$,$\beta_2 = \mathrm{CG}(\beta_1, 0.05, 0.001)$,

$l_{12} = CG(l_{11}, 0.1, 0.01)$，$l_{22} = CG(l_{21}, 0.1, 0.01)$。

从树枝1的顶部出发，左偏 $\alpha_1 + \alpha_2$ 度，画长度为 $L \times l_{11} \times l_{12}$ 的左树枝3，右偏 $\beta_1 + \beta_2$ 度，画长度为 $L \times l_{11} \times l_{22}$ 的右树枝4；从树枝2顶部出发，左偏 $\alpha_1 + \alpha_2$ 度，画长度为 $L \times l_{21} \times l_{12}$ 的左树枝5，右偏 $\beta_1 + \beta_2$ 度，画长度 $L \times l_{21} \times l_{22}$ 的右树枝6。

后续步骤按如下方式

$$\alpha_i = CG(\alpha_{i-1}, 0.05, 0.001), \beta_i = CG(\beta_{i-1}, 0.05, 0.001),$$
$$l_{1i} = CG(l_{1\,i-1}, 0.1, 0.01), l_{2i} = CG(l_{2\,i-1}, 0.1, 0.01)$$

循环，就可以得到变异更为激烈的分形树，如图2.18所示。**用这种方法模拟植物在自然环境中一代代的演化现象是很有意义的一项工作。**

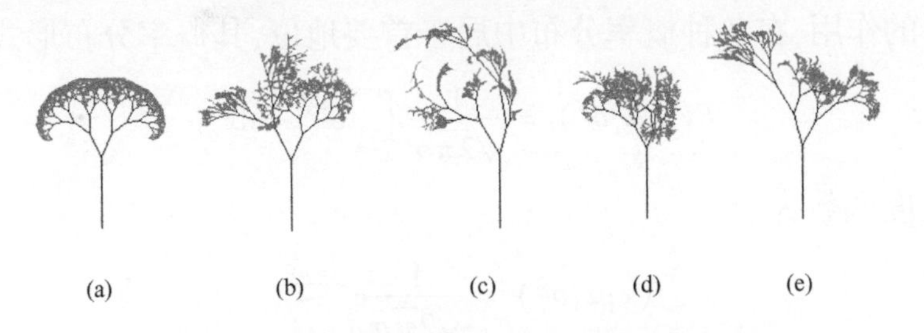

图2.18 用云模型模拟植物的变异（见彩页）

云模型与分形结合的思想，给出了一种崭新的形式化方法，把复杂事物中自相似性中包含的随机性进一步显示出来，体现了不确定性的多样性。

在不同的应用背景下，云模型中的数字特征可以表征不同的物理含义。例如，用云模型生成复杂网络的拓扑时，期望可以反映节点的平均度，熵和超熵可以反映度的整体不确定性。如果要模拟的对象复杂，还可以像本节生成分形树的例子一样引入参数集。

但愿以上两个典型案例能让你进一步理解我们提出的定性定量转换的认知模型。总之，云模型对研究人和自然界中的不确性有非常广阔的应用前景。

2.7 高斯云的普适性

概率理论研究随机性,模糊集合研究模糊性,云模型是在它们的基础上,利用概率方法解释模糊集合中的隶属度。其中,高斯云是目前研究最多、也是最重要的一种云模型,它的普适性是建立在高斯分布和钟形隶属函数的普适性基础之上的。

2.7.1 高斯分布的普适性

在概率论与随机过程的理论研究和实际应用中,高斯分布起着特别重要的作用,在各种概率分布中居于首要地位,其概率分布形式为

$$F(x;\mu,\sigma^2) = \frac{1}{\sqrt{2\pi}\sigma}\int_{-\infty}^{x} e^{-\frac{(x-\mu)^2}{2\sigma^2}} dx$$

概率密度函数为

$$f(x;\mu,\sigma^2) = \frac{1}{\sqrt{2\pi}\sigma} e^{-\frac{(x-\mu)^2}{2\sigma^2}}$$

式中:μ 和 σ^2 分别是高斯分布的期望和方差,分别表征随机变量的最可能取值以及所有可能取值的离散程度。

高斯分布广泛存在于自然现象、科学技术以及生产活动中,在实际中遇到的许多随机现象都服从或者近似服从高斯分布。正常生产条件下的产品质量指标、随机测量误差、同一生物群体的某种特征、某地的年平均气温、人群身高等,都服从高斯分布。

中心极限定理从理论上阐述了产生高斯分布的前提条件。中心极限定理的简单直观说明是:如果决定某一随机变量结果的是大量微小的、独立的随机因素之和,并且每一因素的单独作用相对均匀地小,没有一种因素可起到压倒一切的主导作用,那么这个随机变量一般近似于高斯分布。例如,某种成批生产的产品,如果工艺、设备、技

术、操作、原料等生产条件正常且稳定,那么产品的质量指标应该近似服从高斯分布,否则说明生产条件不稳定或发生变化,影响了产品质量。在实际应用中,人们多是根据上述考虑来判断随机现象是否服从高斯分布。

实际上,高斯分布是许多重要概率分布的极限分布,许多非高斯的随机变量是高斯随机变量的函数。高斯分布的密度函数和分布函数有各种很好的性质和比较简单的数学形式,这些都使得高斯分布在实际中应用非常广泛,高斯分布的普适性得到大家的公认。

但是,在强调高斯分布普适性的同时,必须指出许多随机现象并不能用高斯分布来描绘。**如果决定随机现象的因素单独作用不是均匀地小,相互之间并不独立,有一定程度的相互依赖,就不符合中心极限定理的要求,不构成高斯分布。**

毛泽东在《矛盾论》中曾经说过:"任何过程如果有多数矛盾存在的话,其中必定有一种是主要的,起着领导的、决定的作用,其他则处于次要和服从的地位。因此,研究任何过程,如果是存在着两个以上矛盾的复杂过程的话,就要用全力找出它的主要矛盾。捉住了这个主要矛盾,一切问题就迎刃而解了。"毛泽东的思想,从科学的角度去理解也许就是普遍表现出的幂律分布的情况。

2013 年 6 月,国务院公布了中国汉字改革委员会历时 10 年研制的《通用规范汉字表》,共收汉字 8105 个,分为三级。一级字表为常用字,收字 3500 个;二级字表收字 3000 个,使用度就低多了;三级字表仅收字 1605 个,是姓氏人名、地名等专门领域的用字。语言学家周有光早就在比较多种现代汉字的使用频率之后,提出"汉字效用递减率"。即最高额 1000 字的覆盖率是 90%,每增加 1400 字只提高覆盖率大约 10%。这个规律也表明无论是单个汉字还是词语,它们被使用的随机性是不服从高斯分布的,因为人们在使用语言和文字时,存在有偏好依附性。

美国网络科学家 Barabási 的研究结果表明,如果节点数在网络拓扑中是不断增长的,而且新增节点到已有节点之间的连接是具有偏好依附的,这样生成的网络是一个复杂网络,其度分布服从幂律分布,具有无标度特性。

2.7.2 钟形隶属函数的普遍性

隶属函数是模糊集合的基础,自然和社会科学中大量模糊概念的隶属函数并没有严格的确定方法,通常靠经验确定,归纳起来大致有六种形态,简化后的解析形式如下:

(1) 线性隶属函数

$$\mu(x) = 1 - kx$$

(2) Γ 隶属函数

$$\mu(x) = \mathrm{e}^{-kx}$$

(3) 凸形隶属函数

$$\mu(x) = 1 - ax^k$$

(4) 柯西隶属函数

$$\mu(x) = 1/(1 + kx^2)$$

(5) 岭形隶属函数

$$\mu(x) = 1/2 - (1/2)\sin\{[\pi/(b - a)][x - (b - a)/2]\}$$

(6) 钟形隶属函数

$$\mu(x) = \exp[-(x - a)^2/2b^2]$$

在描述模糊概念的时候,前三种隶属函数形态在亦此亦彼性的刻画上,虽然连续,但出现了突变点,即函数曲线的一阶导数不连续,左导数和右导数不相等,这种突变不符合中介过渡性质的渐变特征。

如果认为模糊性在宏观和微观上都存在,则高阶导数也应该连续。因此这三种隶属函数仅用在一些简单的场合。

下面对柯西、岭形、钟形三种函数形态进行比较分析。仍以2.1节中“青年人”年龄的统计数据为例,根据张南纶等人使用的统计方法拟合出“青年人”隶属函数的多项式曲线为

$$\mu_0(x) = 1.01302 - 0.00535(x-24) - 0.00872(x-24)^2 + 0.0005698(x-24)^3$$

分别用柯西、岭形、钟形隶属函数拟合$\mu_0(x)$,使得目标函数

$$\left(\int_a^b [\mu(x) - \mu_0(x)]^2 \mathrm{d}x/(b-a)\right)^{1/2}$$

最小,得到的柯西隶属函数为

$$\mu_1(x) = 1/[1 + (x-24)^2/30]$$

岭形隶属函数为

$$\mu_2(x) = 1/2 - (1/2)\sin\{[\pi/(37-24)][x - (37-24)/2]\}$$

钟形隶属函数为

$$\mu_3(x) = \exp[-9(x-24)^2/338]$$

通过数值积分计算这三种隶属函数和$\mu_0(x)$的均方差,共采样1400个点,计算结果见表2.5。三种隶属函数解析式和拟合曲线$\mu_0(x)$比较,均方差最小的是钟形隶属函数。

表2.5 不同形式隶属函数与$\mu_0(x)$的均方差

隶属函数形式	与$\mu_0(x)$的均方差
柯西	0.042181118428255
岭形	0.060183795103931
钟形	0.030915588518457

若用这三种隶属函数和测试值(X_i, Y_i)进行差值比较,计算均方差的结果如表2.6所列,这三种隶属函数和测试值比较,均方差最小

的仍然是钟形隶属函数。

表2.6 不同形式隶属函数与(X_i, Y_i)的均方差

隶属函数形式	均方差
多项式拟合曲线	0.083742138813298
柯西	0.101253101730926
岭形	0.095237099589215
钟形	0.080769137104025

例如“青年人”这样依靠统计给出隶属函数的模糊概念,常常表现为“两头小、中间大”的形态,用钟形隶属函数刻画更接近人类思维。从近几十年来模糊学期刊上发表的关于隶属函数形态的大量论文来看,钟形隶属函数的使用频率最高。许多领域的隶属函数都和钟形隶属函数有相当的一致性,或者是钟形隶属函数$\mu(x) = \exp[-(x-a)^2/2b^2]$在$a$点的泰勒展开式

$$\mu(x) = 1 - \frac{1}{b^2}(x-a)^2 + \frac{1}{b^4}(x-a)^4 - \cdots$$

中的若干低次项之和,是钟形隶属函数的一种近似。相对于其他类型的函数,钟形隶属函数在众多领域有着最广泛的应用。

2.7.3 高斯云的普遍意义

理解高斯云的普遍意义是一件十分有趣的事情。由高斯云的数学性质可知,云滴构成的随机变量X的期望为

$$E(X) = Ex$$

方差为

$$D(X) = En^2 + He^2$$

但是X的随机分布本质上是非高斯分布,即高斯云分布。我们知道,高斯分布的产生条件是:如果某一现象决定于若干独立的、微

小的随机因素的总和，并且各个因素的单独作用相对均匀地小，那么这一现象一般近似于高斯分布。但是，在很多情况下，影响结果的诸多因素中，常常可能某一种或几种因素的作用比较突出，也未必相互独立，这个时候如果简单地用高斯分布来分析问题，就不能真实地反映客观情况。例如上一节中讨论的射手射击问题，若每一次射击都是独立的，其射击水平可以用靶标上靶点的分布说明，当射击次数足够多时，可用高斯分布来表示。但是在实际的射击过程中，当前成绩常常会对射手的心理产生影响，影响下一次射击，尤其是在重大比赛等场合，因此不再符合中心极限定理的前提条件。对此，高斯云对这种偏离中心极限定理的情形提供了描述手段，可以用超熵来反映射手心理素质等影响。心理素质好的，He 就较小，这时 En^2+He^2 和 En^2 差距不大，整体的射击结果接近于高斯分布；而如果射手的心理素质较差，He 就较大，En^2+He^2 和 En^2 的差距也大，反映出打靶结果对高斯分布的偏离。**也就是说，超熵 He 可以用来反映影响因素不相互独立的情形，是偏离高斯分布程度的度量，高斯云分布严格地说是非高斯分布，可视为一种泛高斯分布。**

泛高斯分布的产生条件比高斯分布更宽松，又比概率理论中一般意义的联合分布直观、简便。当 $He=0$ 时，高斯云退化为高斯分布。从这个意义上说，泛高斯分布的普适意义比高斯分布更广泛。

另一方面，在2.4节高斯云的性质六中已经证明，高斯云中云滴确定度的概率密度函数是固定的，与高斯云的三个数字特征无关。这一重要性质，抽象出人们认知过程中的一个深层规律：对于特定语言值表示的任何定性概念，只要它能用钟形隶属函数来近似刻画，如“青年人”、“中等个”、“大概30°”等，尽管它们各自有不同的语义内涵，尽管不同的量化值在论域空间的分布和物理意义会有所不同，也尽管所有云滴表现出在[0,1]区间上不同的确定度，但是云滴确定度的统计分布,总体上是统一的形态。也就是说,对用语言值表示的大量概念,尽管不同的人会有不同的认识,不同的时期也会有不同的认识,但抛弃概念的具体语义,它们反映在人们脑海中的认知规律是一致的,**认知的不确定性中仍然有着确定的规律性,揭示了人们用不同语言值表示不同定性概念之间存在的认识上的共通性**。这样一来,针对不同概念去构造隶属度或者隶属函数就不再必要了。

科学需要重复,不能重复的一次性现象,科学中一般不予研究;科学需要精确,不能量化表示的现象,很难找到数学工具去研究。云模型为克服上述困难找到了一个数学方法。这个方法放松了人们在研究符合某个概率分布时的前提条件,也避免了人们在研究模糊现象时人为确定隶属度或隶属函数的尴尬,找到了隶属度的概率密度分布规律,它是独立于任何具体概念的语义的。**高斯分布的普适性与钟形隶属函数的普遍性,共同奠定了高斯云模型普遍性的基础**[25]。

任何一种新思想都不是个别人的突发奇想,除了有其深刻的客观实践根源外,还需要先驱者们长期的积累和孕育。其中,我们不能不提到伯特兰·罗素。他是20世纪英国哲学家、数学家、社会活动家,还是1950年的诺贝尔文学奖得主。他曾经接受北京大学校长蔡元培的邀请于1921年到中国来讲学。1923年罗素首先向传统思想发难,他在《论含混性》一文中指出:“传统逻辑都习惯于假定使用的是精确符号,因此,它不适用于尘世生活,而仅仅适用于想象的天堂。”罗素是现代数理逻辑的完成者,他对盲目崇拜精确性的批评,其意义是深远的,“认为模糊认识必定是靠不住的,这种看法是大错特错了。正好相反,模糊认识可能比精确认识更真实、更鲁棒,因为有更多的潜在的事实能证明模糊认识。”到1937年,布兰克以相同的题目著文,进一步探讨了含混性。布兰克提出的“轮廓的一致性(Consistency Profiles)”的概念，可以看作是隶属函数的原始形态，这是布兰克对模糊学的一个有意义的贡献。1965 年系统科学家扎德(L. A. Zadeh)提出了隶属度、隶属函数、模糊集合等基本概念，1982 年波兰科学家 Z. Pawlak 又提出粗糙集思想。**一百多年来统计学和半个世纪来模糊学的广泛应用，使得我们今天又在更高的层次上认识到了这种“轮廓的一致性”，即高斯云模型的普遍适用性。**今天我们可以说，认为定性认知必定是靠不住的，这种看法是大错特错了。正好相反，定性认知可能比定量认知更真实、更鲁棒，因为有更多的潜在的事实能证明定性认知。

第3章 云变换

人类用自然语言思考问题的基本单位是概念，云模型是一个定性定量转换的认知模型，为语言中的定性概念提供了定量转换的手段。概念常常是根据需要从不同环境、不同层次、不同侧面对问题进行刻画，人类智能可以在不同概念粒度上进行推理活动，并能够很快地从较粗粒度的概念跳转到较细粒度的概念，反之亦然。

在第2章中，逆向云算法可以将一组数据样本转换为一个基本概念的三个数字特征，但是该算法默认的前提是，给定的所有数据样本对应于同一个概念是在同一个粒度上的外延表征，但算法无法在整个问题域中解决多粒度、多概念的生成问题，这就限制了逆向云算法从数据样本中获得更多概念、更多知识的认知能力。

高斯变换（Gaussian Transformation，GT），又称高斯混合模型（Gaussian Mixture Model，GMM），是概率统计中的一个重要方法，可将问题域中整个概率密度分布函数转换成多个高斯分布的叠加，这为多粒度概念的生成和划分提供了思路。

本章基于云模型和高斯变换，提出并实现了高斯云变换（Gaussian Cloud Transformation，GCT），从而将问题域的数据分布转换为多个不同粒度的概念，解决了变粒度计算中概念数量、粒度和层次的生成、选择和优化问题，为数据聚类，特别为TB、PB级的大数据聚类提供了新的方法。

3.1 粒计算中的基本术语

3.1.1 尺度、层次和粒度

尺度、层次和粒度是粒计算中的基本术语，是研究概念这个人类认知模型的基础。

尺度是指研究某一物体或现象时所采用的空间或时间单位，又指某一现象或过程在空间和时间上所涉及的范围和发生的频率，还可指人们观察事物、对象、模式或过程时所采用的窗口。简单地说，尺度就是客体在容器中规模相对大小的描述，在不同的学科领域，尺度的表达或含义也不同。比如在测绘学、地图制图学和地理学中通常把尺度表述为比例尺，即地图上的距离与其所表达的实际距离的统一比率。生命科学和信息技术的新进展，使我们可以从不同尺度上理解人与自然，如图3.1所示。图中，粒子物理学所研究的对象已

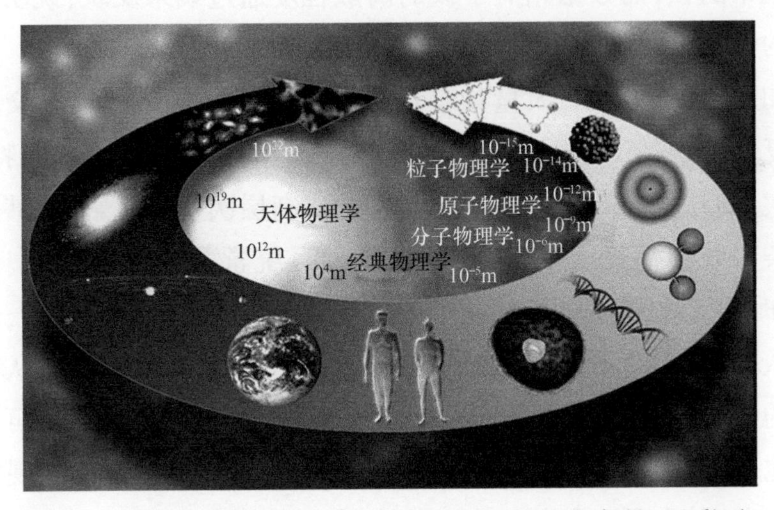

图3.1 科学从不同尺度认识人与自然，具有自相似性（见彩页）

经涉及到 10^{-15}m 和 10^{-22}s 数量级的时空尺度；而天体物理学却把我们带到 10^{10}年的数量级，即所谓宇宙的年龄。图 3.1 中两个箭头相向告诉我们，**在不同尺度上认识人与自然时，可能在整体上会呈现出自相似性**。智能和自然的联系比以往任何时候都更加紧密，因此，我们也需要从不同尺度上去认识智能，并认识整体上是否存在自相似性。

大脑常常被称为小宇宙，认知是主观世界对客观世界的反映，对于在论域上不同概念之间的关系，人们习惯划分层次，从宏观、中观、微观上理解概念之间的层次关系，形成概念的树状结构。所谓的宏观、中观、微观又涉及到概念的粒度表征，概念粒度越大，涵盖的数据范围越广，概念越抽象和宏观；概念粒度越小，涵盖的数据范围越窄，概念越具体和精细。

粒度原本是一个物理学的概念，是指物质微粒大小的平均度量。在这里被借用作为对概念中包含信息量的度量，从不同概念层次分析和处理论域空间中的数据，尤其是大数据，只是从不同粒度理解这些信息量而已。**我们把云模型作为表示概念的基本模型，期望等同于模型中的核，而数据相对于核的离散程度通过熵来反映，说明概念粒度的大小，超熵可以作为概念成熟度的度量。**

如图 3.2[26] 所示，大量具有自组织能力的个体之间动态交互形成的复杂系统，在不同层次和尺度上常常呈现出共同的行为特征。低层次、细粒度上的群体交互行为可能在高层次上产生影响，甚至导致复杂系统的涌现或混乱。因此，复杂系统常常具有多层次、多粒度、随时间演化、爆发、涌现等特点。**人类认知的一个公认特点，就是能够从不同粒度、不同层次上观察和分析同一现象或问题**。从较细粒度的概念跃升到较粗粒度的概念，是对信息或知识的抽象，可使问题简化，通常这一过程称为数据简约或归纳。**用粗粒度概念观察和分析信息，忽略了细粒度上的细微差别，寻找共性**。共性常常比个性更深刻,可以求得宏观的把握。相反,**如果用细粒度概念观察和分析信息,则可发现纷繁复杂的个性特征,更准确地区分差别,区分小众。**个性要比共性丰富和典型,但不能完全融入共性之中。而通过概念提升,可以发现更普遍的知识。

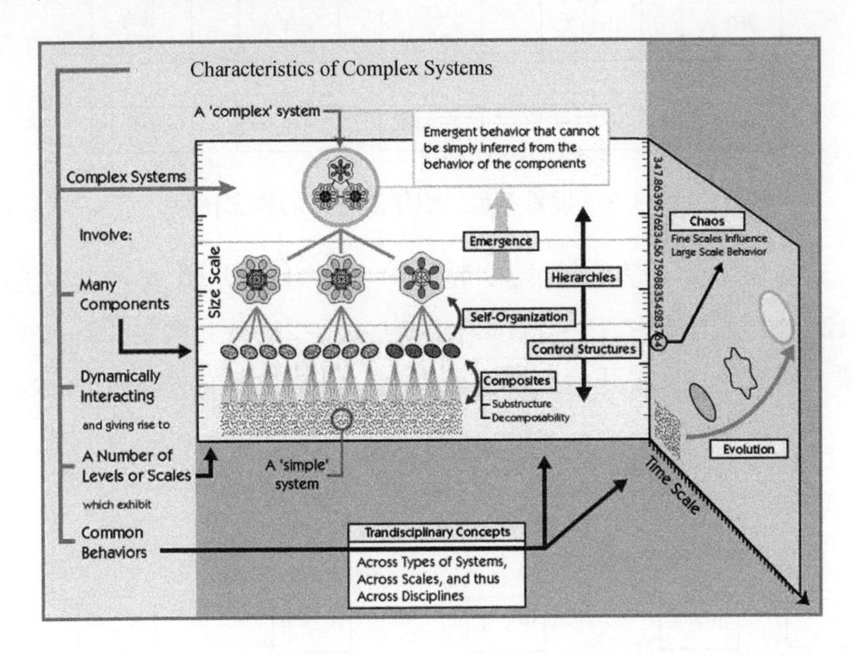

图3.2 复杂系统具有多层次、多粒度、演化、涌现等特性(见彩页)

3.1.2 概念树和泛概念树

传统概念树中的层次,通常是用部分有序集$(H,<)$表示,其中H是有限对象集合,$<$是H上的偏序关系,具有非对称和可传递的性质。规则的对象层次可依据有序关系$<$划分为多个不相交的对象集合$H=\cup H_i$,从而用树状结构来表示对象层次。例如,根据2000年联合国世界卫生组织提出的年龄分区,44岁以下为青年人,45~59岁为中年人,60~74岁为年轻老年人,75~89岁为老年人,90岁以上为长寿老人。根据该划分法,可画出图3.3。

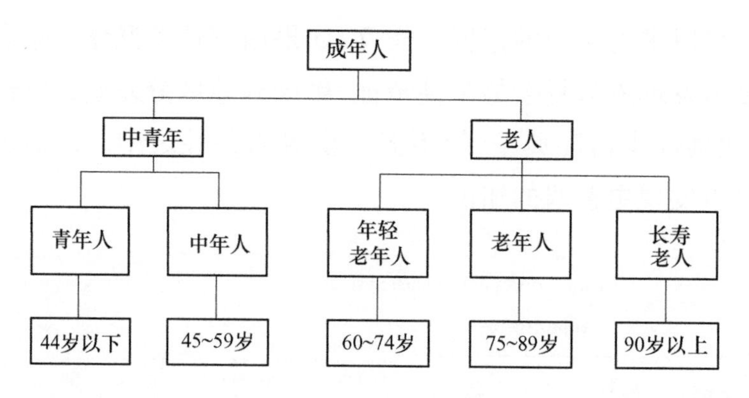

图 3.3　世界卫生组织年龄分段的概念树

又例如学生上学的年龄，一般是 3 ~ 5 岁上幼儿园，6 ~ 11 岁上小学，12 ~ 14 岁上初中，15 ~ 17 岁上高中，18 ~ 21 岁上大学，22 ~ 24 岁上硕士研究生，25 岁开始上博士研究生。其概念树如图 3.4 所示。

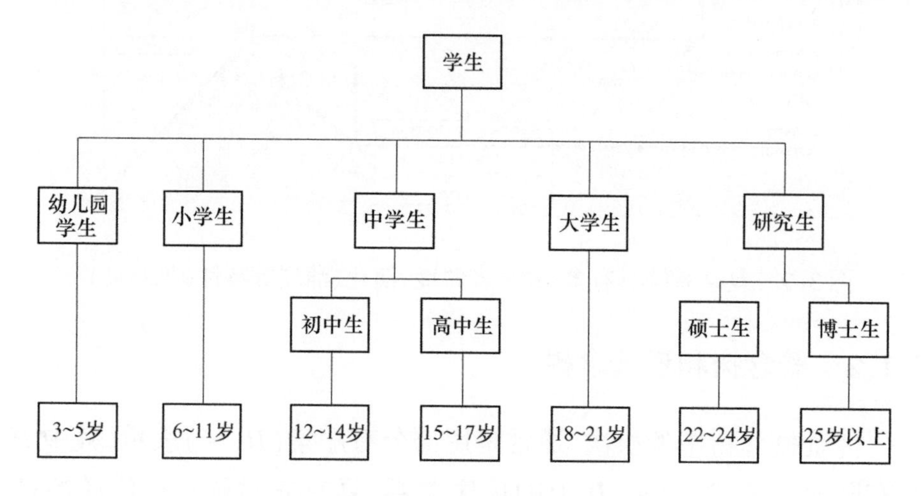

图 3.4　按上学年龄划分的概念树

图 3.3 和图 3.4 所示的概念树中，除了顶层根节点以外，每个节点有且只有一个父节点，节点间的层次关系非常明确。但是，这样的概念树存在明显局限性。例如，不同概念对应的数值区间界限分明，不允许有亦此亦彼的重叠存在，缺少了概念固有的模糊性。一定要

把44岁和45岁分属于两个不同的年龄概念就过于武断。这种单一的树状隶属关系,无法反映一个属性值可能同时属于多个上层概念的不确定现象。

通常,概念树的形成是与特定主题、特定时间和特定地域相关的,具有相对性。对于科学家而言,48岁也许还是一个非常年轻的年龄。1995年世界卫生组织曾经将中年划定为45~65岁,2000年又划定为45~59岁。又例如,美国将中年划定为40~65岁,葡萄牙为29~51岁,日本和中国为40~60岁。因此,概念树的结构常常和问题域的情境、时间、地区等相关联。

人们在对概念认知的过程中,常常不能构造出层次分明、边界划分明确的唯一的树状结构,概念之间或许存在交叠,一个低层次概念可隶属于多个高层次概念,整体上呈树状结构,局部呈现网状结构,这种概念树称为泛概念树,而这些都是认知的不确定性造成的。

3.2 高斯变换

空间变换或域变换是科学研究中常用的一种方法。在一个空间中呈现复杂状态的问题转换到另一个空间,可能就会变得简单而容易理解。例如物理学中的傅里叶变换可以将一个时域的函数变换为频域里多个正弦函数的叠加,反之亦然。这种变换具有唯一性,快速傅里叶变换一直是现代工程应用中的一个重要工具。

受以上思想的启发,考虑到高斯分布的普适性,以及高斯云在概念表征中的普适性,对于一个问题域中的任意概率密度分布,可否用若干个高斯云分布叠加来表征呢?为此,有必要先介绍一下高斯变换及其参数估计方面的数学知识。

高斯变换是将问题域的一个概率密度分布转化为若干高斯分布

叠加的过程。问题域中的随机变量 x 可以是一维的,也可以是多维的,其数学表示为

$$p(x) \rightarrow \sum_{i=1}^{M}(a_i G(x;\mu_i,\Sigma_i))$$

式中:$G(x;\mu_i,\Sigma_i)=\dfrac{1}{\sqrt{(2\pi)^d|\Sigma_i|}}\mathrm{e}^{-\frac{1}{2}(x-\mu_i)^{\mathrm{T}}\Sigma_i^{-1}(x-\mu_i)}$,$a_i$、$\mu_i$、$\Sigma_i$ 分别为第 i 个高斯分布的幅值、期望和协方差矩阵,且满足 $\sum_{i=1}^{M}a_i=1$;d 为数据的维数;M 为高斯分布的个数。

通常采用期望值最大化(Expectation Maximization, EM)算法[27],对高斯变换的参数进行估计。特别要指出的是,高斯变换存在误差,且不具有唯一性。

此外,在实际问题求解时,常常无法得到一个精确的概率密度函数,可通过频率直方图来取代,其一致性由频率直方图的统计性质决定。

3.2.1 高斯变换参数估计

对于任意一个一维数据的频率分布,在一定误差范围内,高斯变换产生 M 个高斯分布叠加的数学表示为

$$p(x|\Theta)=\sum_{i=1}^{M}a_i p_i(x|\theta_i)$$

式中:$p_i(x|\theta_i)$ 是高斯密度函数;θ_i 为相应的参数,如期望和方差;$\Theta=(a_1,\cdots,a_M,\theta_1,\cdots,\theta_M)$ 是高斯变换的所有待估参数。

高斯变换的参数估计就是根据观察的样本 x 对参数 Θ 进行估计。设 $X=(x_1,x_2,\cdots,x_N)$ 为已发生事件,且 $x_i(i=1,\cdots,N)$ 之间为相互独立的事件,则有

$$p(X|\Theta)=\prod_{i=1}^{N}\sum_{j=1}^{M}a_j p_j(x_i|\theta_j)$$

找出参数 Θ 使得 $p(X|\Theta)$ 极大化，这种估测参数的方法叫做极大似然估计法。对函数两边取对数，将乘积转化为求和，可得

$$\log p(X \mid \Theta) = \sum_{i=1}^{N} \log \sum_{j=1}^{M} a_j p_j(x_i \mid \theta_j)$$

为使上式取值最大化，引入 Jensen 不等式：对于任何一个给定的凸函数 $f(x)$，在一组数字 $a_1, a_2, \cdots, a_k$ 上的任意离散概率分布 $\pi_1, \pi_2, \cdots, \pi_k$，都有

$$f\left(\sum_{k=1}^{K} \pi_k a_k\right) \geqslant \sum_{k=1}^{K} \pi_k f(a_k)$$

进一步推广，对于任何一个给定的凸函数 $f(x)$，$\pi_1, \pi_2, \cdots, \pi_k$ 为任意一个离散概率分布，则有

$$f\left(\sum_{k=1}^{K} a_k\right) = f\left(\sum_{k=1}^{K} a_k \frac{\pi_k}{\pi_k}\right) \geqslant \sum_{k=1}^{K} \pi_k f\left(\frac{a_k}{\pi_k}\right)$$

为简化讨论，定义

$$\beta_j(x) = \frac{a_j p_j(x \mid \theta_j)}{\sum_{j=1}^{M} a_j p_j(x \mid \theta_j)} \qquad \left(\sum_{j=1}^{M} \beta_j(x) = 1\right)$$

根据 Jensen 不等式，则有

$$\begin{aligned}
\log p(X \mid \Theta) &= \sum_{i=1}^{N} \log \sum_{j=1}^{M} a_j p_j(x_i \mid \theta_j) \\
&\geqslant \sum_{i=1}^{N} \sum_{j=1}^{M} \beta_j(x_i) \log \frac{a_j p_j(x_i \mid \theta_j)}{\beta_j(x_i)} \\
&= b(\Theta) \\
&= \sum_{i=1}^{N} \sum_{j=1}^{M} \beta_j(x_i) \left[\log a_j p_j(x_i \mid \theta_j) - \log \beta_j(x_i)\right]
\end{aligned}$$

问题转化为下界 $b(\Theta)$ 的极大化。因为每个高斯函数 $\theta_j = (\mu_j, \sigma_j)$ 具

有两个参数。求 $b(\Theta)$ 极大值时的 θ_j,就是对 μ_j 和 σ_j 进行微分求解,因为 $\sum_{j=1}^{M} a_j = 1$,可通过拉格朗日法求解 a_j。

$$\mu_j = \frac{\sum_{i=1}^{N} \beta_j(x_i) x_i}{\sum_{i=1}^{N} \beta_j(x_i)}$$

$$\sigma_j^2 = \frac{\sum_{i=1}^{N} \beta_j(x_i)(x_i - \mu_j)^{\mathrm{T}}(x_i - \mu_j)}{\sum_{i=1}^{N} \beta_j(x_i)}$$

$$a_j = \frac{1}{N} \sum_{i=1}^{N} \beta_j(x_i)$$

以上述三个方程为基础进行迭代求解,根据给定数据,设定一组起始参数值 θ,计算新的参数 $\hat{\theta}$,迭代执行,当参数变化不显著,即 $|\theta - \hat{\theta}|$ 小于迭代终止误差 ε 时,迭代结束。

3.2.2 高斯变换算法

根据上面介绍的高斯变换参数估计方法,可以得到如下的高斯变换算法。

高斯变换算法

输入:数据样本集 $X\{x_i | i = 1, 2, \cdots, N\}$,高斯分量数 M,迭代终止误差值 ε。

输出:M 个高斯分布 (μ_k, σ_k) 及幅值 $a_k, k = 1, \cdots, M$。

算法步骤:

(1) 统计计算数据样本集 $X\{x_i | i = 1, 2, \cdots, N\}$ 的频度分布

$$h(y_j) = p(x_i), \quad i = 1, 2, \cdots, N; \quad j = 1, 2, \cdots, N'$$

式中:y 为样本论域空间;

(2) 设定 M 个高斯分布的初始值,第 k ($k=1,\cdots,M$) 个高斯分布的初始参数设定为

$$\mu_k = \frac{k \times \max(X)}{M+1}, \quad \sigma_k = \max(X), \quad a_k = \frac{1}{M}$$

(3) 定义并计算目标函数

$$J(\theta) = \sum_{i=1}^{N'} \left\{ h(y_i) \times \ln \sum_{k=1}^{M} \left[a_k g(y_i;\ \mu_k, \sigma_k^2) \right] \right\}$$

式中:

$$g(y_i;\mu_k,\sigma_k^2) = \frac{1}{\sqrt{2\pi}\sigma_k} e^{-\frac{(y_i-\mu_k)^2}{2\sigma_k^2}}$$

(4) 对第 k ($k=1,\cdots,M$) 个高斯分布,根据极大似然估计,计算出该高斯分布的新参数

$$\mu_k = \frac{\sum_{i=1}^{N} L_k(x_i) x_i}{\sum_{i=1}^{N} L_k(x_i)}$$

$$\sigma_k^2 = \frac{\sum_{i=1}^{N} L_k(x_i)(x_i - \mu_k)^{\mathrm{T}}(x_i - \mu_k)}{\sum_{i=1}^{N} L_k(x_i)}$$

$$a_k = \frac{1}{N} \sum_{i=1}^{N} L_k(x_i)$$

式中:

$$L_k(x_i) = \frac{a_k g(x_i;\ \mu_k, \sigma_k^2)}{\sum_{n=1}^{M} (a_n g(x_i;\ \mu_n, \sigma_n^2))}$$

(5) 计算目标函数的估计值

$$J(\theta) = \sum_{i=1}^{N'} \left\{ h(y_i) \times \ln \sum_{k=1}^{M} \left[a_k g(y_i;\ \mu_k, \sigma_k^2) \right] \right\}$$

(6) 判断目标函数估计值与原目标函数值差异,如果

$$|J(\hat{\theta}) - J(\theta)| < \varepsilon$$

输出当前参数估计值;否则,跳转至步骤(3)。

下面,我们以中国工程院的院士群体年龄分布为例,说明如何用高斯变换按年龄分布对院士群体进行分类。

根据中国工程院网站(www.cae.cn)公布的院士年龄分布数据,至2012年4月中国工程院共有院士776名,年龄分布在43岁至99岁之间,其中,男性院士740名,女性院士36名,超过80岁的资深院士206名,以1岁为间隔,统计院士年龄的频度分布如图3.5所示。

设定高斯的个数 $M=5$,迭代终止差值 $\varepsilon=0.001$。高斯变换的结果如图3.6所示,蓝色锯齿实线表示原始分布,绿色虚线表示生成的5个高斯分布,红色平滑实线表示拟合曲线,底部黑色锯齿实线表示拟合结果与原始分布的绝对值误差。

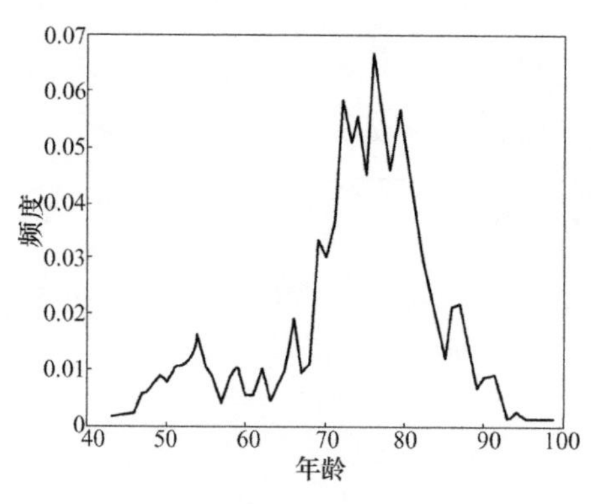

图3.5　2012年中国工程院院士群体年龄分布图

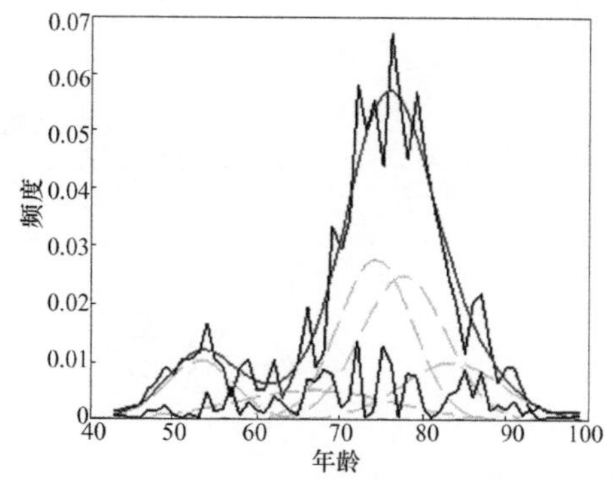

图3.6　利用高斯变换对院士群体进行分类(见彩页)

这样一来,776个中国工程院院士被分为5类群体,如表3.1所列,第一类平均年龄为53.1岁左右,占院士总数的11%;第二类平均年龄为67.0岁左右,占院士总数的12%;第三类平均年龄为74.2岁,占院

士总数的31%;第四类平均年龄为77.5岁左右,占院士总数的31%;第五类平均年龄为83.5岁左右,占院士总数的15%。其中,第三、第四类群体成为主体。

表3.1 中国工程院院士群体年龄分布通过高斯变换分成5类群体

类别	期望/岁	标准差/岁	比例
第一类群体	53.1	4.0	11%
第二类群体	67.0	9.1	12%
第三类群体	74.2	4.4	31%
第四类群体	77.5	5.1	31%
第五类群体	83.5	6.0	15%

从上面结果可以看出,这5个高斯分布之间交叠严重,划分混乱。通常,初始给定的高斯分布个数越多,曲线拟合误差越小,但不同类别之间的交叠也会越多,有时甚至难以区分。因此,**如何确定高斯分布的个数,以及每一个高斯分布参数初始值的设定是高斯变换中的难题,变换结果不具有唯一性。**

3.3 高斯云变换

人类在思考问题时可以根据需要从不同层次、不同粒度反复对事物进行抽象、分析和推理,而且能够很自然地实现不同粒度概念之间的切换。如何模拟人类的自适应性,实现变粒度的概念分类和聚类一直是粒计算研究中的难点问题。

高斯变换提供了一种连续属性数据分布函数的离散化方法,为变粒度的概念分类或聚类提供了思路。但是,高斯变换本身只是一个数

学拟合过程,并没有考虑人类在特定情境和主题下的自适应认知,不涉及概念的语义。直接将高斯变换用于概念分类会存在以下问题:

首先,人类认知中的概念是抽象的、柔性的,亦此亦彼性是概念的固有属性,而高斯变换提供的概念硬划分方法,通过元素对应在每个高斯分布上的概率值大小判断其归属,元素与概念之间的关系是确定的、非此即彼的,无法反映相邻概念边缘存在的亦此亦彼性。

其次,高斯变换需要预先给定概念个数,如果指定个数过少则无法满足数据拟合的误差要求,指定个数过多,则生成的多个高斯分布会过于交叠,这就违背了**聚类中"类内关联强、类间关联弱"的通用原则**,从而导致概念划分的混乱。而且,高斯变换也难以模拟实现人类在不同概念粒度和层次之间自由切换的变粒度思维能力。

云模型是一个定性定量转换的双向认知模型,高斯云在概念表示中具有普适性,高斯云的云滴群对概念的贡献可以定量计算。因此,不妨构建高斯云变换,将任何一个给定的数据样本集合转换成多个用高斯云表征的定性概念,可以反映概念边缘的不确定性,实现概念的软划分,更重要地,可通过计算熵和超熵的比值,来优化概念的数量、粒度和层次,防止概念交叠混乱。

3.3.1 从高斯变换到高斯云变换

高斯变换原本没有涉及概念的语义,那如何将其转换为一个个定性概念,并衡量其划分的清晰程度?如何体现分类的通用原则?如何优化概念数量、粒度和层次?如何体现概念认知中层次和粒度的不确定性呢?

为此,我们可以利用第2章中定义的概念含混度,用以衡量概念达成共识的程度,衡量概念划分的清晰程度。当 $He=0$ 时,高斯云成为高斯分布,概念形成最大共识,汇聚为一个具有确定粒度的高斯概念;随着 He 的增大,概念离散程度变大,共识性变低;当 He 等于 $En/3$ 时,概念含混度等于1,概念的外延发散,从云变成雾,难以形成共识。

在高斯变换中,概念的共识程度与概念之间的交叠相关,交叠越少,说明概念划分清晰,外延汇聚,那么越能形成共识;反之,交叠越多,说明概念的外延发散,划分混乱,越难以形成共识。因此可利用高斯变换中高斯分布的交叠程度,计算高斯云的熵和超熵,从而获得概念含混度。

例如,对于高斯变换中的第 k 个高斯分布 $G(\mu_k,\sigma_k)$,可以分别计算其与左右相邻两个高斯分布之间的交叠程度。具体方法如下:

以它们目前的标准差作为概念的最大粒度参数,根据"类内关联强、类间关联弱"的原则,保持它们的期望不变,进行等比例缩减,计算获得与左侧相邻概念之间弱外围区不交叠的缩放比 α_1,即满足

$$\mu_{k-1}+3\alpha_1\sigma_{k-1}=\mu_k-3\alpha_1\sigma_k$$

计算获得与右侧相邻概念之间弱外围区不重叠的缩放比 α_2,即满足

$$\mu_k+3\alpha_2\sigma_k=\mu_{k+1}-3\alpha_2\sigma_{k+1}$$

则第 k 个高斯分布由于概念划分不清晰引起的标准差变化范围为 $[\alpha\times\sigma_k,\sigma_k]$,$\alpha=\min(\alpha_1,\alpha_2)$。**根据高斯云的定义,标准差服从高斯分布,熵是标准差的期望,即为标准差变化范围的中心值,超熵是标准差的标准差,即标准差的变化范围为6倍的超熵。**因此,可计算获得表征第 k 个概念的高斯云参数

$$Ex_k=\mu_k$$

$$En_k=(1+\alpha)\times\sigma_k/2$$

$$He_k=(1-\alpha)\times\sigma_k/6$$

则概念的含混度为

$$CD_k = 3 \times He_k / En_k = (1 - \alpha)/(1 + \alpha)$$

可以看出,一个概念,如果含混度大,则概念的外延会更加离散,与相邻概念的交叠通常会越多,概念难形成共识;反之,含混度小,概念的外延汇聚,与相邻概念的交叠通常会越少,概念容易形成共识。倘若高斯变换中一个概念的弱外围区,即 2σ 到 3σ 区域与其他概念都不交叠,则说明这个概念划分清晰,它的熵就是高斯分布中的标准差,超熵为0。极端地说,如果一个概念的期望与相邻概念的期望相同,则可以计算获得它的标准差缩放比 $\alpha = 0$,即这个概念的熵为三倍超熵,含混度为1,概念不能形成共识。

概念外延元素的交叠程度,可分为骨干区交叠、基本区交叠、外围区交叠,以及弱外围区交叠,如表3.2所列。

表3.2 利用概念含混度对高斯变换划分结果进行度量

与相邻高斯分布元素之间交叠程度	标准差缩放比	概念含混度	概念的解释
期望相同	0	1	雾化
骨干区交叠	(0, 0.223)	(0.6354, 1)	含混
骨干区不交叠 基本区交叠	[0.223, 0.333)	(0.5004, 0.6354]	较含混
外围区交叠	[0.3333, 0.667)	(0.2, 0.5004]	较成熟
弱外围区交叠	[0.667, 1)	(0, 0.2]	成熟
弱外围区不交叠	1	0	非常成熟

3.3.2 启发式高斯云变换

前面讲到利用高斯变换进行概念聚类时,根据每个样本点对应在每个高斯分布上的概率大小,来决定它属于哪个概念,元素与概念之间是确定的、非此即彼的,这种硬划分方法不能体现概念之间,尤其是位于边缘不确定性区域元素的亦此亦彼性,而高斯云中的熵和超熵不但可解决这个问题,还可以用来衡量高斯变换划分出的概念的含混程度。为此,我们引入高斯云形成启发式高斯云变换(Heuristic Gaussian Cloud Transformation)方法[28]。

启发式高斯云变换是指利用先验知识预先给定概念的个数 M,调用高斯变换,分别获得 M 个高斯分布的期望、标准差和幅值,这 M 个高斯分布的期望就是高斯云的期望;而后,根据高斯分布之间的交叠程度,计算生成每个高斯云的熵、超熵及其含混度。这样一来,就将定量的数据频度分布函数,通过高斯云变换转换为一个个定性的认知概念,而且根据获得的概念含混度,可对概念划分的清晰程度进行排序。

启发式高斯云变换算法

输入:数据样本集 $X\{x_i|i=1,2,\cdots,N\}$,概念个数 M。

输出:M 个高斯云 $C(Ex_k,En_k,He_k)$,$k=1,\cdots,M$。

算法步骤:

(1) 统计数据样本集 $X\{x_i|i=1,2,\cdots,N\}$ 的频率直方图,利用高斯变换将其转换成 M 个高斯分布

$$G(\mu_k,\sigma_k) \mid k=1,\cdots,M$$

(2) 对于第 k 个高斯分布,计算其标准差的缩放比 α_k,则第 k 个表征概念的高斯云参数为

$$Ex_k = \mu_k$$

$$En_k = (1+\alpha_k)\times\sigma_k/2$$

$$He_k = (1-\alpha_k)\times\sigma_k/6$$

$$\mathrm{CD}_k = (1-\alpha_k)/(1+\alpha_k)$$

仍然以中国工程院院士群体为例。根据常识,成年人按照年龄

常常可以分为5类群体:非常年轻,年轻,中年,老年和长寿。可预先指定概念个数为5,启发式高斯云变换先调用高斯变换将院士群体的年龄分布曲线拟合为5个高斯分布,再根据概念之间的交叠程度计算获得每个概念的数字特征及含混度。图3.7显示了启发式高斯云变换的计算结果与院士群体年龄分布之间的对照关系,蓝色锯齿实线为院士群体年龄的频度分布,绿色云滴构成的高斯云体现了这5个类别,黑色虚线为每个高斯云的期望曲线,红色平滑实线为高斯云变换的拟合曲线。

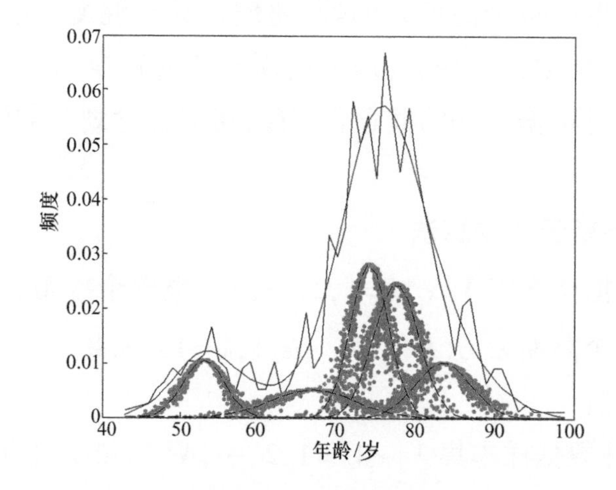

图3.7　将中国工程院院士按年龄划分成5个群体(见彩页)

如表3.3所列,启发式高斯云变换生成的5个概念中,非常年轻院士年龄的期望值为53.1岁,根据表3.2中列出的概念含混度与交叠关系,可以看出这个概念的基本区独立,只有其外围区与年轻院士之间存在交叠,是一个较独立的类别。年轻院士、中年院士、老年院士和长寿院士这四类群体,都存在骨干区交叠的情况,因此都是含混的,概念划分混乱,中年院士和老年院士的含混度最大且相同,说明这两个概念之间的交叠最大。

表 3.3 院士群体按年龄划分成 5 个概念的数字特征

概念	期望/岁	熵/岁	超熵/岁	含混度	比例
非常年轻院士	53.1	2.7	0.42	0.468	11%
年轻院士	67.0	5.4	1.30	0.723	12%
中年院士	74.2	2.4	0.64	0.8	31%
老年院士	77.5	2.8	0.75	0.8	31%
长寿院士	83.5	3.4	0.89	0.785	15%

启发式高斯云变换方法与高斯变换方法的最大区别在于，通过正向高斯云算法生成样本对概念的确定度，既保证了概念核心区域样本的非此即彼性，又体现了概念之间不确定性区域样本的亦此亦彼性，从而实现了概念的软划分。例如在高斯云变换中，59 岁的院士既可以属于非常年轻院士的范畴，也可以属于年轻院士的范畴；而在高斯变换的结果中，由于其对应在年轻院士的概率比非常年轻院士大，所以只属于年轻院士。

人们对院士年龄的特定认知，还可以从更大粒度上将院士年龄分为年轻、中年、老年 3 个概念。图 3.8 显示了启发式高斯云变换生

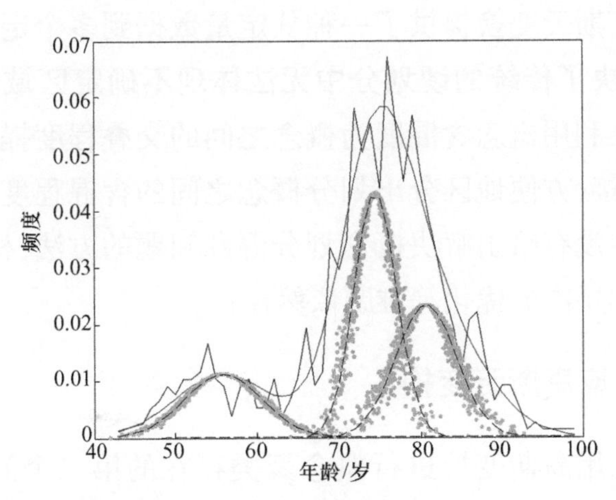

图 3.8 将中国工程院院士群体按年龄划分为老、中、青 3 个概念（见彩页）

成的3 个高斯云及其拟合曲线,蓝色锯齿实线为院士群体年龄的频度分布,绿色云滴构成的高斯云表征 3 个概念,黑色虚线为每个高斯云的期望曲线,红色平滑实线为高斯云变换的拟合曲线。

如表 3.4 所列,启发式高斯云变换生成的 3 个概念中,年轻院士群体的期望值年龄为 55.8 岁,根据表 3.2 中列出的概念含混度与交叠关系,可以看出它只有小部分外围区与中年院士群体之间存在交叠,划分比较清晰,是一个更能被认可的类别。而中年院士和老年院士之间存在骨干区交叠,是两个划分混乱的概念。

表 3.4　院士群体按年龄划分成 3 个概念的数字特征

概念	期望/岁	熵/岁	超熵/岁	含混度	比例
年轻院士	55.8	4.8	0.39	0.244	16.6%
中年院士	74.5	2.6	0.58	0.675	46.9%
老年院士	80.6	3.7	0.84	0.675	36.5%

从两次划分实验结果可以看出,由于概念交叠严重,无论是将院士年龄划分成 5 个概念还是 3 个概念都未必符合人类的认知。

启发式高斯云变换提供了一种从定量数据到多个定性概念的软划分方法,解决了传统的硬划分中无法体现不确定区域的亦此亦彼性问题。如果利用概念含混度为概念之间的交叠程度提供一种度量方法,可以直接、方便地区分出划分概念之间的含混程度。但启发式高斯云变换并没有给出解决概念划分混乱问题的方法,概念的数量、粒度的大小和层次的优化等难题依然存在。

3.3.3　自适应高斯云变换

为解决利用高斯变换进行概念聚类存在的第二个问题,即无法自动找出合适的概念的个数,常常出现概念交叠严重的现象,这里提出一种自适应的高斯云变换算法[28]，实现聚类，促进概念的生成。

自适应高斯云变换无需预先指定概念个数，从实际数据样本的统计分布出发，自动形成符合人类认知的、合适粒度的多个概念。自适应高斯云变换的过程恰好可以反映人类认知中从低层次、细粒度到高层次、粗粒度的变粒度概念抽取过程和聚类过程，从而实现可变粒计算。

常识告诉我们，相对于低频度出现的数据值，高频度出现的数据值对定性概念的贡献更大，因此可以统计计算数据样本频度分布平滑后的波峰数作为高斯云变换的初始概念个数 M，调用启发式高斯云变换生成 M 个表征概念的高斯云，根据概念的含混度，制定高斯云变换策略。例如，如果保证每个概念的含混度 $\mathrm{CD} \leqslant 0.5004$，则它与相邻概念之间的基本区不交叠。通过不断调用启发式高斯云变换来进行迭代收敛，最终形成满足迭代终止条件要求的多个概念。

自适应高斯云变换算法

输入：数据样本集 $X\{x_i|i=1,2,\cdots,N\}$，概念含混度 β。

输出：M 个高斯云 $C(Ex_k,En_k,He_k),k=1,\cdots,M$。

算法步骤：

（1）统计数据样本集 $X\{x_i|i=1,2,\cdots,N\}$ 的频度分布 $p(x_i)$ 的波峰数量 m，作为概念数量的初始值；

（2）利用启发式高斯云变换算法将数据集 $X\{x_i|i=1,2,\cdots,N\}$ 聚类成 m 个高斯云

$$C(Ex_k,En_k,He_k) \qquad k=1,\cdots,m$$

（3）按含混度顺序，对每个高斯云的含混度 CD 进行判断，如果 $\mathrm{CD}_k>\beta,k=1,\cdots,m$，则概念数 $m=m-1$，跳转至步骤2；否则，输出 M 个含混度小于等于 β 的高斯云

$$C(Ex_k,En_k,He_k) \qquad k=1,\cdots,M$$

可对此算法做进一步讨论。如果初始概念个数设置过多,启发式高斯云变换迭代次数将增加,会带来算法复杂度的上升。在实际应用过程中数据频度分布是离散的,并不是连续的概率密度分布函数,可能存在很大抖动。例如对于图3.5中显示的中国工程院院士群体的年龄分布,其峰值高达21个之多,最好通过数据滤波等方法先进行平滑处理,减少数据频度曲线的抖动。从算法步骤3中可以看出,每次变换的结果中只要存在一个概念的含混度大于β,概念个数就减1,重复调用启发式高斯云变换,直至满足终止条件。在通常情况下,自适应高斯云变换的结果与初始概念个数无关。

自适应高斯云变换中通过不断调用启发式高斯云变换算法进行迭代收敛,从图3.6获得的结果可以看出,用5个高斯云对中国工程院院士进行聚类,获得的年轻院士、中年院士、老年院士和长寿院士4个概念均存在骨干区交叠的情况,概念含混度高。不妨就从5个概念开始对高斯云变换的结果进行分析,先减少一个概念,再通过一次启发式高斯云变换将院士群体划分成4个概念,图3.9显示了绿色云滴构成的4个高斯云、黑色虚线描述的期望曲线、红色平滑实线的拟合曲线。

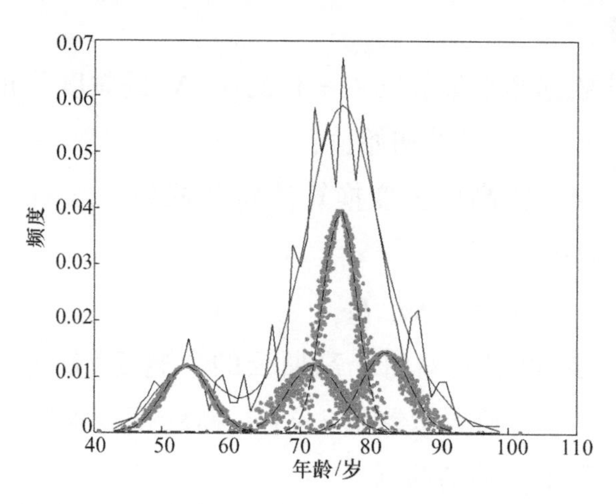

图3.9 将中国工程院院士群体按年龄划分成4个概念(见彩页)

于是,如表3.5所列,在中国工程院院士按年龄划分成的4个聚类概念中,中年院士、老年院士和长寿院士3个概念仍存在骨干区交叠的情况,概念含混度高。若将概念数再减1,则调用启发式高斯云变换得到表3.4显示的3个概念,其中中年院士和老年院士存在骨干区交叠的情况,概念含混度高,再进一步将概念个数减1,再调用一次启发式高斯云变换,最终将院士分成两个聚类概念,如图3.10所示。

表3.5 中国工程院院士群体按年龄划分成4个概念的数字特征

概念	期望/岁	熵/岁	超熵/岁	含混度	比例
年轻院士	53.6	3.4	0.32	0.285	12.98%
中年院士	72.1	3.7	0.99	0.7998	20.40%
老年院士	75.8	2.5	0.66	0.7998	44.06%
长寿院士	82.3	3.5	0.92	0.6604	22.56%

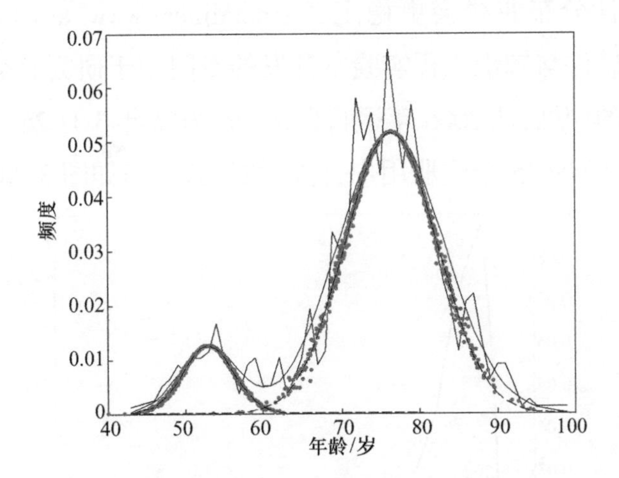

图3.10 自适应高斯云变换将院士群体按年龄聚成两类(见彩页)

如表3.6所列,自适应高斯云变换生成年轻院士和年老院士两个概念,它们的基本区和外围区都不交叠,仅部分弱外围区交叠,概念划分清晰,年轻院士的期望为53.0岁,粒度为3.3岁,占总人数的

14%;年老院士的期望为76.4岁,粒度为5.9岁,占总人数的86%。两者含混度低,这是更被认可的两个成熟的概念。

表3.6　院士群体按年龄划分成两个概念的数字特征

概念	期望/岁	熵/岁	超熵/岁	含混度	比例
年轻院士	53.0	3.3	0.16	0.145	14%
年老院士	76.4	5.9	0.29	0.145	86%

因此,利用自适应高斯云变换对中国工程院院士群体按年龄进行聚类,最终得到两个更符合人类认知的概念。特别要指出的是,60岁左右的院士处于这两个概念的交界,恰好反映了20世纪50年代左右出生的院士数量较少的客观情况。

自适应高斯云变换更适合对较大数据量进行聚类,通常大数据样本的数据统计分布曲线会更稳定。ArnetMiner(www.arnetminer.com)是清华大学软件与知识工程实验室开发的专门用于研究社会网络挖掘和学术搜索的网站,从2006年运行以来,至2012年3月26日共有来自196个国家的988645个注册用户,他们的年龄分布如图3.11所示。

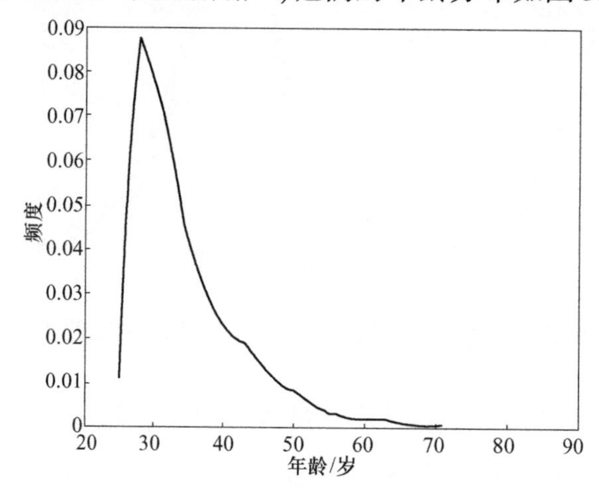

图3.11　ArnetMiner用户年龄分布曲线

如果利用自适应高斯云变换对 ArnetMiner 的用户群体按年龄进行聚类,以概念之间基本区不重叠作为高斯云变换策略,则可以生成 3 个概念,变换结果及拟合曲线如图 3.12 所示。蓝色实线为 ArnetMiner 用户群体年龄的频度分布,绿色云滴构成的高斯云表征 3 个概念,黑色虚线为每个高斯云的期望曲线,红色平滑实线为高斯云变换的拟合曲线。如表 3.7 所列,最终生成的 3 个概念:第一类是 30.4 岁左右的年轻学者,粒度为 2.1 岁,人数占 65%;第二类是以 40.9 岁左右为代表的中年学者,粒度为 3.8 岁,属于学术研究承上启下的中坚力量,人数占 30.1%;第三类是 57 岁左右的老年学者,粒度为 5.7 岁,人数较少,占 4.9%。它们的基本区均不交叠,概念含混度较小,概念划分比较清晰,符合人类的认知。

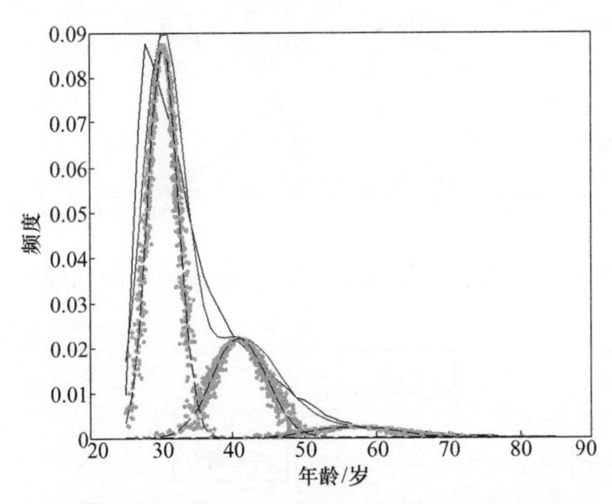

图 3.12 自适应高斯云变换将学术网用户群体按年龄聚成 3 类(见彩页)

表 3.7 学术网用户群体按年龄划分成 3 个概念的数字特征

概念	期望/岁	熵/岁	超熵/岁	含混度	比例
青年学者	30.4	2.1	0.29	0.408	65.0%
中年学者	40.9	3.8	0.55	0.437	30.1%
老年学者	57.0	5.7	0.83	0.437	4.9%

自适应高斯云变换无需人为指定概念个数,根据概念含混度制定高斯云变换策略,模拟人类认知规律实现数据的自动聚类。将自适应高斯云变换过程中每一次生成的高斯云具体表现出来,就可以模拟人类认知中的变粒度能力。图3.13显示了利用自适应高斯云变换对中国工程院院士群体按年龄聚类中从5个概念到2个概念的变粒度认知。图3.14显示了自适应高斯云变换构建的一个院士群体年龄的泛概念树。

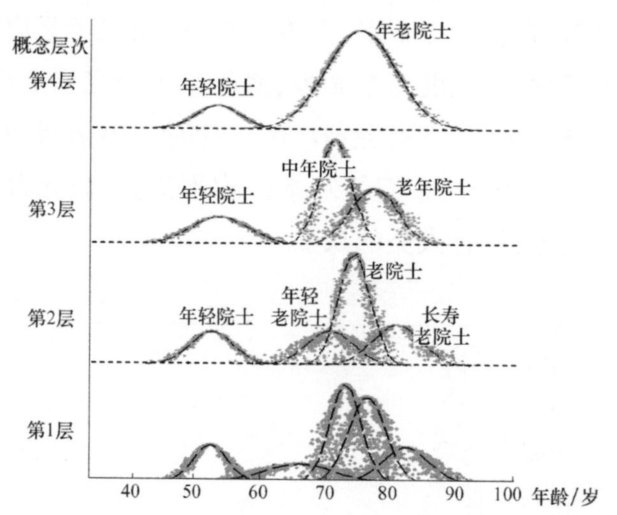

图3.13 以院士群体为例说明概念的粒度和层次

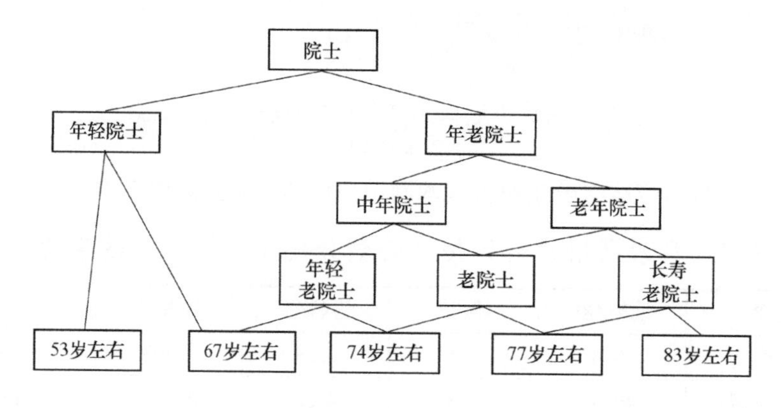

图3.14 以中国工程院院士群体为例说明通过高斯云变换构建的泛概念树

3.3.4 多维高斯云变换

理论上,高斯云变换算法也可以用于对二维或者多维属性数据进行处理。对于二维属性,两个概念的交叠程度是通过两个椭圆的交叠区来计算的;对于三维属性,两个概念的交叠程度是通过两个椭球的交叠区来计算的;至于四维以上的属性数据,已经无法在坐标空间内直观显示,此时概念之间的交叠程度可以通过概念在各维度上的投影分别计算,这样一来计算得到的概念含混度就是一个多维向量。

为了简化问题,本节设定每个概念在各维属性上的粒度投影相同,即二维属性数据对应的概念外延为一个具有不确定半径的圆形区,圆心(Ex_1, Ex_2)就是期望,半径是一个以三倍熵(En)为期望、超熵(He)为标准差的随机数。三维属性数据对应的概念外延为一个具有不确定球径的球形区,球心(Ex_1, Ex_2, Ex_3)就是期望,球径是一个以三倍熵(En)为期望、超熵(He)为标准差的随机数。此时概念含混度的计算方法与一维属性的计算方法相同,即通过两个概念期望之间的距离与半径之间的关系来计算。

下面给出在各维属性具有相同粒度的三维高斯云变换的实现算法。

三维高斯云变换算法

输入:数据样本集 $\{<x_i, y_i, z_i> | i=1,2,\cdots,N\}$, 概念含混度 β。

输出:M 个概念 $C(<Ex_k, Ey_k, Ez_k>, En_k, He_k)$, $k=1,\cdots,M$。

算法步骤:

(1) 统计数据样本集 $\{<x_i, y_i, z_i> | i=1,2,\cdots,N\}$ 的频度分布的波峰数量 m,作为概念数量的初始值;

(2) 利用三维高斯变换将数据集聚类成 m 个分量

$$G(<\mu x_k,\mu y_k,\mu z_k>,\sigma_k) \qquad k=1,\cdots,m$$

(3) 分别计算它们的概念含混度,生成 m 个概念

$$C(<Ex_k,Ey_k,Ez_k>,En_k,He_k) \qquad k=1,\cdots,m$$

(4) 对每个概念的含混度 CD 进行判断,如果 $CD_k>\beta,k=1,\cdots,m$,则概念数 $m=m-1$,跳转到步骤2;否则,输出 M 个含混度小于等于 β 的概念

$$C(<Ex_k,Ey_k,Ez_k>,En_k,He_k) \qquad k=1,\cdots,M$$

高斯云变换是在高斯变换的基础上,利用超熵解决概念之间不确定性区域的软划分问题,利用概念含混度衡量由于概念交叠对概念共识产生的影响,通过调节概念含混度,实现概念数量、粒度和层次的生成、选择和优化问题。从这个意义上说,高斯云变换是一个聚类的过程,也是一个变粒度计算的过程,甚至可以说是一个深度学习的过程。

如果和单纯的逆向云算法比较,对于任意一个给定的数据集而言,难以仅用一个定性概念来描述,则**通过高斯云变换可生成多个不同粒度的概念,这比用逆向云算法生成的单个概念更具有普遍性。**

3.4 高斯云变换用于图像分割

如同傅里叶变换一样,高斯云变换给出了一个通用的认知工具,不仅将数据集合转换为不同粒度的概念,而且可以实现不同粒度概念之间的切换,解决了粒计算中的变粒度问题,有着广阔的应用前景。下面给出几个典型案例。

3.4.1 图像中的过渡区发现

随着计算机图形学研究的深入,简单的图像分割已经不能满足个性化的需求,有时候人们真正感兴趣的恰恰是图像中亦此亦彼的

那些过渡区,如何模拟人类自然视觉中的认知能力进行图像分割一直以来都是一个难点问题,而高斯云变换正是一种模拟人类认知中可变粒计算能力的方法,在处理不确定性信息上具有优势。因此,发现图像中存在的不确定性区域是高斯云变换的一个重要能力。

激光熔覆亦称激光包覆或激光熔敷,是一种新的表面改性技术。它通过在基材表面添加熔覆材料,并利用高能密度的激光束使之与基材表面薄层一起熔凝,在基材表面形成与其为冶金结合的添料熔覆层。激光熔覆技术在工业中具有广泛的应用前景,该工艺过程中可靠有效的反馈是关键,即如何从激光熔覆图像获取精确的激光高度。如果只考虑图像的灰度值属性,那么一幅图像可以看作是在区间[0,255]上取值的一个数值矩阵,统计每个灰度值对应的像素点个数,就可以得到图像的灰度直方图,即像素灰度级的频率分布。图3.15显示了一幅256×256像素、灰度值在[0, 255]之间的激光熔覆图及其灰度直方图,白色区为高能密度的激光,黑色区为背景颜色,同时在前景和背景之间存在一个重要的过渡区。

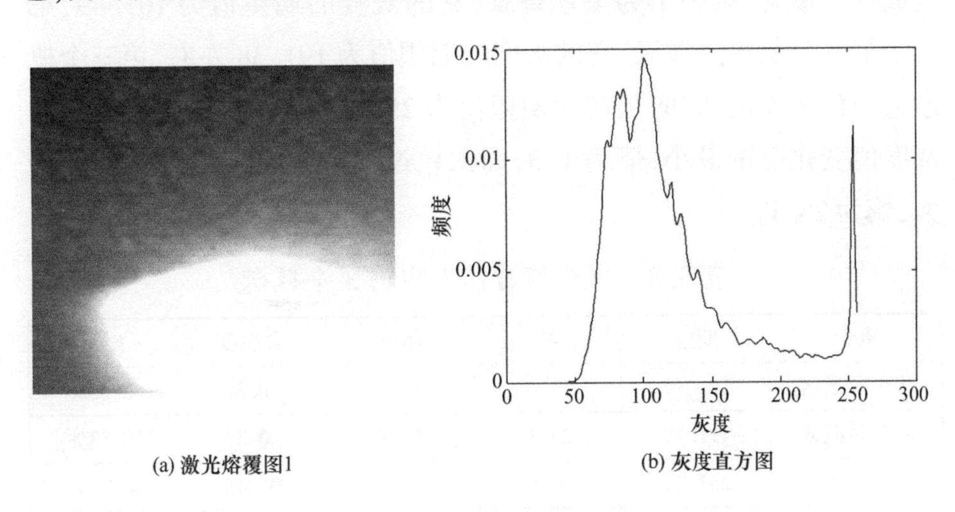

(a) 激光熔覆图1　　(b) 灰度直方图

图3.15　激光熔覆图

以图像中像素点的灰度值作为数据集合,如果采用概念基本区不重叠的变换策略,自适应高斯云变换最终生成了 3 个概念,如图 3. 16(a)所示。利用这 3 个概念对图像进行分割,可以获得 3 个概念所对应的图像区域,如图 3. 16(b)所示。

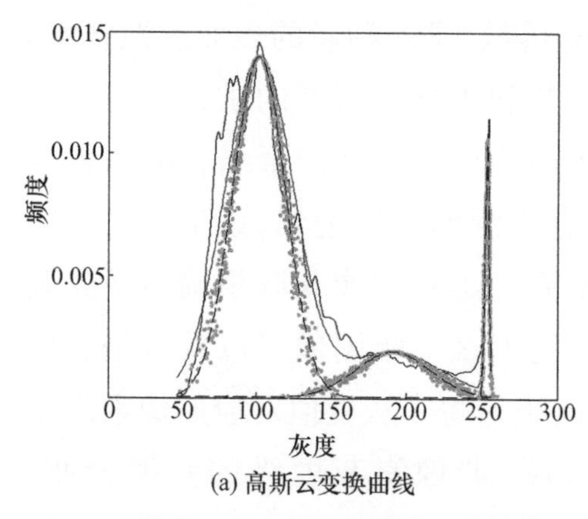

(a) 高斯云变换曲线

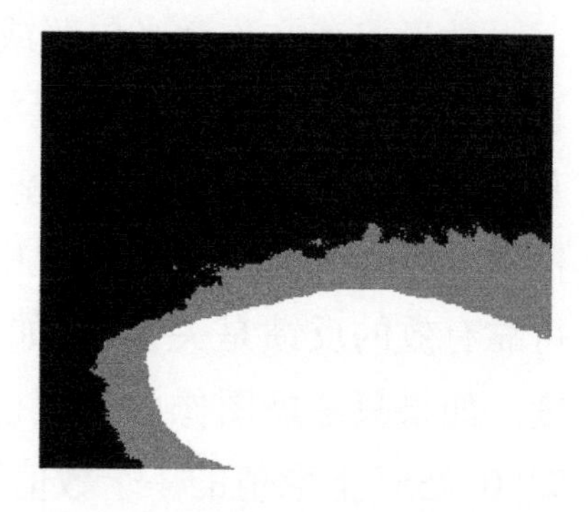
(b) 图像被划分成为3个概念所对应的区域

图 3. 16　将激光熔覆图 1 聚类成 3 个概念并进行分割(见彩页)

如表 3. 8 所列,利用自适应高斯云变换将激光熔覆图 1 按灰度聚类成三个概念:第一个为黑色背景,它的灰度的期望值为 101. 49,第二个概念为灰色过渡区,它的灰度的期望值为 191. 38 左右,第三个概念为白色激光区,它的灰度的期望值为 253. 23 左右。其中白色区的灰度值变化范围最小,熵为 1. 3,而灰色过渡区的灰度值变化范围最大,熵为 25. 1。

表 3. 8　激光熔覆图 1 中的 3 个概念

概念	期望	熵	超熵	含混度	比例
黑色背景区	101. 49	17. 6	1. 75	0. 3	80. 08%
灰色过渡区	191. 38	25. 1	2. 48	0. 3	15. 53%
白色激光区	253. 23	1. 3	0. 11	0. 246	4. 39%

在这幅激光熔覆图中,黑色背景和白色激光之间的灰色过渡区

具有明显的灰度特征，形成了与白色、黑色并列的一个新概念，具有独立的内涵和外延。这一点在许多其他图像分割算法中并没有被认识到，强硬地将图像分割为黑色背景区和白色激光区两类，只是在过渡区内不断寻找模糊边界而已。例如 C 均值方法、Otsu 方法和模糊 C 均值方法等经典图像分割方法对激光熔覆图分割的结果如图 3.17 所示，虽然图像都被分成了黑色和白色两部分，其边界线各不相同，C 均值方法的分割结果靠近黑色背景区，Otsu 方法和模糊 C 均值方法的分割结果靠近白色激光区。

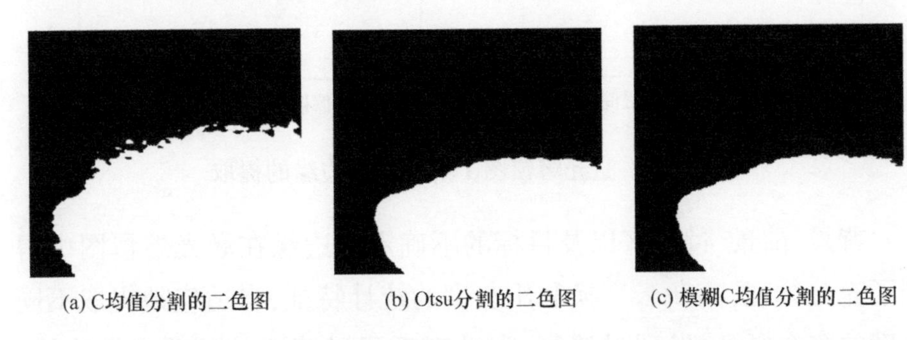
(a) C均值分割的二色图　(b) Otsu分割的二色图　(c) 模糊C均值分割的二色图

图 3.17　利用 C 均值、Otsu 和模糊 C 均值方法对激光熔覆图 1 进行分割

通过高斯云变换可以明显地检测到过渡区，对过渡区的发现和提取是激光熔覆图像分割中的关键。

当然，高斯变换也是图像分割中一个常用的方法，如果指定概念数为 3，则同样可以获得过渡区。相比于高斯变换，高斯云变换提供了一种目标边缘的软分割方法，采用正向高斯云算法生成每个像素点对概念的确定度，通过比较像素点对不同概念的确定度大小，判断其属于哪个概念，这种计算获得的确定度是具有稳定倾向的随机数，既可以保证概念核心区域划分的正确性，又可以刻画相邻概念之间的不确定性边缘。图 3.18 显示了图 3.16 中划分出的 3 个概念之间的不确定性边缘。这一点在传统的高斯变换中是无法实现的，因为高斯变换是根据图像中每个像素点对应在每个高斯分布上的概率值大小,决定像素点属于哪个概念,无法体现概念之间交叠处的不确定性边缘,因而图像分割时在两个区域的交界处常常会出现不自然的锯齿。

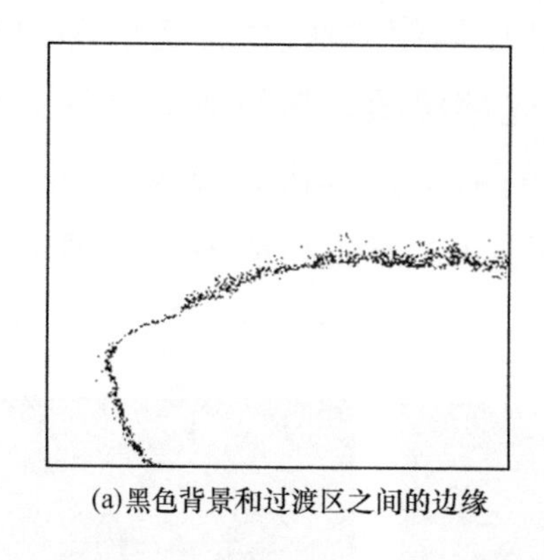

(a)黑色背景和过渡区之间的边缘

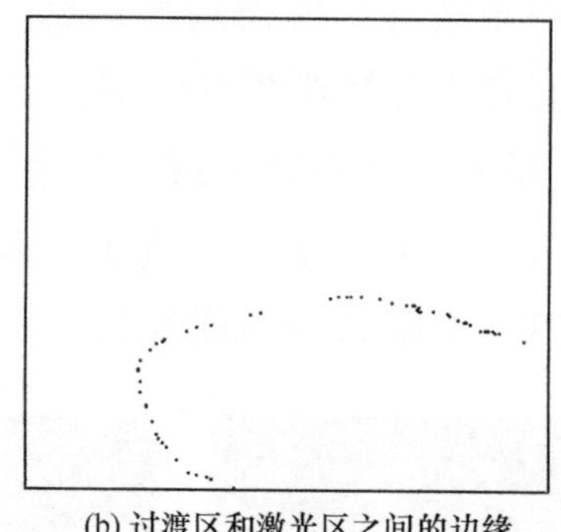

(b) 过渡区和激光区之间的边缘

图 3.18　激光熔覆图 1 不确定性边缘的提取

背景、前景、过渡区以及目标的不确定性边缘在激光熔覆图中得到了充分体现,高斯云变换利用灰度的统计特征,自适应地提取不同粒度的多个概念,发现过渡区,生动表现了过渡区的不确定性边缘。图 3.19 给出了另一幅典型激光熔覆图 2 利用高斯云变换实现过渡区发现和不确定性边缘提取的结果。

(a) 激光熔覆图2

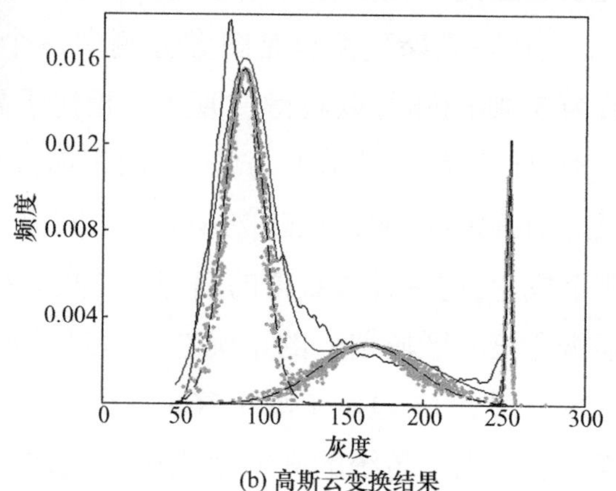

(b) 高斯云变换结果

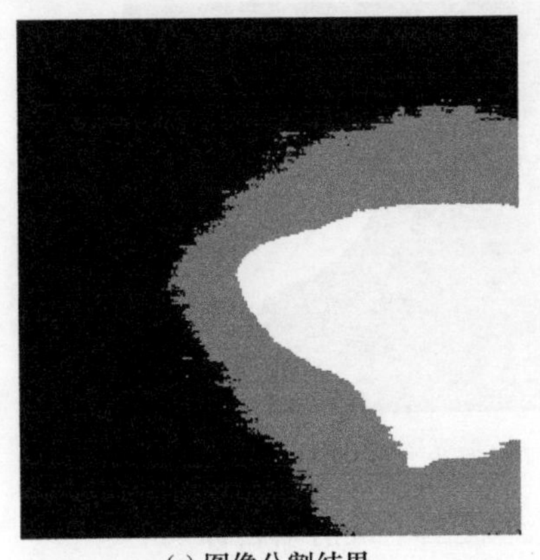

(c) 图像分割结果

(d) 概念边缘提取

图3.19 自适应高斯云变换对激光熔覆图2聚类和分割(见彩页)

表3.9给出了三个高斯云概念对应的数字特征、概念含混度以及所占比例,又一次生动说明了高斯云变换方法的有效性。

表3.9 激光熔覆图2聚类形成的3个概念

概念	期望	熵	超熵	含混度	比例
黑色背景区	87.97	12.2	1.60	0.393	65.9%
灰色过渡区	165.61	30.4	3.98	0.393	29.3%
白色激光区	253.08	1.5	0.10	0.205	4.8%

3.4.2 图像中差异性目标提取

自适应高斯云变换不仅可以用于发现图像中的过渡区,而且可以根据概念含混度提取出图像中清晰的目标,实现差异性目标提取。

从表3.8和表3.9中可以看出,相比于黑色背景和灰色过渡区,白色激光区含混度最小,是一个更接近成熟的概念。因此,根据人类认知过程中差异性优先的原则,可以将图3.15和图3.19中划分最清晰的白色激光区提取出来,结果如图3.20所示,背景设置为黑色。

(a) 激光熔覆图1中最清晰目标

(b) 激光熔覆图2中最清晰目标

图 3.20 根据概念含混度提取激光熔覆图中最清晰目标

前面提到的 C 均值、Otsu 和模糊 C 均值等方法,它们的目标都是要从背景中提出显著的白色激光区,那么高斯云变换对白色激光区的提取结果,与图 3.17 中给出的三种分割方法相比,效果如何?为此可利用误分率这一图像分割中的常用指标来衡量。

误分率 ME(Misclassification Error)[29] 指分割结果中背景被误分为目标、目标被误分为背景的像素比例,表明图像分割结果与人眼观察结果的差异程度。一般人眼观察结果用标准阈值化图像或参考图像代替。

$$ME = 1 - \frac{|B_0 \cap B_t| + |F_0 \cap F_t|}{|B_0| + |F_0|}$$

式中:参考图像中背景和目标分别记做 B_0 和 F_0,分割后的结果图像中背景和目标分别记做 B_t 和 F_t。$|B_0 \cap B_t|$ 是正确划分为背景的像素构成的集合,$|F_0 \cap F_t|$ 是正确划分为目标的像素构成的集合,$|\cdot|$ 表示集合的势。ME 在 0 到 1 之间取值,0 表示没有误分获得最好分割结果,1 表示完全分割错误。ME 越小表示分割质量越高。

图 3.21 来源于激光熔覆中人工对两个激光熔覆图进行分割的结果,图像分割通常以此作为参考,比较不同算法的分割效果。

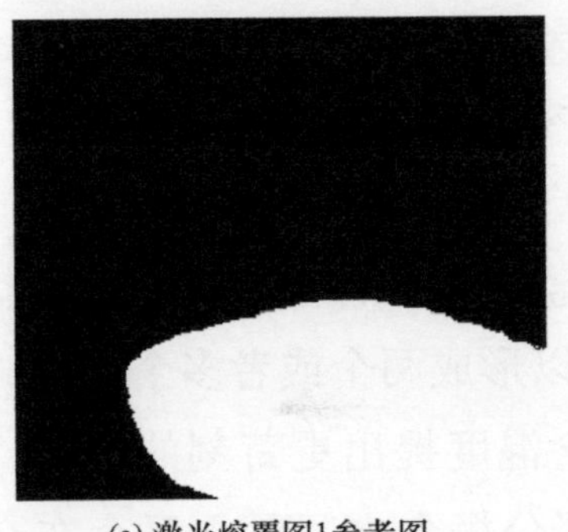

(a) 激光熔覆图1参考图

(b) 激光熔覆图2参考图

图 3.21　人工分割形成的激光熔覆图参考图像

表3.10中对四种分割方法进行了定量比较，自适应高斯云变换的误分率均低于2%，分割结果明显优于其他三种算法，C均值的误分率最高，Otsu和模糊C均值方法相差不大。但是，自适应高斯云变换算法的运行时间明显长于其他算法，这是由于从灰度值统计分布中得到的峰值过多，导致算法循环次数过多引起的，两次实验中初始统计峰值分别为23和19，峰值的约简过程就是概念数量的优化过程，这一点在遇到大数据、多粒度、多概念时，劣势反而会变成优势。

表3.10　四种分割方法效果比较

原图	评价指标	C均值方法	Otsu方法	模糊C均值方法	自适应高斯云变换
激光熔覆图1	误分个数	6584	2209	2447	691
	误分率	12.1%	3.9%	4.32%	1.22%
	运行时间/s	1.83	0.016	0.015	4.2
激光熔覆图2	误分个数	13991	5600	5360	861
	误分率	21.3%	8.54%	8.18%	1.31%
	运行时间/s	1.70	0.016	0.031	5.8

上述例子表明,对于灰度值统计差异明显的图像,根据概念之间基本区不交叠等策略,自适应高斯云变换可以实现概念抽取和图像分割。但是,如果一幅图像中的灰度差异不清晰,例如在图3.22中显示的处于沙漠中的一条蛇的图像,与整幅图像背景过于近似,灰度直方图整体仅呈现为一个高斯分布,难以形成两个或者多个概念,就很难进行图像分割。此时需要对概念含混度提出更苛刻的要求,如在区间(0.6354, 1)上调节β,即允许部分概念之间骨干区存在交叠。当$\beta=0.66$时,从此幅图像中可以抽取出5个概念,如表3.11所列。

表3.11 沙漠蛇图聚类形成的5个概念

概念	期望	熵	超熵	含混度	比例
黑色区	42.9	11.7	0.89	0.22	1.24%
灰黑区	98.9	10.5	1.62	0.46	4.99%
灰色区	126.6	5.9	1.28	0.65	62.30%
灰白色区	138.8	5.7	1.24	0.65	30.20%
白色区	169.8	10.1	1.30	0.39	1.27%

灰度期望值为42.9的黑色区的概念含混度最小,只有弱外围区与灰黑色区之间存在交叠,是整幅图像中划分最清晰的概念,将其对应的像素区作为黑色前景目标,其他区域设置为白色背景,划分结果如图3.22(d)所示。这一点在很多其他图像分割算法中是难以实现的,**利用概念含混度可以有效地实现差异性目标提取,有利于发现小众。**

这个例子表明,当概念之间的差异性不明显时,可以通过增大概念含混度阈值,从更细粒度的概念上实现差异性目标分割。

前面已经提到,高斯云变换不仅适用于一维数据的概念抽取,也适用于多维数据,因此可以用于彩色图像的分割。

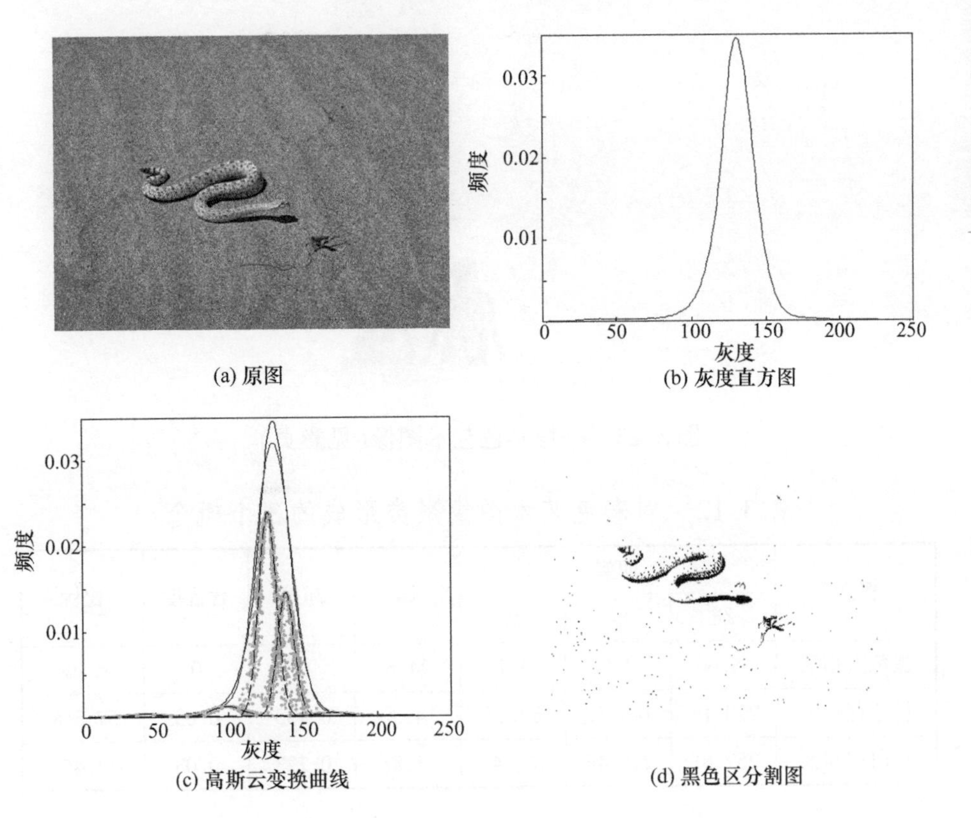

(a) 原图 (b) 灰度直方图

(c) 高斯云变换曲线 (d) 黑色区分割图

图 3.22 高斯云变换对沙漠蛇图实现差异性目标提取(见彩页)

图 3.23 显示了一幅分辨率为 1024×717 像素的彩色照片。一对情侣坐在由粉色和白色构成的背景中,海水和透过云层的光线勾勒出粉白相间的艺术画面。将图像中每一点看作是一个云滴,包括红、绿、蓝 3 个属性,利用三维高斯云变换对其进行概念抽取和差异性目标提取。

高斯云变换自动聚类生成了 3 个彩色概念,如表 3.12 所列,其中黑色人物区的概念超熵为 0,且含混度为 0,是一个可达成共识的成熟概念,与图像中的背景、光线、海平面差异显著,是最清晰的目标。

图3.23　一幅彩色艺术图像(见彩页)

表3.12　对彩色艺术图像聚类形成的3个概念

概念	期望			熵	超熵	含混度	比例
	红	绿	蓝				
黑色人物区	38.66	22.56	4.7	24.6	0	0	8.3%
粉色背景区	220.18	149.56	80.17	14.30	0.133	0.03	57.3%
粉白相间区	252.81	210.46	167.47	23.88	0.223	0.03	34.4%

利用抽取出的3个彩色概念对图像进行三色分割,结果如图3.24所示。由于光线、海平面处于白色和粉色的混合态,所以目标区的边缘带有不确定性。而两个黑色人物区的边缘是清晰的,被作为一个目标很好地从图像中提取出来,证明了高斯云变换对彩色图像分割的有效性,尤其重要的是,它体现了人类认知过程中的大尺度优先的原则。

人类在利用视觉进行环境感知时,能够从纷繁复杂的场景中快速、准确地发现关注区。**心理物理学研究表明,选择性注意是人类自然视觉的一个重要能力,其表现形式常常为先验知识优先、大尺度优先、动目标优先、前景优先和差异性优先。**

(a) 分割结果

(b) 最清晰目标提取

图 3.24 自适应高斯云变换的分割结果(见彩页)

下面再通过两个例子来说明高斯云变换在图像分割中如何体现人类自然视觉认知过程中大尺度优先和差异性优先的原则。大尺度优先,是先从大尺度对全局信息进行认知划分,形成整体概念,再结合局部特征信息,对特定区域进行较细粒度的划分、识别与辨认;差异性优先是指优先分配注意力给在颜色、形状、亮度等方面与周围差异性较大的区域。

高斯云变换可以利用概念含混度来衡量目标分割的清晰程度,从而实现差异性优先的形式化。变换的结果中每个概念除了三个数字特征、一个含混度,还有一个幅值,即概念外延占全部数据的比例,利用概念幅值可以实现大尺度优先的形式化。

图 3.25(a)取自 Berkeley 标准图像库[30]中的两幅图像,上幅由灰色天空、黑色树林和白色月亮构成,下幅由白色背景、鹰和树枝构成。

利用自适应高斯云变换分别对两幅图像进行概念抽取。

上幅图像按灰度值被聚类成 3 个概念:灰度值在 35.7 左右的黑色树林区、灰度值在 78.7 左右的灰色天空区、灰度值在 175.1 左右的白色月亮区,如表 3.13 所列。其中比例最大的为灰色天空区,占整幅

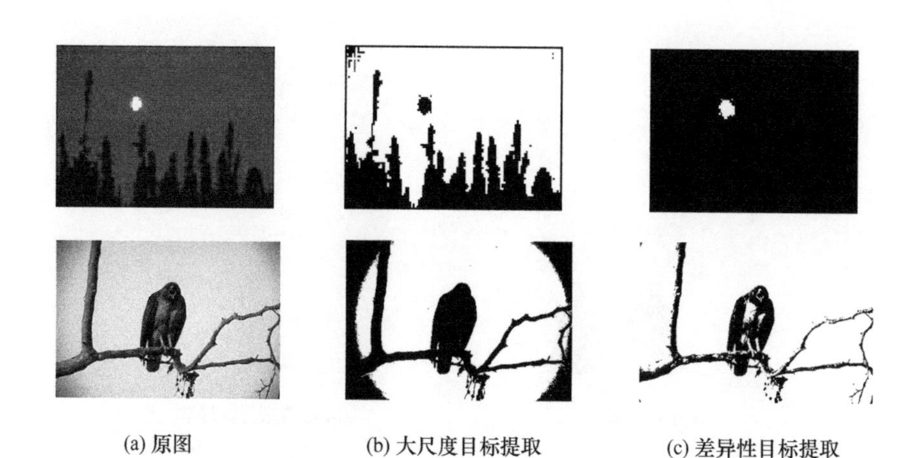

图3.25 自适应高斯云变换模拟大尺度优先和差异性优先

图像的66.5%,将其设置为白色,其他区域设置为黑色,图3.25(b)显示了分割结果,月亮区和树林区共同构成的前景目标作为一个整体从背景中分割出来,体现了大尺度优先原则;第三个概念白色月亮区虽然所占比例只有0.6%,但概念含混度为0,划分最清晰,将其设置为白色,其他区域设置为黑色,分割结果如图3.25(c)所示,差异最显著的目标从背景中提取出来,体现了差异性优先原则。

表3.13 对月夜树林图聚类形成的3个概念

概念	期望	熵	超熵	含混度	比例
黑色树林区	35.7	12.27	0.44	0.11	32.9%
灰色天空区	78.7	2.89	0.11	0.11	66.5%
白色月亮区	175.1	25.16	0	0	0.6%

图3.25中的下幅图像按灰度值也被聚类成3个概念:灰度值在45.37左右的黑色目标区、灰度值在147.38左右的灰色过渡区、灰度值在195.77左右的白色背景区,如表3.14所列。其中比例最大的为

第三个概念白色背景区，占整幅图像的64.2%，将其设置为白色，其他区域置为黑色，图3.25(b)显示了分割结果，灰色过渡区和黑色目标区作为一个整体从图像中分割出来，体现了大尺度优先原则；第一个概念由树枝和鹰组成的黑色目标区，概念含混度最小，在图像中差异最显著，将其设置为黑色，其他区域设置为白色，分割结果如图3.25(c)所示，体现了差异性优先原则。

表3.14　对鹰落枝头图聚类形成的3个概念

概念	期望	熵	超熵	含混度	比例
黑色目标区	45.37	13.48	1.04	0.232	12.2%
灰色过渡区	147.38	25.90	4.00	0.464	23.6%
白色背景区	195.77	4.17	0.64	0.464	64.2%

高斯云变换将概率统计与概念认知相结合，基于数据的统计属性和高斯云在概念表征中的普适性，模拟人类认知中不同粒度的概念聚类过程，利用概念含混度、幅值等参数可有效实现自然视觉认知中大尺度优先和差异性优先原则的形式化，比起传统的基于图像几何特性等的分割更具有普遍性和统计性，因此可能更适合大数据处理。

第4章 数据场与拓扑势

求知是人的本能。人的进化过程，就是人对宇宙万物的认知过程，也包括人对自身的认知过程。人对客观世界的认知已经取得惊人的成就，如原子的物理模型和物质的可分性、化学元素周期律、天文学的大爆炸理论、大陆漂移说和进化论等。世界著名科学家、诺贝尔物理学奖获得者李政道博士在《物理的挑战》讲演中说：“**20 世纪的物理发展，是简化归纳。**”又说：“**科学，不管天文、物理、生物、化学，对自然界的现象，进行新的准确的抽象，科学家抽象的叙述越简单，应用越广泛，科学创造也就越深刻。**”李政道博士如此精辟的论述，启发我们思考一个深刻的问题：人类对自身的认知活动和对客观世界的认知有没有相似之处？既然20 世纪的物理发展是简化归纳，以人工智能为代表的认知和思维活动，本质也是简化归纳，因此能不能预言，21 世纪认知科学发展的一个重要方向，就是把现代物理学中对客观世界的认知理论引申到对主观世界的认知中来，不妨称之为认知物理学[31,32]。

4.1 数据场

4.1.1 用场描述数据对象间的相互作用

物理学对客观世界的认识和描述，无论是力学、电磁学和近代物理学等,都在不同尺度和层次上存在着相互作用和场的概念,近代物理学甚至认为,场是物质存在的基本形态之一,任何实物粒子都不可能脱离有关的场而单独存在。迄今为止,物理学家已经发现,自然界存在万有引力、电磁力、强作用力和弱作用力等四种相互作用力。牛顿万有引力定律认为,在多质点系中存在两两相互作用的引力场和引力势能,宇宙空间中的物质由于引力作用而向内聚集。库仑定律认为,电荷之间通过电场相互作用,用电力线和等势线可使电场分布形象化,具有相等电势的点构成等势面。核物理学认为,核子之间、核子与介子之间,通过夸克间交换胶子实现强相互作用,即核力。按照普适费米理论,弱相互作用是一种点作用,不涉及到任何场。1984年诺贝尔奖被授予卡洛·鲁比亚(Carlo Rubbia)和西蒙·范德·米尔(Simon Vander Meer)以表彰他们发现弱作用场量子的杰出贡献。

追求物理理论的统一性,是现代物理学研究的一个重要趋势。这四种作用力分别存在于不同尺度的物理现象中,属于不同的物理分支领域。物理学家们一直在寻求用一种统一理论来描述这几种物理作用的可能性。爱因斯坦为了使引力和电磁力统一起来,耗费了后半生的宝贵精力而未能成功。20 世纪 60 年代美国物理学家温伯格(S. Weinberg)等人提出弱电统一理论,统一描述电磁作用和弱相互作用,鼓舞了物理学家于 70 年代提出大统一模型。根据大统一理论计算,能量值大约为 10^{24}eV 时,电磁力、强作用力和弱作用力达到了统一。大爆炸宇宙理论甚至认为,在宇宙的更早期,引力也被统一其中。

人自身的认知和思维过程,本质上是一个从数据到概念、再到知识的归纳过程。按照认知物理学的思路,可以借鉴原子模型,描述从数据到概念再到知识的人类认知过程。在从客观世界的认知借鉴到主观的认知中,如果我们在意电子绕原子核旋转这样一个具体的物理形态的话,则可以认为认知原子模型中基本的核为期望,熵和超熵是附着在核上的一些东西。期望、熵、超熵构成了类似的“原子核”,而作为概念处延的诸多样本点构成了绕核旋转的电子群。这就是我们的概念原子模型。除此之外,还可以借鉴物理学中的其他理论对主观认知进行描述。本章,我们就尝试把现代物理学中对客观世界的认知理论引申到对主观世界的认知中来,引入数据对象间的相互作用和场的概念,建立认知场,形式化描述原始的、混乱的、不成形状的数据对象间的复杂关联。在认知场中,概念也好,语言值也好,词也好,甚至论域空间中的数据点,都可以被看作场空间中相互作用的客体或者对象。

从超大规模关系数据库中发现知识,曾经是计算机科学中的一个研究热点。假设存在一个具有 m 维属性的 n 条记录构成的数据库,即 m 维论域空间中的 n 个客体表示的数据分布。若将每一个客体看作是论域空间的一个“点电荷”或“质点”,位于场内的所有其他客体都将受到该客体的某种作用力,这样一来,在整个论域空间中就会形成一个场。从定量数据到定性概念、再到知识的认知过程,可以看作是从不同粒度上研究这些客体之间通过场发生的相互作用和关系,模拟人的知识发现过程。

设某个员工数据库包括3000个员工的工资与工龄数据,由工资、工龄二维属性形成的3000个个体的数据场等势线图如图4.1(a)所示,等势线嵌套结构表明了3000个个体之间的相互作用形成的抱团特性,很自然地反映出个体聚类的情况。可以看到,在层次1上聚集为5个类:A类、B类、C类、D类和E类。其中,A类表示工龄长、工资较低;B类表示工龄长、工资高;C类表示工龄较长、工资很高;D类表示工龄短、工资较高;E类表示工龄短、工资低;然后,A类和B类在层次2上构成同一谱系AB类,表示工龄长,D类和E类在层次3上构成DE类,表示工龄短……最后所有个体在层次5上合并为一个类,形成最大的谱系ABCDE类,由此得到图4.1(b)所示的自然类谱图。这个简单的例子告诉我们，不妨用场描述数据对象间的相互作用。

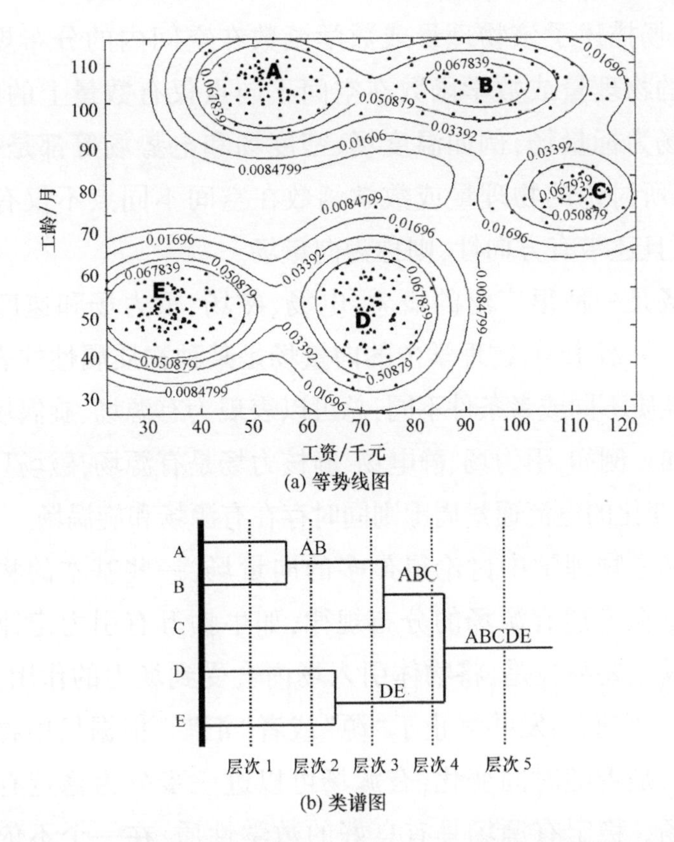

图 4.1　由工资—工龄形成 3000 个个体的数据场和类谱图

4.1.2　从物理场到数据场

场的概念最早是 1837 年由英国物理学家法拉第提出的，他认为物体间的非接触相互作用的发生，如万有引力、带电体间的静电力以及磁铁间的磁力作用等，都必须通过某种中间媒质的传递才能实现，而这种传递相互作用的媒质就是场。随着场论思想的发展，人们将其抽象为一个数学概念。

设空间 Ω 中,每个点都对应某个物理量或数学函数的一个确定值,则称在 Ω 上确定了该物理量或数学函数的一个场。

显然,场描述了该物理量或数学函数在空间内的分布规律。如果所讨论的物理量或数学函数在空间不同点仅有数量上的区别,则称相应的场为标量场,例如温度场、密度场和电势场等都是标量场;反之,如果所讨论的物理量或数学函数在空间不同点不仅有数量上的差异,而且还带有方向性,则称为向量场。

向量场是一种很广泛的概念,电场、磁场、重力场和速度场等都是向量场。一般来说,物理学中的向量场是某种物质属性的表现。根据物质的性质不同或者条件不同,总可以表现为有源场、旋涡场或者是两者的叠加。例如,引力场、静电场、静核力场是有源场,磁场只是旋涡场,随时间变化的电流通量周围则同时存在有源场和旋涡场。

有源场是物理学中讨论得最多的向量场,一些基本的物理定律实际上都是在表述有源场的分布规律,如牛顿万有引力定律和库仑定律等。其主要特征是,将物体引入场内会受到场力的作用,场线有起点和终点,它们出发并终止于“源”或者“汇”。根据场中物理量在各点处的值是否随时间变化,有源场可以进一步分为稳定有源场和时变有源场。稳定有源场具有良好的数学性质,在一个不依赖于时间的稳定有源场中,对应描述场的向量强度函数 $F(r)$,一定存在定义在空间上的标量势函数 $\varphi(r)$,使得两者之间可以通过微分算子 ∇ 相互联结,即有 $F(r)=\nabla\varphi(r)$,因此,稳定有源场又称为有势场或者保守场。其中,势的物理含义是:把一个单位质点,如引力场中的单位质量、静电场中的单位正电荷,从场中的某一点 A 移动到参考点时场力所做的功,而势场的分布则对应着相互作用的物质粒子之间由相对位置所确定的势能分布。由于场中单位质点在 A 点与参考点的势能之差是一个确定的值,因此,势函数通常被简单地看作是空间位置的单值函数,而与质点的存在与否无关。

例如在一个质量为 m 的质点产生的重力场中,任一点的势值表示为

$$\varphi(r) = \frac{G \times m}{\| r \|}$$

式中:r 为以 m 为原点的球坐标系中场点的径向坐标;G 为引力常数。

如果空间中存在 n 个质点,则任一场点 r 处的势值等于每个质点单独产生的势值的叠加,即有

$$\varphi(r) = G \times \sum_{i=1}^{n} \frac{m_i}{\| r - r_i \|}$$

式中:$\| r - r_i \|$ 为场点 r 到质点 m_i 的距离。

又如,在一个带电量为 Q 的点电荷产生的静电场中,假设无穷远处的电势为0,则任一点的势值可以计算为

$$\varphi(r) = \frac{Q}{4\pi\varepsilon_0 \| r \|}$$

式中:r 为以 Q 为原点的球坐标系中场点的径向坐标;ε_0 为真空电容率。

如果空间中存在 n 个点电荷,则将每个点电荷产生的单位势函数叠加为整体势函数,即

$$\varphi(r) = \frac{1}{4\pi\varepsilon_0} \sum_{i=1}^{n} \frac{Q_i}{\| r - r_i \|}$$

式中:$\| r - r_i \|$ 为场点 r 到点电荷 Q_i 的距离。

对于原子核中一个核子产生的中心力场来说,空间任一点的势值通常可以计算为

方阱势:

$$\varphi(r) = \begin{cases} V_0 & \| r \| \leqslant R \\ 0 & \| r \| > R \end{cases}$$

高斯势:

$$\varphi(r) = V_0 \times e^{-\left(\frac{\|r\|}{R}\right)^2}$$

指数势:

$$\varphi(r) = V_0 \times e^{-\frac{\|r\|}{R}}$$

式中:V_0 代表核力的强度;R 代表核力的作用范围,近似等于原子核的大小。

分析物理场的性质,空间任一点的势与代表场源强度的参量成正比,如质点的质量或点电荷的电量等,而与该点到场源的距离呈递减关系。对于重力场和静电场来说,势的大小与距离呈反比,当距离趋于无穷大时,势趋近于0。根据相应力场的势函数梯度表述,在距离场源很远的地方仍然存在场力的作用,代表着长程场。而对核力场来说,势函数值随着距离的增长急剧下降,力场很快衰减,代表短程场。此外,物理场在空间任一点的势不依赖于距离向量的方向,具有各向同性。因此,相应的力场分布呈球形对称。

借鉴上述物理学中场论的思想,不妨将物质粒子间的相互作用及场描述方法引入到抽象的数域空间,实现数据对象或样本点间相互作用的形式化描述。

给定样本集合 $D=\{x_1,x_2,\cdots,x_n\}$,假设每个样本可用 p 个观测属性或变量进行测量。令第 i 个样本 $x_i(i=1,2,\cdots,n)$ 的第 j 个属性观测值为 $x_{ij}(j=1,2,\cdots,p)$,则样本 x_i 的 p 个属性观测值可记为一个向量:

$$\boldsymbol{x}_i = (x_{i1},x_{i2},\cdots,x_{ip})' \qquad i = 1,2,\cdots,n$$

若将每个样本观测向量视为一个数据点,则 n 个样本就构成 p 维特征空间中的 n 个数据点。设每个数据点所处位置都是一个虚拟对象或者"质点",其周围存在一个作用场,且位于场内的任何对象都将受到其他对象的联合作用,则在整个特征空间上可确定一个数据场,即数据集 $D=\{x_1,x_2,\cdots,x_n\}$ 在 p 维特征空间中所形成的数据场。

对于不依赖时间的静态数据集,数据场可以看作一个稳定有源场,可采用向量强度函数描述其空间分布规律,也可采用标量势函数来描述其空间分布规律。由于标量运算相对于向量运算更简洁、直观,我们引入标量势函数来描述数据场的性质。

4.1.3 数据的势场和力场

根据物理学中稳定有源场的势函数性质,可认为稳定有源场的势函数是一个关于场点空间位置的单值函数,各向同性,空间任一点的势值大小与代表场源强度的参数成正比,与该点到场源的距离呈递减关系。对于定义在 p 维特征空间上的数据场来说,每个数据对象可以看作一个场源,所形成数据场的势函数形态准则可描述如下[32]:

给定 p 维空间 Ω 中的数据对象 x, $\forall y \in \Omega$,记对象 x 在点 y 处产生的势值为 $\varphi_x(y)$,有

(1) $\varphi_x(y)$是定义在空间 Ω 上的连续、光滑、有限函数;

(2) $\varphi_x(y)$各向同性;

(3) $\varphi_x(y)$是距离 $\|x-y\|$ 的单值递减函数,

当 $\|x-y\|=0$ 时,$\varphi_x(y)$达到最大值,但不是无穷大,

当 $\|x-y\|\to\infty$ 时,$\varphi_x(y)\to 0$。

原则上,符合上述准则的函数形态都可以用于定义数据场的势函数。这里的距离度量 $\|x-y\|$ 可采用 L_q 范数距离,即有

$$\|x-y\|_q = \left(\sum_{i=1}^{p} |x_i - y_i|^q\right)^{\frac{1}{q}} \qquad q > 0$$

当 q 分别为1、2和∞时,L_q 范数距离即为

$$\text{绝对值距离:} \|x-y\|_1 = \sum_{i=1}^{p} |x_i - y_i|$$

$$\text{欧氏距离:} \|x-y\|_2 = \sqrt{\sum_{i=1}^{p} (x_i - y_i)^2}$$

切比雪夫距离：$\| x - y \|_{\infty} = \max_{1 \leq i \leq p} | x_i - y_i |$

通常,采用 $q=2$ 时的欧氏距离。参照重力场和核力场的势函数公式,给出两种可选的势函数形态:

拟重力场的势函数

$$\varphi_x(y) = \frac{m}{1 + \left(\frac{\| x - y \|}{\sigma} \right)^k}$$

拟核力场的势函数

$$\varphi_x(y) = m \times e^{-\left(\frac{\| x - y \|}{\sigma} \right)^k}$$

式中:$m \geq 0$ 代表场源强度,可以看作数据对象或质点的质量,通常用于描述数据样本的固有属性或重要程度;$\sigma \in (0, +\infty)$ 用于控制对象间的相互作用力程,称为影响因子;$k \in N$ 为距离指数。

图 4.2 给出了两种势函数形态的曲线特征。图 4.2(a)中,$k=1$,势函数随距离的增长衰减得很慢,表现为长程场;图 4.2(b)中,$k=5$,势函数都会很快衰减为 0,表现为短程场。一般情况下,选择代表短程场的势函数能更好地描述数据对象间的相互作用。

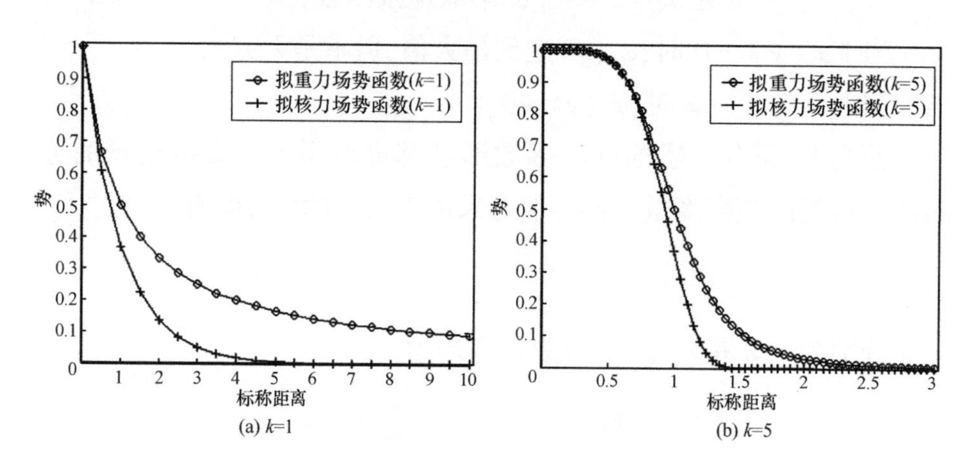

图 4.2 两种可选的势函数形态(m, $\sigma = 1$)

分析势函数形态对数据势场空间分布性质的影响,图 4.3 和图 4.4所示为 390 个数据点在二维特征空间中产生的数据场分布。设每个数据点具有同样的重要性。从图中可以发现,尽管选择不同的势函数形态会导致不同的数据场等势线分布,但当影响因子 σ 取值在合适区间时,不同势函数形态所对应的势场分布非常相似。

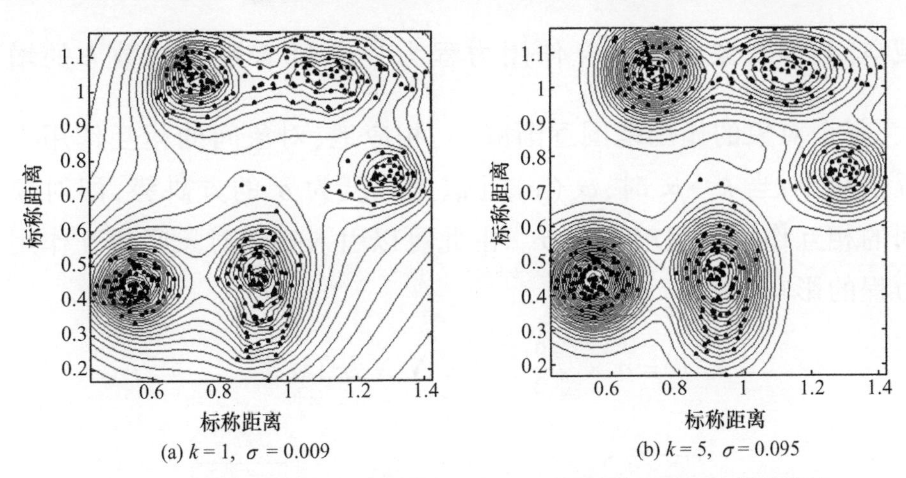

(a) $k=1,\ \sigma=0.009$　(b) $k=5,\ \sigma=0.095$

图 4.3　拟重力场势函数的参数选择对数据势场空间分布的影响

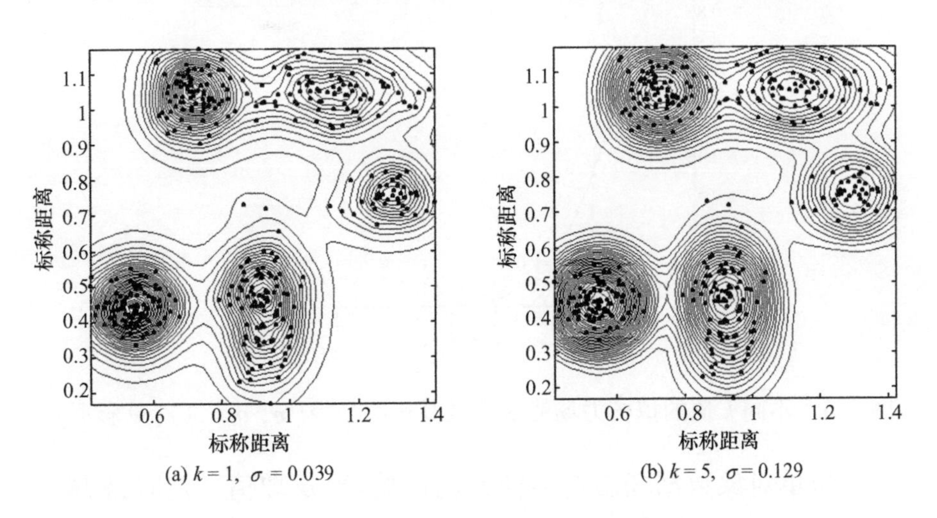

(a) $k=1,\ \sigma=0.039$　(b) $k=5,\ \sigma=0.129$

图 4.4　拟核力场势函数的参数选择对数据势场空间分布的影响

以拟核力场势函数为例，进一步考察对应不同 k 值的单对象数据场的作用范围，如图 4.5 所示。当 $k=2$ 时，势函数 $\varphi_x(y)=m\times e^{-\left(\frac{\|x-y\|}{\sigma}\right)^2}$ 对应核力场的高斯势，由高斯函数的“3σ 规则”可知：每个对象的作用范围是以该对象为中心、半径等于 $\frac{3}{\sqrt{2}}\sigma$ 的邻域空间，即对象间的相互作用力程为 $\frac{3}{\sqrt{2}}\sigma$；随着距离指数 k 的增大，每个对象的作用范围逐渐减小，相应地，对象间的相互作用力程也减小；当 $k\to\infty$ 时，$\varphi_x(y)$ 近似为宽度为 σ 的方阱势，即对象间的相互作用力程趋近于 σ。由此可以引入描述对象间相互作用力程的影响半径

$$R=\sigma\times\sqrt[k]{\frac{9}{2}},\quad k\in N(N\text{ 为自然数})$$

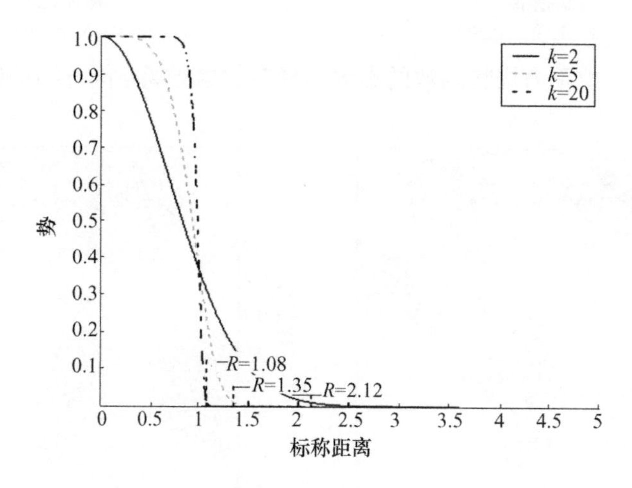

图 4.5　不同 k 值的拟核力场势函数及其影响半径($m,\ \sigma=1$)(见彩页)

分析单对象数据场影响半径 R 的性质：当 σ 取值一定时，k 越大，R 越小，即对象间的相互作用力程越小；$\forall k\in N$，总有 $\sigma<R\leqslant\frac{9}{2}\sigma$。

对于图 4.4(a)和(b)所示的两个拟核力场的数据势场,相应的影响半径为 $R_a \approx 0.176$,$R_b \approx 0.174$,即两个空间分布非常相似的数据势场具有近似相等的影响半径。

由此可见,数据场的空间分布主要取决于对象间的相互作用力程或者影响半径,与势函数的具体形态或距离指数 k 的取值之间的相关性并不明显。考虑到高斯函数具有良好的数学性质和普适性,故采用 $k=2$ 时的拟核力场势函数,即高斯势函数来描述数据场的相互作用。

给定空间 $\Omega \subseteq \mathbf{R}^p$ 中包含 n 个对象的数据集 $D=\{x_1, x_2, \cdots, x_n\}$ 及其产生的数据场,空间任一点 $x \in \Omega$ 的势值可以表示为

$$\varphi(x) = \varphi_D(x) = \sum_{i=1}^{n} \varphi_i(x) = \sum_{i=1}^{n} \left(m_i \times \mathrm{e}^{-\left(\frac{\|x-x_i\|}{\sigma}\right)^2}\right)$$

式中:$\|x-x_i\|$ 为对象 x_i 与场点 x 间的距离;$m_i \geqslant 0$ 为对象 $x_i(i=1, 2, \cdots, n)$的质量。

假设满足归一化条件,即有

$$\sum_{i=1}^{n} m_i = 1$$

不失一般性,设每个对象具有相等的质量,即所有对象在空间中具有相同的影响,由此得到简化的势函数公式,即

$$\varphi(x) = \frac{1}{n} \sum_{i=1}^{n} \mathrm{e}^{-\left(\frac{\|x-x_i\|}{\sigma}\right)^2}$$

类似物理学中采用等值线(面)来可视化标量场的分布特性,对于低维数据势场,可以采用等势线(面)来描述势函数的空间分布。具体来说,给定势值 ψ,可绘制一个相应的等势线(面),即满足 $\varphi(x)=\psi$ 的空间曲线(面),通过选定一组势值 $\{\psi_1, \psi_2, \cdots\}$,就可以用一系列的等势线(面)来描述势函数在数据空间中的分布规律。

图4.6所示为一个单对象数据势场的等势线(面)分布,对应不同的势值ψ,其等势线(面)分布呈现一组以数据对象为中心的嵌套同心圆(球面)。在距对象较近的地方,等势线(面)的势值较大,分布稀疏;而在距对象较远的地方,势值较小,分布密集,反映势场分布在靠近场源处有较大的衰减速度。图4.7所示为三维特征空间中180个数据点产生的数据势场的等势面分布,同一张图无法有效显示多个等势面,可以通过抽取若干势值的等势面来表现相应的势场。对应不同势值的等势面拓扑结构显然是不同的,当$\psi = 0.381$时,等势面拓扑呈现很多包围不同数据对象为中心的、小的拓扑。当$\psi = 0.279$时,小的拓扑组成被几个较大的拓扑组成所嵌套,但所有等势面都以不同数据对象为中心呈现自然的抱团特性,而等势面拓扑结构的改变则反映了空间中的势场分布规律,也就是数据之间的关联或聚类规律。

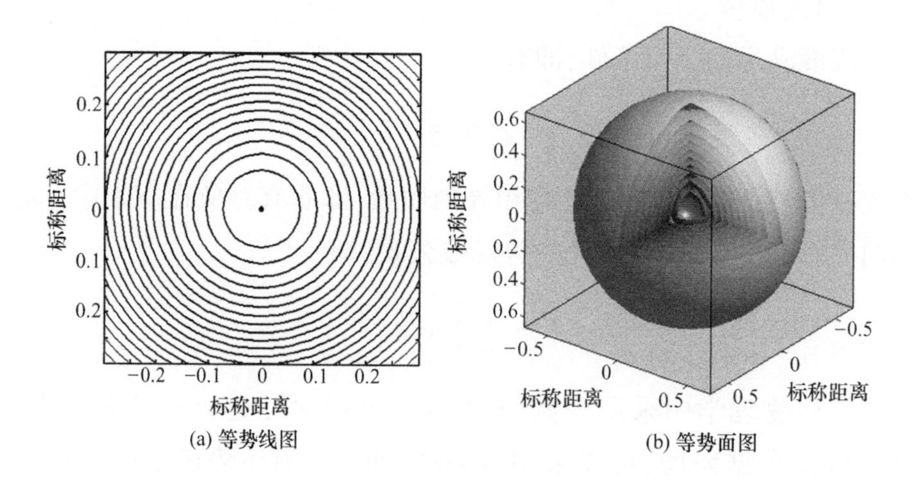

图4.6　单对象数据势场的等势线(面)分布 ($\sigma = 1$)(见彩页)

这里补充说明一个问题,势函数与非参数密度估计之间的关系。根据势函数的叠加原理,如果数据对象的质量相等,则数据分布的密

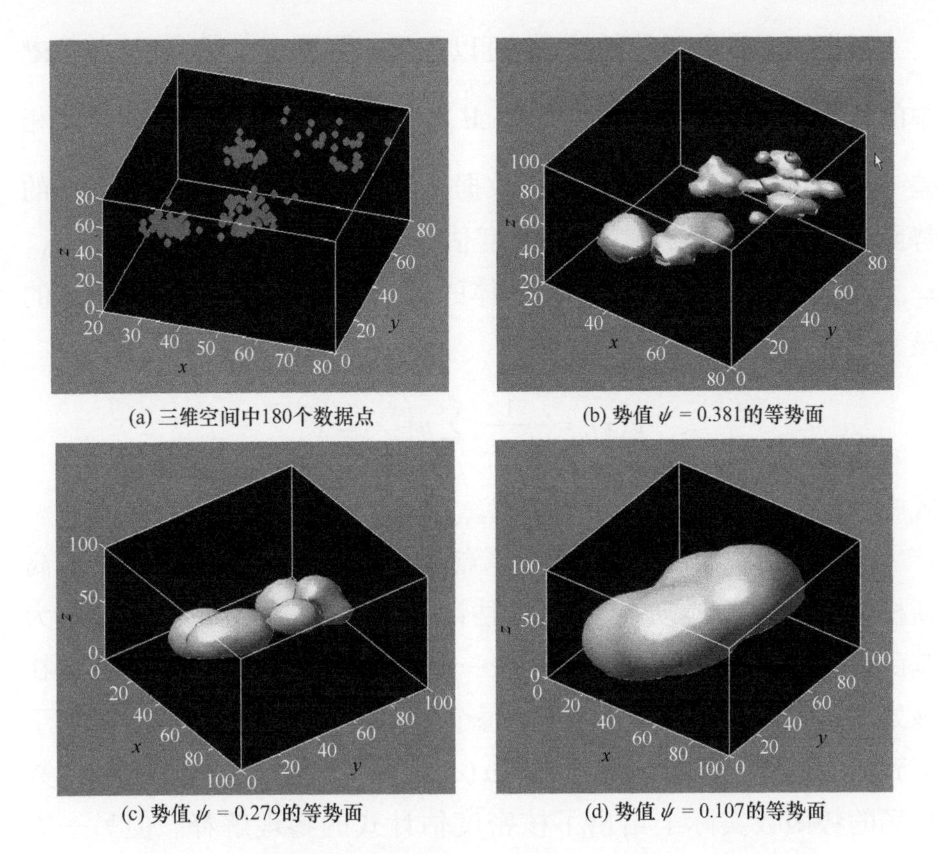

(a) 三维空间中180个数据点　(b) 势值 $\psi=0.381$的等势面

(c) 势值 $\psi=0.279$的等势面　(d) 势值 $\psi=0.107$的等势面

图 4.7　三维数据势场的等势面分布($\sigma=2.107$)(见彩页)

集区将具有较高的势值,而势函数取得最大值的点附近对象也最密集,即势函数可以反映数据分布的密集程度,用做总体分布的一种估计。令单位势函数为 $K(x)$,其中,拟核力场的单位势函数对应 $K(x)=\mathrm{e}^{-\|x\|^k}$,拟重力场的单位势函数可以表示为

$$K(x)=\frac{1}{1+\|x\|^k}$$

则叠加势函数公式可以改写为

$$\varphi(x)=\sum_{i=1}^{n}\left(m_i\cdot K\left(\frac{x-x_i}{\sigma}\right)\right)$$

根据概率密度函数的性质,可以证明,只要 $K(x)$ 在空间 $\Omega\subseteq\mathbf{R}^p$ 中的积分值有限,即 $\int_{\Omega}K(x)\,\mathrm{d}x = M$,势函数与概率密度函数最多相差一个归一化常数。特别地,当数据对象的质量相等时,拟核力场的势函数与非参数估计中的核密度估计式非常相似。假设对象 x_1,x_2,…,x_n 为取自某个 d 维连续总体的简单样本,则总体密度 $p(x)$ 的核密度估计可以表示为

$$\hat{p}(x) = \frac{1}{n\times h^d}\sum_{i=1}^{n}\mu\left(\frac{x-x_i}{h}\right)$$

式中:$h>0$ 为窗宽;$\mu(x)$ 为核函数。

实际应用中,$\mu(x)$ 常选择在原点处有单峰的对称密度函数,如高斯核、均匀核等。本质上,核密度估计是一个以样本处的核函数作为基函数的叠加函数,它表示空间任一点 x 的密度估计等于每个样本在该处的"贡献"的叠加取平均,而每个样本对估计所起的作用依赖于它到 x 的距离。显然,当 $K(x)=\mu(x)$ 且每个对象的质量相等时,数据场的势函数实际上给出了核密度估计式的物理解释。但另一方面,由于数据场中单位势函数 $K(x)$ 不要求必须是密度函数,而数据对象的质量也不要求必须相等,因此,数据场的势函数比核密度估计的要求更宽松,物理解释更清晰。

势函数的梯度是力的场强函数。因此,可以给出空间任一点 $x\in\Omega$ 的场强向量,即有

$$F(x) = \nabla\varphi(x) = \frac{2}{\sigma^2}\sum_{i=1}^{n}\left((x_i-x)\times m_i\times \mathrm{e}^{-\left(\frac{\|x-x_i\|}{\sigma}\right)^2}\right)$$

式中:$\frac{2}{\sigma^2}$是一个不影响场强向量分布的常量,因此,$F(x)$ 可以简写为

$$F(x) = \sum_{i=1}^{n}\left((x_i-x)\times m_i\times \mathrm{e}^{-\left(\frac{\|x-x_i\|}{\sigma}\right)^2}\right)$$

图4.8分析了单对象数据力场的场强函数的性质。假设参数σ为1,当距场源对象的距离大于影响半径$R\approx2.121$时,场强函数很快衰减为0;在距场源对象的距离为0.705处,场强函数取得极大值;而当距离大于或小于0.705时,场强函数都将逐渐衰减为0,指示着半径为0.705的球面上存在很强的向内的场力作用。

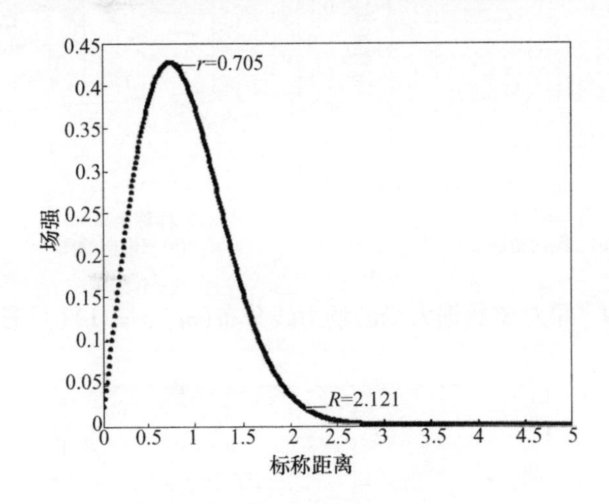

图4.8 单对象数据力场的场强函数(m, σ = 1)

对于低维数据力场,可以采用场力线来表示场强向量的分布。图4.9所示为单对象数据力场的场力线分布,显然,场强向量总是在球径上并指向场源对象,场力线总是与等势面垂直,指向场源对象的辐射线,代表引力作用。在任一等势面上,场力线的分布是均匀的,呈球对称分布。场力线的模在径向半径近似等于0.705时达到最大值,当径向半径大于或小于0.705时逐渐递减为0,表明距场源对象0.705的球面上存在很强的引力作用。

图4.10所示为二维空间中390个数据点产生的数据力场的场力线分布,从图中可以看出,场力线分布总是指向数据势场的几个局部极大值点,即390个数据点产生的数据力场在某种意义上可以近似看

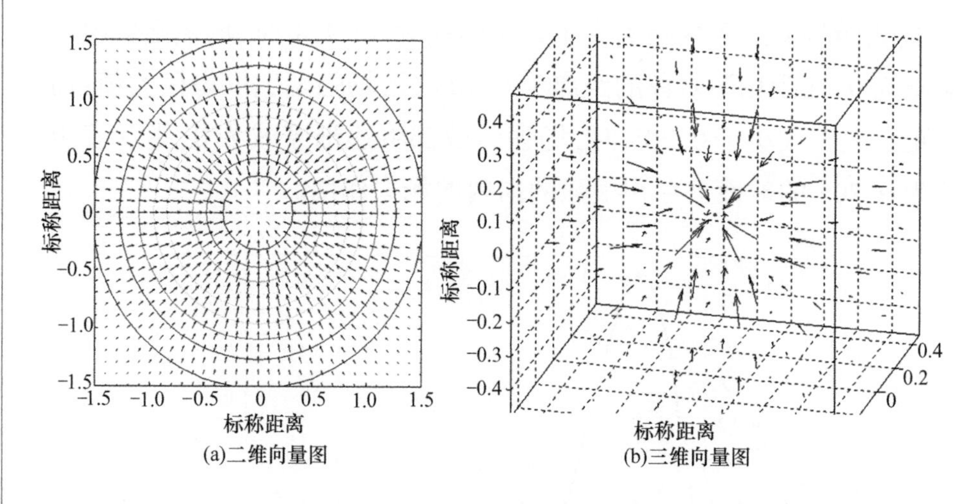

图 4.9　单对象数据力场的场力线分布(m, $\sigma = 1$)(见彩页)

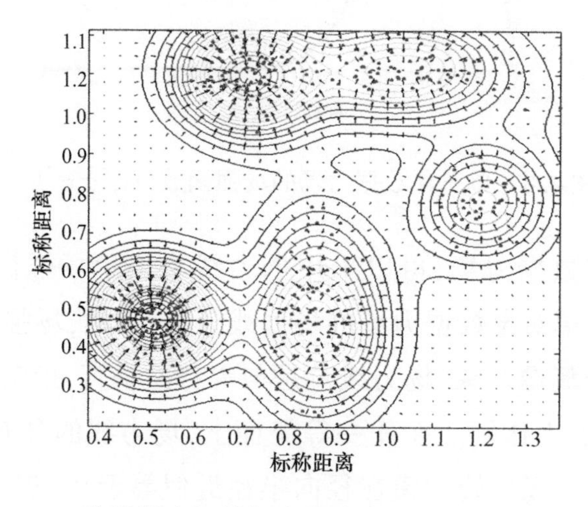

图 4.10　二维数据力场的场力线分布($\sigma = 0.091$)(见彩页)

作是以势函数的几个局部极大值点为“虚拟场源”而产生的,场中所有数据对象在“虚拟场源”的吸引下向中心汇聚,呈现出明显的自组织聚集特性。**可以认为,以几个局部极值点为虚拟场源所形成的场,就是对包含 390 个数据点的原始数据集所形成数据场的简化与归纳。**

图 4.11 所示的三维空间中 280 个数据点产生的数据力场中,场力线分布也呈现出与数据对象类似的自组织聚集特性。

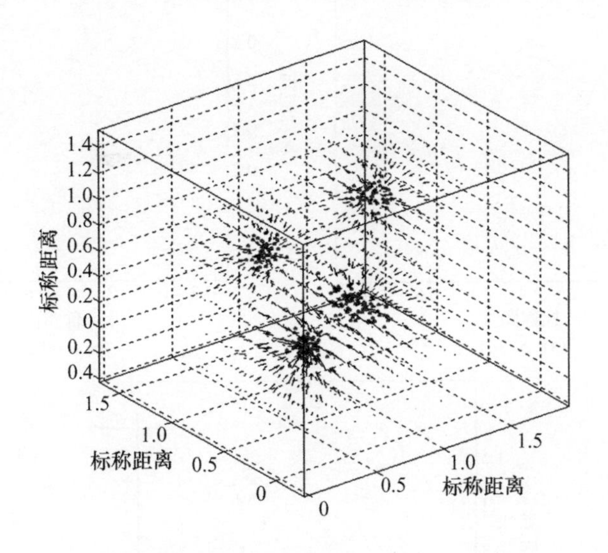

图 4.11　三维数据力场的场力线分布($\sigma = 0.160$)(见彩页)

4.1.4　场函数中影响因子的选取

设空间 Ω 中,包含 n 个对象的数据集 $D = \{x_1, x_2, \cdots, x_n\}$ 产生数据场。场的空间分布主要取决于对象间的相互作用,对于给定的势函数形态,影响因子 σ 的取值会对数据场的空间分布产生影响。如图 4.12 所示,当势函数形态选择高斯势函数时,二维空间中 5 个质量相等的数据对象在不同 σ 值下产生的数据场等势线分布。图 4.12(a)表示当 σ 值很小时,对象间的相互作用力程很短,$\varphi(x)$ 等价于 n 个以数据对象为中心的尖峰函数的叠加,每个对象周围的势值很小。极端情况下,对象间没有相互作用,每个对象所处位置的势值为 $\frac{1}{n}$;图 4.12(c)表示 σ 值很大时,对象间的相互作用很强,$\varphi(x)$ 成为 n 个变化缓慢且宽度很大的基函数的叠加,每个对象周围的势

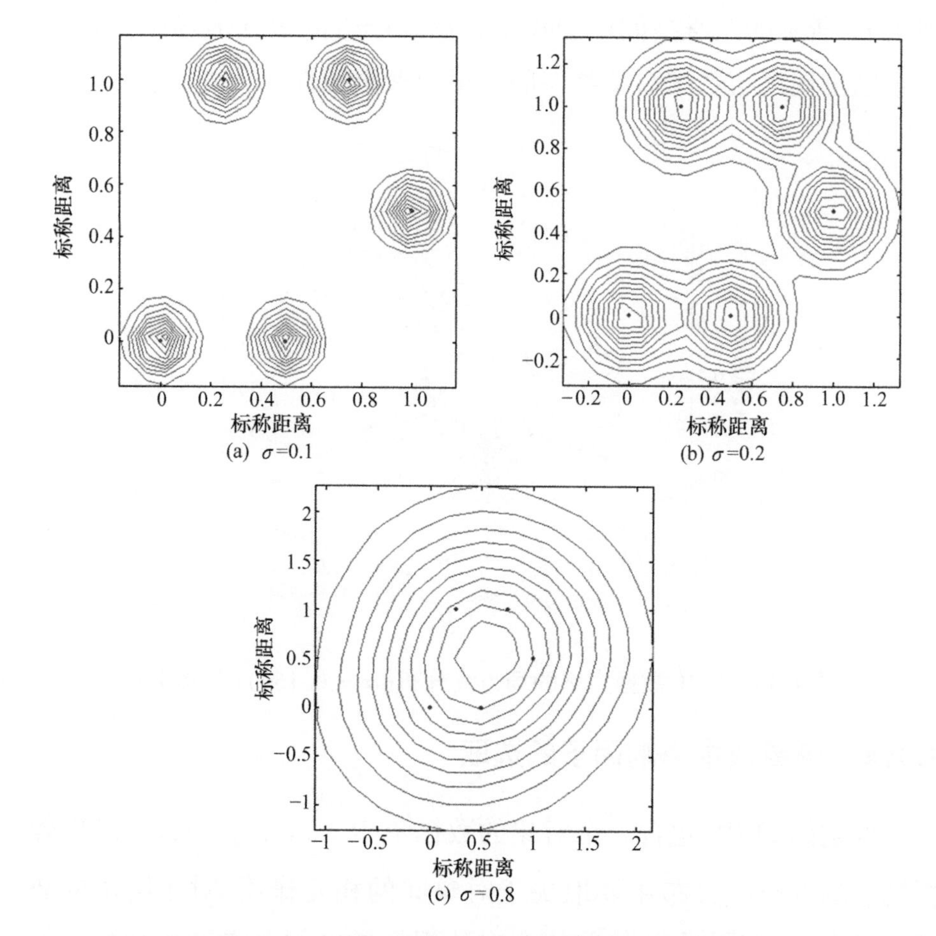

图 4.12 影响因子 σ 对数据势场分布的影响

值比较大。极端情况下,每个对象所处位置的势值近似等于1。单位势函数的积分值有限时,势函数与概率密度函数至多相差一个归一化常数。上述两种极端情况下的势场分布,显然不能产生有意义的总体估计。因此,**影响因子 σ 的选取,应使势场分布尽可能地体现数据的内在分布。**

信息论中用香农熵作为系统不确定性的度量,熵越大,不确定性就越大。对于对象 $x_1,x_2,\cdots,x_n$ 产生的数据场来说,如果每个对象的势值相等，则原始数据分布的不确定性最大，具有最大的香农熵。反之，如果对象的势值很不对称，则不确定性最小，具有最小的香农熵。由此，可引入势熵的概念来衡量势场分布的合理性[32-35]。

令对象 $x_1, x_2, \cdots, x_n$ 的势值为 $\psi_1, \psi_2, \cdots, \psi_n$，势熵定义为

$$H = -\sum_{i=1}^{n} \frac{\psi_i}{Z} \ln\left(\frac{\psi_i}{Z}\right)$$

式中：$Z = \sum_{i=1}^{n} \psi_i$ 为一个标准化因子。

分析势熵的性质可知，有

$$0 \leqslant H \leqslant \ln(n)$$

当对象所处空间位置的势值相等时具有最大的势熵。

图4.13(a)给出二维数据场中包含400个数据点的势熵 H 与影响因子 σ 间的关系曲线。当 $\sigma \to 0$ 时，势熵 H 趋近于 $H_{\max} = \ln(400) \approx 5.992$；随着 σ 由0至 ∞ 的递增，势熵 H 首先逐渐减小；在 $\sigma \approx 0.036$ 时，达到最小值 $H_{\min} \approx 5.815$；然后又逐渐增大，当 $\sigma \to \infty$ 时，再次趋近于最大值。对应最小势熵的 σ 值，相应数据势场的等势线分布如图4.13(b)所示，这时，势场分布与数据内在分布比较吻合。

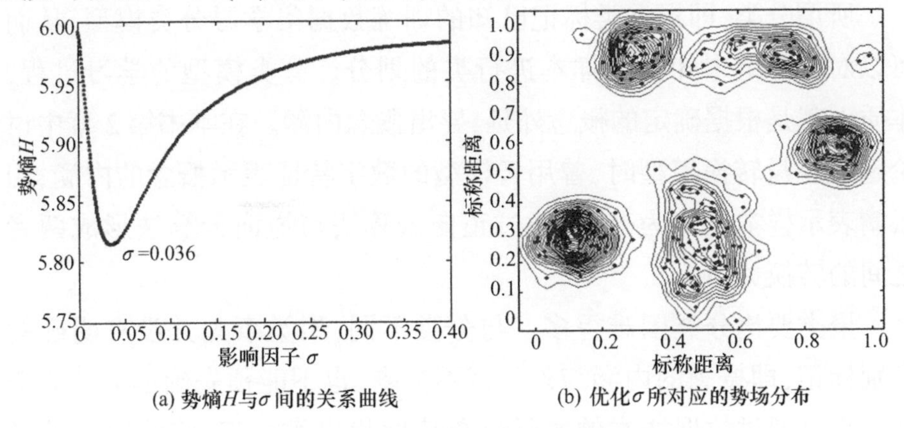

(a) 势熵H与σ间的关系曲线　　(b) 优化σ所对应的势场分布

图4.13　影响因子 σ 的选取

因为优化 σ 本质上是一个单变量非线性函数,归结为势熵 H 的优化问题,即求 $\min H(\sigma)$。此类问题存在很多标准算法,如简单试探法、随机搜索法和模拟退火法等。实际应用中,我们采用样本容量 $n_{\text{sample}} \ll n$ 的随机抽样方法来降低优化 σ 的时间开销。由于随机抽样以损失原始数据的分布信息为代价,为保证参数优化的有效性,样本容量 n_{sample} 的选取应该尽量保留原始数据分布的内在结构。当 n 很大时,可以采用抽样率不小于2.5%的随机抽样方法来提高优化算法的性能。除非另有说明,本章后续部分提及的影响因子的取值都是采用基于势熵的优化算法计算得到的,具体优化方法不再赘述。

4.2 基于数据场的聚类

4.2.1 分类与聚类中的不确定性

物以类聚,人以群分。分类是人类社会生产及科研活动中最基本、最重要的活动之一。人类认识世界的基本能力,首先是能够区别不同的事物,根据事物间的相似性和差异性对其进行分类。

所谓分类,即根据类标记已知的训练数据集学习分类模型,从而可以对类标记未知的新样本进行类的划分。分类模型的学习过程,本质上就是根据确定的概念外延,导出概念内涵。在本书第2章中讨论定性定量转换模型时,曾用云模型的数字特征表示概念的内涵,用云滴表示样本点作为外延,通过正向云算法与逆向云算法形成两者之间的转换关系。

聚类要比分类困难得多。与分类不同,聚类事先并没有明确的类别标记,即概念的内涵与外延都不清晰,也不能预先确定类别的个数。它是通过数据样本的实际分布特性找出类标记,将给定的外延对象聚集到新生成的概念中,使得类间相似性尽量小,类内相似性尽量大。聚类中存在更多的不确定性。**可以说,聚类是所有学科中都会遇到的一个基础科学问题。**

对于给定的数据样本集合,类数和每个类的中心不仅取决于实际数据的分布,还取决于聚类的应用背景和目的。认知心理学研究表明,人类对事物进行聚类时,在同一层次上类数不宜过多,通常不宜超过7类左右。如果类数过多或过少,可调节概念粒度,在一个更高或更低的概念层次上重新聚类。因此,从这个意义上说,并不存在绝对正确的聚类划分。在聚类问题中,一般都没有训练集和类标记,每个实际存在的对象对聚类的结果都会有贡献。因此,聚类问题要比分类复杂,有更多的不确定性。

根据对象间相似性度量和聚类评价准则等的不同,常用的聚类方法大致包括:划分方法、层次方法、基于密度的方法和基于网格的方法等。这里,我们提出一种新颖的基于数据场的聚类方法[33,34]。

4.2.2 用数据场实现动态聚类

我们引入数据力场来描述空间中对象间的相互作用,通过模拟对象在数据力场作用下的相向运动将其聚集成簇。具体来说,在没有外力的作用下,对象之间由于相互吸引相向运动;当两个对象相遇或者对象间的距离足够小时,合并为一个新的对象,新对象的质量和动量分别等于两个对象的叠加;聚类过程中运动对象的合并,可以看作是有层次的,小类被不断合并为新的大类,直至所有对象聚合为一个簇。

人在认知过程中,类数并不是越多越好,对于包含成千上万甚至更多的数据样本的集合,并不需要把每个数据样本作为一个个质量相同的独立小类,去逐层合并。因此,**算法并不显式模拟空间中所有数据对象从底层开始的相互作用和运动,而是首先通过对对象质量的估计,选取少数质量较大的对象作为代表对象,形成数据的预划**

分,然后逐层合并代表对象,实现层次聚类。

1. 通过质量估计选取代表对象

设空间 $\Omega \subset \mathbf{R}^p$ 中包含 n 个对象的数据集 $D=\{x_1, x_2, \cdots, x_n\}$,产生数据场。根据数据场的势函数定义,对象的质量 $m_1, m_2, \cdots, m_n$ 可以看作空间位置 $x_1, x_2, \cdots, x_n$ 的一组函数,可通过最小化势函数$\varphi(x)$与总体密度函数间的某个误差准则来优化估计对象的质量。具体来说,令 x_1, $x_2, \cdots, x_n$ 为取自某个 d 维连续总体的 n 个简单样本,假设总体密度为 $p(x)$,当 σ 取值一定时,可以最小化如下的误差平方积分准则,即

$$\min J = \min_{\{m_i\}} \int_{\Omega} \left(\frac{\varphi(x)}{(\sqrt{\pi}\sigma)^d} - p(x) \right)^2 \mathrm{d}x$$

展开上式,将 $\varphi(x) = \sum_{i=1}^{n} \left(m_i \times \mathrm{e}^{-\left(\frac{\|x-x_i\|}{\sigma}\right)^2} \right)$ 代入,可以得到

$$\min J = \min_{\{m_i\}} \left(\frac{1}{2 \cdot (\sqrt{2})^d} \sum_{i=1}^{n} \sum_{j=1}^{n} m_i \times m_j \times \mathrm{e}^{-\left(\frac{\|x_i-x_j\|}{\sqrt{2}\sigma}\right)^2} - \frac{1}{n} \sum_{i=1}^{n} \sum_{j=1}^{n} m_i \times \mathrm{e}^{-\left(\frac{\|x_i-x_j\|}{\sigma}\right)^2} \right)$$

这是一个典型的约束二次规划问题,满足线性约束条件 $\sum_{i=1}^{n} m_i = 1$ 和 $\forall i, m_i \geqslant 0$,对其进行优化求解就可以得到一组最优的质量估计 m_1^*, $m_2^*, \cdots, m_n^*$。由于 $m_1, m_2, \cdots, m_n$ 满足归一化条件,目标函数的优化结果是少数位于密集区的对象具有较大的质量,大多数相距较远的对象具有较小的质量。换言之,数据场的空间分布主要取决于质量较大的对象间的相互作用,其他大多数的对象由于质量太小对场的形成作用过于微弱,可以忽略。

为方便起见,我们将估计所得的质量非 0 的对象视为代表对象。图 4.14 给出二维空间中初始的 1200 个数据样本对象的估计结果。

给定质量阈值,按照上述估计计算方法,可以为每个对象进行质量赋值,选出71个质量较大的代表对象,用红色圆圈加以标记。代表对象的个数及其选取过程都是由原始数据场的分布决定的,其他对象虽然被丢弃,但它们对聚类的贡献已经体现在代表对象的质量赋值中。进一步比较代表对象集和原始数据集产生的数据场等势线分布图,如图4.15所示,二者具有非常相似的势场分布特性,即原始数据集产

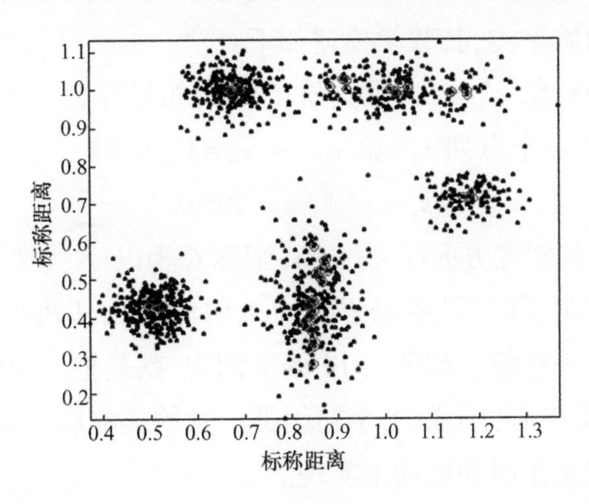

图4.14 数据场中1200个对象质量的简化估计($\sigma=0.078$)(见彩页)

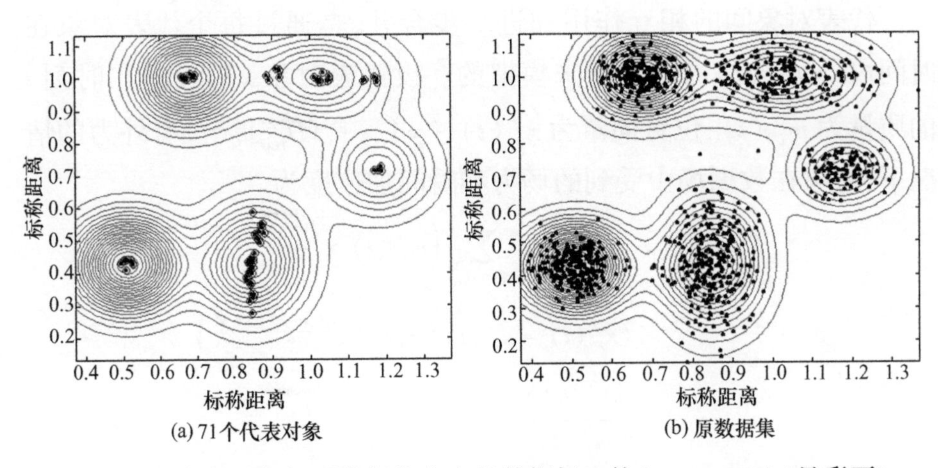

图4.15 代表对象与原数据集产生的数据场比较($\sigma=0.078$)(见彩页)

生的数据场可以用少量代表对象产生的数据场来很好地近似,或者说,数据场的空间分布主要取决于质量较大的代表对象间的相互作用,其他大多数的对象由于质量太小对数据场的作用可以忽略。

2. 数据样本的初始聚类

设代表对象集 $D_{\text{rep}} \subseteq D$,初始聚类时,每个代表对象被视为一个类中心,被同一个类中心吸引的所有对象被视为一个类,由此得到基于代表对象的初始聚类,其数学描述如下:

已知代表对象 $x^* \in D_{\text{rep}}$ 及其质量 m^*,如果存在子集 $C \subseteq D$,使得 $\forall x \in C$ 都存在一个点列 $x_0 = x, x_1, \cdots, x_k \in \Omega$,使得

$$\| x_k - x^* \| < 0.705\sigma m^*$$

且 x_i 位于 x_{i-1} 的梯度方向($0 < i < k$),则称 C 为以 x^* 为类中心的聚类。

具体实现时,可以采用场强方向指引的爬山法将所有其他对象分给相应的代表对象。如图 4.14 的示例中,就是把 1200 个数据样本划分给 71 个类中心,形成 71 个初始类。初始类的层次合并可通过代表对象间的相互作用和运动来实现。

3. 代表对象的动态合并

代表对象间的相互作用和进一步合并,是通过每个代表对象在时间段 $[t, t+\Delta t]$ 内的运动来模拟的。设代表对象 $x^* \in D_{\text{rep}}$ 在时刻 t 的质量为 $m_i^*(t)$,位置向量为 $x_i^*(t)$,$i = 1, \cdots, |D_{\text{rep}}|$。没有外力的情况下,对象在数据场中受到的场力和瞬间加速度为

$$F^{(t)}(x_i^*) = m_i^*(t) \times \sum_{x_j^* \in D_{\text{rep}}} \left(m_j^*(t) \times (x_j^*(t) - x_i^*(t)) \times \mathrm{e}^{-\left(\frac{\| x_j^*(t) - x_i^*(t) \|}{\sigma}\right)^2} \right)$$

$$a^{(t)}(x_i^*) = \frac{F^{(t)}(x_i^*)}{m_i^*(t)}$$

如果 Δt 足够小,每个代表对象在 $[t, t+\Delta t]$ 时间段内可近似匀变速运

动。令每次迭代的初始速度向量为0,则 $t+\Delta t$ 时刻的位置可计算为

$$x_i^*(t+\Delta t) = x_i^*(t) + \frac{1}{2}a^{(t)}(x_i^*) \times \Delta t^2$$

当两个代表对象相遇,或者对象间距

$$\| x_i^*(t) - x_j^*(t) \| \leqslant 0.705\sigma \times (m_i^*(t) + m_j^*(t))$$

时,则合并为一个新的代表对象 x_{new}^*。根据动量守恒定律,新对象的质量、位置分别计算如下

$$m_{\text{new}}^*(t) = m_i^*(t) + m_j^*(t)$$

$$x_{\text{new}}^*(t) = \frac{m_i^*(t) \times x_i^*(t) + m_j^*(t) \times x_j^*(t)}{m_i^*(t) + m_j^*(t)}$$

算法递归执行,直至所有代表对象被聚合为一个对象或满足指定的终止条件为止。

每次迭代前,先计算代表对象的当前最小间距 min_dist 和最大加速度 max_a,然后取

$$\Delta t = \frac{1}{f}\left(\sqrt{\frac{2\text{min\_dist}}{\text{max\_a}}}\right)$$

式中:常数 f 代表时间分辨力。

具体算法描述如下:

基于数据场的动态聚类算法(Data - Field Clustering Algorithm)

输入:数据集 D。

输出:数据的层次划分 $\{\Pi_0, \Pi_1, \cdots, \Pi_k\}$。

算法步骤:

(1) 产生一个随机抽样子集 $D_{\text{sample}} \subset D$,优化影响因子 σ 的取值;

(2) 通过求解约束二次规划问题,得到数据对象的质量估计,并作为代表对象;

(3) 以代表对象为聚类中心,形成数据的初始划分 Π_0;

(4) 迭代模拟代表对象间的相互作用,进一步运动合并,形成初

始聚类的层次结构,得到不同层次的聚类结果$\{\Pi_0,\Pi_1,\cdots,\Pi_k\}$。

算法的时间复杂度分析:

步骤(2)通过求解约束二次规划问题简化估计对象的质量,采用顺序最小优化法求解约束二次规划问题,时间复杂度为$O(n_{\text{sample}}^2)$,$n_{\text{sample}} \ll n$;

步骤(3)把所有质量非0的对象划分给相应的代表对象形成初始划分,令代表对象的个数为n_{rep},平均时间复杂度为$O(n_{\text{rep}} \times (n - n_{\text{rep}}))$;

步骤(4)迭代模拟代表对象在运动中实现聚类合并,平均时间复杂度为$O(n_{\text{rep}}^2)$;算法总的时间复杂度为$O(n_{\text{sample}}^2 + (n - n_{\text{rep}}) \times n_{\text{rep}} + n_{\text{rep}}^2) \approx O(n)$。

为了确保聚类结果的有效性,样本容量n_{sample}的选择应尽可能保留原始数据的分布特点。当n很大时,推荐的最小抽样率通常不小于5%。

[实验] 下面采用文献[36]中的测试数据集来检验基于数据场的聚类算法的有效性。该数据集包含5个不同形状、大小和密度的聚类及一些白噪声数据,共10万个数据点,如图4.16所示。比较算法采用流行的K-means[37]算法及改进的层次聚类算法BIRCH[38]、CURE[36]等,所有程序用Matlab实现。

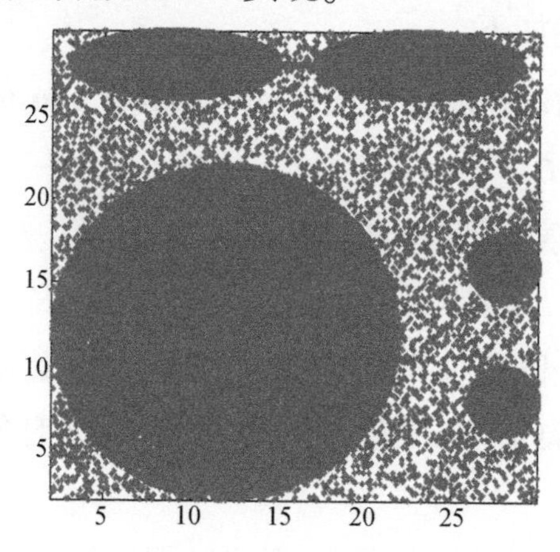

图4.16　10万个数据点组成的测试数据(见彩页)

测试过程中，考虑到 CURE 算法具有较高的时间复杂度 $O(n^2 \times \log n)$，随机抽取 8000 个数据点作为实验数据集，令聚类个数为 5，采用 K－means、BIRCH、CURE 算法及基于数据场的聚类算法进行聚类分析，聚类结果如图 4.17 所示。

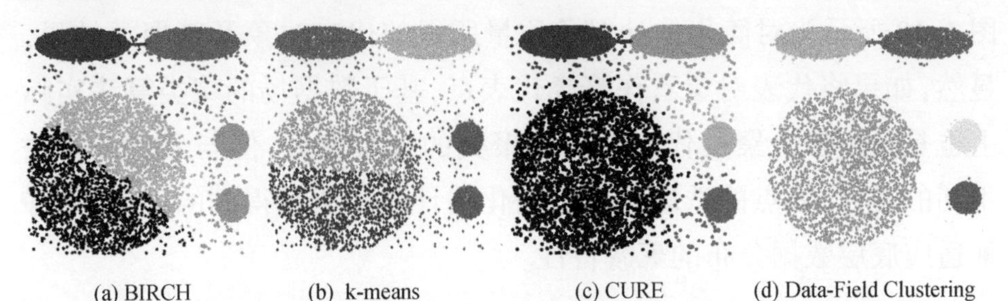

图 4.17　聚类结果比较（$k=5$，不同的颜色标识不同的类）（见彩页）

显然，BIRCH 和 K－means 算法存在明显的球形偏见。CURE 算法采用多个具有良好分离性的聚类代表点表示聚类，能够较好地描述复杂形状的聚类，同时算法根据指定的收缩因子 α 向聚类中心收缩代表点，可有效抑制位于聚类边界的噪声或离群数据的影响。当参数设置合适时，该算法能够正确发现数据分布的聚类结构，但不能有效地处理噪声数据，所有的噪声数据都被划分给最邻近的聚类。此外，该算法的聚类有效性严重依赖于聚类代表点个数的选取和收缩因子 α 的取值，如图 4.18 所示。如果 α 取值太大，则聚类结果存

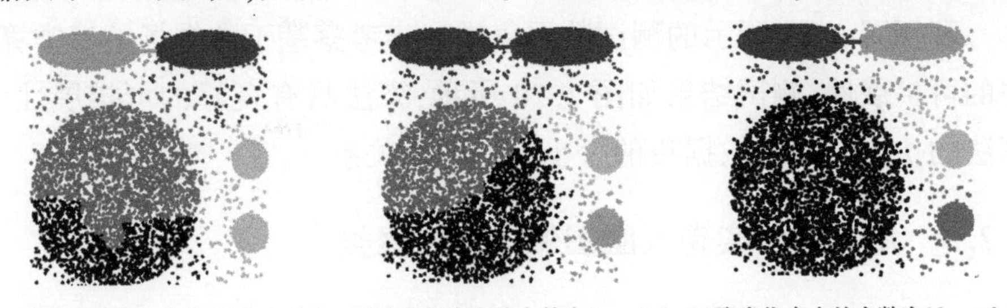

图 4.18　CURE 算法严重依赖于聚类代表点个数和收缩因子 α 的取值（见彩页）

在球形偏见,反之,如果 α 太小,则聚类结果易受噪声或离群数据的影响。实际应用中,让用户选择合适的算法参数值是很困难的。

相对而言,基于数据场的聚类算法不仅具有良好的聚类质量,能够有效处理噪声数据,而且聚类结果不依赖于用户参数的仔细选择。图 4.19 所示为对简化估计对象质量所得的代表对象及其聚类结果,显然,如果将代表对象看作聚类代表点,基于数据场的聚类算法实际上也是采用多个聚类代表点描述聚类的分布特性,但与 CURE 算法不同的是,代表点的选取是通过简化估计对象质量得到的,能够更好地适应底层数据分布的聚簇特性。

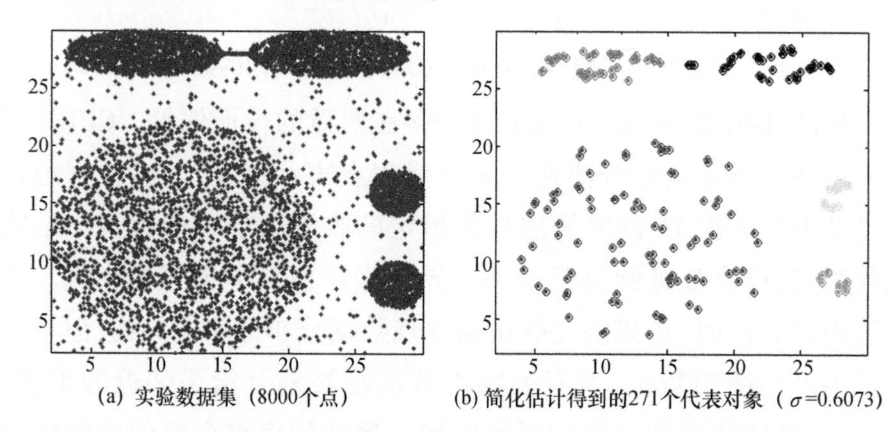

(a) 实验数据集(8000个点)
(b) 简化估计得到的271个代表对象(σ=0.6073)

图 4.19 原数据集及其简化估计得到的 271 个代表对象(见彩页)

利用图 4.16 所示的测试数据集进一步考察基于数据场的聚类算法的可扩展性,测试结果如图 4.20 所示,算法具有良好的可扩展性,算法的执行时间与数据集的大小近似线性关系。

4.2.3 用数据场实现人脸图像的表情聚类

随着移动互联网的迅速发展,形式多样的非结构化数据不断涌现,如图形、图像、音频数据和地理空间数据等,如何高效处理非结构化的大数据成为数据挖掘的主要挑战之一。

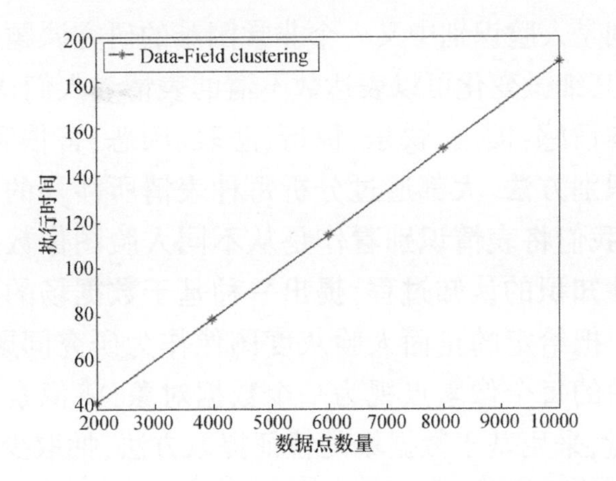

图4.20 Data - Field Clustering算法相对于数据集大小的可扩展性

人脸图像数据，是日常生活中普遍存在的一种非结构化数据。对其识别和理解，不仅具有理论价值，更具有广泛的应用前景[39]。人脸图像识别，本质上是一个三维塑性物体的二维投影图像的匹配识别问题。其困难主要体现在：

(1) 人脸图像常常出现歪头、扭脸、俯仰等现象，其表情、胖瘦等反映出的塑性变形，有诸多的不确定性。

(2) 人脸模式，如胡须、发型、眼镜样式、化妆等都增加了识别难度。

(3) 图像获取过程，如光照强度、光源数目、方向、拍摄角度等也有很多不确定性因素。

识别人脸，主要依据个体的脸部特征，就是那些在不同个体之间存在较大差异、而对于同一个体又比较稳定的脸部特征。应该说一张张个体的脸部特征都是唯一的，不存在完全相同的两个个体，甚至同一个人不同时期的脸也不相同。由于客观条件的限制和人脸变化的复杂性，特征表征和提取十分困难，至今还没有找到适用于人脸识别的所谓的完备特征集，也没有一种普遍适用的特征提取方法。

人脸识别的内容非常丰富，除了识别特定人身份外，还可以识别年龄、种族、表情、性格，乃至近亲关系等。

表情识别是人脸识别中又一个非常困难的研究课题。人脸由 43 块肌肉组成,其细微变化可以表达数不清的表情。人们认为通常有 7 种不同的基本情感:愤怒、快乐、惊讶、悲哀、厌恶、害怕和中性表情。常用的表情识别方法,大都通过分析每种表情所涉及的肌肉运动来识别。这里,**我们将表情识别看作是从不同人脸图像数据中发现共同性或差异性知识的认知过程,提出一种基于数据场的人脸图像表情识别方法**。把给定的正面人脸灰度图像作为研究问题的出发点,将灰度图像中的每个像素点视为一个数据对象,将像素点的灰度视为对象的质量,采用基于数据场的特征提取方法,抽取少数重要像素点形成特征人脸图像;然后,采用 K－L 变换(Karhunen－Loeve Transform)提取特征人脸图像集合的主特征向量,并将特征人脸图像投影到主特征向量形成的公共特征空间中,形成二次数据场,由此实现基于数据场的人脸图像表情聚类识别。整个流程如图 4.21 所示。

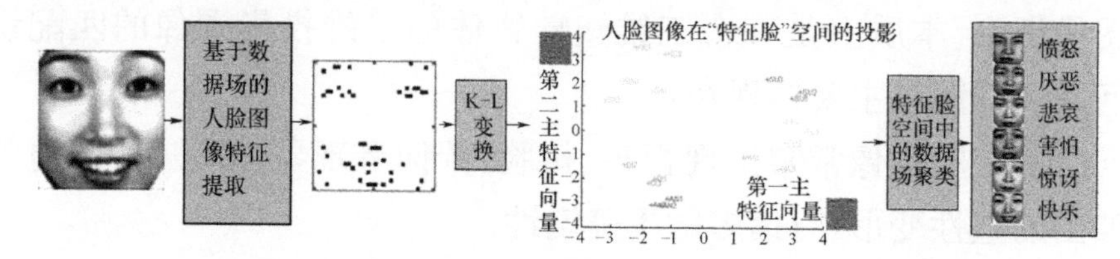

图 4.21　基于数据场的人脸图像特征提取与表情聚类识别

测试数据采用日本女性面部表情数据库(Japanese Female Facial Expression Database),简称 JAFFE 人脸数据库[40],共包括 10 个人 213 张不同表情的正面人脸灰度图像,每张原始图像大小为 256 × 256 像素、256 级灰度。图 4.22 所示为取自同一个人不同表情的 21 幅正面人脸灰度图像,包括愤怒、快乐、惊讶、悲哀、厌恶、害怕和中性等七种表情。测试实验中,首先对原始人脸图像进行预处理,进行尺度归一化,结合椭圆掩模消除头发和背景的影响,得到 64 × 64 像素的标准化人脸图像,如图 4.23 所示。然后,采用基于数据场的特征提取方法抽取人脸图像中的重要特征点。

愤怒
厌恶
害怕
快乐
中性
悲哀
惊讶
KA.AN1.39.256
KA.DI1.42.256
KA.FE1.45.256
KA.HA1.29.256
KA.NE1.26.256
KA.SA1.33.256
KA.SU1.36.256
KA.AN2.40.256
KA.DI2.43.256
KA.FE2.46.256
KA.HA2.30.256
KA.NE2.27.256
KA.SA2.34.256
KA.SU2.37.256
KA.AN3.41.256
KA.DI3.44.256
KA.FE3.47.256
KA.HA3.31.256
KA.NE3.28.256
KA.SA3.35.256
KA.SU3.38.256

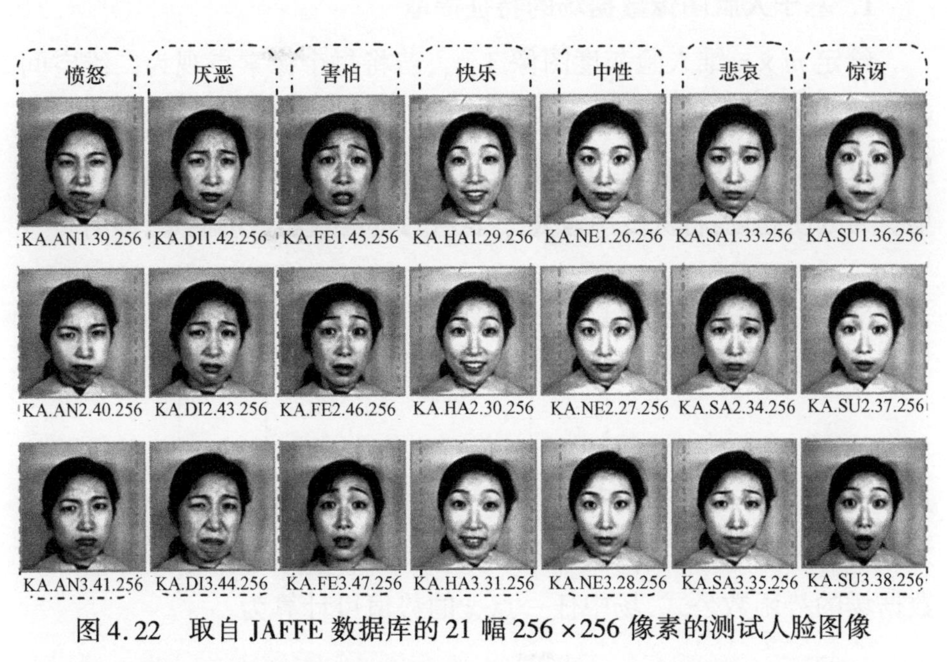

图 4.22 取自 JAFFE 数据库的 21 幅 256 ×256 像素的测试人脸图像

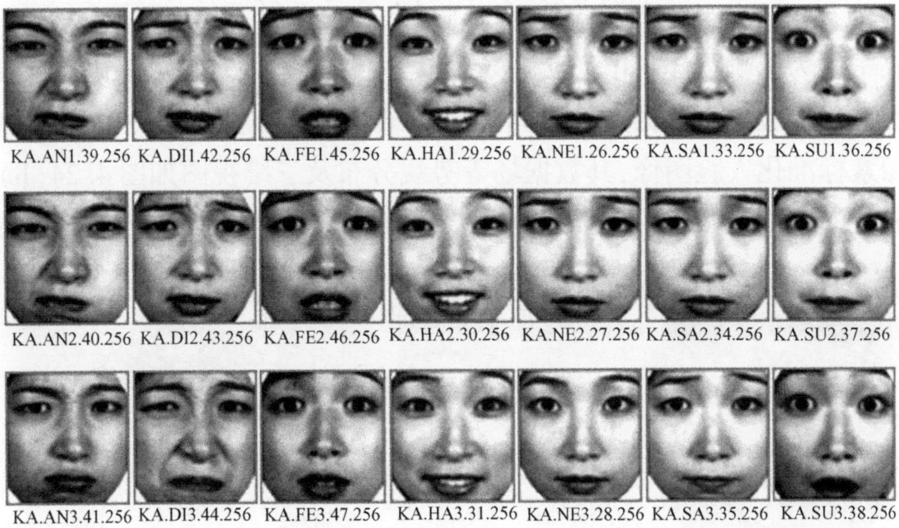

KA.AN1.39.256
KA.DI1.42.256
KA.FE1.45.256
KA.HA1.29.256
KA.NE1.26.256
KA.SA1.33.256
KA.SU1.36.256
KA.AN2.40.256
KA.DI2.43.256
KA.FE2.46.256
KA.HA2.30.256
KA.NE2.27.256
KA.SA2.34.256
KA.SU2.37.256
KA.AN3.41.256
KA.DI3.44.256
KA.FE3.47.256
KA.HA3.31.256
KA.NE3.28.256
KA.SA3.35.256
KA.SU3.38.256

图 4.23 预处理后的 21 幅 64 ×64 像素标准人脸图像

1. 基于人脸图像数据场的特征提取

给定 $m \times n$ 维人脸灰度图像 $A_{m\times n}$,若将每个像素点视为二维空间中的一个数据对象,将像素点的灰度值 $A(i,j)$ 视为数据对象的质量,则所有像素点在二维图像空间中的相互作用可以确定一个人脸图像数据场。为方便起见,将灰度图像 $A_{m\times n}$ 表示为行堆叠形成的向量,即有

$$B = (q_j) = \begin{bmatrix} \rho_0 \\ \rho_1 \\ \vdots \\ \rho_{m-1} \end{bmatrix}, \quad \text{其中元素}\ \rho_i = \begin{bmatrix} \rho_{i0} \\ \rho_{i1} \\ \vdots \\ \rho_{i,n-1} \end{bmatrix}$$

式中:B 为 $m \times n$ 维列向量,即 $j = 1 \cdots (m \times n)$;$\rho_i$ 为图像 $A_{m\times n}$ 中第 i 行元素形成的列向量,并假设像素灰度值 ρ_{ij} 已归一到 $[0,1]$ 区间。根据数据场的势函数公式,场中任一点 x 的势值可计算为

$$\varphi(x) = \sum_{i=1}^{m\times n} \left(q_i \times \mathrm{e}^{-\left(\frac{\| x-x_i \|}{\sigma}\right)^2} \right)$$

式中:σ为影响因子,用于控制每个像素点的影响范围。采用等势线图描述人脸图像数据场的空间分布。图 4.24(a)所示为一幅 64 ×64 像素标准化人脸图像,其数据场等势线分布及三维视图如图 4.24(b)和(c)所示,势场分布的高势区位于脸颊、额头和鼻梁等灰度较大的

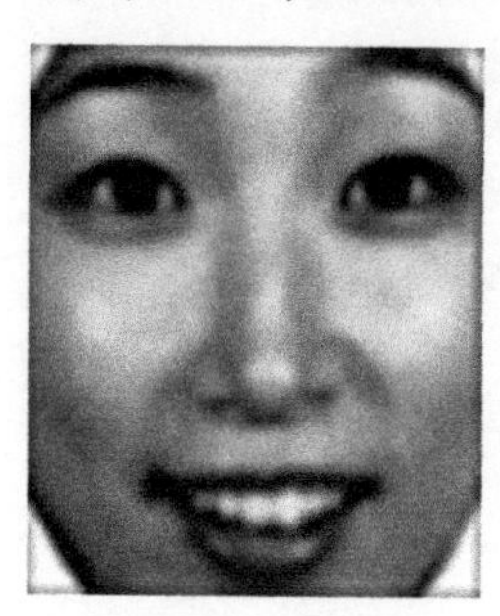

(a)标准化人脸图像

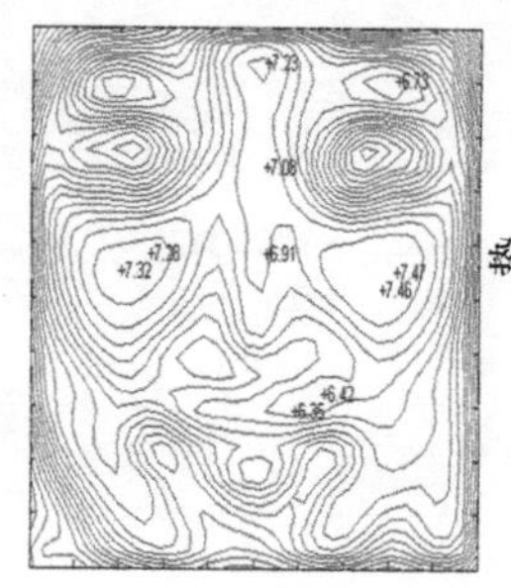

(b)数据场等势线分布

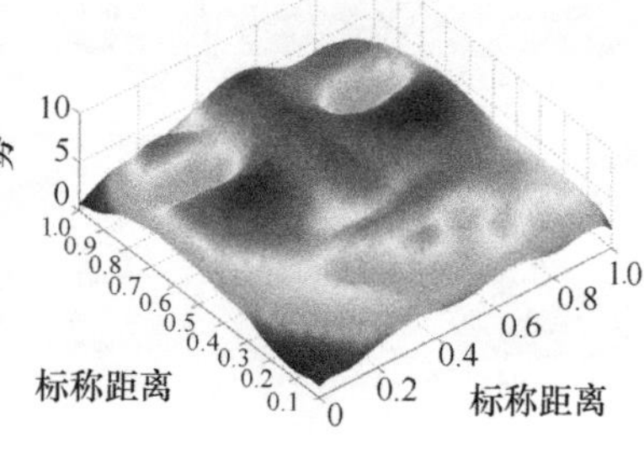

(c)二维势场的三维视图

图 4.24 人脸图像 KA. HA2. 30. 256 的数据场分布(σ=0. 05)(见彩页)

区域,换言之,人脸图像数据势场分布可以突显脸颊、额头和鼻梁等脸部区域。

考虑到正面人脸图像识别中眼睛、嘴巴、眉毛和鼻根部等人脸器官是重要的面部特征,上述器官通常对应人脸图像的低灰度区域。为突出低灰度区域,首先对人脸图像中每个像素点的灰度进行非线性变换 $f(q_i)=(1-q_i)^2$,根据数据场的势函数公式,计算任一像素点 x 的势值为

$$\varphi(x)=\sum_{i=1}^{m\times n}\left(f(q_i)\times \mathrm{e}^{-\left(\frac{\|x-x_j\|}{\sigma}\right)^2}\right)$$

式中:σ为影响因子,体现每个像素点的影响范围。

图4.25(a)所示为一幅64×64像素标准化人脸图像,非线性变换后的数据场等势线分布及其三维视图如图4.25(b)和(c)所示。显然,根据势函数的局部极大值点可以准确定位眼睛、眉毛、嘴巴等重要人脸特征。

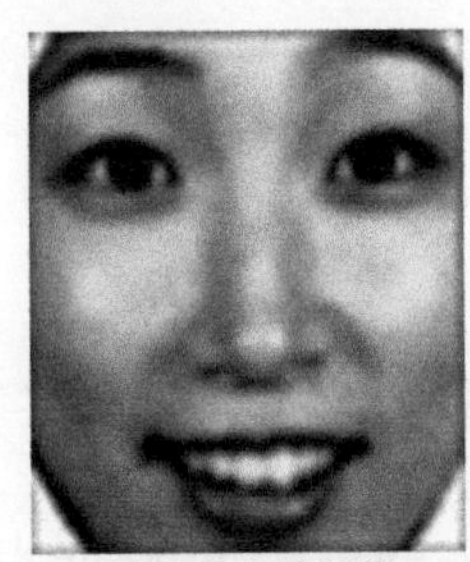
(a)标准人脸图像

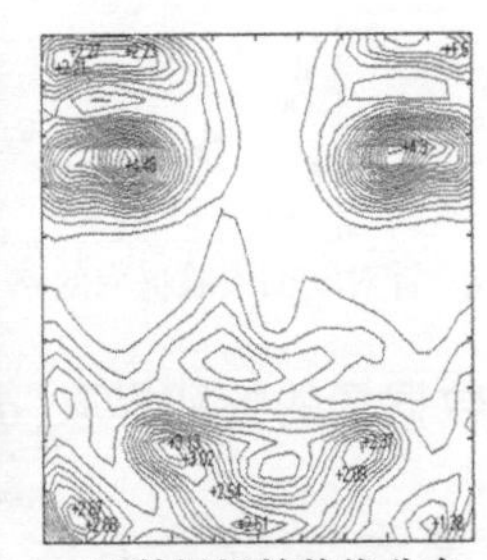
(b)数据场等势线分布

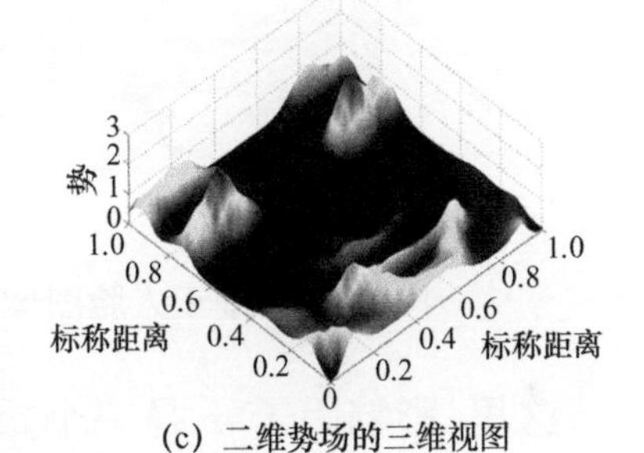

(c) 二维势场的三维视图

图4.25 对灰度数据进行非线性变换后的人脸图像数据场(σ=0.05)(见彩页)

假设人脸图像数据场的空间分布,由少数重要的像素点间的相互作用决定。引入权值 $w_i\in[0,1]$,量化每个像素点对形成人脸图像数据场的贡献,且此 w_i 满足归一化条件:$\sum_{i=1}^{m\times n}w_i=1$。根据4.2.2节的

优化估计思想,可得到如下优化目标函数

$$\min_{\{w_i\}}\left(\frac{1}{2\cdot(\sqrt{2})^d}\sum_{i=1}^{m\times n}\sum_{j=1}^{m\times n}w_i\times w_j\times f(q_i)\times f(q_j)\times \mathrm{e}^{-\left(\frac{\|x_i-x_j\|}{\sqrt{2}\sigma}\right)^2}-\frac{1}{m\times n}\sum_{i=1}^{m\times n}\sum_{j=1}^{m\times n}w_i\times f(q_i)\times \mathrm{e}^{-\left(\frac{\|x_i-x_j\|}{\sigma}\right)^2}\right)$$

对目标函数进行优化求解,可得到人脸图像中每个像素点的权值,将权值非0的像素点视为特征点。如图4.26给出了采用基于人脸图像数据场的特征提取方法得到的48个重要特征点。图中,特征点组成的人脸图像,不仅能够很好描述快乐、惊讶、愤怒等不同表情时眼睛、嘴巴等人脸器官的局部几何特征,而且对光照变化具有良好的鲁棒性。

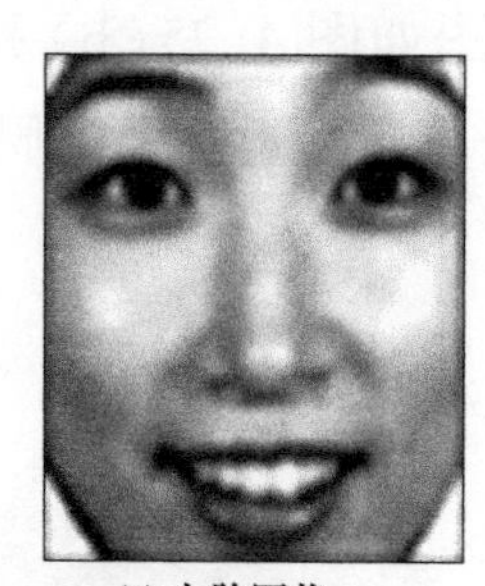
(a) 人脸图像

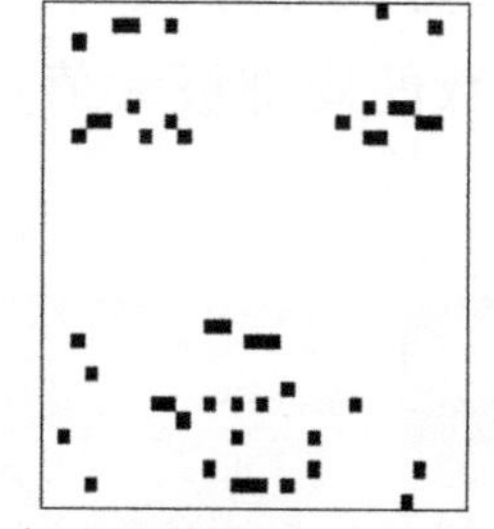
(b) 针对(a)图人脸提取的48个特征点

图4.26　基于人脸图像数据场的特征提取($\sigma=0.05$)

这里,影响因子σ是一个重要参变量。考察σ的取值对特征点提取的影响,如图4.27所示。采用不同σ值对图4.25(a)中的人脸图像进行特征提取,会得到不同结果。当$\sigma=0.02$时,可提取250个特征点,较好反映了原始人脸图像的细节信息;当$\sigma=0.09$时,所提取的28个特征点能大致描述眼睛、嘴巴、眉毛和鼻子根部等面部器官的整体分布特性。在某种意义上,不同σ值所对应的特征点图像,就好像从不同距离观察人脸,各有所见之景象,如同通过推拉镜头,改变观察距离一样,形成不同粒度的人脸视图。σ 越小,特征点个数越多,对原始人脸图像的描述越细;σ 越大,特征点个数越少,对人脸图像信息的描述越宏观、概略。实际应用中,可以根据不同的应用需求,选择不同的 σ 值。对图 4.23 所示的标准化人脸图像,采用人脸图像数据场方法进行特征提取,令 $\sigma=0.05$,可以得到如图 4.28 所示基于重要特征点的人脸图像。

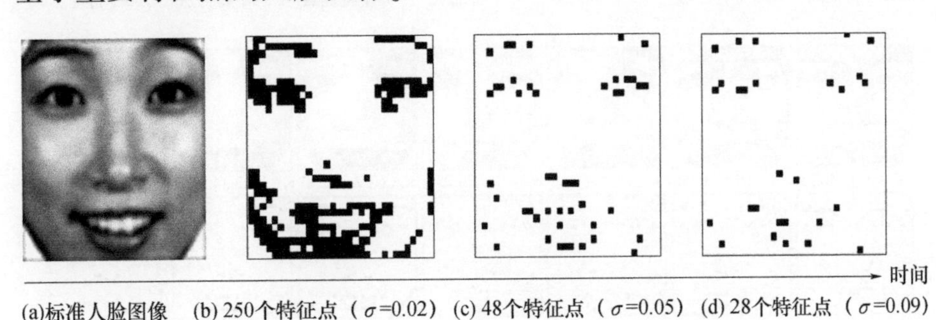

(a)标准人脸图像 (b) 250个特征点(σ=0.02) (c) 48个特征点(σ=0.05) (d) 28个特征点(σ=0.09)

图 4.27 遗忘——记忆衰退的形式化描述

另一方面,数据场方法通过选取不同的 σ 值得到不同的特征点数,也可以用来作为记忆衰退的形式化描述。在人类认知的过程中,遗忘是一种智能的表现,遗忘即记忆的衰退,即人脸的特征点数随时间增长而减少的过程,如图 4.27 所示。

2. 基于 K-L 变换和二次数据场的人脸图像表情聚类识别

对得到的特征人脸图像,可以采用 K-L 变换做进一步的降维。选取前 p 个(p 远远小于人脸图像样本的总数)最大特征值所对应的特征向量,组成变换矩阵,形成公共"特征脸"空间。将每个特征人脸图像,投影到公共"特征脸"空间中,形成投影数据点,采用基于数据力场的聚类方法,对"特征脸"空间中的数据点进行聚类,最终实现人脸图像的表情聚类识别。图 4.29 为对特征人脸图像进行 K-L 变换得到的前 2 个主特征向量对应的"特征脸"图像,将特征人脸图像投

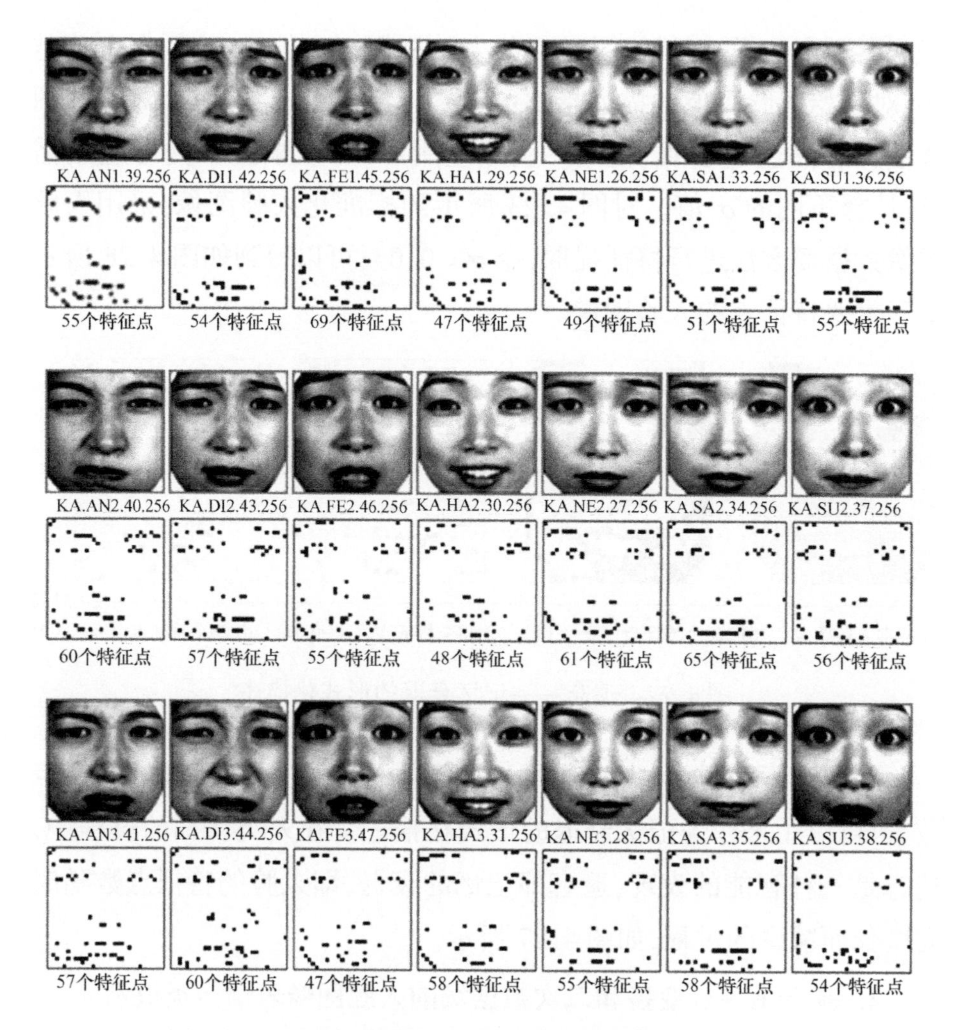

图 4.28　基于重要特征点的简化人脸图像($\sigma=0.05$)

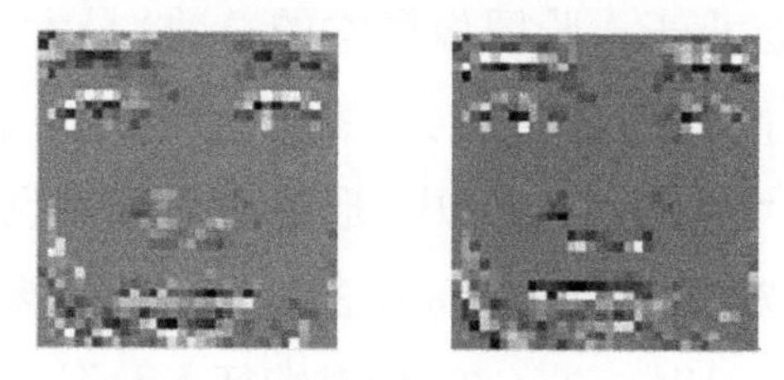

图 4.29　前 2 个主特征向量所对应的“特征脸”

影到二维“特征脸”空间中,并采用基于数据力场的动态聚类算法进行聚类,聚类结果如图 4.30 所示。其中,AN、DI、FE、HA、NE、SA、SU 分别代表愤怒、厌恶、害怕、快乐、中性、悲哀、惊讶表情的人脸图像。可以看出,不同表情的特征人脸图像在“特征脸”空间中的投影分布具有良好的可分性。

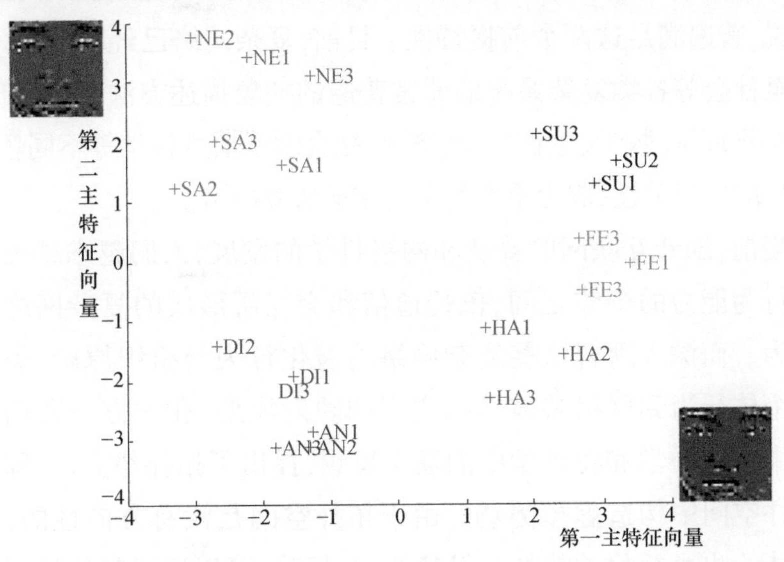

图 4.30 测试人脸图像聚类结果在二维“特征脸”空间中的投影(见彩页)

4.3 基于拓扑势的复杂网络研究

“结构决定功能”是系统科学的基本观点。若将系统内部的各个元素抽象为节点,元素之间的关系视为连接,系统就构成一个具有复杂连接关系的网络。现实世界存在大量的复杂网络,如因特网、电力网、交通网、人际关系网、合作网,以及生物系统中的神经网、新陈代谢网、蛋白质相互作用网等。研究表明,这些看似毫不相干、形态各异的真实网络常常具有某些相同的拓扑性质,受制于某些基本的演化法则。1998 年 Watts 和 Strogatz 在 *Nature* 上发表论文,阐述实际复杂网络的

“小世界”效应(small - world effect),即:网络具有较小的平均距离[41]。1999 年 Barabási 和 Albert 在 *Science* 上发表论文,指出许多真实网络的度分布遵循幂律分布,称为无标度网络(scale - free network)[42]。**他们把真实系统通过自组织生成无标度网络归结于两个主要因素,即节点的增长性和节点之间连接的偏好依附性,对于很多自然现象和社会现象来说,普遍满足这两个前提特性。**目前,复杂网络已经成为技术、生物乃至社会等各类复杂系统的非常普遍的抽象描述方法,相关研究受到来自物理学、数学、生物学、经济学、社会学及信息科学等不同领域研究人员的广泛关注,成为重要的学科交叉研究前沿。

当前,随着互联网的普及和网络科学的发展,人们越来越关注有主体行为能力的个体之间,依托通信和交互所形成的复杂网络的演化行为。而深入理解这些复杂网络的演化行为与组织原则,需要构建从个体行为到网络整体结构之间的映射模型,在这方面我们借鉴数学中的拓扑学和物理学中的场论思想,提出了拓扑势方法,即在网络拓扑空间中构造虚拟势场。由于拓扑空间是没有方向性的,因此不可能绘出可视化的势场和等势线图,但是,可以通过势值反映节点的主体性以及节点之间的交互,研究个体之间的局域影响以及偏好依附特性,揭示复杂网络的结构演化机理。

4.3.1 从数据场到拓扑势

受数据场思想的启发,我们将网络 G 看作一个包含 n 个节点及其相互作用的抽象系统,每个节点周围存在一个作用场,位于场中的任何节点都将受到其他节点的联合作用。与数据场的定义不同,网络中节点间的作用只能通过边来传递。节点间的相互作用与节点属性及节点间的网络距离密切相关,由此在整个网络上确定了一个势场。根据真实网络的模块化与抱团特性,我们认为节点间相互作用具有局域性,每个节点的影响能力会随网络距离的增长而快速衰减,因此,倾向于采用代表短程场且具有良好数学性质的高斯势函数描述节点间的相互作用。

给定网络 $G=(V,E)$,其中 $V=\{v_1,\cdots,v_n\}$ 为节点的非空有限集,$E\subseteq V\times V$ 为节点偶对或边的集合,根据数据场的势函数定义,任一节点 $v_i\in V$ 的拓扑势可表示为

$$\varphi(v_i)=\sum_{j=1}^{n}\left(m_j\times \mathrm{e}^{-\left(\frac{d_{ij}}{\sigma}\right)^2}\right)$$

式中:d_{ij}表示节点 v_i 与 v_j 间的网络距离或跳数,本书采用最短路径长度来度量;影响因子 σ 用于控制每个节点的影响范围;$m_j\geqslant 0$ 表示节点 $v_j(j=1,\cdots,n)$ 的质量,可以用来描述每个节点的固有属性。

真实网络中,节点的固有属性具有丰富的物理含义,如城市交通网中城市的规模,人际关系网中个体的社会背景和活动能力,通信网络中节点的存储能力等。

首先忽略节点固有属性的差异性,设每个节点的质量相等且满足归一化条件,由此得到简化的拓扑势公式

$$\varphi(v_i)=\frac{1}{n}\sum_{j=1}^{n}\mathrm{e}^{-\left(\frac{d_{ij}}{\sigma}\right)^2}$$

根据高斯函数的数学性质,对于给定的 σ 值,每个节点的影响范围近似为网络距离小于等于$\lfloor 3\sigma/\sqrt{2}\rfloor$跳的局域区域,当距离大于$\lfloor 3\sigma/\sqrt{2}\rfloor$跳时,单位势函数很快衰减为0,指示着短程场作用。

4.3.2 用拓扑势发现网络中重要节点

复杂网络中,节点的重要程度常常是很不相同的。通常少数度很大的关键节点决定着整个网络行为,绝大部分节点的度相对很小,构成无标度网络。对于这种非均匀网络来说,度值的大小显然是评价节点重要性的关键因素,但节点的度计算只涉及节点自身的连接

情况,不能有效反映节点在全局拓扑中位置的差异性与重要性。事实上,节点重要性不仅取决于节点自身的连接情况,还与邻近节点的重要性相关。例如,某个节点可能由于连接至一个重要节点,或者成为另一个局部网络的路由节点,变得十分重要。此外,节点的固有属性也影响它在网络中的重要程度。因此,如何综合考虑节点的拓扑差异性及其固有属性,来衡量节点在网络中的重要性,成为复杂网络研究面临的首要问题,也是社交网络分析及信息搜索中的一个基础问题。

互联网搜索领域中的 PageRank 算法,给出了一个非常有效的解决思路。在强调节点的度的重要性同时,也考虑节点自身属性的全局影响,引入节点的重要性等级值。由此,网络中每个节点都通过节点的度和重要性等级值影响其他节点。反之,其他节点对该节点也有同样影响。但 PageRank 算法没有仔细分析不同衰减系数 d 对节点重要性排序的影响,仅给出了一个经验值0.85。

在数据场的基础上,我们提出一种基于拓扑势的节点重要性评价方法[43,44]。该方法用拓扑势描述网络节点间的相互作用,定义节点的拓扑势,刻画其在拓扑位置中的差异性和节点自身属性反映出的重要性。基于拓扑势的节点重要性排序算法包括三个基本步骤:

(1) 影响因子 σ 的优选;

(2) 根据 σ 优选值,计算每个节点的拓扑势;

(3) 按势值排序,决定节点重要性。

和数据场中影响因子 σ 的优化方法相类似,引入拓扑势熵 H 优化 σ 值

$$H(\sigma) = -\sum_{i=1}^{n} \frac{\varphi(v_i)}{Z}\ln\left(\frac{\varphi(v_i)}{Z}\right)$$

式中:$Z = \sum_{i=1}^{n} \varphi(v_i)$ 为一个标准化因子。

优化问题成为单变量函数 $H(\sigma)$ 的最小化问题,即 $\min H(\sigma)$。

考虑到迭代计算节点拓扑势的时间开销大,可先近似估计 σ 的优化区间,再精确搜索其优化值。具体算法描述如下:

节点拓扑势排序算法

输入:网络 $G=(V,E)$,其中 $V=\{v_1,\cdots,v_n\}$,$|E|=m$。

输出:按拓扑势从大到小的顺序输出每个节点及其拓扑势。

算法步骤:

(1) 初始化势熵 $H=\min\_H=-\sum_{i=1}^{n}\frac{\deg(v_i)}{2m}\ln\frac{\deg(v_i)}{2m}$,$\deg(v_i)$ 为节点 v_i 的度;

(2) 初始化节点的 1 跳邻居集,即网络距离为 1 的直接邻居节点集合 lhop_neighbors(v_i,l),$i=1,\cdots,n$;

(3) 令 $l=1$;

(4) While $H\leqslant\min\_H$ do

{令 $l=l+1,\sigma=\frac{\sqrt{2}}{3}l$;

根据每个节点的 $l-1$ 跳邻居计算 l 跳邻居集 lhop_neighbors(v_i,l),$i=1,\cdots,n$;

计算每个节点的拓扑势

$$\varphi(v_i)=\sum_{j=1}^{i}|\text{lhop\_neighbors}(v_i,j)|\times e^{-\left(\frac{j}{\sigma}\right)^2}\qquad i=1,\cdots,n;$$

计算势熵 $H=-\sum_{i=1}^{n}\frac{\varphi(v_i)}{Z}\ln\left(\frac{\varphi(v_i)}{Z}\right)$;

}

(5) 令 σ 的搜索区间为 $\left(\frac{\sqrt{2}}{3}(l-2),\frac{\sqrt{2}}{3}l\right)$,搜索满足精度要求的极小势熵;

(6) 根据极小势熵对应的拓扑势分布,按势值从大到小的顺序输出节点。

分析算法的时间复杂度。步骤(1)、(2)的时间复杂度为 $O(m)$；步骤(4)的时间复杂度最好情况下为 $O(m+n^{3/\gamma})$，$2<\gamma<3$ 为一个常数，最坏情况下为 $O(n^2)$；步骤(5)的时间复杂度取决于迭代计算所有节点的势熵的时间开销。由于每个节点的势熵计算只涉及该节点已知的 $l-1$ 跳内的邻居数，时间复杂度为 $O(ns)$，s 为迭代次数。因此，算法总的时间复杂度在 $O(m+n^{3/\gamma})$ 至 $O(n^2)$ 之间，即最坏情况下本算法的时间复杂度为 n 的平方，时间复杂度不高。

下面，我们以著名的 Zachary 社会关系网[45]为典型案例来验证拓扑势排序方法的有效性，并和度排序、介数排序、接近度排序和 PageRank 方法等进行比较。

Zachary 社会关系网是复杂网络与社会网分析领域中常用的一个小型测试网络。20 世纪 70 年代，Wayne Zachary 用三年时间观察美国一所大学空手道俱乐部成员间的社会关系，并构造出图 4.31 所示的俱乐部成员社会关系网。此网络包含 34 个节点和 78 条边，节点表

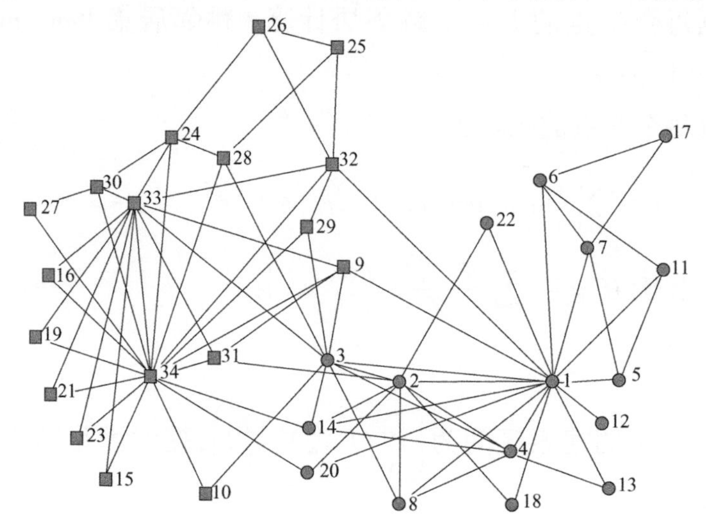

图 4.31　Zachary 研究的空手道俱乐部成员社会关系网络($n=34$)(见彩页)

示俱乐部成员，节点间的连线表示两个成员经常一起出现在俱乐部之外的其他场合，即在俱乐部活动之外他们仍可以被称为朋友。调查过程中，因为该俱乐部主管、第34号节点A. John与第1号节点教练Mr. Hi之间的争执而形成各自以他们为核心的两个小圈子，图中以蓝色方形和红色圆形的节点代表不同的圈子成员。该网络作为一个真实的小型社会关系网，常常被用于测试节点重要性评价方法与社区发现方法的有效性。

分别采用度排序、介数排序、接近度排序、PageRank和拓扑势排序方法对Zachary网络进行节点重要性比较，如图4.32所示。在图4.32(b)～(f)中用红色标记排序前10位的节点，红色节点的圆圈越大，说明节点度量值越大，在网络拓扑中的重要性越高，其中节点在不同的度量标准下的具体值参见表4.1。

表4.1 用不同节点重要性排序方法得到的Zachary网络的前10个重要节点

节点重要性排序	度排序法		介数排序法		接近度排序法		PageRank排序法		拓扑势排序法	
	节点标号	度数	节点标号	介数	节点标号	接近度	节点标号	PageRank值	节点标号	势值
1	34	17	1	0.8238	1	0.0172	34	0.1009	34	0.2246
2	1	16	34	0.5724	3	0.0169	1	0.0970	1	0.2152
3	33	12	33	0.2734	34	0.0167	33	0.0717	33	0.1721
4	3	10	3	0.2704	32	0.0164	3	0.0571	3	0.1546
5	2	9	32	0.2603	9	0.0156	2	0.0529	2	0.1390
6	32	6	9	0.1053	14	0.0156	32	0.0372	32	0.1134
7	4	6	2	0.1015	33	0.0156	4	0.0359	4	0.1071
8	24	5	14	0.0863	20	0.0152	24	0.0315	9	0.1015
9	14	5	20	0.0611	2	0.0147	9	0.0298	14	0.1015
10	9	5	6	0.0564	4	0.0141	14	0.0295	24	0.0952

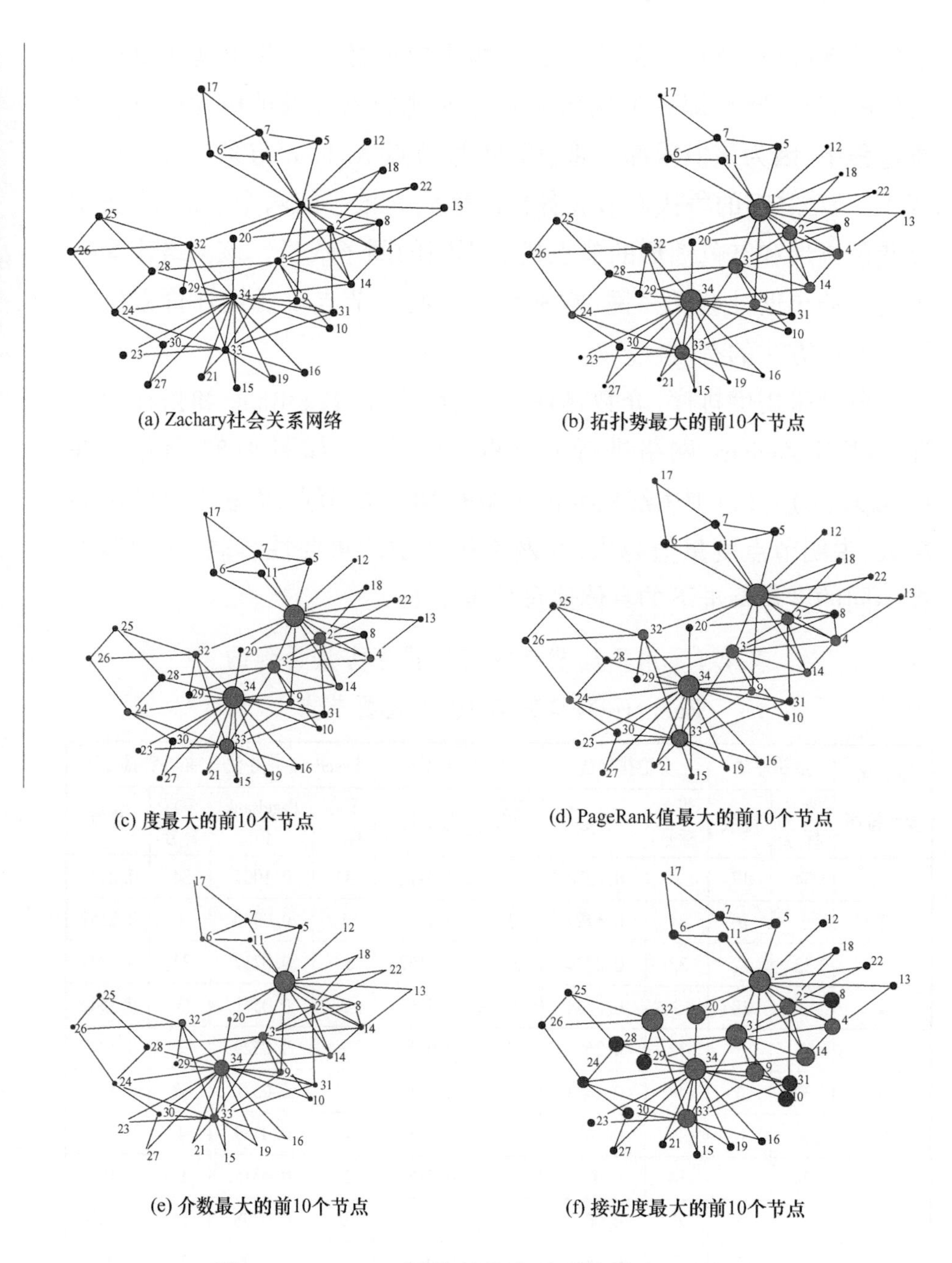

(a) Zachary社会关系网络
(b) 拓扑势最大的前10个节点
(c) 度最大的前10个节点
(d) PageRank值最大的前10个节点
(e) 介数最大的前10个节点
(f) 接近度最大的前10个节点

图 4.32　Zachary 网络的节点重要性排序(见彩页)

我们对上述排序结果作进一步分析。节点度、PageRank 与拓扑势排序方法产生的前 10 个重要节点是相同的,而介数与接近度排序方法则各有不同。介数排序方法认为节点 v_6 比节点 v_4 重要,但网络中节点 v_4 的度比节点 v_6 大,且更靠近网络的中心位置,也与更多的重要节点有连接,如节点 v_1、v_2、v_3、v_{14}等,因此,节点 v_4 相对而言显得更重要。此外,介数排序方法不能区分网络边缘节点的位置差异性与重要性,如节点 v_8、v_{12}、v_{13}、v_{15}、v_{16}等 12 个节点的介数都为 0,意味着评价边缘节点时介数排序方法会失效。接近度排序方法的问题在于网络中每个节点的接近度值比较接近,不能很好地突出不同节点网络位置的差异性。此外,该方法倾向于认为靠近网络中心的节点更重要,对接近星型网的集中网络,这种评价方法是有效的,但对更具一般性的网络来说,可能导致错误的判断。以节点 v_3、v_{34}为例,虽然节点 v_3 的接近度比较大,但节点 v_{34}在网络中不仅是度最大的节点,而且介数也大于节点 v_3,并且在现实社会关系网中节点 v_{34}代表的 A. John是分裂后小圈子的核心,因此,可以认为,相对于节点 v_3 而言,节点 v_{34}应该更重要。

PageRank 排序法和拓扑势排序法本质上都具有度偏好,认为度越大的节点越重要。当节点度相同时,如节点 v_4、v_{32}的度都为 6,节点 v_9、v_{14}、v_{24}的度都为 5,度排序方法不能区分上述节点的相对重要性,而 PageRank 排序法与拓扑势排序法都能给出更细的重要性区分,它们都认为节点 v_{32}比节点 v_4 相对更重要。但关于节点 v_9、v_{14}、v_{24}的排序两者略有不同,PageRank 法认为节点 v_{24}是三者中最重要的,而拓扑势排序法认为节点 v_9 最重要。分析节点 v_9 与节点 v_{24}所处网络位置的差异性,节点 v_9 的介数比较大,更接近于网络的中心位置,而且与最重要节点 v_1、v_3、v_{33}、v_{34}都有连接,因此有理由认为,该节点相对而言更为重要。

理论分析与实验结果表明,当每个节点仅影响 1 跳邻居时,拓扑势排序法退化为度排序法;随着节点间影响范围的增大,节点拓扑势排序法会呈现与 PageRank 排序法近似线性的相关性;而当节点的影响范围扩大到 2 跳邻居、3 跳邻居,乃至趋近于网络平均直径时,拓扑势排序法又会表现出与接近度排序法类似的中心偏好性。**通过调整反映节点间影响范围的参数,即影响因子 σ,基于拓扑势的节点重要性评价方法不仅能够为节点度、接近度等常用的节点重要性评价方法提供较好的统一描述框架,而且可产生更符合网络拓扑特性的节点重要性排序。**

4.3.3 用拓扑势发现网络社区

网络中的社区发现,源于社会学的研究,理论上可追溯到图论研究。传统的图分割方法总是假设网络是可分解的,待划分的子图个数由用户指定。但对大规模的真实网络进行社区划分时,社区发现方法必须回答两方面问题:网络中是否包含社区结构?如何有效发现网络内在的社区结构?迄今为止,人们已经提出许多社区发现方法,基本思想大都是根据某个节点内聚性度量,递归地对网络进行合并或分裂,把网络分解为嵌套的社区层次结构。典型的代表方法有基于边介数(edge betweenness)的社区发现方法、模块度优化方法(modularity optimization)等。

不难发现,社区间经常有少数路由节点是社区间通信流量的必经之路,如果能够寻找到具有最高通信流量的边,去除该边,将获得网络自然的分割。由此,Girvan 和 Newman 等人引入边介数,度量网络的通信流量,提出基于边介数的社区发现算法,简称 GN 算法[46]。其基本思想是迭代计算网络中每条边的介数,去除介数最大的边,直至网络中所有边被去除,每个节点自成独立社区。与图分割方法不同,GN 算法无须预先指定社区个数,可将网络分解成任意数量的社区,但无法确定最优的社区结构。这样一来,即使明显不存在社区结构的随机网络,GN 算法仍然会产生强制的社区划分。另外,GN 算法的时间复杂度较高,若 n 为网络节点数,m 为边数,则复杂度为$O(nm^2)$。

针对 GN 算法的强制社区划分问题,Newman 等引入模块度(modularity)来评价社区分解的合理性[47],其基本思想是:在好的社区划分中,社区内部节点连接概率,应远大于具有同样度序列的随机图中内部节点的连接概率。由于模块度的定义独立于特定问题的社区结构,社区发现问题可以简化为模块度优化问题。考虑到网络可能的划分方案数与网络规模呈指数关系,对大规模网络来说,穷尽发现不可行,于是引入各种启发式的模块度优化方法,如贪婪算法、极值优化方法和模拟退火法等。

目前模块度优化法已成为复杂网络社区发现的基本方法,得到广泛的应用。然而,模块度定义存在内在的分辨力限制,常常发现规模相似的社区结构。实际上真实网络内在社区的大小可能很不均匀。Arenas 等通过对 E - mail 网络、爵士乐合作网以及科学家合作网等进行社区分析,发现这些真实网络的社区大小近似服从幂律分布,即:网络中只存在极少数的大社区,绝大多数社区只包含很少的节点。显然,对于普遍存在的、具有无标度特性的真实网络,模块度优化法有明显的局限性。

以拓扑势为基础,我们提出一种新颖的社区发现算法[48],**该方法用拓扑势描述网络节点间的相互作用,将社区视为拓扑势的局部高势区,通过寻找被低势区域所分割的高势区域,实现网络的社区划分。该方法无须预先指定社区个数等参数,能有效揭示网络内在的社区结构,还能够体现社区间具有不确定性的重叠节点现象,具有较好的算法性能。**

给定网络 $G=(V,E)$,其中,$V=\{v_1,\cdots,v_n\}$ 为节点集,$E\subseteq V\times V$ 为边集,$|E|=m$(m 为边数),基于拓扑势的社区发现方法可描述如下:

(1) 拓扑势吸引(topology potential attraction):已知局部极大势值节点 v^*,$\forall v\in V$,如果存在节点集 $\{v_0,v_1,\cdots,v_k\}\subset V$,使得 $v_0=v$,$v_k=v^*$ 且 v_i 位于 v^* 的势值上升方向,$0<i<k$,则称 v 被 v^* 拓扑势吸引;

(2) 单代表点社区 (one representative community):已知局部极大势值节点 v^*,如果存在子集 $C\subseteq V$,使得 $\forall v\in C$ 都被 v^* 拓扑势吸引,则称 C 为以 v^* 为代表点的社区,即该社区仅有一个中心代表节点;

(3) 多代表点社区(multi - representatives community):已知局部极大势值节点集合 $A\subset V$,如果存在子集 $C\subseteq V$,使得:a) $\forall v\in C$,$\exists v^*\in A$,使得 v 被 v^* 拓扑势吸引;b) $\forall v^*\in A$,$\exists w^*\in A$ 且 $w^*\neq v^*$,使得 v^* 与 w^* 的距离 $d(v^*,w^*)<\lfloor 3\sigma/\sqrt{2}\rfloor$,则称 C 是代表点集合为 A 的多代表社区。

给定网络,计算其拓扑势分布,通过遍历每个节点的最大势值上升方向搜索所有的局部极大势值节点,确定社区划分的个数及每个社区的代表节点。其中,单代表点社区中只存在一个局部极大势值节点,而多代表点社区中存在多个相距很近的局部极大势值节点,形成具有明显线特征拓扑势分布的山脊或具有明显平面特征的高原。将距离小于影响范围$\lfloor 3\sigma/\sqrt{2}\rfloor$的邻近的局部极大势值节点合并为一个多代表点集合。根据社区代表点进行网络划分时,$\forall v\in V$,如果 v 不是局部极大势值节点,则 v 或者唯一地被某个社区的代表点吸引,或者被多个社区的代表点同时吸引。若 v 唯一地被某个社区 $C\subseteq V$ 的代表点吸引,则称 v 为社区 C 的内部节点或私有节点;如果 v 被多个社区代表点吸引，则称为边缘节点。

确定边缘节点的所属社区，本质上是迭代扩展社区内部节点的过程。具体来说，假设网络 G 可以划分为 t 个社区 $C_1,\cdots,C_t$，令 $(a_{ij})_{n\times n}$为网络邻接矩阵，对任一边缘节点 $v_i\in V$，可以引入如下的效益函数 Q 来评价其划分方案，并将其划分给具有最大效益的邻近社区。如果多个划分方案的效益相等，则 v_i 被视为一个重叠节点，即该节点的划分具有骑墙的性质。

$$Q_{s=1,\cdots,t}(v_i)=\sum_{v_j\in V_s}a_{ij}-\sum_{v_k\notin V_s}a_{ik}$$

基于拓扑势的社区发现算法

输入：网络 $G=(V,E)$ 和影响因子 σ，其中，$V=\{v_1,\cdots,v_n\}$，$|E|=m$。

输出：社区 $C_1,\cdots,C_t$。

算法步骤：

(1) $[\varphi(v_1),\cdots,\varphi(v_n)]=Cal\_TopologicalPotential(G,\sigma)$；//计算节点拓扑势；

(2) $V_{\text{rep}}=Searching\_MaxPotentialNodes(G,\varphi(v_1),\cdots,\varphi(v_n))$； //采用最大势值上升方向指引的爬山法搜索局部极大势值节点，确定社区代表点集合；

(3) $[C_1,\cdots,C_t]=Community\_Detecting(G,V_{\text{rep}},\varphi(v_1),\cdots,\varphi(v_n))$； //根据社区代表点形成网络的社区划分；

(4) 输出社区 $C_1,\cdots,C_t$。

分析上述算法，拓扑势计算开销趋近于 $O(n^2)$；遍历每个节点的最大势值上升方向搜索所有的局部极大势值节点，其时间复杂度为 $O(m)$；根据代表点集合 V_{rep}实现网络的社区划分时，若代表点个数为 $n_{\text{rep}}\ll n$，则势值自大而小遍历每一个待划分节点确定其所属社区的时间复杂度为 $O(n_{\text{rep}}\times n)\sim O(n)$。因此，算法总的时间复杂度取决于节点拓扑势的计算开销,最坏为 $O(n^2)$,最好为 $O(m+n^{3/\gamma})$。

我们仍然采用 Zachary 社会关系网作为案例,来检验基于拓扑势的社区发现方法的有效性,并和 GN 算法、模块度优化法等进行比较。

图 4.33(a)为网络内在的社区结构,在采用拓扑势社区发现算法对 Zachary 网络进行社区划分时,先对势熵的参数进行优化,σ 取值为 1.0203,拓扑势分布如图 4.33(b),图中节点的直径与其拓扑势值成正比。显然,存在两个局部极大值节点,分别对应真实社区结构的

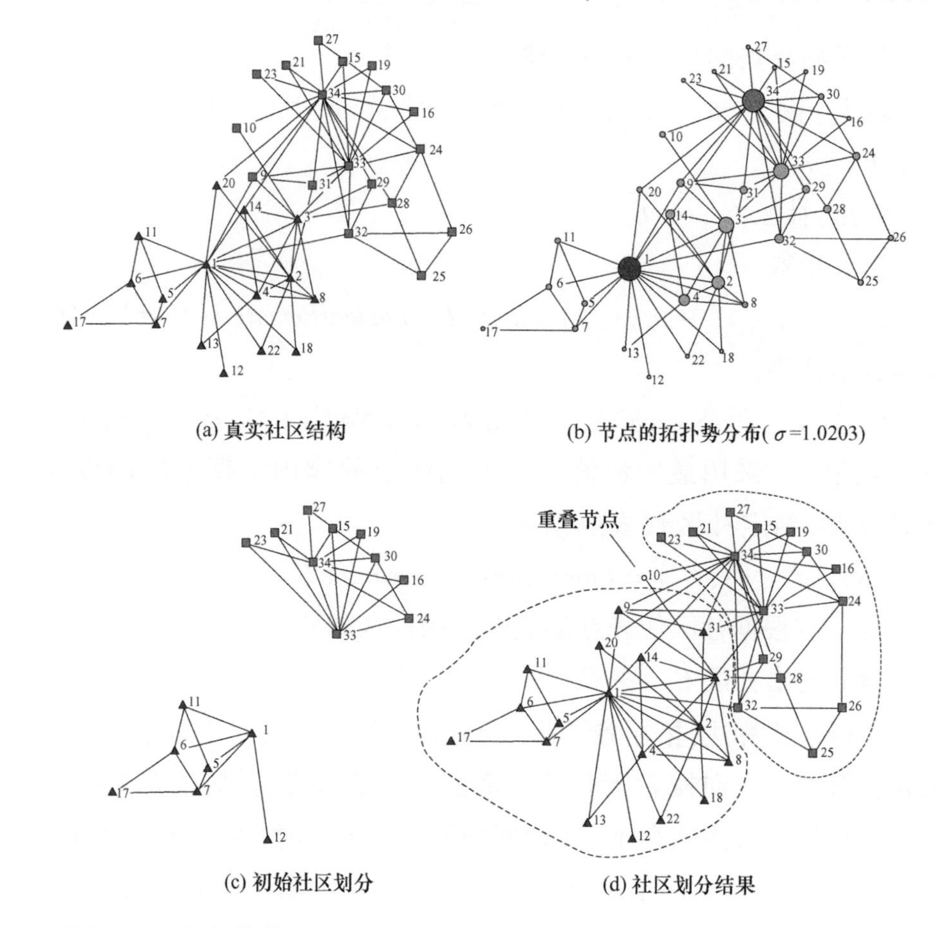

(a) 真实社区结构　(b) 节点的拓扑势分布(σ=1.0203)

(c) 初始社区划分　(d) 社区划分结果

图 4.33　用拓扑势社区发现方法分析 Zachary 网络的社区结构(见彩页)

两个核心节点 v_1,v_{34}。以局部极大势值节点为社区代表节点,仅由内部节点组成的初始社区划分如图 4.33(c)所示,含 17 个节点,迭代划分剩余的 17 个边缘节点后,所得的最终社区结构如图 4.33(d)所示,用红色虚线和蓝色虚线来区分,其中,节点 v_{10}与两个社区的连接一样多,可以看作是重叠节点。根据邻居节点的拓扑势值,可将节点 v_{10}划分给最大势邻居 v_{34}所在的社区。这样一来,拓扑势社区发现方法所得到的社区结构与 Zachary 网络内在的社区结构是相同的。

采用 GN 算法、模块度优化方法分析 Zachary 网络的社区结构。其中 GN 算法需要指定待划分的社区个数,令社区个数为 2, GN 算法会误分节点 v_3;模块度优化法无须用户指定待划分的社区个数,但倾向于产生粒度较小的社区结构,将 Zachary 网络划分为 5 个小社区,节点 v_3 也被误分。与上述两种方法相比较,拓扑势方法无须用户指定社区个数等算法参数,还可有效揭示 Zachary 网络的内在社区结构,如节点的骑墙性质。

4.3.4 用拓扑势发现维基百科中的热词条

维基百科由吉米·威尔士(Jimmy Wales)和拉里·桑格(Larry Sanger)于 2001 年创立,是由互联网用户以自由贡献与共同协作的方式构建大规模知识资源的典范。截至 2012 年维基百科已有 285 种语言编写的 1900 余万条词条[49],通过开放编辑和合作激励机制,维基百科体现了不同知识背景的群体智慧,同时保存了词条的历史修改信息,过时或者错误的词条解释会被其他用户更新,及时地反映出词条的演变,对网络时代人类实现知识共享机制与知识向真理逼进有着重要的作用。

我们基于中文维基百科,下载了 2003—2009 年计算机领域的词条生长数据作为典型案例进行研究,把词条作为节点,词条定义解释中与其他词条的超链接关系作为边,不考虑方向性,构建出2003—2009年的中文维基百科计算机领域词条链接关系网络拓扑图,如图4.34所示。本节以此为载体,分析词条链接网络拓扑的宏观统计特性和动态演化规律,并基于拓扑势进行热点词条的挖掘[50,51]。

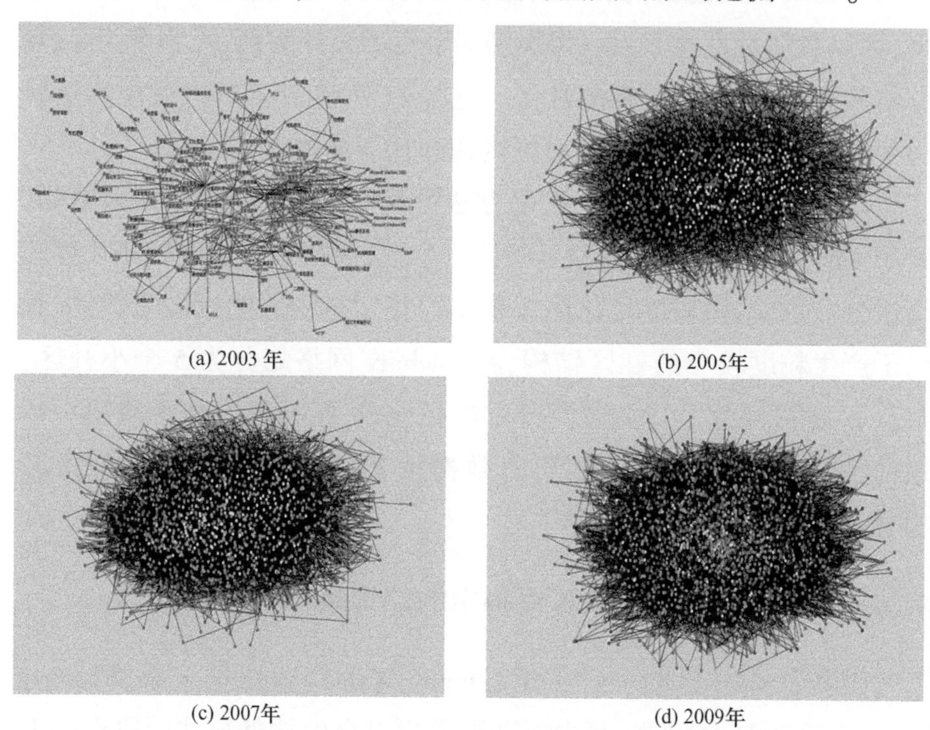

(a) 2003 年 (b) 2005年 (c) 2007年 (d) 2009年

图4.34 2003年—2009年中文维基百科计算机领域词条关系网络的拓扑演化(见彩页)

由于中文维基百科始建于2002年10月,2003年的网络规模尚小,仅包含183个节点,其中有6个词条为孤立节点,即“计算器”、“四元数”、“离散量”、“费马大定理”、“计算数学”和“数学常数”,剩余177个节点由914条边形成一个最大连通的子图,节点用红色的圆形表示,如图4.34(a)所示。随着参与编辑的志愿者越来越多,维基百科中的词条数量呈指数型增长,2005年此网络已发展到

1802 个节点，10733 条边，为了显示节点的增长情况，将 2003 年已有的词条标记为黄色，而 2003—2005 年新增加的节点标记为红色，如图 4. 34(b) 所示。2007 年维基百科词条链接关系网络的规模进一步增长，包含 1885 个节点，19436 条边，但增长速率趋缓，而网络中词条之间的编辑关系却大量增加，如图 4. 34(c) 所示，2003 年的节点标记为黄色，2003—2005 年产生的节点标记为绿色，2005—2007 年产生的节点标记为红色。在词条增长过程中，大量错误定义的词条被删除，正确内容逐渐稳定下来，节点总数目变化不大，但节点的链接关系增加显著，维基百科的信息质量稳步提升。到 2009 年年底，维基中的计算机词条又经历了一次大的增长，节点数目达到 2796 个，边数目达到 39828 条，如图 4. 34(d) 所示。

通过对 2003—2009 年中文维基网络的最大连通子图进行统计分析，可以得到各年份维基百科中文计算机领域词条网络的基本统计量，如表 4. 2 所列。分析网络统计参量可以发现，随着网络规模的增长，网络节点的平均度数值显著增长，到 2009 年平均度数值接近 29，表明随着计算机学科的演化，大量新词条不断涌现，但网络的平均最短路径长度和网络直径并没有明显增长，网络中两两节点间具有较短的距离，符合小世界特性。

表 4. 2　2003—2009 年计算机领域维基词条之间连通属性表

年份	节点数	边数	直径	平均路径长度	平均集聚系数	平均度数
2003 年	177	914	7	3. 390537	0. 476888	10. 327684
2005 年	1802	10733	8	3. 592348	0. 376265	11. 912320
2007 年	1885	19436	7	3. 190981	0. 363681	20. 621751
2009 年	2796	39828	7	3. 173849	0. 424217	28. 489270

在双对数坐标下统计它们的度分布形态,并拟合度分布的幂律指数γ,如图4.35所示。我们发现,虽然不同年份的网络规模差异大,但其度分布呈现明显的幂率特征,尤其2009年的拓扑形态,尾部随概率$P(k)$的减小而呈现出明显的重尾现象,**只有极少数的节点具有较大的度数,大部分节点的度数都较小,也进一步证实了词条在长期演化过程中存在偏好依附现象,优先链接那些度大的词条节点。**尽管维基百科的词条采用自由共享、无壁垒交互和群体参与模式,但从拓扑特性上,依旧存在少量度值大的词条与大量度值一般的词条紧密联系,这种连接促使维基条目网络结构更加扁平化,表明词条知识的传递更迅速、更直接、更高效。

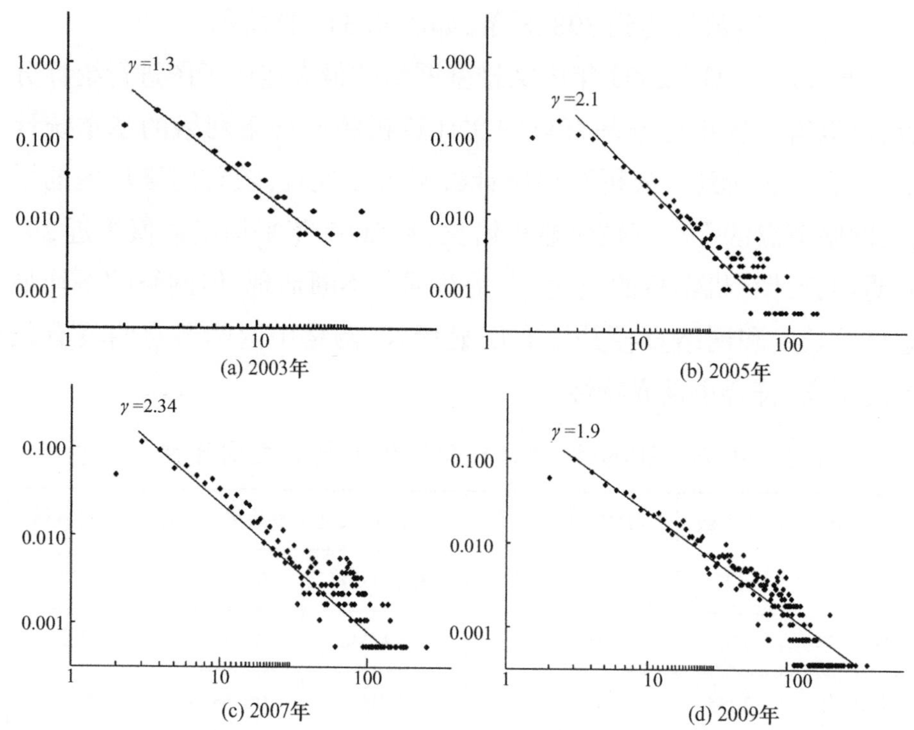

图4.35　不同年度中文维基百科计算机领域词条关系网络的节点度分布

通过对2003—2009年中文维基网络词条链接关系网络的建模，可以采用4.3.2节提出的基于拓扑势的节点重要性排序方法，挖掘出热点词条，揭示不同年份计算机学科的发展趋势。图4.36所示为2003—2009年维基热门词条拓扑结构图。由于节点数目较多，为了形象地标识出词条网络中热点词条的变化趋势，图中每个节点的直径与其拓扑势值大小成正比，拓扑势值越大，相应节点的直径越大，标识其在网络中的位置也越重要。

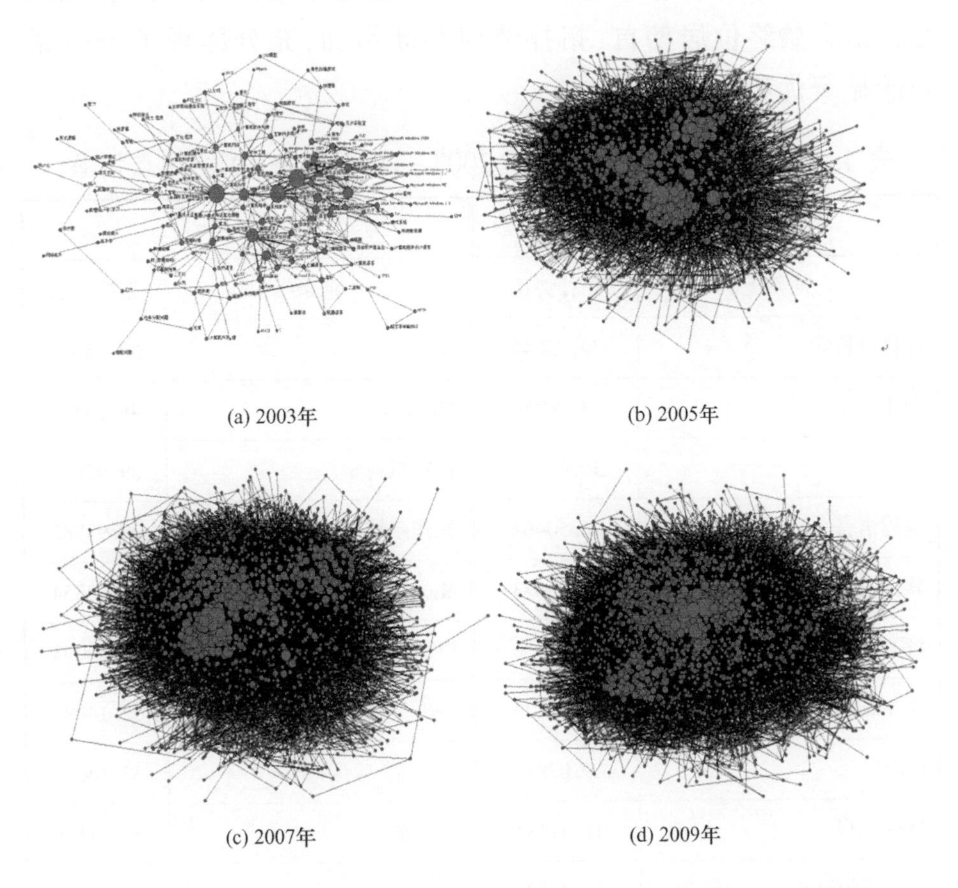

(a) 2003年 (b) 2005年

(c) 2007年 (d) 2009年

图4.36 不同年度中文维基百科计算机领域词条拓扑结构图(见彩页)

通过拓扑势值的计算,还可以得到不同年度词条的重要性排序,表4.3列出不同年份前10个拓扑势值最大的重要词条及其势值,可以看出,随着维基百科中计算机词条的演进变化,人们对编程语言的关注发生明显变化。例如,从早期用于基础函数编程的C语言排在2003年的前8位,到跨平台的Java语言的稳居第一,到实现网络交互的动态编程语言"PHP"、"Python",再到敏捷软件开发的".NET框架"也出现在热点词条当中,反映出编程语言正朝着更简单部署、更敏捷开发效率的趋势不断演化。其中,Java编程语言始终位居榜首,拓扑势值不断增加,充分体现了Java语言的显著优势。

表4.3 用拓扑势方法获得的2003—2009年前10位热点词条

2003年		2005年	
词条	拓扑势值	词条	拓扑势值
计算机科学	34.25645	Java	50.63085
操作系统	33.04369	Linux	48.03578
微软	30.06516	计算机科学	39.92616
编程语言	26.50462	操作系统	37.97985
软件	25.83673	Microsoft Windows	36.03354
Linux	21.03906	PHP	32.14093
Microsoft Windows	19.82223	Perl	32.14093
C语言	19.08877	C语言	32.14093
软件工程	18.41681	编程语言	31.81654
操作系统列表	17.46227	JavaScript	30.19462

(续)

2007 年		2009 年份	
词条	拓扑势值	词条	拓扑势值
Java	82.09617	Java	123.293
操作系统	59.71362	Microsoft Windows	102.208
VBScript	58.0917	作业系统	96.04471
Linux	57.44293	Linux	91.17894
Microsoft Windows	55.49662	软件开发	84.69124
Visual Basic .NET	51.92839	Jscript	81.4474
微软	51.60401	VBScript	80.79863
PHP	50.95524	操作系统	78.20355
Python	47.71139	.NET 框架	75.28409
Perl	47.38701	Internet Explorer	73.66217

物理学是研究自然界最普遍规律的科学,物理学的方法是科学方法的典型代表。认知场方法将物理学对客观世界的认知引申到对人类主观世界的认知中,用数据场描述原始的、混乱的、非结构化数据对象间的复杂相互作用与相互关联,实现大规模数据集的自组织聚簇与简化归纳;用拓扑势方法将物理场论方法引申到对复杂系统的结构、功能与动力学行为等复杂性质的理解与认知中,为复杂网络与复杂性科学研究开辟了新思路。

第5章 云推理与云控制

人类智能中的不确定性是人类对不确定性复杂环境应对能力的体现。长期以来，人工智能领域用典型的实验装置或各种载体来研究和模拟这种不确定性智能，例如，人与计算机下棋、多级倒立摆的控制实验和研制智能机器人等。50多年来，人工智能在符号定理证明和逻辑推理上取得了巨大进步，终于使得“深蓝”计算机击败国际象棋冠军卡斯帕罗夫，倒立摆作为自动控制界的一个典型研究载体，其平衡及鲁棒性也一直是检验智能控制的理论与方法，而智能机器人则集中展现了不确定性人工智能在传感器、计算机视听觉、规划、协同和行为控制等领域所取得的最新成果，这些都是不确定性人工智能研究的重要内容。自动驾驶可认为是轮式机器人，随着云计算、网络导航以及智能交通的不断发展与成熟，近年来智能驾驶汽车得到了广泛的关注与蓬勃的发展。本章利用云模型表示定性知识，进行云推理与云控制，无需给出倒立摆或智能车的精确数学模型，运用人类自然语言所表达的控制经验，通过云模型和云变换，实现对实验对象有效而稳定的控制。

5.1 云推理

知识是人们通过不断的抽象和交流形成的概念以及概念之间的相互关系。在控制领域中常用“感知—行动”一类的规则表示概念或者对象之间的因果关系。**基于云模型的定性知识推理，以概念为基本表示，从数据库或数据仓库中挖掘出定性知识，构造规则发生器。**多条定性规则构成规则库，当输入一个特定的条件激活多条定性规则时，通过推理引擎，实现带有不确定性的推理和控制。规则的前件，即被触发的前提，可以是单个条件或多个条件，规则的后件，表示具体的控制动作，前件和后件中的概念都可能含有不确定性。

5.1.1 云模型构造定性规则

如同第2章所描述的高斯云发生器一样，基于高斯云的定性规则，也可以由相应的发生器实现，分别包括前件云发生器和后件云发生器。

根据高斯云的数学性质，给定论域空间 U，U 中的定性概念 C 用高斯云 $C(Ex, En, He)$ 表达，由高斯云发生器生成的云滴群在论域空间中的分布情况，总体上看，期望值为 Ex，方差为 En^2+He^2。

设有规则

$$\text{if } A \text{ then } B$$

式中：A 和 B 分别对应论域 U_1 和 U_2 上的概念。

论域 U_1 中的一个特定点 a，通过云发生器可生成这个特定点 a 属于概念 A 的确定度分布，这时的云发生器称为前件云发生器，如图5.1(a)所示；若给定一确定度 $\mu(\mu\in[0,1])$，通过云发生器可以生成论域 U_2 中概念 B 上满足这个确定度的云滴的分布，这时的云发生器称为后件云发生器，如图5.1(b)所示。

论域 U_1 和 U_2 可以是一维的，也可以是多维的。通常，在规则发生器中，如果后件云发生器是多维的，可以降维处理成多个一维后件云发生器；如果前件云发生器是多维的，也可以降维处理成多个一维前件云发生器，然后用新的概念“软与”来处理。

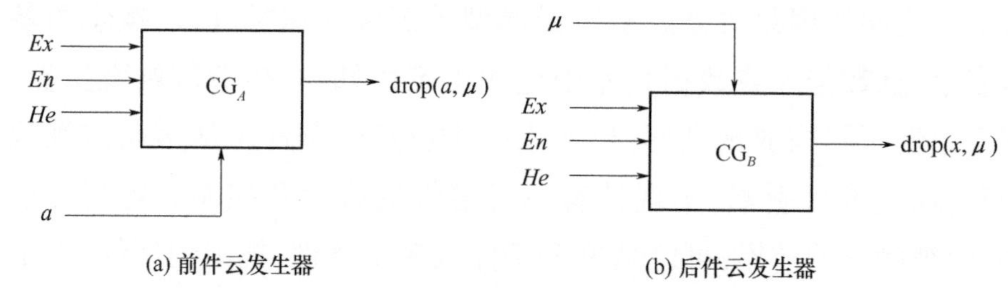

图 5.1 单条件前件云和后件云发生器

单条件前件云发生器的算法如下。

单条件前件云发生器[52]

输入:定性概念 A 的数字特征(Ex,En,He),特定值 a。

输出:对应特定值 a 的云滴 a 及其确定度 μ。

算法步骤:

BEGIN

$$En' = \text{NORM}(En,\ He^2);$$

$$\mu = e^{\frac{-(a-Ex)2}{2(En')2}};$$

OUTPUT drop $(a,\ \mu)$;

END

特定值 a 和通过前件云发生器生成的确定度 μ 构成的联合分布 $(a,\ \mu)$ 如图 5.2(a)所示,所有云滴都分布在同一条直线 $x=a$ 上。

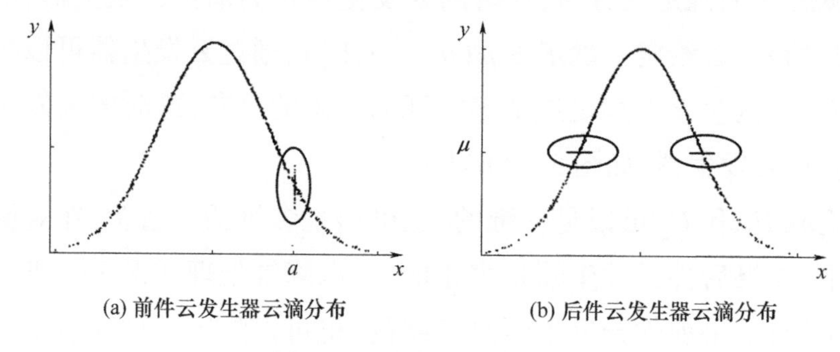

图 5.2 云滴的联合分布

后件云发生器的算法如下：

后件云发生器[52]

输入：定性概念 B 的数字特征 (Ex, En, He)，确定度 μ。

输出：具有确定度 μ 的云滴 b。

算法步骤：

BEGIN

$En' = \text{NORM}(En, He^2)$;

$b = Ex \pm En'\sqrt{-2\ln\mu}$;

OUTPUT drop (b, μ);

END

特定确定度 μ 和通过后件云发生器生成的论域 U_2 中的云滴 b 构成的联合分布 (b,μ) 如图 5.2(b) 所示，所有云滴都分布在同一条直线 $y=\mu$ 上。根据 2.4 节中的讨论可知，这些云滴都分别服从期望为 $E(X)=Ex+\sqrt{-2\ln\mu}\,En$、方差为 $D(X)=-2He^2\ln\mu$，以及期望为 $E(X)=Ex-\sqrt{-2\ln\mu}\,En$、方差为 $D(X)=-2He^2\ln\mu$ 的高斯分布。

单条件单规则可形式化表示为

$$\text{If } A \text{ then } B$$

式中：A、B 分别为定性概念，例如，在规则“如果城市的海拔高，则城区人口的密度低”中，A 表示定性概念“海拔高”，B 表示定性概念“密度低”。

把一个前件云发生器和一个后件云发生器，按图 5.3 所示进行连接，可以构造出单条件规则，称为单条件单规则发生器。

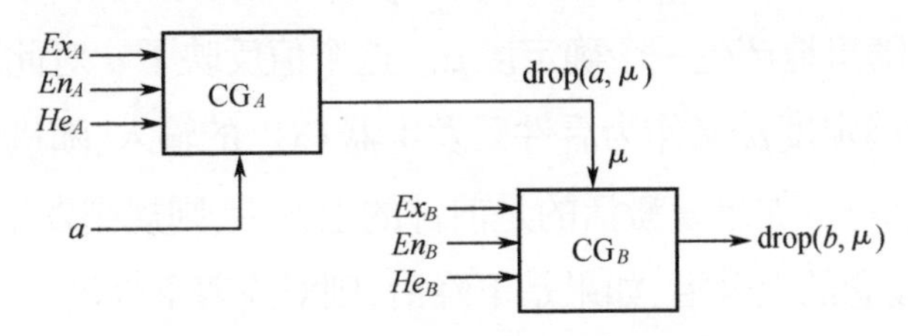

图 5.3　单条件单规则发生器

单条件单规则发生器

输入:规则前件定性概念 A 的数字特征(Ex_A,En_A,He_A),规则后件定性概念 B 的数字特征(Ex_B,En_B,He_B),前件论域 U_1 中的一个特定值 a。

输出:后件论域 U_2 中的云滴 b 及其确定度 μ。

算法步骤:

BEGIN

//生成一个以 En_A 为期望值、He_A 为标准差的高斯随机数 $En_A{}'$

$En_A{}' = \mathrm{NORM}(En_A,\ He_A^2)$

$\mu = \mathrm{e}^{-\frac{(a-Ex_A)^2}{2En'^2_A}}$

//生成一个以 En_B 为期望值、He_B 为标准差的高斯随机数 $En_B{}'$

$En_B{}' = \mathrm{NORM}(En_B,\ He_B{}^2)$

//如果输入值激活的是规则前件的上升沿,则规则的后件也选择上升沿,反之亦然

if $a < Ex$ then $b = Ex_B - \sqrt{-2\ln(\mu)}\,En_B{}'$

else

$b = Ex_B + \sqrt{-2\ln(\mu)}\,En_B{}'$

OUTPUT(b, μ)

END

单条件单规则发生器中,当前件论域 U_1 中某一特定的输入值 a 激活 CG_A 时,CG_A 随机地产生一个确定度 μ。这个值反映了 a 对此定性规则的激活强度,而确定度 μ 又作为后件云发生器 CG_B 的输入,随机地产生一个云滴 drop(b, μ)。如果 a 激活的是前件的上升沿,则规则发生器输出的 b 对应着后件概念的上升沿,如果是下降沿,则对应着下降沿。

在单条件单规则发生器的算法中隐含着不确定性。对于论域 U_1 中

一个确定输入值 a,并不能在论域 U_2 中得到一个确定的输出值 b。CG_A 随机产生的确定度 μ,将论域 U_1 中的不确定性传递到论域 U_2 中,CG_B 在 μ 的控制下,输出一个随机云滴 drop(b, μ),因而云滴 b 也具有不确定性。这样一来,**规则发生器确保了推理过程中不确定性的传递。**

为了研究多条件单规则发生器,首先讨论双条件的单规则发生器的构成。

双条件单规则的形式化表示为

$$\text{If } A_1,\ A_2 \text{ then } B$$

例如,定性规则"如果温度高,压力大,则转速快",分别反映了在温度域、压力域和速度域中的 3 个定性概念:A_1 = "高"、A_2 = "大"、B = "快"之间的相互关系。

通过把两个前件云发生器和一个后件云发生器,按图 5.4 所示进行连接,可以构造出一条双条件规则,称为双条件单规则发生器。

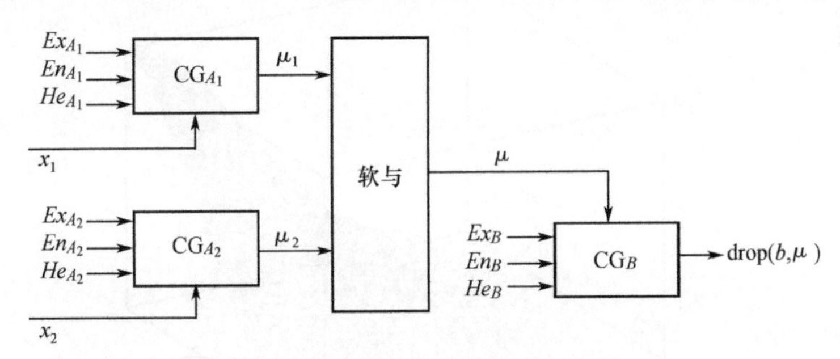

图 5.4　双条件单规则发生器

规则前件中包含的两个定性概念之间"与"的关系,在用自然语言表达时是隐式的。A_1、A_2 和 B 是分别对应于论域 U_{A1}、U_{A2} 和 U_B 上的概念 A_1、A_2 和 B,论域 U_{A1} 上特定值 x_1 激活概念 A_1 得到的确定度 μ_1 和论域 U_{A2} 上特定值 x_2 激活概念 A_2 得到的确定度 μ_2 之间,在逻辑上"与"的程度并没有说得很清楚。因此,可以通过一个新概念"软与"实现由 μ_1 和 μ_2 得到 μ 的操作,从而构造出双条件单规则发生器。

将"软与"看作一个定性概念,用二维高斯云 $C(1, Enx, Hex, 1, Eny, Hey)$ 表示,其中两个维的论域分别对应着确定度 μ_1 和 μ_2 的取值范围,都是[0,1]。概念"软与"的定量转换后的云滴(x, y)的统计分布的期望是(1, 1),在论域的这一点上,它的确定度μ 等于1,严格等同于逻辑上的"与";其他位置上分布的云滴的确定度μ 都小于1,反映了"与"的不确定性,即"软与"的特性。论域中云滴离期望点越远,它的确定度μ 就越小[53]。

可以用 Enx、Eny、Hex、Hey 作为对"软与"程度的调节参数,根据研究的问题去确定。当 $Enx = Eny = 0$、$Hex = Hey = 0$ 时,则"软与"就成为逻辑上的"与"操作。在"软与"的定义中,"软与"输出的云滴及其确定度的联合分布(x, y, μ)在 x 和 y 方向上只在[0,1]上才有意义,因此联合分布形成的云图像一个1/4 的"山头",如图5.5 所示。

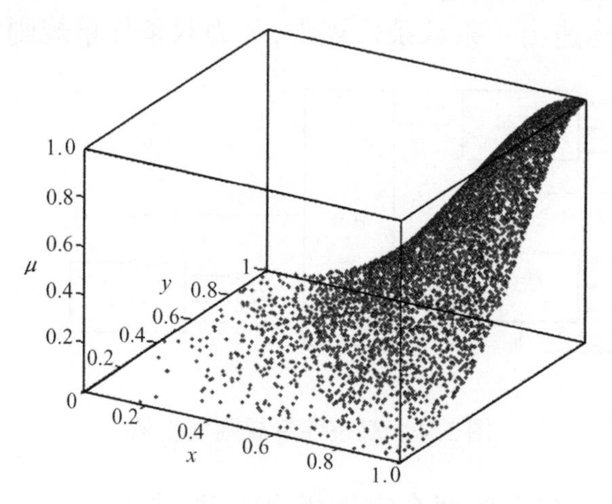

图5.5 定性概念"软与"的定量转换

通过云模型实现定性概念"软与"的定量转换,比通常在模糊集合中严格地取 $\min\{\mu_1, \mu_2\}$ 作为激活规则后件的强度,要合理得多,反映定性概念软与的不确定性。这里,不再是传统模糊逻辑中的隶属度之间的求大求小,不再是把扩展了的集合放在经典的集合运算之中。

多条件的单规则发生器可用类似双条件单规则发生器的方法扩展生成。

用上述方法产生的单条件单规则集合、多条件单规则集合存储在规则库中,可用于进一步的定性知识的不确定性推理与控制。

5.1.2 规则集生成

在实际的推理和定性控制过程中,人们很难给出精确的被控对象的数学模型,但常常可以根据实际操作经验,给出许许多多确定输入条件下的确定输出情况,这些情况如果足够典型,可构成经典的案例。如:

"如果温度是50℉[①],压强为40Pa,则转速为40r/s"

"如果温度是55℉,压强为60Pa,则转速为60r/s"

"如果温度是70℉,压强为80Pa,则转速为90r/s"

"如果温度是90℉,压强为90Pa,则转速为100r/s"

⋮

所谓"经典",是指给定的这些案例,是长期的经验积累,带有范例和样板的色彩,必须遵从。重要数据的缺少,即重要知识的缺少,会导致控制的失败。然而这些经典值相对于整个输入空间,又常常是稀疏的。

案例的多少,以及案例中数据点的分布,反映了推理和控制中最关键的控制点,实际上反映了输出和输入之间的非线性关系的拐点,是十分宝贵的。这类非线性关系常常很难形式化,更难用精确的数学函数表达出来,但人们可以通过对这些典型案例的积累、比对和修正,逐步完善。这就是基于案例的推理(Case Based Reasoning,

---

① $1℉ = \frac{5}{9}K$。

CBR)[54]。这种推理的策略是给定输入后,通过检索、匹配案例库中的案例,得到相应的输出。然而,在更多的输入情况下,常常无法完全匹配一个典型案例,或者无法同时不同程度地激活几个典型案例,需要通过某种方式进行调整得到输出,这种方法的缺点就暴露出来了,只给出关键点的控制结果,无法覆盖所有的可能。为此,**对这些确定案例进行抽象,生成用不同粒度的语言值表达的定性概念,形成代表经验的规则集就显得很重要了。只有这样,才能构成一条条粒度不同的定性规则**。在这些定性规则中,对于每一个语言值,尽管其粒度各不相同,都可以用它们的三个数字特征来表示,而并不在乎赋予这三个数字特征的语言值的称谓究竟是什么。**这样一来,就可以用不同粒度的更多规则,对一个复杂非线性系统的控制状态空间实现万能逼近。**

一旦有了这些可变粒度的、足够数量的定性规则集合,在一个新的确定输入条件下,就可以激活相应的规则,通过云推理机制,产生不确定性输出,形成控制动作。

5.2 云 控 制

本节叙述云控制的具体方法,并和传统模糊控制方法、概率控制方法比较,解释云控制的机理。这三种方法都是用来解决推理和控制过程中的不确定性问题的。

5.2.1 云控制的机理

为方便讨论,首先给出模糊控制方法与概率控制方法使用的一个典型案例进行说明[55]。这是一个依据温度变化调节空调中电机速度的控制问题,由以下 5 条定性规则组成规则库(表 5.1)。

表 5.1　规则库

	温度		电机速度
	cold		stop
	cool		slow
if	just right	then	medium
	warm		fast
	hot		blast

需要注意的是,在以上 5 条定性规则中,规则前件和后件的变量为自然语言值而不是具体数值,这些语言值具有的不同的期望、熵和超熵,恰恰反映了云模型变粒度、非线性、不确定的推理能力。那么,对于一个特定的精确温度,如 68℉,应该产生什么样的输出呢?

模糊控制用模糊规则构成规则库,当输入条件确定时,首先计算其隶属于前件中定义的所有定性概念的隶属度,并以此作为激活后件的激活强度,如果规则库中的多条模糊规则同时被激活,则启动推理引擎进行解决,最后将得到的结果转换成确定的输出。

此例中,模糊控制的控制机理如下。

(1) 模糊规则库中规则前件的 5 个定性概念在温度域中的隶属函数都设定为三角形形态,如图 5.6 所示,数学表达式为

$$\mu_{\text{cold}}(x)=\begin{cases}1 & x\in[30,40]\\ 1-\dfrac{x-40}{50-40} & x\in[40,50]\\ 0 & \text{其他}\end{cases}$$

$$\mu_{\text{cool}}(x)=\begin{cases}\dfrac{x-45}{55-45} & x\in[45,55]\\ 1-\dfrac{x-55}{65-55} & x\in[55,65]\\ 0 & \text{其他}\end{cases}$$

$$\mu_{\text{just right}}(x)=\begin{cases}\dfrac{x-60}{65-60} & x\in[60,65]\\ 1-\dfrac{x-65}{70-65} & x\in[65,70]\\ 0 & \text{其他}\end{cases}$$

$$\mu_{\text{warm}}(x)=\begin{cases}\dfrac{x-65}{75-65} & x\in[65,75]\\ 1-\dfrac{x-75}{85-75} & x\in[75,85]\\ 0 & \text{其他}\end{cases}$$

$$\mu_{\text{hot}}(x)=\begin{cases}\dfrac{x-80}{90-80} & x\in[80,90]\\ 1 & x\in[90,100]\\ 0 & \text{其他}\end{cases}$$

规则后件对应的5个定性概念在速度域中的隶属函数也设定为三角形形态,如图5.7所示,数学表达式为

$$\mu_{\text{stop}}(z)=\begin{cases}1-\dfrac{z}{30} & z\in[0,30]\\ 0 & \text{其他}\end{cases}$$

$$\mu_{\text{slow}}(z)=\begin{cases}\dfrac{z-10}{30-10} & z\in[10,30]\\ 1-\dfrac{z-30}{50-30} & z\in[30,50]\\ 0 & \text{其他}\end{cases}$$

$$\mu_{\text{medium}}(z)=\begin{cases}\dfrac{z-40}{50-40} & z\in[40,50]\\ 1-\dfrac{z-50}{60-50} & z\in[50,60]\\ 0 & \text{其他}\end{cases}$$

$$\mu_{\text{fast}}(z)=\begin{cases}\dfrac{z-50}{70-50} & z\in[50,70]\\ 1-\dfrac{z-70}{90-70} & z\in[70,90]\\ 0 & \text{其他}\end{cases}$$

$$\mu_{\text{blast}}(z)=\begin{cases}\dfrac{z-70}{100-70} & z\in[70,100]\\ 0 & \text{其他}\end{cases}$$

当温度域有一个精确输入值 t 时，分别计算其在所有 5 个模糊规则中隶属于前件的 5 个定性概念的隶属度。

(2) 如果只有一个隶属度 μ_i 大于 0，则规则库中第 i 条规则被激活，激活强度为 μ_i，并转到第(3)步；如果有两个隶属度大于 0，设为 μ_i 和 μ_{i+1}，则规则库中第 i 条规则和第 $i+1$ 条规则被激活，激活强度分别为 μ_i 和 μ_{i+1}，并转到第(4)步。

(3) 如果只有一条规则被激活，则直接利用激活强度 μ_i 截取相应的规则后件的隶属函数，按照上升沿激活上升沿，下降沿激活下降沿的原则，可以得到相应的精确输出。

(4) 如果有多条规则被激活，则采用 Mamdani 模糊控制方法(Product - sum - gravity Methods)[56]，通俗地说，为“砍脑袋—拼起来—求质心”的计算方法，利用多个激活强度分别截取相应的规则后件的隶属函数，得到若干个梯形的叠加，计算此叠加区域的质心位置(Center Of Area，COA)，得到相应的精确输出。

本例中，当温度域有一精确输入值 t = 68℉时，第 3 条和第 4 条规则被激活，如图 5.6 所示。激活强度分别为 0.4 和 0.3。

利用这两个激活强度分别截取相应的规则后件的隶属函数，得到两个梯形的叠加，如图 5.7 所示，利用 Mamdani 模糊控制方法，通过求解两条规则后件响应面积拼起来的阴影部分的质心，可以求出

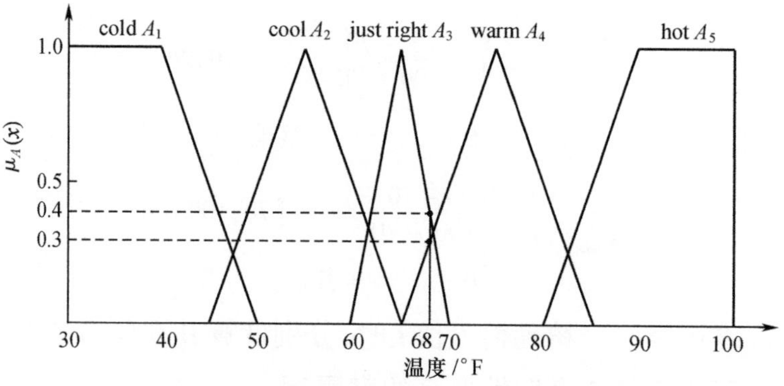

图 5.6　规则前件定性概念的隶属函数

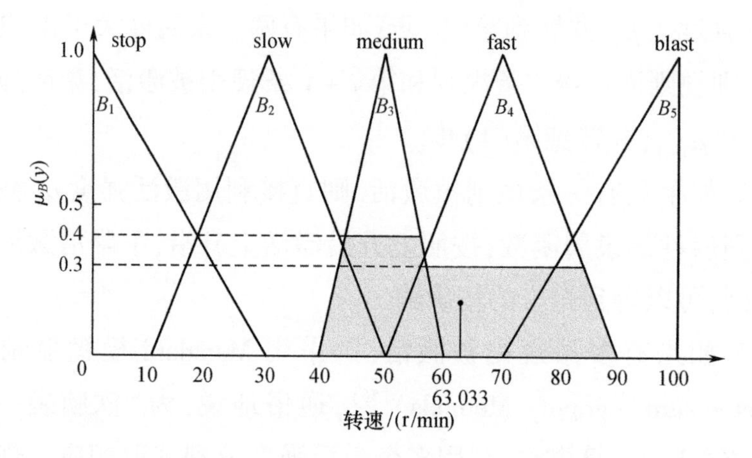

图 5.7　Mamdani 模糊控制方法示意

本次推理的精确输出为

$$\text{COA}=\frac{\int_{-\infty}^{\infty} y\times\mu_B(y)\,\mathrm{d}y}{\int_{-\infty}^{\infty}\mu_B(y)\,\mathrm{d}y}=\frac{942.35}{14.95}=63.033(\text{r/min})$$

也就是说，当输入温度为 68℉ 时，模糊控制给出的电机转速为 63.033r/min。

至于概率控制方法,它是用带有概率的规则构成规则库,其控制机理如下。

(1) 定义概率规则库中规则前件的5个定性概念在温度域中的条件概率分布函数为

$$P_1[\text{cold} \mid x] = \begin{cases} 1 & x \in [30,45] \\ (50-x)/5 & x \in [45,50] \\ 0 & \text{其他} \end{cases}$$

$$P_2[\text{cool} \mid x] = \begin{cases} (x-45)/5 & x \in [45,50] \\ 1 & x \in [50,60] \\ (65-x)/5 & x \in [60,65] \\ 0 & \text{其他} \end{cases}$$

$$P_3[\text{just right} \mid x] = \begin{cases} (x-60)/5 & x \in [60,65] \\ (70-x)/5 & x \in [65,70] \\ 0 & \text{其他} \end{cases}$$

$$P_4[\text{warm} \mid x] = \begin{cases} (x-65)/5 & x \in [65,70] \\ 1 & x \in [70,80] \\ (85-x)/5 & x \in [80,85] \\ 0 & \text{其他} \end{cases}$$

$$P_5[\text{hot} \mid x] = \begin{cases} (x-80)/5 & x \in [80,85] \\ 1 & x \in [85,100] \\ 0 & \text{其他} \end{cases}$$

从上面的定义可以看出,任何一点属于这5个定性概念的概率之和一定为1。规则前件的概率分布函数如图5.8所示。

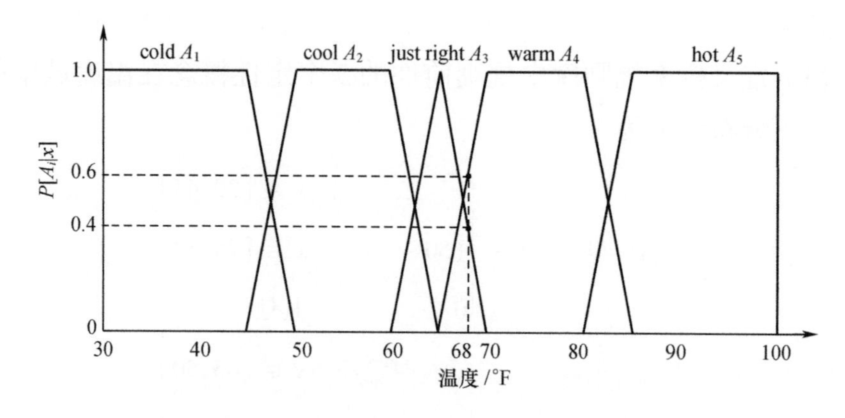

图5.8　规则前件定性概念的概率分布函数

同时,定义规则后件对应的5个定性概念在速度域中的概率密度函数,如图5.9所示,数学表达式为

$$f_1(z) = \begin{cases} (30-z)/450 & z \in [0,30] \\ 0 & \text{其他} \end{cases}$$

$$f_2(z) = \begin{cases} (z-10)/400 & z \in [10,30] \\ (50-z)/400 & z \in [30,50] \\ 0 & \text{其他} \end{cases}$$

$$f_3(z) = \begin{cases} (z-40)/100 & z \in [40,50] \\ (60-z)/100 & z \in [50,60] \\ 0 & \text{其他} \end{cases}$$

$$f_4(z) = \begin{cases} (z-50)/400 & z \in [50,70] \\ (90-z)/400 & z \in [70,90] \\ 0 & \text{其他} \end{cases}$$

$$f_5(z) = \begin{cases} (z-70)/450 & z \in [70,100] \\ 0 & \text{其他} \end{cases}$$

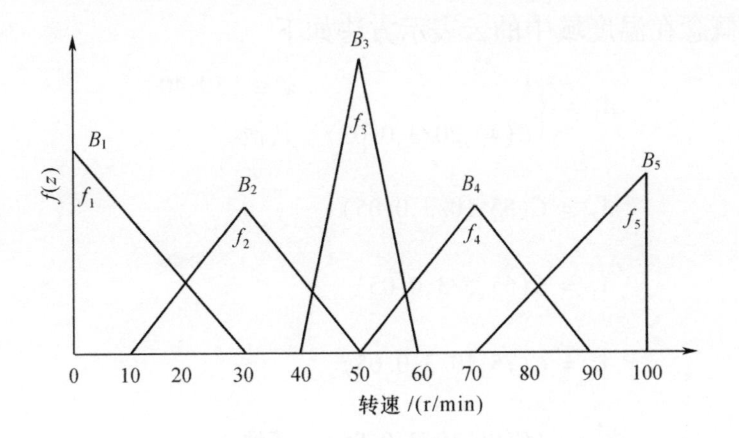

图 5.9 规则后件定性概念的概率密度函数

(2) 在温度域中有一个精确输入值 t 时,计算所有 5 个概率规则中,规则前件的 5 个定性概念在 t 下的条件概率,分别得到 p_1、p_2、p_3、p_4、p_5。

(3) 此时输出的电机速度是一个随机值 z,其概率密度函数为

$$f(z) = p_1 \times f_1(z) + p_2 \times f_2(z) + p_3 \times f_3(z) + p_4 \times f_4(z) + p_5 \times f_5(z)$$

当温度域中有一个精确输入值 $t = 68$℉时,只有 p["just right"|68℉] = 0.4, p["warm"|68℉] = 0.6,其余的条件概率均为 0。由于 $f_3(z)$ 和 $f_4(z)$ 的期望值分别为 50r/min 和 70r/min,那么在 68℉时,输出的电机速度的期望应为

$$\mathrm{MEAN}(z) = 0 + 0 + 0.4 \times 50 + 0.6 \times 70 + 0 = 62(\mathrm{r/min})$$

对于同一个输入温度 $t = 68$℉,用模糊控制方法得到的电机的转速恒为 63.333r/min,用概率控制方法得到的电机转速的期望为 62r/min。

在大致了解了模糊控制和概率控制方法之后,我们对云控制的机制作详细的阐述。

(1) 为便于与上述两个方法相比较,给定规则库中规则前件的 5

个定性概念在温度域中的云表示方法如下

$$A_1 = \begin{cases} 1 & x \in [30,40] \\ C(40,20/3,0.05) & \text{其他} \end{cases}$$

$$A_2 = C(55,10/3,0.05)$$

$$A_3 = C(65,5/3,0.05)$$

$$A_4 = C(75,10/3,0.05)$$

$$A_5 = \begin{cases} C(90,10/3,0.05) & \text{其他} \\ 1 & x \in [90,100] \end{cases}$$

前件的5个定性概念中的云滴与其确定度之间的联合分布云图如图5.10所示。

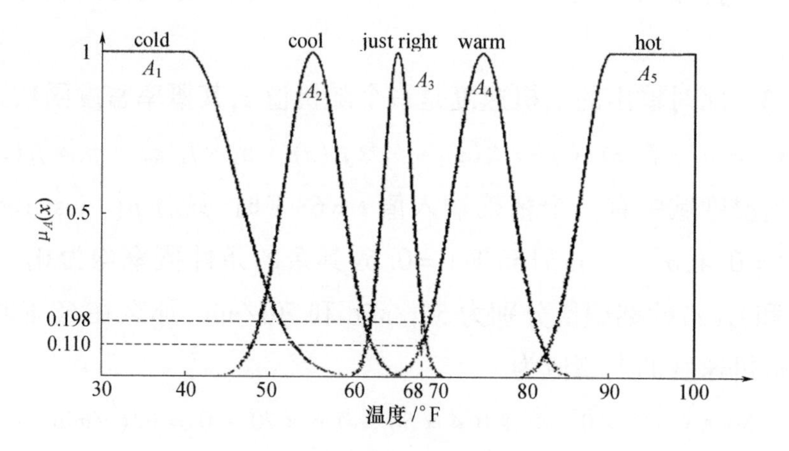

图5.10 规则前件定性概念的云图

类似地,规则后件的5个定性概念在速度域中的云表示方法为

$$B_1 = C(0,10,0.05)$$

$$B_2 = C(30,20/3,0.05)$$

$$B_3 = C(50,10/3,0.05)$$

$$B_4 = C(70, 20/3, 0.05)$$

$$B_5 = C(100, 10, 0.05)$$

后件的5个定性概念中的云滴与其确定度之间的联合分布云图如图5.11所示。

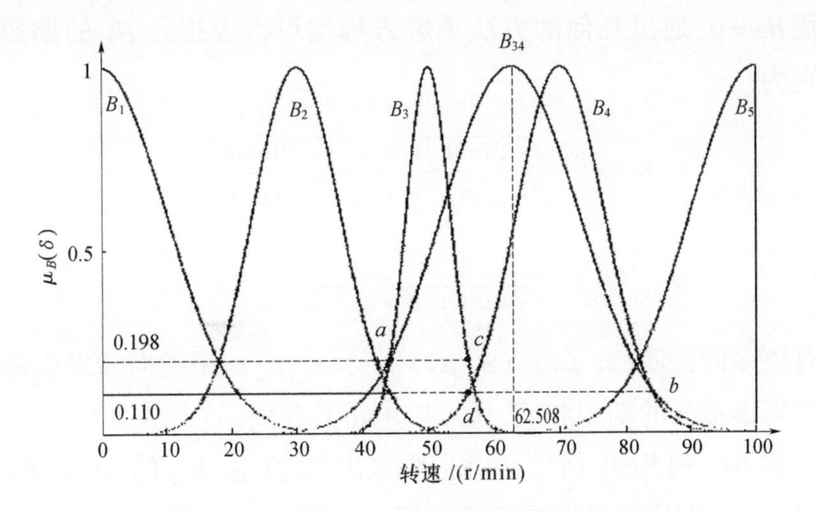

图5.11　规则后件定性概念及虚拟云的云图

(2) 当温度域中有一个精确输入值 t 时,分别计算它对5条云规则前件的5个定性概念的确定度。

(3) 如果只有一个确定度 μ_i 大于0,则规则库中第 i 条规则被激活,激活强度为 μ_i,直接用单规则发生器生成输出。

(4) 如果有多个确定度大于0,如两个,可设为 μ_i 和 μ_{i+1},则规则库中第 i 条规则和第 $i+1$ 条规则被激活,激活强度分别为 μ_i 和 μ_{i+1},采用虚拟云的方法形成输出。

本例中,当温度域中有一个特定输入值 $t = 68$℉时,有两条规则被激活,如图5.10所示,激活强度分别为0.198和0.110。

当用这两个确定度激活相应规则的后件时,会产生4个云滴 a、b、c、d,如图5.11所示。这时,选取最外侧的两个云滴 a、b,用几何的

方法构造一个虚拟的概念 B_{34},仍然用云表示,称为虚拟云。虚拟云的生成方法如下:

设有一个同样形态的虚拟云 $B_{34}(Ex, En, He)$,该云覆盖 $a(x_1, \mu_1)$、$b(x_2, \mu_2)$两个云滴,因为此时仅知道两个云滴的位置,暂定其中的超熵 $He = 0$,通过几何的方法求解方程组可得虚拟云 B_{34} 的期望和熵分别为

$$Ex = \frac{x_1\sqrt{-2\ln(\mu_2)} + x_2\sqrt{-2\ln(\mu_1)}}{\sqrt{-2\ln(\mu_1)} + \sqrt{-2\ln(\mu_2)}}$$

$$En = \frac{x_2 - x_1}{\sqrt{-2\ln(\mu_1)} + \sqrt{-2\ln(\mu_2)}}$$

如果有更多的云滴(x_1,μ_1),(x_2,μ_2),…,(x_n,μ_n),用逆向云发生器不仅可求得虚拟云的期望和熵,还可以求得其超熵。

上例中,利用几何方法得到的虚拟概念 B_{34} 的期望 $Ex = 62.508$r/min,即为电机转速的输出值。

对于其他的不同输入温度,都可以用类似的方法求得需要调节的电机速度。

比较这三种不同的控制机理,可以看出:**模糊控制方法不仅要给出确定的隶属函数,而且对于同一个输入温度,每次都会得到完全相同的电机转速;而概率控制和云推理,每次得到的输出值都具有不确定性,但整体上保持了与模糊控制方法相同的变化趋势**,如图5.12所示。云控制还避免了概率方法要求给出规则后件关于电机转速“stop”、“slow”、“medium”、“fast”、“blast”的概率密度函数之和等于1的苛刻要求,也就是说,可以用语言值而不是精确数值刻画随机性。对这些语言值的描述和对温度“cold”、“cool”、“just right”、“warm”、“hot”等语言值的描述具有相同的形态,都是用期望、熵、超熵表示的,反映了非线性控制中不同的拐点,以及不同的概念粒度,不但体现了

定性经验的宝贵性，也解释了非线性系统控制中要特别关注突变区域的控制。

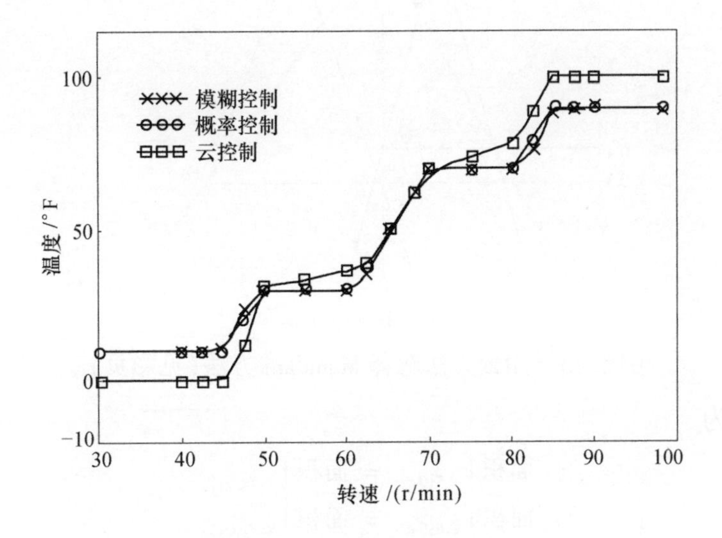

图 5.12 不同控制方法输入与输出的对应关系

5.2.2 云控制对模糊控制的理论解释

在模糊控制中 Mamdani 方法得到了普遍应用，它给出了当多条规则同时被激活时，采用“砍脑袋—拼起来—求质心”的经验计算方法，但是很多文献中并没有给出理论依据。根据云推理的思想，这里可以对 Mamdani 方法做出一个理论的解释。

仍然以图 5.7 为例，当有两条规则同时被激活时，可以利用后件中被激活的两个相邻概念构造出一个新的虚拟概念，而这个新的虚拟概念的中心值就是对应的输出值。可以证明，此中心值就是 Mamdani 控制方法“砍脑袋—拼起来—求质心”中的质心值[57]。为简化证明，以简单的三角形云替代高斯云，如图 5.13 所示，B_{34} 为激活 B_3 和 B_4 后形成的新的虚拟概念。

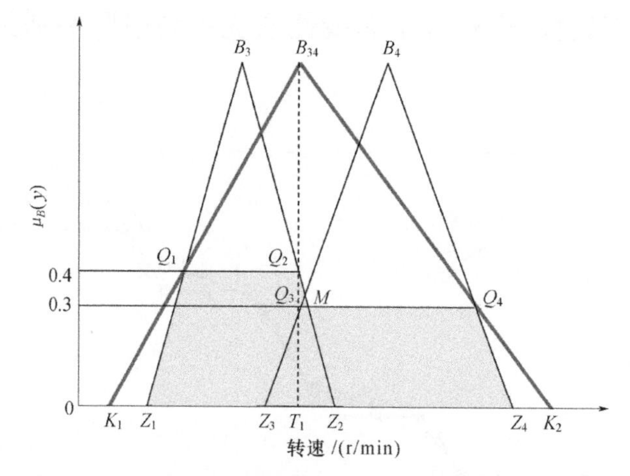

图 5.13　用云方法解释 Mamdani 方法(见彩页)

因为

$$面积|_{\triangle B_3Q_1Q_2} = 面积|_{\triangle B_{34}Q_1Q_2}$$
$$面积|_{\triangle B_4Q_3Q_4} = 面积|_{\triangle B_{34}Q_3Q_4}$$
$$面积|_{\triangle Q_1K_1Z_1} \approx 面积|_{\triangle Q_2T_1Z_2}$$
$$面积|_{\triangle Q_3Z_3T_1} \approx 面积|_{\triangle Q_4Z_4K_2}$$

所以

$$质心值|_{多边形Q_1Z_1Z_4Q_4MQ_2} \approx 质心值|_{\triangle B_{34}K_1K_2}$$

概念 B_3 和 B_4 的面积之和基本等于 B_{34} 的面积,因此阴影部分质心的横坐标恰好是虚拟概念 B_{34} 的期望值。

这样一来,我们就用虚拟云的概念对 Mamdani 控制方法"砍脑袋—拼起来—求质心"给出了理论解释,它实际上是隐含了由这两条被激活的规则中的概念生成的虚拟概念,从而构成被激活的单一规则。也可以认为是在局部线性区域的"插值"处理而已。

5.3　倒立摆中的不确定性控制

定性知识的推理与控制在专家系统、决策支持等方面有着广泛的应用,也可以成功地运用于自动控制领域。

可以说，生物、自然与人造系统最大的共同点莫过于通过反馈实现系统平衡。在三千多年的科技发展过程中，人类利用反馈控制原理设计的系统数不胜数。从远古的漏壶和计时容器到公元前的水利枢纽工程，从中世纪的钟摆、天文望远镜到工业革命的蒸汽机、蒸汽机车和蒸汽轮船，从百年前的飞机、汽车和电话通信到半个世纪前的电子放大器和模拟计算机，从第二次世界大战期间的雷达和火炮防空网到冷战时代的卫星、导弹和数字计算机，从20世纪60年代的登月飞船到现代的航天飞机、宇宙和星球探测器。这些著名的人类科技发明也直接催生和推动了自动控制技术的发展。今天，人们正在期盼智能机器人时代的到来。

5.3.1 倒立摆及其控制

在自动控制技术与理论的发展过程中，理论的正确性常常要通过一个按其理论设计的控制系统去控制一个或几个典型对象进行验证。倒立摆作为一个被控对象，是一个高阶次、不稳定、强耦合的复杂系统，作为一个实验装置，它结构简单、成本低廉，摆杆级数改变起来很方便。倒立摆的实验效果也很直观、显著，是对多种控制理论及其方法进行物理验证和比较的有效工具。因此倒立摆成为一个经久不衰的理想被控对象，一级摆竖起来，并不意味着二级摆能得到成功，更高级别的倒立摆控制更难，摆的级数可以视为是不稳定性的放大器。

倒立摆系统可用多种控制理论和方法进行研究，如传统数学方法、状态空间方法、非线性观测器、线性矩阵不等式算法、模糊控制、神经网络控制、遗传算法、能量控制、状态转换控制、速度梯度方法等都在倒立摆控制上得以实现。所以当新的控制方法出现后，一方面人们可以从较高的理论层面上加以严格论证，另一方面也可以用倒立摆对其正确性和应用性加以物理验证。

如何理解倒立摆呢?看过杂技表演的人都会有这样的印象,杂技演员经常在头上或肩上顶一个长杆,杆上还有凳子或者皮球。这个杂技表演可抽象为一个质心在上、支点在下的恒不稳定的倒立的摆,它深刻地揭示了自然界的一种基本控制现象,即**一个恒不稳定的被控对象,通过人直觉、定性的控制手段,就可以具有良好的稳定性。**

这样一个复杂的、时变的、强耦合、非线性系统的生物模型和控制规律,要想用精确数学方法来定量刻画,即使不是不可能的,也会是十分困难的。而如果倒立摆工作的外部环境发生变化,用传统的控制方法就更加困难。几十年来,人们一直把对倒立摆的研究喻为任何一个自动控制研究部门追求的"皇冠上的珍珠"。

倒立摆研究的背后还有着重要的工程意义。机器人的站立与行走类似双倒立摆系统,尽管首台机器人在美国问世至今已有50多年的历史,但机器人的关键技术——机器人的行走控制仍是一个难题;侦察卫星中摄像机的轻微抖动会对摄像的图像质量产生很大的影响,为了提高摄像的质量,必须能自动地保持伺服云台的稳定,消除震动;为防止单级火箭在拐弯时断裂而诞生的柔性火箭(多级火箭),其飞行姿态的控制也可以用多级倒立摆系统进行研究。

因此,倒立摆的研究具有重要的应用意义。几十年来,美国、日本、加拿大、瑞典、挪威等国的学者每年都有成百篇关于倒立摆控制的研究论文发表,各种各样的智能控制方式,对直线方向上的一级、二级、三级倒立摆,平面上的一级、二级倒立摆的研究与实现取得了令人鼓舞的成果。国内多所高校和研究所也开展了倒立摆的研究并取得了一些成果。目前,倒立摆系统已成为自动控制学科教育中普遍使用的教学工具。

5.3.2 一级、二级倒立摆的定性控制机理

先从一级倒立摆谈起。一级倒立摆示意图如图5.14所示。图中

的倒立摆 L_1 相当于杂技顶杆表演中的杆，小车相当于顶杆人，小车与倒立摆 L_1 用无摩擦的轴承电位器连接，小车受到的外加控制力 F 及相应的位移 x 相当于顶杆人在表演时的操作行为。θ 的方向是从铅垂线到摆杆的角度，定义摆右偏时 θ 为正，此偏角可用电位器进行测量，以导轨的中点为位移零点，零点右方 x 为正。

一级倒立摆的控制目标：由倒摆和小车组成的倒立摆在适当的控制力作用下，在有限长度的导轨上，受到干扰后，倒立摆仍然能够立稳。

可以看出，一级倒立摆的摆杆与小车之间力的传递是一种"耦合"关系，正是这种关系，外加控制作用力 F 才能通过它施加于倒摆之上，使其处于动平衡之中。结合人的直觉经验，不难对一级倒立摆进行定性分析，得到一级倒立摆系统的定性物理模型[58,59]：

若无外加控制力 F 作用，假如倒摆向左偏离，由于倒摆的重力矩作用，倒摆将进一步向左加速倾倒，小车就往右移；反之，若倒摆向右偏，具有向右倒的加速度，小车则向左移。

若对小车施加的控制力 F 向右，则小车具有加速向右运动的趋势，而摆具有向左倒的趋势。反之，若对小车施加的控制力 F 向左，则小车具有了加速向左运动的趋势，而摆具有向右倒的趋势。

二级倒立摆系统是在一级倒立摆基础上添加一个二级摆杆，用同型号、无摩擦的轴承电位器连接，可测量第2摆偏角。它的控制难度比一级倒立摆系统要大。但是，其控制机理与一级倒立摆系统基本类似，不同的只是一级摆杆所受到的强迫力是由小车直接施加的，而第二级摆杆所受到的强迫力 F' 是通过第一级摆杆施加其上的。这样，对小车来说，F' 这个力是间接控制力，因此，小车对第二级摆杆的控制是一种间接控制作用，所以倒立摆的不稳定性被放大了。

二级倒立摆示意图如图5.15所示。其中，θ_2 是从一摆 L_1 的延长

线到二摆摆杆 L_2 的旋转角度,方向仍是顺时针为正。这里对 θ_2 的定义是不同于其他文献的(其他文献中 θ_2 是指从垂直位置到二摆摆杆的旋转角度),目的在于直接体现实际测量值,在生成控制规则时更便于分析。

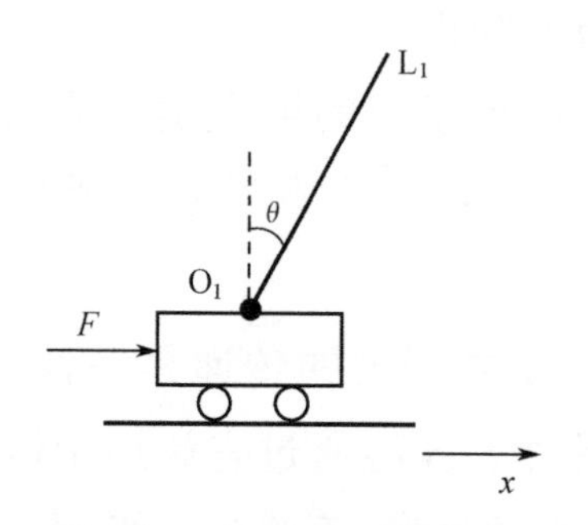

图 5. 14 一级倒立摆示意图

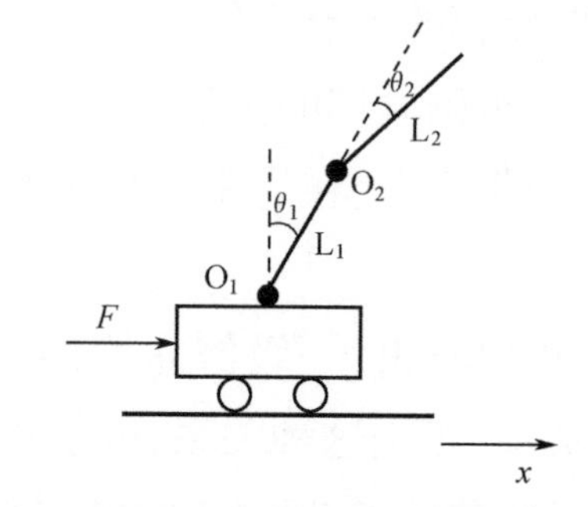

图 5. 15 二级倒立摆示意图

二级倒立摆系统的控制目标:由一级、二级摆和小车组成的倒立摆系统在适当的控制力作用下,在有限长度的导轨上受到干扰后,二级倒立摆仍然能够长时间立稳,不产生发散振荡而倒下。

要对二级倒立摆系统进行定性分析,容易联想到两种情况:一种是杂技演员脚踩滑板,滑板下有一个球,为了保持身体平衡,他必须不断地摆动下肢,因此下肢可以看作是第一级摆,上身可以看作是第二级摆。但是,这种情况下,驱动力来自腰部,相当于电机安装在一、二级摆之间,与这里要讨论的电机始终安装在一级摆底部的问题不同;另一种是在手掌上竖立用一个轴承连接的两个木棍,可以想象这种控制是非常困难的,控制者必须两眼紧盯着上摆,然后控制下摆做出相应的摆动。这种情况与这里要讨论的问题比较类似,只是因为下摆与手掌之间没有连接关系,所以控制更为困难。结合人的实际控制经验,不难得出二级倒立摆系统的定性物理模型:

若无外加控制力 F 作用,由于倒立摆的重力矩作用,假如上摆 L_2

向右偏离,O_2 点则向左运动,下摆 L_1 则向左偏离一定角度,因而小车向右移动;反之,情况相反。

若向左施加控制力 F,则下摆 L_1 向右偏离,点 O_2 就向右运动,因而上摆向左偏离;反之,情况相反。

总之,一旦上摆 L_2 有了偏角之后,小车便通过下摆 L_1 在点 O_2 处产生一个间接控制力 F',它将绕上摆 L_2 的质心产生一个转矩使上摆 L_2 回到其动平衡位置。这就是小车能够控制二级倒立摆的基本原理。

5.3.3 三级倒立摆的云控制策略

三级倒立摆系统是在二级倒立摆基础上再添加一个第三级摆杆形成,其控制目标是:由一级摆、二级摆、三级摆和小车组成的静不稳定系统,当小车在单电机控制下局限在有限长导轨的一段区间内来回运动时,倒立摆也不会倒下,能够长时间处于平衡状态,即使受到干扰,摆也表现出鲁棒性。

为了实现对三级倒立摆的控制,需要建造倒立摆试验台,如图 5.16 所示。控制对象由小车和摆杆组成,摆杆与小车之间通过带电位器的轴承连接,摆杆可在通过导轨的铅垂平面围绕支点做无摩擦的转动。小车和摆杆之间的电位器用于测量摆杆的偏角,测量三个摆偏角用的是无摩擦的同型号的轴承电位器。传送带绕在主动轮和从动轮上,小车固定在传送带上。主动轮由电机驱动,电机的信号来源于计算机控制程序。

在实际环境下,多级倒立摆是一个多变量、非线性、不稳定、有不确定因素的系统,通常不能采用一个准确的数学模型对其进行定量描述,如果摆杆是带有柔性的非刚体,则更难采用数学模型方法进行描述。考虑到自然语言可以较好地描述控制和推理过程中的不确定

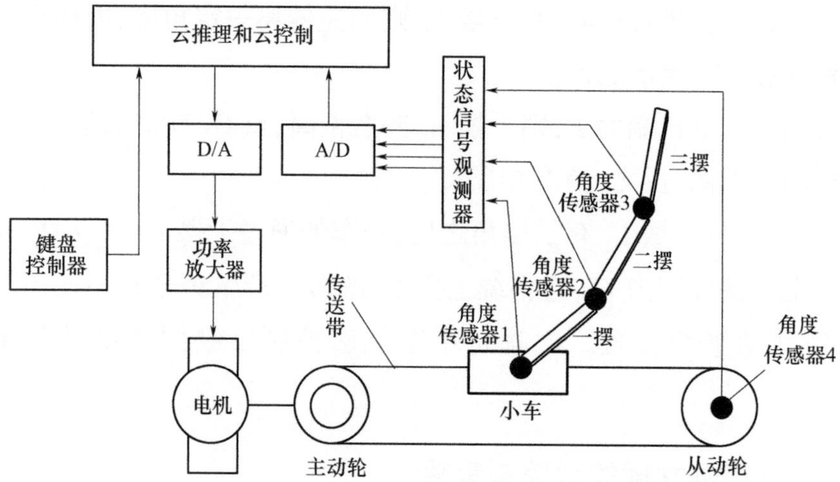

图 5.16　三级倒立摆的实验控制框图

性,引入基于云的定性控制方法对多级倒立摆系统进行有效控制[60-62]。

1. 三级倒立摆系统的定性分析

图 5.17 为三级倒立摆系统的示意图,显然,该系统本质上是一个强耦合体,相应状态可由以下 8 个状态变量进行表征,而控制目标则可形式化表示为

$$\theta_1 \to 0, \theta_2 \to 0, \theta_3 \to 0, x \to 0。$$

主要控制参数有

x: 小车在轨道上的位移;

$\dot{x}$:小车的速度;

θ_1:一摆相对于垂直方向的倾斜角;

θ_2:二摆相对于一摆的倾斜角;

θ_3:三摆相对于二摆的倾斜角;

$\dot{\theta}_1$、$\dot{\theta}_2$、$\dot{\theta}_3$:一摆、二摆、三摆倾斜

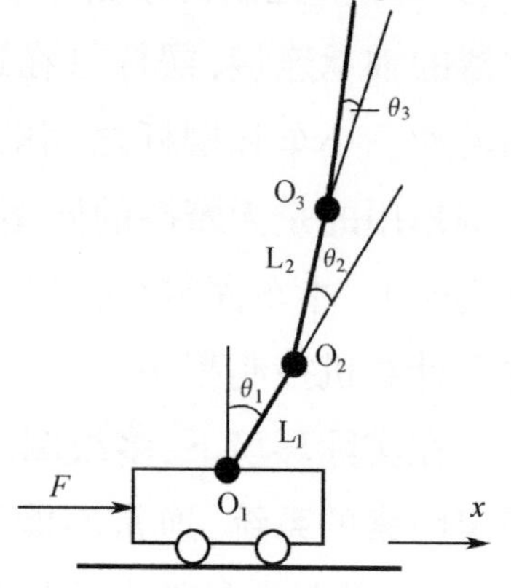

图 5.17　三级倒立摆示意图

角的角速度。

通过对三级倒立摆系统的分析,可得到以下的定性结论。

(1) 若 θ_1、θ_2、θ_3 初始为0°,在不考虑 L_1、L_2、L_3 的重力矩的情况下,控制力 F 向右,则一摆向左偏,即 O_1 点的位移向右,O_2 点的位移向左,O_3 点的位移向右。若控制力向左,则有完全相反的过程。

(2) 若 θ_1、θ_2 初始为0°,在无控制力 F 的作用下,若三摆向右偏,则在其自身的重力矩作用下,势必使三摆进一步向右偏,而二摆向左偏,一摆向右偏,即 O_3 点的位移向左,O_2 点的位移向右,O_1 点的位移向左,小车向左运动。由于上摆对下摆的重力作用和下摆自身的重力矩作用,以上各量变化关系将加剧。若三摆向左偏,则有完全相反的过程。

(3) 若 θ_1、θ_3 初始为0°,在无控制力 F 的作用下,若二摆向右偏,则在上摆的重力和下摆的重力矩作用下,势必使二摆进一步向右偏,由于二摆的右偏加剧,使三摆向左偏,一摆向左偏,即 O_2 点位移向左,O_3 点位移向右,O_1 点位移向右,小车向右运动。由于上摆对下摆的重力作用和下摆自身重力矩作用,以上各量变化关系将加剧。同理,若二摆向左偏,则有完全相反的过程。

(4) 若 θ_2、θ_3 初始为0°,在无控制力 F 的作用下,若一摆向右偏,则在上摆的重力和其自身的重力矩作用下,势必使一摆进一步向右偏,而三摆向右偏,二摆向左偏,即 O_3 点的位移向左,O_2 点的位移向右,O_1 点的位移向左,小车向左运动,由于上摆对下摆的重力作用和下摆自身的重力矩作用,以上各量变化关系将加剧。同理,若一摆向左偏,则有完全相反的过程。

显然,力 F 是直接作用于小车的,通过耦合作用,依次通过 L_1 将力传到 L_2,最后再通过耦合将力传到 L_3。由此可见,要实现控制目标,首先应稳定上摆使 $\theta_3=0°$,然后再稳定中摆使 $\theta_2=0°$,再稳定下摆

使 $\theta_1=0°$,最后才考虑小车的稳定使 $x=0$。从而可以认为最重要的是三摆,其对应的规则发生器的参数应最大,其次是二摆,再次是一摆,最后是小车的稳定。

我们还可以将三级倒立摆系统分解为一个二级倒立摆上叠加了一个一级倒立摆。这里要做的工作就是,将一级倒立摆中对 x 和 $\dot{x}$ 的控制转换为对二级倒立摆顶端 O_3 点的控制,而对 O_3 点的控制规则由小车推动二摆来实现。这是一个递归逼近、迭代求精的过程。

最后,有必要讨论一下微分控制量 D 和比例控制量 P 的关系,其中,微分控制量包含 $\dot{\theta}_1$、$\dot{\theta}_2$、$\dot{\theta}_3$、$\dot{x}$,而比例控制量包含 θ_1、θ_2、θ_3、x。在倒立摆控制系统中,对比例控制量进行控制的优点在于误差一旦产生,控制器立即就有控制作用,使被控制量朝着减小误差的方向变化,缺点在于对具有自平衡性的被控对象存在静差。而微分控制的优点是:能对误差进行微分,敏感出误差的变化趋势,增大微分控制作用可加快系统的响应,使超调量减少,增加系统稳定性。但缺点是对干扰同样敏感,使系统不稳定。**因此,控制过程中,选择合适的比例控制量可以减小误差,提高准确性;选择合适的微分控制量,可以保证系统的稳定性,而两者之间的权重关系要比每种控制量内部的权重关系更重要,体现了比例—积分—微分(PID)控制中的非线性。**

经过分析,可以得到三级倒立摆系统中各个信号量的重要次序依次为

$$\theta_3、\dot{\theta}_3、\theta_2、\dot{\theta}_2、\theta_1、\dot{\theta}_1、x、\dot{x}$$

据此,我们设计了云控制器,利用基于云的规则发生器对上述信号量进行控制,达到有效控制三级倒立摆的目的。

2. 三级倒立摆系统的云控制机理

云控制器(图5.18)主要是利用云规则发生器对三级倒立摆系统的各种信号量进行控制,其设计内容包括以下几个方面:

(1) 确定云控制器的输入变量和输出变量;

(2) 设计云控制器的控制规则(包括规则的条数和规则的内容);

(3) 选择规则前件和后件的云表示类型;

(4) 选择云控制器的输入变量及输出变量的论域并确定云控制器的参数(如量化因子、云的三个数字特征等);

(5) 编制云控制算法的应用程序;

(6) 合理选择云控制算法的采样时间。

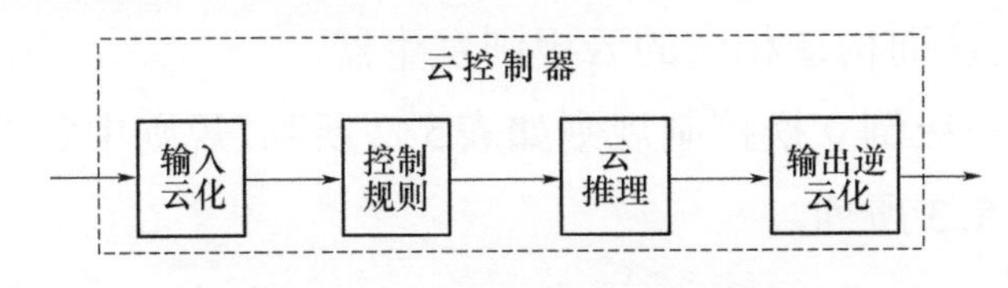

图5.18 云控制器原理框图

我们知道,对于无法用精确数学形式化描述的被控系统,人类专家却可以根据经验通过自然语言值构成定性规则的集合,用以反映人类对系统实现非线性和变粒度的推理能力,并能很好地进行控制。这里,云模型恰恰充当了这样一个定性定量转换的模型,采用数字技术,通过不确定性推理,实现计算机控制。人类专家的控制决策用定性语言描述,总结成一系列条件语句,即控制规则的集合。

在描述控制规则的条件语句中的一些词,如"较大"、"较小"、"偏高"等都具有一定的不确定性,可以用云来表示这些语言值,用规则发生器来表示规则。运用计算机程序来实现这些控制规则,计算机就起到了控制器的作用。

用语言值构成规则,形成一种认知推理的方法,不要求给出被控对象精确的数学模型,仅仅依据人的认知、感觉和逻辑判断,将人用自然语言值定性表达的控制经验,通过语言原子和云模型转换到语言控制规则器中,能较好解决非线性问题和不确定性问题。

在上述6点中，控制规则的设计是关键，它包括三部分内容：选择描述输入、输出语言变量的语言值集合，定义各语言值的范围以及建立云控制器的控制规则，而控制规则又表现为一组含有定性概念的定性规则。

实际应用中，考虑到人们思维过程中总是习惯于把事物分为两个等级，可以用“大、小”两个词汇来描述云控制器的输入、输出状态，再加上变量的零状态，共有5个定性概念，即{负向偏大、负向偏小、零、正向偏小、正向偏大}。由此，可以为每个输入与输出变量定义5个定性概念，从而构造相应的云规则发生器。

具体的三级倒立摆控制规则如表5.2所列，规则中定性概念的参数设置如表5.3所列。

表5.2 三级倒立摆控制规则

三摆倾斜角 θ_3 的规则集 RS(θ_3)

	倾斜角 θ_3		电机输出力 F
	正向偏大		正向偏大
	正向偏小		正向偏小
if	零	then	零
	负向偏小		负向偏小
	负向偏大		负向偏大

二摆倾斜角 θ_2 的规则集 RS(θ_2)

	倾斜角 θ_2		电机输出力 F
	正向偏大		负向偏大
	正向偏小		负向偏小
if	零	then	零
	负向偏小		正向偏小
	负向偏大		正向偏大

(续)

一摆倾斜角 θ_1 的规则集 RS(θ_1)

	倾斜角 θ_1		电机输出力 F
	正向偏大		正向偏大
	正向偏小		正向偏小
if	零	then	零
	负向偏小		负向偏小
	负向偏大		负向偏大

小车位移 x 的规则集 RS(x)

	小车位移 x		电机输出力 F
	正向偏大		负向偏大
	正向偏小		负向偏小
if	零	then	零
	负向偏小		正向偏小
	负向偏大		正向偏大

三摆倾斜角角速度 $\dot{\theta}_3$ 的规则集 RS($\dot{\theta}_3$)

	倾斜角角速度 $\dot{\theta}_3$		电机输出力 F
	正向偏大		正向偏大
	正向偏小		正向偏小
if	零	then	零
	负向偏小		负向偏小
	负向偏大		负向偏大

二摆倾斜角角速度 $\dot{\theta}_2$ 的规则集 RS($\dot{\theta}_2$)

	倾斜角角速度 $\dot{\theta}_2$		电机输出力 F
	正向偏大		负向偏大
	正向偏小		负向偏小
if	零	then	零
	负向偏小		正向偏小
	负向偏大		正向偏大

(续)

一摆倾斜角$\dot{\theta}_1$的规则集 RS($\dot{\theta}_1$)

	倾斜角角速度$\dot{\theta}_1$		电机输出力 F
if	正向偏大	then	正向偏大
	正向偏小		正向偏小
	零		零
	负向偏小		负向偏小
	负向偏大		负向偏大

小车速度$\dot{x}$的规则集 RS($\dot{x}$)

	小车速度$\dot{x}$		电机输出力 F
if	正向偏大	then	负向偏大
	正向偏小		负向偏小
	零		零
	负向偏小		正向偏小
	负向偏大		正向偏大

表5.3中,“正向偏大”和“负向偏大”两个定性概念用半高斯云表示,其余三个定性概念用高斯云表示。这里给出的参数并不是角度值或位移值,而是与采样值经过 A/D 板转换后的数字量相对应。

三级倒立摆的控制流程如图 5.19 所示。可以看到,其中使用了8个信号量的五规则控制器,即三摆倾斜角θ_3、二摆倾斜角θ_2、一摆倾斜角θ_1、小车位移x、三摆倾斜角角速度$\dot{\theta}_3$、二摆倾斜角角速度$\dot{\theta}_2$、一摆倾斜角角速度$\dot{\theta}_1$、小车速度$\dot{x}$。这些信号量的重要次序,也就决定了必须优先考虑哪些信号的变化,一旦超出范围,就必须对其进行控制。实验中,多个五规则控制器按照优先权不同,轮流对倒立摆进行控制是通过“软零”实现的。软零是以零为期望值,以不同的En为熵的高斯随机数,在控制中它每次的取值都是随机的,按照五规则控制

表5.3 三级倒立摆系统的规则构成器定性概念参数设置

前件	负向偏大	负向偏小	零	正向偏小	正向偏大
θ_1	(−150, 31, 0.059)	(−57, 19, 0.04)	(0, 11.4, 0.0256)	(57, 19, 0.04)	(150, 31, 0.059)
$\dot{\theta}_1$	(−550, 30, 0.03)	(−209, 69.3, 0.02)	(0, 42, 0.0128)	(209, 69.3, 0.02)	(550, 30, 0.03)
θ_2	(−500, 103.5, 0.044)	(−190, 63, 0.03)	(0, 38, 0.0192)	(190, 63, 0.03)	(500, 103.5, 0.044)
$\dot{\theta}_2$	(−700, 145, 0.06)	(−266, 88, 0.033)	(0, 53.2, 0.0224)	(266, 88, 0.033)	(700, 145, 0.06)
θ_3	(−800, 166, 0.044)	(−304, 101, 0.03)	(0, 60.8, 0.0192)	(304, 101, 0.03)	(800, 166, 0.044)
$\dot{\theta}_3$	(−850, 176, 0.06)	(−323, 107, 0.033)	(0, 640, 0.0224)	(323, 107, 0.033)	(850, 176, 0.06)
x	(−265,54.0,0.023)	(−100,33.4,0.015)	(0,20.2,0.01)	(100,33.4,0.015)	(265,54.9,0.023)
$\dot{x}$	(−100,20.7,0.023)	(−38,12.6,0.15)	(0,7.6,0.01)	(38,12.6,0.015)	(100,20.7,0.023)
F	(−100, 20.7, 0.023)	(−38, 12.6, 0.015)	(0, 7.6, 0.01)	(38, 12.6, 0.015)	(100, 20.7, 0.023)

器使用的判断条件分别有对应的软零 SZ_{θ_3}、SZ_{θ_2}、SZ_{θ_1}、SZ_x、$SZ_{\dot{\theta}_3}$、$SZ_{\dot{\theta}_2}$、$SZ_{\dot{\theta}_1}$、$SZ_{\dot{x}}$,这些软零的熵有效地决定了在控制循环中进入相应规则控制器的概率,对应不同的熵,软零取值的范围和概率就有不同,根据软零熵的大小可以把它们区分为不同粒度的零,即大零、中零和小零。利用软零取值的不同,实现各个规则控制器之间的转换。

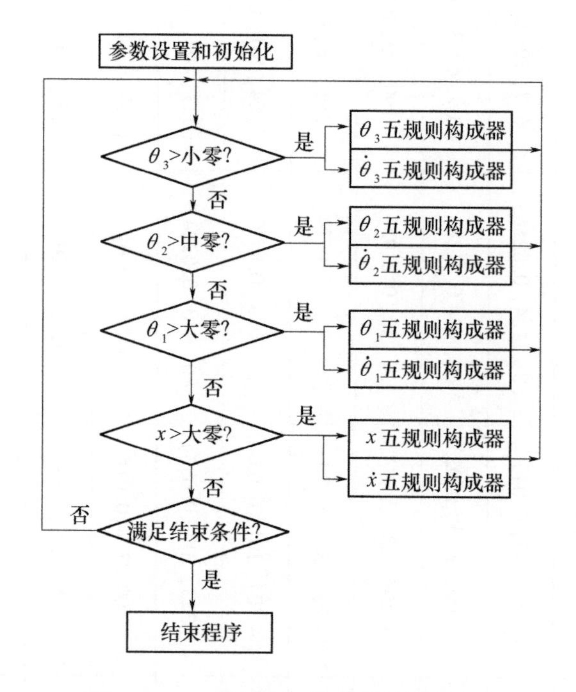

图 5.19 三级倒立摆的控制流程图

利用云控制方法,我们对三级倒立摆进行了实验,取得了较好的效果,三个摆的 8 个信号量随时间变化的曲线如图 5.20 所示。图 5.21是 1999 年 7 月在北京召开的第 14 届世界自动控制联合会(IFAC'99)上现场演示的三级倒立摆装置图[63]。在长时间的动平衡稳态保持过程中,基于云控制的三级倒立摆控制装置不仅有良好的稳定性，而且当三级摆的摆顶上摆花或装有酒的啤酒瓶、或者受到敲打、在摆侧添加重物时形成偏心摆，系统仍能保持平衡，体现了较好的鲁棒性。

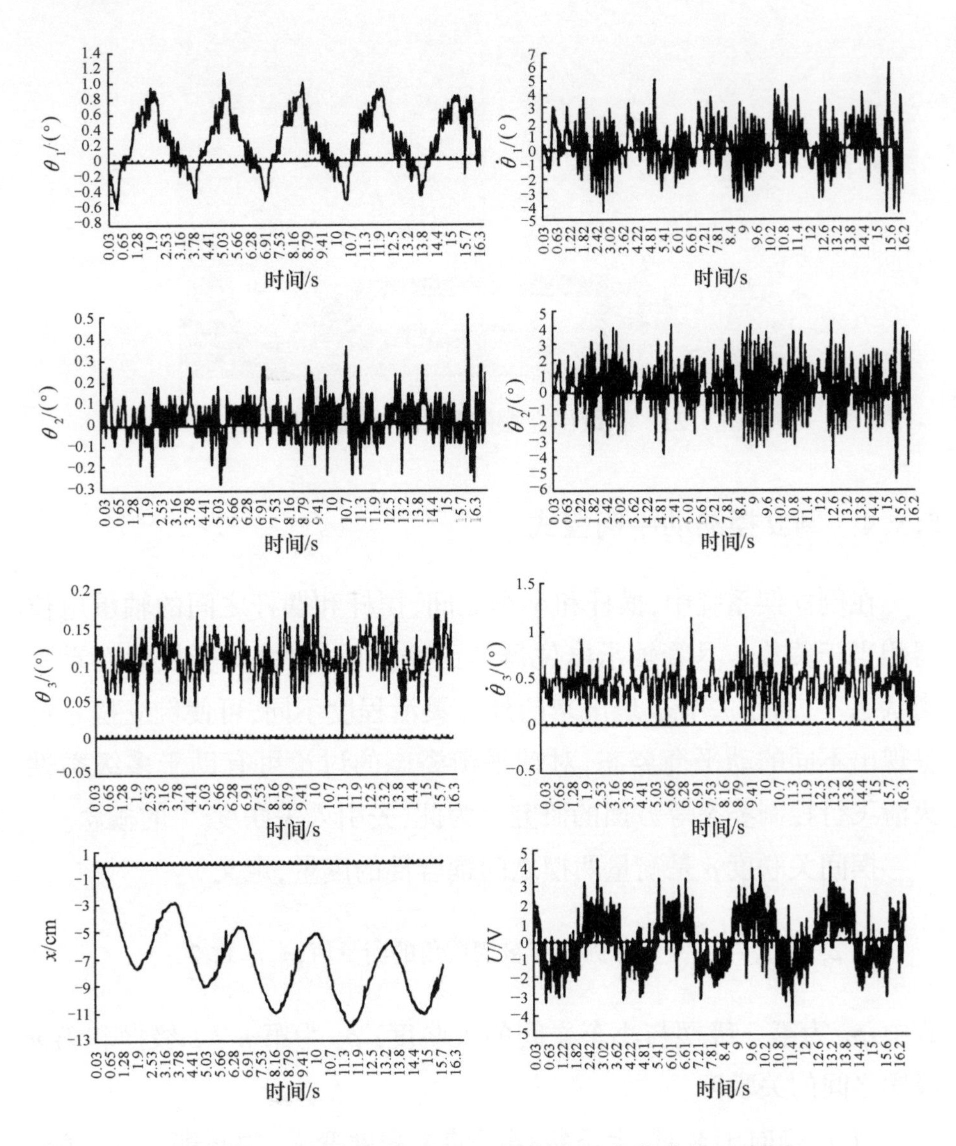

图 5.20　三级倒立摆系统 8 个信号量变化曲线示意图

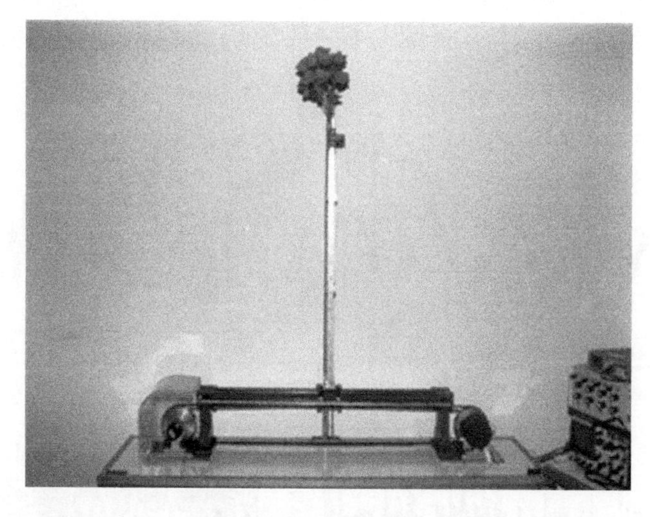

图5.21　三级倒立摆的鲁棒性实验(见彩页)

5.3.4　倒立摆的动平衡模式

在倒立摆系统中,摆杆和小车之间、摆杆和摆杆之间的轴承电位器相当于关节。尽管轴承电位器是无摩擦的,但系统受控后在动平衡状态下,由于关节表现出来的外在灵活程度不同,可使倒立摆系统呈现出不同的动平衡姿态,对动平衡姿态的讨论可有助于多级柔性火箭飞行控制姿态等方面的研究。为此,先引入关联度[64]的概念。

摆间关联度ρ是衡量两摆之间耦合性的度量,定义

$$\rho_n = 1 - \frac{|\theta_n|}{90^\circ}\ (\theta_n \text{ 为第 } n \text{ 级摆摆角的测量值}, n = 1, 2, \cdots)$$

式中:ρ_1为第一级摆与小车之间的关联度;ρ_n为第$n-1$级摆和第n级摆之间的关联度。

当ρ_n趋向于1时,上下级摆间的关联度变大,摆间耦合度变强,相邻两个摆看起来像一个摆一样同姿态运动;当ρ_n趋向于0时,上下

级摆间的关联度变小，摆间耦合度变弱，下摆幅度明显大于上摆。

1. 一级倒立摆的动平衡模式

仍以杂技演员顶杆为例，在他/她顶杆时可以用眼睛紧盯着杆尖，一有倾斜，就移动肩膀，或者不必太注意倾角的微小变化，当倾角增大到一定程度时再移动肩膀或身体。通过这个现象，不难想到一级倒立摆系统有两种动平衡模式。从另一个角度看，对于一级倒立摆系统来说只有 ρ_1 一个关联度，令这个关联度有两个取值：大、小，则一级倒立摆系统就有两种模式：ρ_1 大和 ρ_1 小。

（1）动平衡模式1，如图5.22所示。此时，ρ_1 大，一级摆杆与小车之间的关联度较大，摆杆直立在小车上，小车在导轨上缓慢地来回运动，累积位移较大，但在一个短时间内小车的位移很小，远看甚至看不清小车在运动，而摆杆始终在垂直状态。

（2）动平衡模式2，如图5.23所示。此时，ρ_1 小，一级摆杆与小车的关联度较小，小车有节奏地在导轨上来回摆，位移大，摆杆左右摆来摆去但并不倒下来。

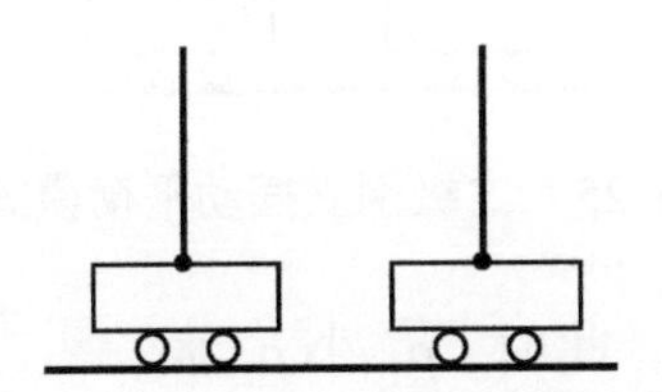

图5.22　一级倒立摆动平衡模式1

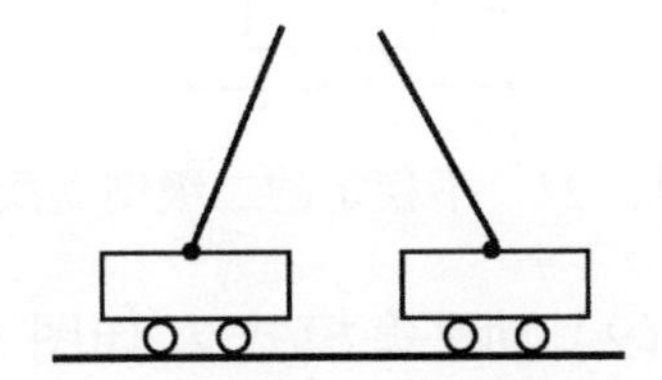

图5.23　一级倒立摆动平衡模式2

2. 二级倒立摆的动平衡模式

二级倒立摆系统有 ρ_1、ρ_2 两个关联度，每个关联度只有两个取值：大和小，则可有4种组合：ρ_1 大 ρ_2 大；ρ_1 小 ρ_2 大；ρ_1 小 ρ_2 小；ρ_1 大 ρ_2 小。

其中，第4种状态“ρ_1 大 ρ_2 小”，是不可能稳定住的，如图5.24所示。当二级摆向右倾斜时,θ_2 增大,$\dot{\theta}_2$ 也增大,为使倒立摆保持稳定,此时 O_2 点应向右移动,这就必然导致电机推动小车向左运动,于是 θ_1 与 $\dot{\theta}_1$ 正向增大,为使一摆保持稳定,又必须控制电机,使其增加向右的力。可以看出,小车还未完成对 O_2 点的控制,又要调整对 O_1 点的控制,使得小车无法保持稳定,因此二级倒立摆系统中不存在 ρ_1 大 ρ_2 小的动平衡模式。这就是说,任何时候 ρ_2 都应比 ρ_1 大,即使是 ρ_1 小 ρ_2 小的情况,ρ_2 也要大于 ρ_1。由此可以推论,对于 n 级倒立摆来说,始终不存在 ρ_n 小 ρ_{n-1} 大,ρ_{n-1} 小 ρ_{n-2} 大,…,ρ_2 小 ρ_1 大的动平衡模式。因此二级倒立摆系统共有 3 种典型动平衡模式。

(1) 动平衡模式 1,如图 5.25 所示。此时,ρ_1 大 ρ_2 大,一、二级摆杆之间的关联度较大,直立于小车上,小车在导轨上缓慢地来回运动,位移较小。

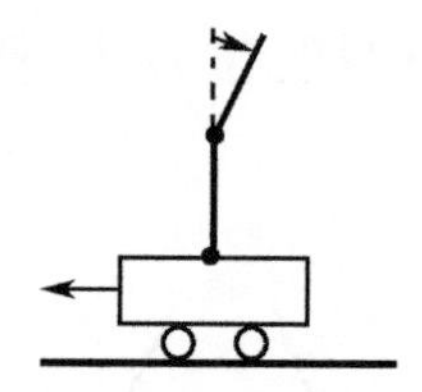

图 5.24　不稳定的二级倒立摆

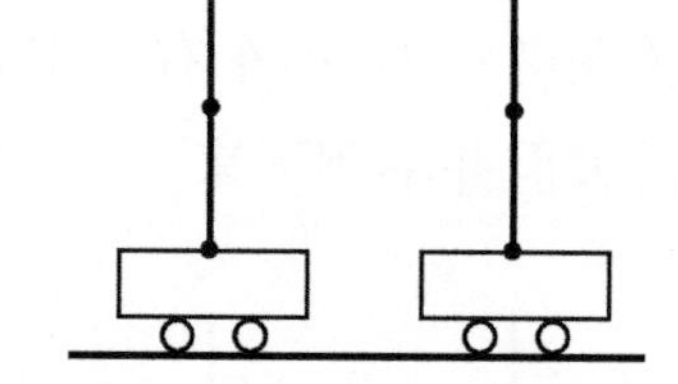

图 5.25　二级倒立摆动平衡模式 1

(2) 动平衡模式 2,如图 5.26 所示。此时,ρ_1 小 ρ_2 大,一、二级摆杆之间的关联度较大,而与小车的关联度较小,两个摆像一个摆一样来回摆动,小车在导轨上来回运动的位移大。

(3) 动平衡模式 3,如图 5.27 所示。此时,ρ_1 小 ρ_2 小,一、二级摆杆之间的关联度较小,下摆与小车的关联度也较小,但 ρ_2 大于 ρ_1,上摆摆幅小,下摆摆幅大,小车在导轨上来回运动的位移较大,远看下摆在左右倾斜摆动,且摆动明显,但是上摆始终直立。

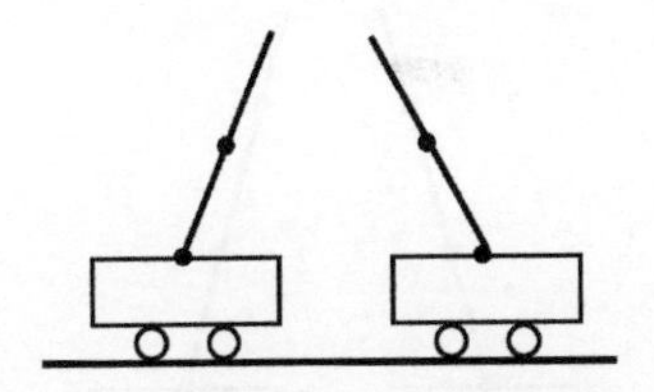

图5.26 二级倒立摆动平衡模式2

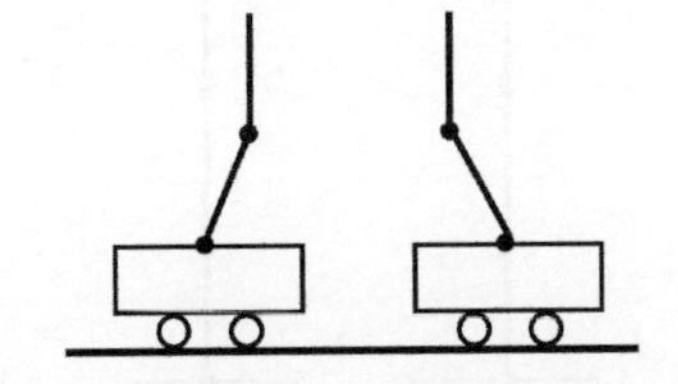

图5.27 二级倒立摆动平衡模式3

3. 三级倒立摆的动平衡模式

三级倒立摆系统有3个关联度ρ_1、ρ_2、ρ_3，每个关联度只有两个取值:大、小,则共有8种组合:

①ρ_1大ρ_2大ρ_3大；　②ρ_1小ρ_2大ρ_3大；

③ρ_1大ρ_2小ρ_3大；　④ρ_1小ρ_2小ρ_3大；

⑤ρ_1大ρ_2大ρ_3小；　⑥ρ_1小ρ_2大ρ_3小；

⑦ρ_1大ρ_2小ρ_3小；　⑧ρ_1小ρ_2小ρ_3小。

通过对二级倒立摆的分析可知,**上级摆的关联度必须强于下级摆,才能使系统有可能保持平衡**,此规则对三级乃至多级倒立摆系统同样适用,这样只有①、②、④、⑧4种组合为可能的动平衡模式。

(1) 动平衡模式1,如图5.28所示。此时,ρ_1大ρ_2大ρ_3大,小车和下摆之间、下摆和中摆之间、中摆和上摆之间的关联度都大,直立在小车上,小车在轨道上的位移小,远看好像是一级摆直立。

(2) 动平衡模式2,如图5.29所示。此时,ρ_1小ρ_2大ρ_3大,小车和下摆之间的关联度小,而下摆和中摆之间、中摆和上摆之间的关联度都大,小车在轨道上的位移大。上摆、中摆、下摆之间直线性好,远看好像是个一级摆在左右倾斜摆动,且摆动明显。

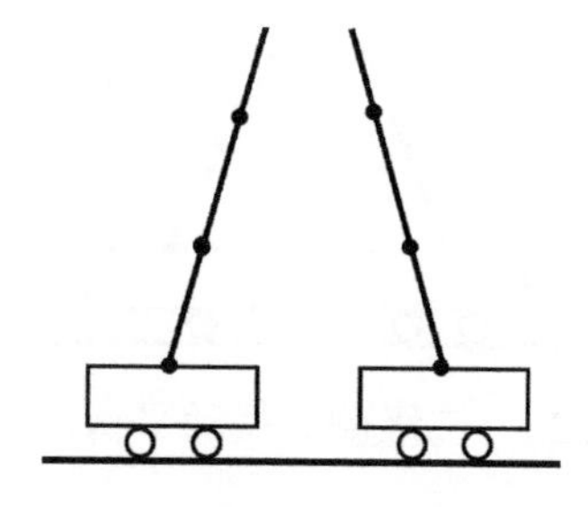

图 5.28　三级倒立摆动平衡模式 1

图 5.29　三级倒立摆动平衡模式 2

(3) 动平衡模式 3,如图 5.30 所示。此时, ρ_1 小 ρ_2 小 ρ_3 大,小车和下摆之间的关联度小,下摆和中摆之间的关联度小,而上摆和中摆之间的关联度大,小车在轨道上的位移较大,上、中摆直线性好,中、下摆直线性差,远看下摆在左右倾斜摆动,且摆动明显,但是上摆和中摆始终直立。

(4) 动平衡模式 4,如图 5.31 所示。此时, ρ_1 小 ρ_2 小 ρ_3 小,各个关节之间的连接均比较软,整个摆摆幅较大,摆频较慢。

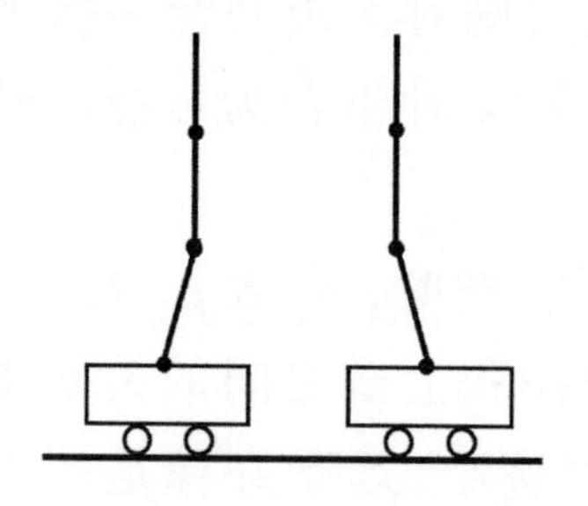

图 5.30　三级倒立摆动平衡模式 3

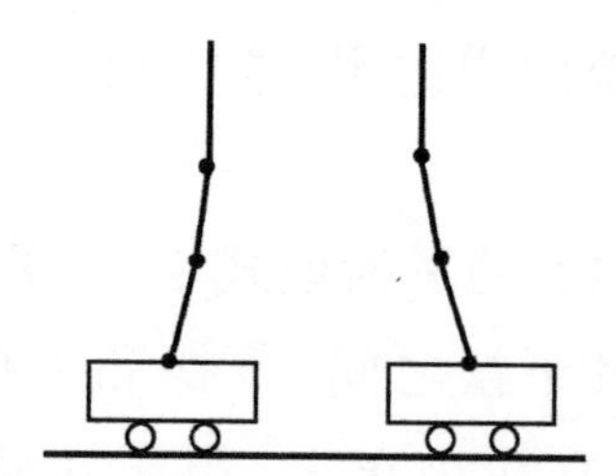

图 5.31　三级倒立摆动平衡模式 4

图 5.32 显示了三级倒立摆处于动平衡模式 4 时,在一个运动周期内摆的变化情况。可以看出,不同时刻倒立摆的姿态都是不一样的,各摆之间的倾角随时发生着变化,但任何时候,上摆之间的关联度都大于下摆之间的关联度,这样才能保持倒立摆的稳定。

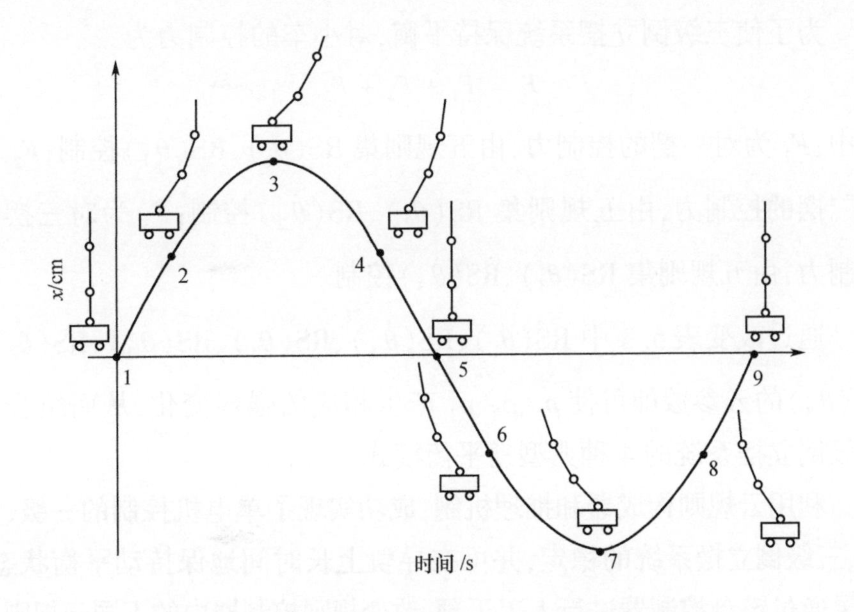

图 5.32 倒立摆在动平衡模式 4 下周期变化情况

图 5.33 给出了实验测得的 4 种典型的动平衡模式下的小车位移和时间关系曲线，可以看出在不同模式下小车的摆动幅度和周期的差别。

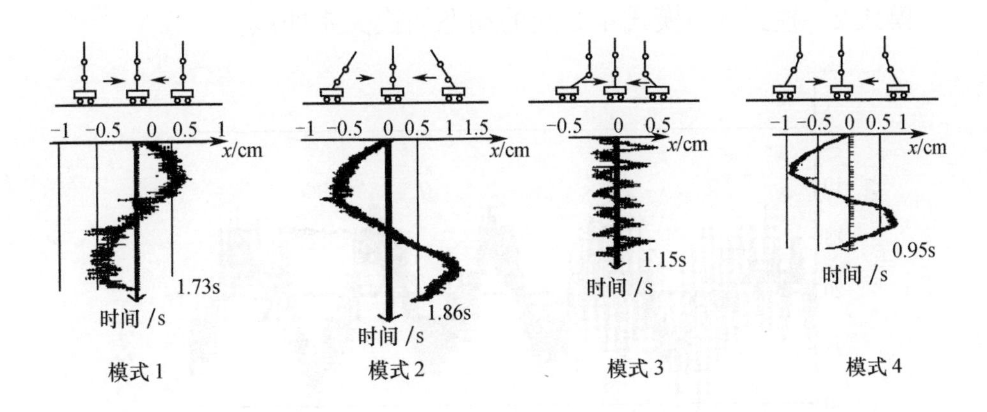

图 5.33 三级倒立摆 4 种动平衡模式小车的位移和时间关系曲线

为了使三级倒立摆系统保持平衡,对小车的控制力为

$$F = F_1 + F_2 + F_3$$

式中:F_1 为对一摆的控制力,由五规则集 RS(θ_1)、RS($\dot{\theta}_1$)控制;F_2 为对二摆的控制力,由五规则集 RS(θ_2)、RS($\dot{\theta}_2$)控制;F_3 为对三摆的控制力,由五规则集 RS(θ_3)、RS($\dot{\theta}_3$)控制。

通过改变表 5.3 中 RS(θ_1)、RS($\dot{\theta}_1$)、RS(θ_2)、RS($\dot{\theta}_2$)、RS(θ_3)、RS($\dot{\theta}_3$)的云参数即可使 ρ_1、ρ_2、ρ_3 产生相应的强弱变化,从而组合出三级倒立摆系统的 4 种典型动平衡模式。

利用云规则构成器和推理机制,成功实现了单电机控制的一级、二级、三级倒立摆系统的稳定,并可在导轨上长时间地保持动平衡状态。如果通过键盘控制器进行人工干预,改变规则控制器中的不同云规则的数字特征值,还可对一、二、三级倒立摆的动平衡状态进行实时控制,在线改变动平衡的姿态,实现不同模式之间的动态切换,获得第 14 届 IFAC 大会的认可。在倒立摆控制的相关文献中,至今仍未见有其他的报道。

图 5.34 记录了通过键盘修改云参数使三级倒立摆系统由模式 1→模式 2→模式 3→模式 4 之间的动态切换关系曲线。

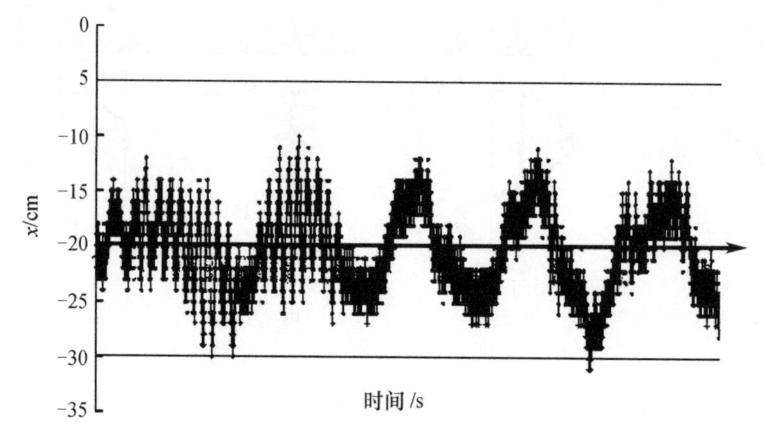

图 5.34　三级倒立摆不同动平衡姿态之间的动态切换关系曲线

对倒立摆不同动平衡模式的实现、分析与归纳研究具有重要意义，它意味着通过改变云参数，就可以改变控制电压的大小，从而控制倒立摆的运行姿态，在实际应用中就为被控制对象设定不同的运行姿态提供了一条可能的解决途径。同时，对于倒立摆系统动平衡模式的研究也加深了对云模型应用的开发，为在更加广泛的领域应用云模型开阔了思路。

基于定性知识的推理与控制是智能控制的重要手段，也是不确定性人工智能研究的一个重要内容，我们针对经典的控制载体——倒立摆系统，通过引入基于云的不确定性推理与控制机制，较好地解决了三级倒立摆控制系统的稳定问题和动平衡姿态的切换。该控制机制明确、直观，无需冗繁的推理计算，能够较好地模拟人类思维中的不确定性，具有良好的推广应用价值。

如果说许多杂技演员在表演多级竹竿平衡控制中，至今还不可能实时改变多个竹竿的动平衡姿态的话，那么，云控制方法实现的倒立摆动平衡姿态的切换，也许可以成为不确定性认知计算形式化的一个成功的案例。

5.4 智能驾驶中的不确定性控制

随着汽车电子、移动互联网、云计算和车联网的发展，娱乐和信息引入汽车生活势不可挡；汽车电子从以机械系统为主改善汽车行驶性能，转向以辅助驾驶为主，提升移动生活的品质。智能驾驶技术的大量应用，正在改善人们的驾驶体验与行驶安全。如：倒车雷达让司机们不必再为无法知晓倒车距离和停车入库而焦急；防瞌睡技术通过监测驾驶员的眨眼情况，降低了因疲劳驾驶而带来的事故隐患；防追尾技术在车距低于安全距离时，强制拉大跟车距离，减少道路交通事故的发生，等等。

与此同时,汽车也正面临着颠覆性的创造,成为轮式机器人,无需专职驾驶员,从而实现车内空间利用的最大化。2010 年,谷歌公司宣布了开发自主驾驶汽车的项目计划,并已成功完成了超过 14 万英里[①]的道路行驶。同年 7 月,来自帕尔马的智能汽车,历时 3 个月完成了从意大利帕尔马到中国上海超过 1.3 万 km 的神奇旅行。在中国,智能车未来挑战赛已经成功举办了 4 届。当前,几乎每一个传统的汽车制造商,都在开发着各自的智能车,智能汽车已成为智能交通领域关注的焦点。智能驾驶的实现,将从根本上改变车辆的驾驶方式,把人从低级、繁琐、持久的驾驶活动中解脱出来,从长时间疲劳驾驶的状态中解放出来,实现安全、便捷的交通。

此外,智能战车还将在陆战场等高危环境下,有效扩展人类的活动范围,减少人员伤亡,展现更为广泛的作用。智能驾驶的技术同样可以辐射到自主式无人机、无人艇和无人潜艇中去。

5.4.1 汽车的智能驾驶

智能驾驶汽车的研发是一项非常复杂的系统工程。机械和电气改造是研发的基础,按照信息处理的顺序,可将智能车的研发分为环境感知、智能决策和自动控制三个部分,如图 5.35 所示。其中,环境感知包括利用各种摄像头、激光雷达、毫米波雷达、红外雷达等传感器进行驾驶周边环境信息采集、分析和处理。**这里,我们提出了路权的概念和路权雷达图融合的方法,在雷达图上对各个传感器的处理结果进行融合,并计算车辆的可使用路权。**智能决策综合考虑车辆所占有的路权及其变化率,利用规则库进行车辆决策,决定智能车下

① 1 英里 =1.6km。

一时刻的速度变化与方向变化。而控制器则通过合适的控制方法，使得车辆能够平稳地达到智能决策所期望的速度和方向。

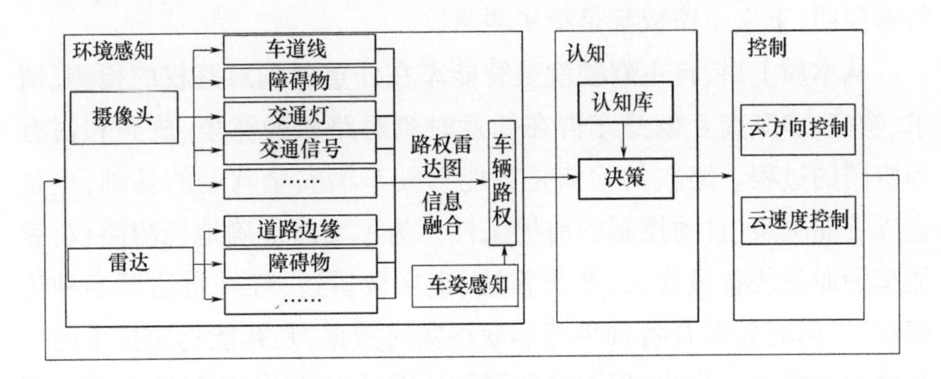

图5.35　智能驾驶车辆信息处理框架

1. 路权雷达图融合

对车辆控制的实质是对车辆行驶速度与方向的控制，而这一控制需满足车辆安全行驶的要求，比如说，本车离前车间距偏小，同时，速度大于前车，那么，本车需要(刹车)减速，这就是路权的概念。所谓路权(Right of Way)是汽车行进中任一时刻对前方所需空间的占有权，可分为实测路权和计算路权。其中实测路权是通过传感器实际测量得到的，车辆所拥有的可行驶空间；而计算路权以实测路权为基础，综合考虑车辆尺寸、质量、车速和周边车流量等，利用路权函数计算得出。实测路权为无人驾驶车辆的智能决策和自动控制提供重要依据，而计算路权还可以用于智能交通中，表征交通拥堵状况及造成交通拥堵的原因，还可用于对不同驾驶行为车辆进行个性化计费。简单地说，车辆路权是一个流动的扇形区，可用距离和角度来表示：

$$\mathrm{RW}(r,\theta) = f(l,v,\xi,r')$$

式中：r 为计算路权的长度；θ 为计算路权的角度；l 为车辆的尺寸；v 为车辆当前的速度；ξ 为周边的车流量；r' 是车辆的实测路权。

这是一个关于本车速度和车辆实测路权的非线性函数。对无人驾驶而言,我们主要依据实测路权来进行智能决策与自动控制,如无特殊说明,下文中路权都是指实测路权。

从本质上讲,自主驾驶就是智能车在任意时刻对路权的检测、请求、响应,多车交互就是车群在任意时刻对路权的竞争、放弃和占有等协同的过程。路权的检测是智能驾驶车辆安全驾驶的基础,也是完成智能决策、自动控制的前提条件。为了实时准确地检测路权,智能车辆通常装备摄像头、激光雷达、毫米波雷达、红外雷达等多种传感器,如何有效融合各种传感器获得实时数据,是智能驾驶技术的一个重点和难点。为此,我们借鉴了雷达图的形式,构建了路权雷达图的基本框架,如图 5.36 所示。路权雷达图的关注范围为半径约 200m 的圆形区域。根据人的驾驶经验,对于车辆近处的区域,必须精细关注,对于车辆远处的区域,粗略关注即可。基于这种变粒度关注的特征,我们将关注范围分为 141 个圆环,圆环的径向长度从里到外逐渐

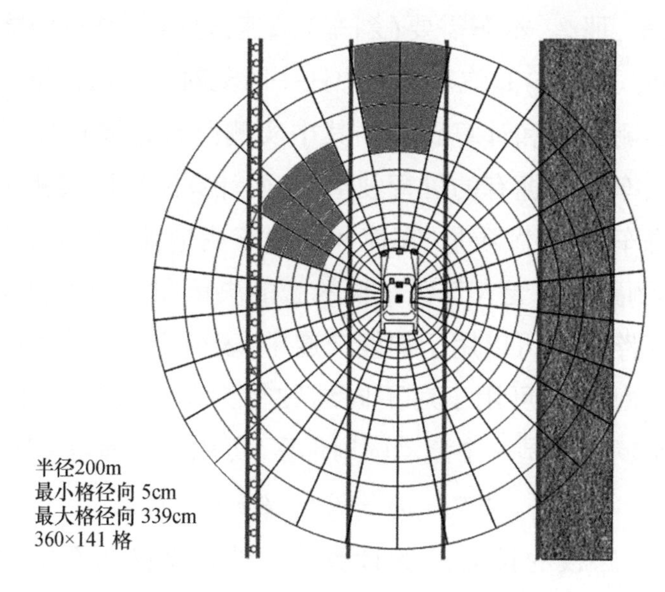

图 5.36　路权雷达图示意(见彩页)

递增。最外侧的圆环径向长度约为3.39m,体现了粗粒度的关注;而内侧的圆环径向长度最小为5cm,体现了细粒度的关注。路权雷达图的角度分辨力为1°,将每个圆环等分为360个大小不同的栅格。

不同传感器感知到的环境信息,通过传感器的参数设定和标定,按照其位置映射到路权雷达图中。为保证行车安全,对于路权雷达图中的某个栅格,若任何一个传感器检测到被障碍物占用,即标记为1,意为该栅格不可驶过;若所有传感器均未检测到其被占用,则标记为0,意为该栅格可以驶过。路权雷达图的栅格覆盖了车辆周围半径为200m的圆形区域。利用路权雷达图,可以快速、准确地完成智能驾驶车辆的多传感器信息融合。

为进一步方便判别,可将路权雷达图划分为8个关注区域,如图5.37所示。每个关注区域都是一个扇形,关注区域内的路权,可以用扇形的半径l和张角α描述。$l_i(t)$描述了在t时刻,车辆在区域i拥有半径为l的路权;记$v_i(t)=\mathrm{d}l_i(t)/\mathrm{d}t$,则$v_i(t)$描述了该区域内,$t$时刻路权的速度。$v_i(t)$实际上也是该区域内障碍物与本车之间的相对速度,是决策的重要依据。将$l_i(t)$与$v_i(t)$作为输入,结合人类驾驶经验,可构建出智能驾驶车辆的决策规则库,并据此进行车辆的决策。

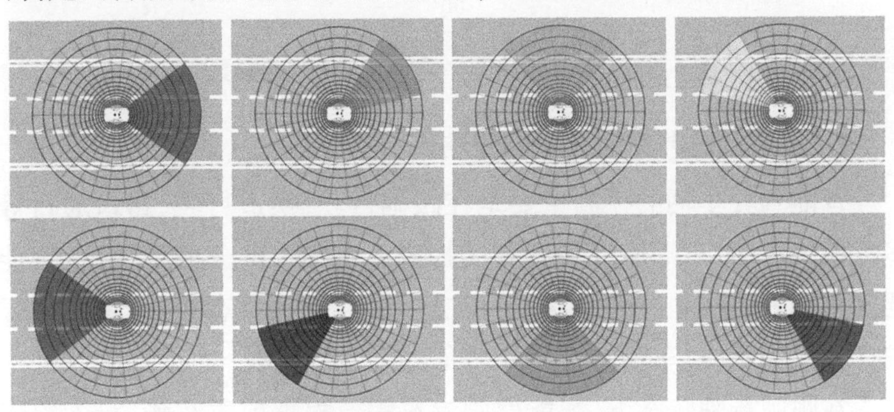

图5.37 路权雷达图划分的8个关注区域(见彩页)

图5.38是路权雷达图融合的一个使用示例。图5.38(a)给出当前时刻车辆状态,雷达图中心的白色车辆为本车,右侧绿色为绿化带,左侧为路栏。通过传感器的感知,当前时刻的路权雷达图可表示为图5.38(b)。图5.38(c)~图5.38(e)给出了车辆正前方,左前方、正后方的路权表示。

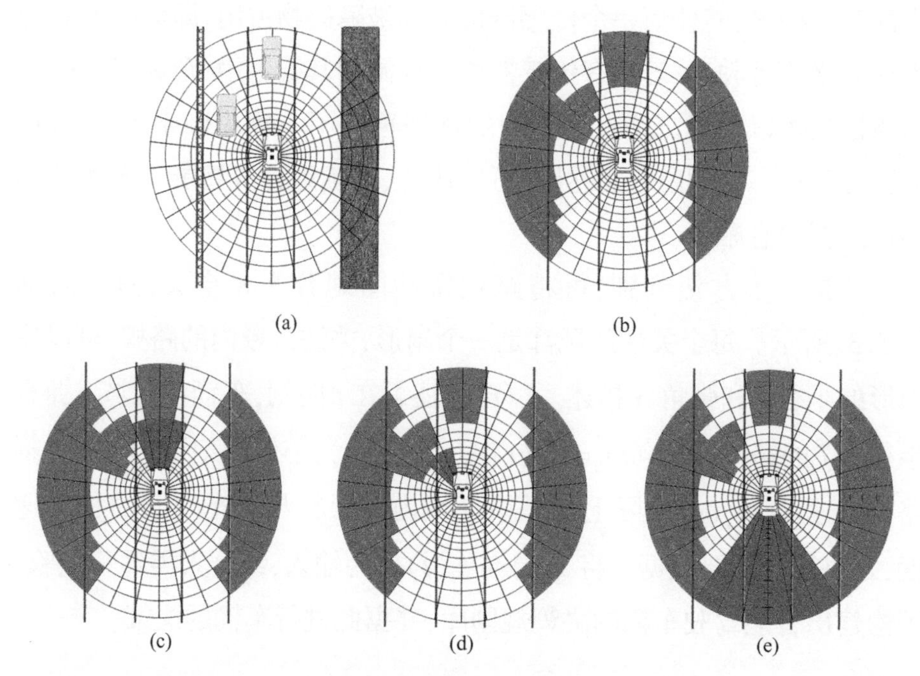

图5.38　路权雷达图融合使用示例(见彩页)

2. 智能驾驶汽车的云控制策略

智能驾驶车辆的控制主要是在跟驰行驶、换道行驶、路口通行等多种模式下,对车辆速度和转角的控制。在绝大部分的情况下,智能驾驶车辆处于跟驰行驶的状态。在这里,以跟驰状态为例,可引入云推理和云控制,对车辆的速度和转角进行智能控制。

在跟驰行驶状态下,智能驾驶汽车需要根据前方车辆、行人等障碍物的情况,不断地调整自己的行车速度,在避免碰撞的前提下提高行车效率,这也是智能驾驶汽车速度控制的目的。汽车转角控制的目的是尽可能地使车辆在车道中居中行驶,这与倒立摆的原理是一致的,通过不断调整方向盘,使车辆在行驶过程中其中心到左、右车道线的距离尽可能相等,同时车辆的前进方向与车道线方向尽可能一致。

智能车的速度控制与转角控制都是典型的单输入单输出控制器,我们以转角控制为例进行说明。在图5.39中,实线是实际存在的车道标线,粗虚线是由两条车道标线计算出的车道中轴线。智能驾驶汽车根据车辆中心与车道中轴线距离 d 及车辆前进方向与中轴线夹角 θ 来进行转角控制。

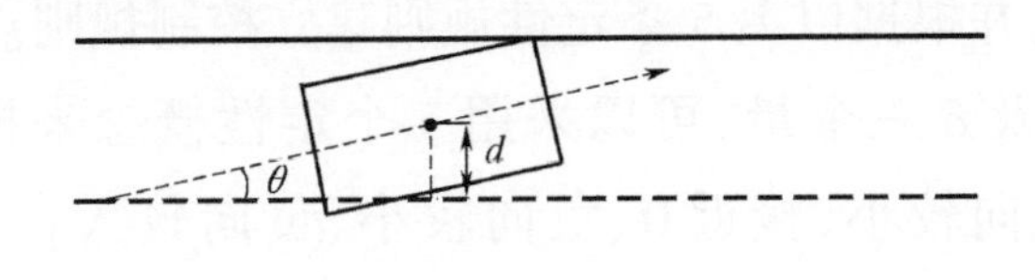

图5.39　车辆中心与车道中轴线距离 d 及车辆前进方向与中轴线夹角 θ

云控制器的输入是车辆中心与车道中轴线距离 d(单位为m)及车辆前进方向与车道线夹角 θ(单位为°),输出为车辆方向盘转角 δ(单位为°)。通过对人类驾驶经验的简单总结,可以得出以下定性结论:

(1) 如果车辆没有偏离车道中心,且车辆前进方向与车道中轴线一致,则让方向盘回到零位,使得车辆正直向前行驶。若 d 和 θ 都接近0,则 δ 也应为0°,使得车辆保持正前向行驶。

(2) 如果车辆向右偏离车道中心,则左打方向盘,使得车辆回到车道中心;车辆偏离越明显,则方向盘的角度应当越大。若 d 大于0,则 δ 小于0°,且 δ 的绝对值与 d 的绝对值正相关。

(3) 如果车辆向左偏离车道中心,则右打方向盘,使得车辆回到车道中心;车辆偏离越明显,则方向盘的角度应当越大。若 d 小于 0,则 δ 大于 0°,且 δ 的绝对值与 d 的绝对值正相关。

(4) 如果车辆前进方向与车道中轴线夹角大于 0°,也就是车辆向轴线右前方行驶,则左打方向盘,使得车辆回到车道中心;车辆偏离越明显,则方向盘的角度应当越大。若 θ 大于 0°,则 δ 小于 0°,且 δ 的绝对值与 θ 的绝对值正相关。

(5) 如果车辆前进方向与车道中轴线夹角小于 0°,也就是车辆向轴线左前方行驶,则右打方向盘,使得车辆回到车道中心;车辆偏离越明显,则方向盘的角度应当越大。若 θ 小于 0°,则 δ 大于 0°,且 δ 的绝对值与 θ 的绝对值正相关。

接下来,我们将描述输入、输出语言变量的语言值集合,定义各语言值的范围,并根据以上 5 条定性规则建立控制规则。

对于 d、θ 及 δ 三个量,可以采用 5 个定性概念来描述,分别是{正向较大、正向较小、接近 0、负向较小、负向较大}。由此,输入与输出变量都定义了 5 个定性概念,从而构造相应的云规则发生器。

具体的跟驰行驶状态智能驾驶车辆方向控制规则如表 5.4 所列,规则中定性概念的参数设置如表 5.5 所列。

表 5.4　智能驾驶车辆方向控制规则

车辆中心距车道中轴线距离 d 的规则集 RS(d)

	中轴线距离 d		方向盘转角 δ
	正向较大		负向较大
	正向较小		负向较小
if	零	then	零
	负向较小		正向较小
	负向较大		正向较大

（续）

车辆前进方向与车道中轴线夹角 θ 的规则集 RS(θ)

	中轴线夹角 θ		方向盘转角 δ
	正向较大		负向较大
	正向较小		负向较小
if	零	then	零
	负向较小		正向较小
	负向较大		正向较大

表 5.5　智能驾驶汽车在高速公路的速度控制规则构成器定性概念参数设置

参数	正向较大	正向较小	零	负向较小	负向较大
RS(d)	(1.5, 0.2,0.004)	(0.5, 0.15,0.003)	(0, 0.08,0.001)	(−0.5, 0.15,0.003)	(−1.5, 0.2,0.004)
RS(θ)	(10, 1.2,0.02)	(5, 1,0.02)	(0, 1, 0.01)	(−5, 1,0.02)	(−10, 1.2,0.02)
δ	(20, 3, 0.05)	(10, 2, 0.02)	(0, 2,0.008)	(−10, 2, 0.02)	(20, 3,0.05)

图 5.40 ~ 图 5.43 给出了智能车在高速公路行驶实验中的记录片断。图 5.40 和图 5.41 分别给出了在智能车与车道线夹角以及距中轴线距离的变化曲线。从图中可以看出车道线与车身夹角 θ 稳定在 −1° ~ 0.5°，同时车辆坐标原点距离车道中轴线的距离 d 稳定在 0.1m ~ 0.7m，波动平缓，波动范围在 0.6m 以内（车道宽度为 3.75m），此段数据表明，车道保持状态较好。图 5.42 给出了智能车输出的方向盘转角变化曲线，其中负值为向右打方向盘，正值为向左打方向盘。方向盘转角范围为 −5° ~ 5°，较为平稳。图 5.43 给出了车辆速度的变化曲线。

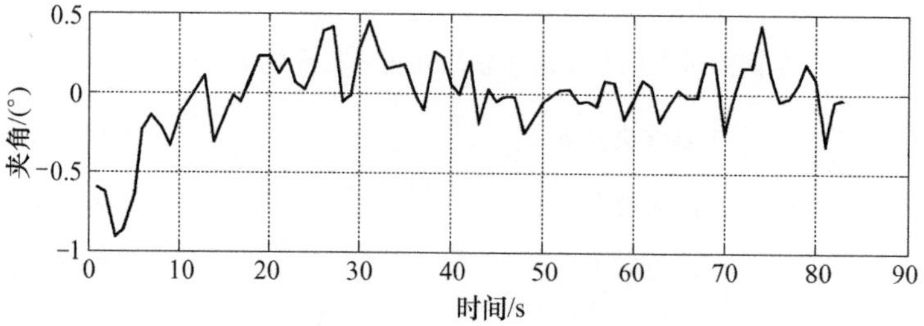

图 5.40　智能车身与车道线夹角变化曲线

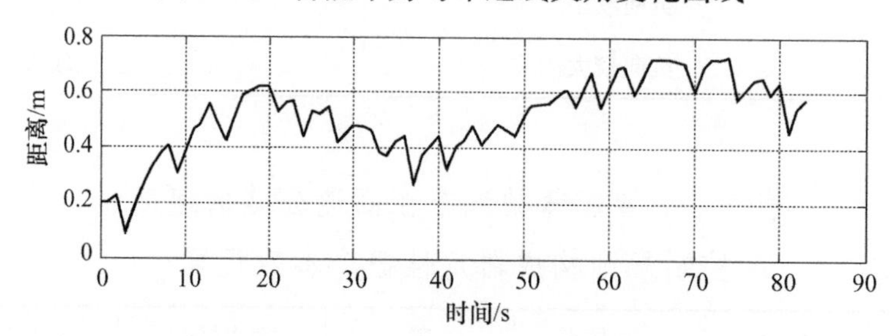

图 5.41　智能车身与车道中轴线距离变化曲线

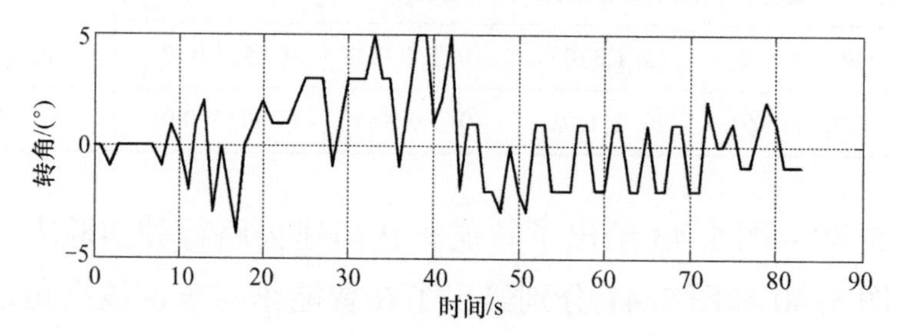

图 5.42　智能车方向盘转角变化曲线

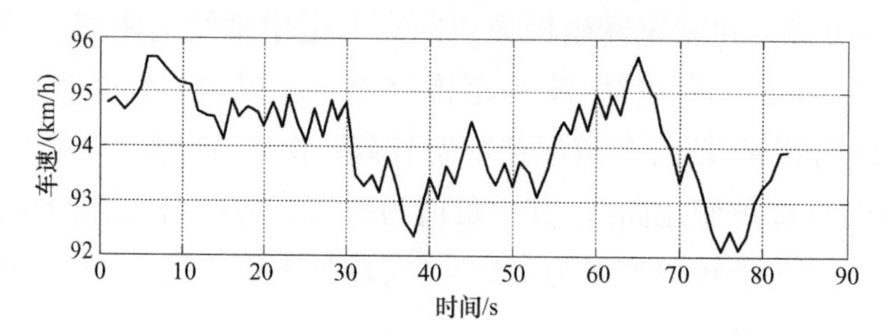

图 5.43　智能车速度变化曲线

智能车实际研发的控制器，如果用车道线做导航，可以确保车在车道虚拟中心线上行驶时横向误差小于20cm。

目前，从北京到天津的城际高速道路上的智能驾驶已经成功实现。在正常天气条件下能够混杂在自然交通流中自主跟驰或超车换道，最高速度可达到110km/h。

5.4.2 基于智能车辆的驾驶行为模拟

在人类驾驶中，不同的驾驶员通常会有不同的驾驶行为，根据驾驶行为的不同，大致可将驾驶员分成新手、正常驾驶员和飙车手3类。在相同的路况条件下，新手一般会比较谨慎，速度较慢，不主动抢夺其他车辆的路权，很少超车换道；而飙车手对路权的占有欲望极强，会在车流中抢夺路权，不断穿梭，以追求更高的速度感。即使对于同一类驾驶员，也会因为个性差异、疲劳状况、心理状态等因素的不同，表现出不同的驾驶行为。这种驾驶行为的不确定性主要表现在驾驶员对路权的竞争、放弃和占有过程的不确定性上。即使对同一风格的驾驶员，不同驾驶员的行为特性也有着很大的差别。

为了再现实际环境中的交通流，可以引入云模型，对智能车辆进行人类驾驶行为模拟。一方面可以利用逆向云算法从路权变化信息中抽象出驾驶行为特征参数，另一方面可以通过正向云算法将特征参数转换为具体的路权信息，从而得出不同驾驶员的驾驶行为。

例如，飙车手之所以能够不断抢占其他车辆路权，而新手之所以不断被迫放弃自己原本占有的路权，是由于对某一特定速度，飙车手敢于占有并释放路权，而新手则必须占有较多路权。也就是通常我们认为的飙车手“胆大细心反应快”。例如，某飙车手只需要占有20m的车前距，就敢于以80km/h的速度行车；而新手则需要占有至少60m的车前距，才能把速度提至80km/h。

为了模拟这一现象,我们在缩微智能车平台上开展了实验。缩微智能车实验平台是按照与真实环境 1∶10 的比例开发的缩微交通环境和智能驾驶车辆。缩微智能车辆及缩微交通环境可以为真实智能车辆的研发提供半实物的研究平台。真实智能车辆的研发及试验过程中,可能会由于算法不鲁棒等因素造成危险,利用缩微平台进行算法的开发与调试,可以在很大程度上减少危险情况的发生。此外,智能交通研究要求真实地再现实际环境中的交通流。利用软件模拟的交通流,与真实情况有一定出入,采用真实车辆进行模拟,则成本、造价极高。使用缩微平台,可以用较低的成本缩微实际交通环境,并真实地模拟交通流,用于论证交通路口改造、车辆通行策略等实际问题,为智能交通研究提供良好的实验平台。

通过采集本车与前车相距 25m 时,飙车手、正常驾驶员以及新手的车速样本,再利用逆向云发生器,即可分别生成对应于飙车手、正常驾驶员和新手的三个速度云模型(图 5.44)。

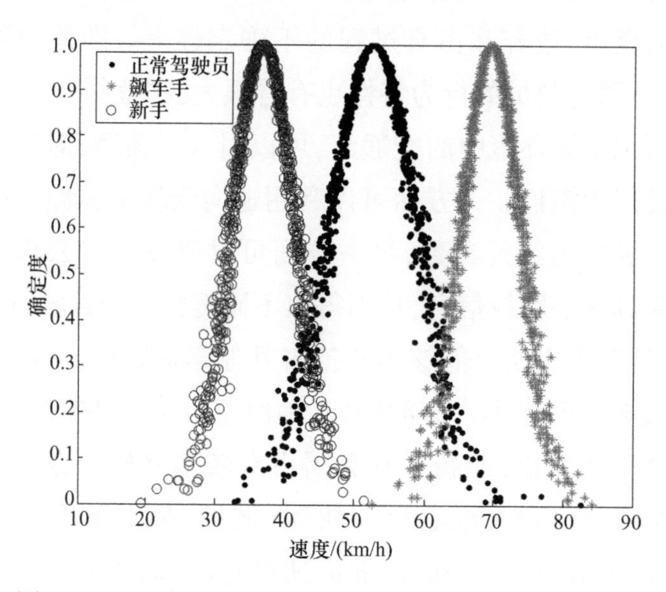

图 5.44　三种风格驾驶员在车前距 25m 时的速度模型

同样的方法，可以生成不同类型驾驶员对应于其他车前距时速度的云模型，以及在超车换道等行为模式下的速度、方向参数，再利用正向云发生器生成该类驾驶员的驾驶行为实例，就可以模拟出该类驾驶员的典型驾驶行为，如跟驰、换道、超车并道、路口驾驶、泊车等行为，且每次生成的特征参数都不尽相同，具有不确定性，从而使得智能驾驶汽车能够模拟人类驾驶行为的不确定性。

具体到每一位驾驶员，可以采集并积累驾驶员每次的驾驶数据，让智能车不断学习该驾驶员的速度—路权对应关系、换道倾向等行为的统计特征，把它们作为驾驶行为的云滴群，通过逆向云发生器，获得该特定驾驶员的具体驾驶行为的数字特征。

这种驾驶行为模拟有着现实意义。例如，依据模拟出的驾驶行为，可以更真实地研究交通中遇到的各类问题及应对方法，研究路权与交通拥堵的关系。**交通拥堵归根到底是路权供给与路权需求的矛盾**。不同驾驶行为对路权的开销是不一样的。飙车手由于过分追求高速度，不断变换车道，抢占其他车辆路权，造成整体通行速度的降低；而新手驾驶员在相同行驶速度下，需要过多的车前距，也不必要地浪费了道路资源，降低了整体通行速度。由于不同车辆对造成道路拥堵的开销不同，可以模拟各类驾驶员的驾驶行为，甚至模拟交通事故现场，还原真实交通流，通过不同驾驶员对道路资源的占有情况及其对拥堵的影响，考虑不同方式的拥堵费计算与收取模式，如根据车辆出行使用的总路权来收取车主的拥堵费，从而改善城市的交通拥堵现状。

云模型还可以使得轮式机器人具有自学习的能力。人工驾驶的过程正是机器人学习的过程，可以在人工驾驶行为数据采集的基础上，通过逆向云模型求得特定驾驶员的期望、熵和超熵。飙车手、新手和正常驾驶员的行为可以用云模型中的期望、熵和超熵去表征，反映了驾驶行为中不确定性中的基本确定性。而在一次次的自动驾驶过程中,又可以用正向云发生器随机生成每次的驾驶行为,它们的差异无统计学意义。这样一来,车子就具备了车主的驾驶能力和驾驶行为了,从这个意义上说还可以研制出陪练机器人、飙车机器人等。

第6章

用认知物理学方法研究群体智能

人工智能发展到今天,已经走过了50多个年头,人们在关注单个个体的智能行为的同时,也越来越关注单个个体难以具备的、群体所表现出来的智能,即群体智能。本章尝试用认知物理学的方法研究群体智能。

6.1 相互作用是群体智能的重要成因

复杂性科学目前已经形成了独具特色的研究方法,涌现就是其中的一个重要概念。人们认识到系统特性可能来自于不同的机制,有的时候,系统要素彼此独立,或者要素之间的相互作用非常微弱,常常按照线性叠加的机制,形成系统的整体特性;而有的时候,要素间存在较强的相互作用,系统的特性更多的是由要素之间的结构和相互作用决定,每个要素受到周围其他要素的影响,微弱的影响可能迅速被放大,形成整体上的巨大变化,系统呈现出更高层次、更加协调的有序行为,这种现象称为涌现。在整体上涌现出崭新的特征,也是一种群体智能。

6.1.1 群体智能

最早的群体智能概念,来自对自然界中昆虫群体的观察。在生物领域,群体智能是指群居性生物通过协作表现出的宏观智能行为特征。人们对包括蚂蚁、蜜蜂、蜘蛛、鱼群以及鸟群在内的大量动物群体的研究催生了各种智能计算模型。典型代表有 M. Dorigo 提出的蚁群算法[65]以及 J. Kennedy 与 R. C. Eberhart 提出的粒子群算法[66]。其核心是由众多简单个体组成的群体,通过相互之间的简单合作,来呈现某一类较奇妙的整体能力,或者完成某一较复杂的任务。例如,图 6.1 中蚁群能够依靠群体行为寻找到优化的路径。在这些生物群体中,个体的自身结构相对简单,但他们的群体行为表现复杂,它不是任何单个个体的性质,也很难由个体的简单行为来预测和推演。

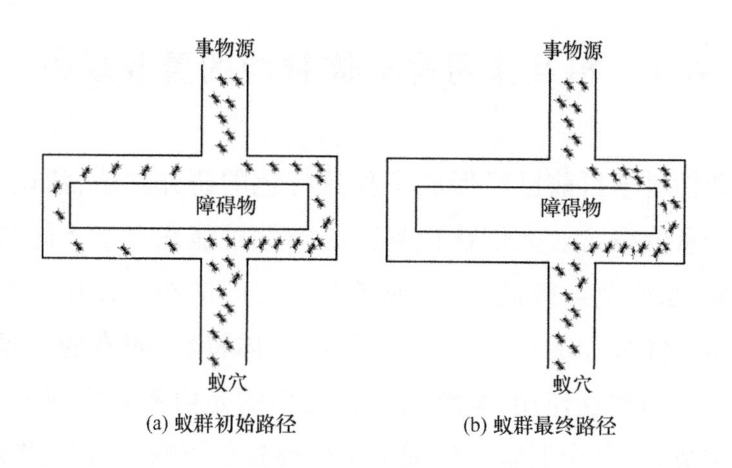

图 6.1　蚁群算法

事实上,除了生物群体中存在群体智能之外,群体智能在人类社会中也存在已久,成为当前社会计算的重要组成部分。中国有句古话:"三个臭皮匠,顶个诸葛亮", 这类说法其实都是群体智能在人类社会的原生态版本。现在,人们越来越关注公众依托互联网交互所涌现出的各种各样的“小众”的群体智能,研究众多与之相关的社会现象,如“众包”、“维基经济学”、“人肉搜索”等。一群在地理上很分散、但有着共同兴趣的人,通过互联网沟通交流,以惊人的有效方式完成大量计算机或单个个体无法解决的难题,这样形成的群体智能,甚至可获得巨大的经济或社会价值。例如在维基百科中,小众的个体之间相互影响、集体创作百科条目,建立百科知识;在社交网络中,一个个的个体,或标注,或推荐,或转发,或发声,交流讨论,热火朝天。群体参与数字资源的整理,迅速完成各种特定情境和主题的图片、视频等数字资源的识别、分类或聚类的任务。

长期以来,研究人类的群体行为以及所表现出的群体智能,主要为心理学家和社会学家所关注,通过实验研究人类个体在各种环境下的心理反应以及整体上所表现出的特征。然而,这些实验结论并不能很好地描述人类在真实生活中表现出来的交互行为特性,进而无法建立量化的人类行为理论。**在云计算和大数据的背景下,基于互联网的社交网络,为研究人类的交互行为特征以及整体上表现出的群体智能提供了良好的载体。**

通过电子邮件通信、专题论坛讨论、照片共享(如 Flickr)、视频共享(如 YouTube)、微博交流(如新浪微博)、虚拟社交活动(如 Facebook、微信、人人网等)等方式建立起来的各种在线社交网络,常常被发现具有“小世界”或“无标度”的特性,其形成机制受到多个学科研究人员的关注,而个体之间的交互是其中的基本因素。**交互是社交网络的基本形态与形成基础,个体与个体的交互形成社区,社区与社区的交互构成社交网络。**社交网络中个体的多样性,使得社交网络中的节点有别于经典网络模型假设的同质节点,也必然带来群体的多样性。由于个体可能属于网络中具有不同关注点的多个社区群体,因此社区群体之间的界限不分明,群体与群体之间存在大量重叠。社交网络中个体参与的自由性、匿名性、社区规模的庞大和个体的素质差异,使得社交网络中充斥着大量无效信息和无用个体,降低了社区群体的显著共性。**社交网络中,频繁交互、增量交互、主动交互、广泛交互、多样交互、持久交互等多种显性或隐性的交互形态,体现出各种群体行为,形成规模可大可小、主题可粗可细、门槛有高有低的不同社群,而社群本身的划分又无穷无尽,社区的演化有消有长**。个体之间通过交互,产生积极或消极的相互作用,导致社区和网络的演化。社区个体和群体的交互多样性给社区演化建模、社区群体发现和行为分析带来了前所未有的困难。因此,**通过量化方法,以交互为核心,分析群体行为,是群体智能研究的关键**。

大众交互的互联网环境下,个体之间、个体与环境之间相互交互,同时相互影响,促使其他个体做出各种不同的改变,并引发宏观上新现象的产生,这种由于**大量的微观交互导致的宏观系统形态的跃迁现象,正是复杂性科学中的"涌现"**。

6.1.2 涌现是群体行为的一种表现形态

涌现的概念最早源于 19 世纪 Lewes 关于生命与思维的哲学研究,但正如《斯坦福大学哲学大百科全书》关于"涌现特性"一章的开篇句子所说:"涌现是一个难以捉摸的具有艺术性的哲学术语(Emergence is a notorious philosophical term of art)"[67]。涌现的概念非常复杂,直到20 世纪末有关复杂性科学的研究,才重新唤醒了这一长期被忘却的概念。今天,认为某种现象是涌现已经不再神秘。在群体中,通过个体之间的交互,在整体上表现出群体智能,是一种典型的涌现过程。

涌现现象所牵涉到的领域非常广泛,从物理学、化学、热力学到人类学、社会学、经济学等,都有许多有关涌现现象的描述,如图6.2所示。自然界的涌现现象,如夏日里蟋蟀群、蛙群、蝉群的齐鸣,萤火虫的同步闪光。人类社会的涌现现象,如剧场中观众鼓掌迅速趋同,长期居住在一起的妇女因为相互行为影响月经周期同步。生物学也有类似现象,如心脏中起搏细胞的同步产生的生物电流使得心脏有节奏地跳动,排列次序和方向一致的大多数神经细胞同步放电产生脑电波。物理界,涌现是从一种状态到另一种状态的突变,常常被称为相变,早在1665年,物理学家惠更斯就发现,挂在同一钢绳上的两个钟摆在一段时间以后会出现同步摆动的钟摆同步现象等。

图6.2 同步现象的普遍存在(见彩页)

对于涌现现象的研究,一直都是和复杂系统联系在一起的,它是复杂系统内部个体之间通过相互作用,产生在系统整体规模上才能观察到的一些新属性和现象。这些属性和现象并不是在统一的协调

控制下,而是从具有局部环境的个体的相互作用中涌现。因此,涌现总是与相互作用联系在一起,相互作用是涌现的必要条件。涌现研究“整体大于局部之和”的机理,描述了一种系统从低层次到高层次、从局部到整体、从微观到宏观的变化,它强调由下而上的相互作用。**正是这种相互作用导致具有一定整体特征的群体智能的出现,整体的宏观特性不同于个体本身的微观特性之和。**

涌现首先是一种具有耦合性的前后关联的相互作用。这种相互作用主要是个体的自适应性和环境适应性,并不存在统一的全局控制。在技术上,这些相互作用以及这个作用产生的系统都是非线性的。整个系统的行为不能通过对各个组成部分进行简单求和得到。我们不可能在棋类游戏中通过汇编棋子各步走法的统计值来真正了解棋手的策略,不可能通过蚂蚁的平均活动了解整个蚁群的行为,也不可能从所有编辑者贡献的内容进行统计获得最终维基百科中的词条内容。在这些情况下,整体确实大于局部之和。

现实的多数系统中,个体之间都存在相互作用,这种交互作用下表现出的群体行为是从该群体中个体的行为以一种非线性方式涌现的。在个体行为和集体行为之间存在一个耦合:所有个体的集体行为形成了该群体的行为。另一方面,群体行为将影响每个个体的行为,这些行为也可以改变个体的所处环境,这样该个体的行为与其他个体的相互作用方式也可以发生变化,这反过来,又改变了集体的行为。也就是说,**在交互作用下,涌现是群体行为的一种表现形态。**

6.2 云模型和数据场在群体智能研究中的应用

自然界中,单个个体的行为、个体之间的交互方式、个体之间的局部作用如何导致全局的群体行为,大量个体在整体上如何表现出群体智能,都需要人类通过形式化的方法去认知这种不确定性。而作为认知物理学的重要方法,我们利用云模型和数据场做了一些探索。

6.2.1 用云模型表示个体行为的离散性

众多的群体行为常常是被多个个体行为所驱动。如果个体之间不存在相互作用的情况,那么个体的行为是各自独立的,在整体上表现出一种分散的、无序的状态,在系统整体规模非常大的情况下,只能用统计的方法去分析。整体上表现出的行为的统计结果,往往近似服从高斯分布,这是一种不同于“涌现”表现出的群体行为。显然,无相互作用下,群体中的个体行为以及整体上表现出的离散性可以通过云模型表示。

云模型是一个定性定量之间不确定性认知的转换模型,实现定性概念与定量数据的不确定转换,其中正向云模型可以形成定性到定量的转换,根据云的数字特征产生云滴,而逆向云模型可以实现从定量值到定性概念的转换,可以将一定数量的精确数据转化为以数字特征表示的定性概念。在众多的系统中,例如热力学系统,单个个体之间不存在相互交互,个体的行为是随机的,如果将单个个体的行为和特征表示为云模型中的定量值,即云滴,而将整体表现出的行为和特征表示为云模型中的定性概念,云模型作为研究定性概念和定量数值转换的双向认知模型,就可以通过个体的行为和特征来研究系统在整体上表现出的宏观特性。

整体上看似无序的系统,云模型通过统计方法研究系统所表现出的宏观特性,能得到对我们有价值的规律。根据中心极限定理,若决定随机变量取值的是大量独立偶然因素的总和,且每个偶然因素作用相对均匀的小,则此随机变量近似服从高斯分布。现实中,完美地服从某一特定分布的量是较少的,影响群体智能的许多因素有可能相互独立,有的因素可能是耦合的,甚至是依赖的,所以往往形成不太规则的分布,而从随机中找出相对的规律性是统计方法的优势。统计能够发现大量不确定性中的基本确定性,可从表面上无序的大量个体中统计出整体特征。例如,不同个体对某一事物的认知通常来说是弱耦合的,或者近似独立的,但所有个体可具有相似的认知方式和行为准则,个体的每次行为可能产生不同的、随机的认知结果,大量个体在整体上表现出的特征都服从某一特定规律,通过云模型获得用三个数字特征表示的概念,研究大量独立个体在整体上的宏观特征,反映出了大众的群体智能。

6.2.2 用数据场描述个体间的相互作用

研究个体之间的交互作用,首先需要认识个体的主体性,还要研究相互作用中的偏好依附特性和局域影响性。个体是具有主体认知能力的自治智能体,具有自身的思维和行为方式,在对待相同事物时表现出不同的认知,在交互中表现出认知上的主体性,不同主体之间的差异是必然的。单个个体与其他不同个体在认知上的差异程度不同,决定了个体可能会以更大的概率选择与自身认知相近的个体进行交互,表现出偏好依附特性,这是交互中的又一重要特征。此外,个体之间的交互受个体之间的作用距离影响,即距离越近,影响越大;反之,距离越远,影响越小。通常,没有一个主体能够知道所有其他个体的状态和行为,每个个体只可以从个体集合的一个较小子集中获取信息,处理"局部信息",个体能够影响的对象是有限的,因此个体之间的相互影响随距离快速衰减,表现出局域影响特性是一种普遍现象。个体通过交互常常可以在整体上达成共识,未必是初始阶段某个个体的认知,也未必是所有个体认知的平均,更多的是交互涌现的结果。

人自身的认知和思维过程,本质上是一个从数据到信息再到知识的简化归纳过程。数据场方法将现代物理学中对客观世界的认知理论引申到对主观世界的认知中来,引入个体间的相互作用,用场来形式化描述原始的、混乱的、不成形的个体间的复杂关联,建立认知场。在认知场中,系统中交互的个体,都可以被看作场空间中相互作用的客体或者对象。数据场中通过引入高斯势函数描述个体之间的相互作用,可以作为描述系统中个体之间交互影响的方法,其中质量因子反映了个体的主体性,质量越大,反映个体的交互能力越强;而个体之间的距离越远,相互的影响越小,距离反映了个体之间的差异性,从而可以反映个体交互过程中的偏好依附特性;个体之间的相互影响随距离快速衰减,数据场通过控制高斯势函数的衰减因子描述个体交互的这种局域影响特性。因此,在相互作用中个体表现出的主体性、偏好依附性和局域影响性,可以尝试通过数据场来进行描述。

6.3 典型案例:“掌声响起来”

让我们从一个日常生活中的现象谈起。

观众在音乐厅里的自发掌声,有时会从混乱到同步,这是人类认知尺度上一个复杂系统的涌现现象,受到人们的普遍关注,成为一个典型的研究案例。设想在能够容纳数千名观众的音乐厅里,一个精彩的节目表演开始后,观众会安静地坐在座位上观看情节的发展,随着一次次高潮的到来或者在节目表演结束后,观众会爆发出雷鸣般的掌声,以表示对节目的欣赏和对演员辛苦表演的鼓励。每个观众都会听到周围一定范围内其他观众的鼓掌,观众的击掌会相互影响,有时候,这种在开始阶段混乱的掌声,经过一段时间后会突然转变成有节奏的掌声,似乎有一股神秘的力量驱使所有观众按一致的节拍鼓掌,此时涌现现象发生了。在日常生活中这种现象虽然难以经常出现,但还是时有发生。

6.3.1 用云模型表示人的鼓掌行为

音乐厅里形成的自发同步掌声,是对表演节目的一种认可方式,主体是音乐厅里的每个观众,主体的状态参数涉及年龄、性别、心情、爱好等多个方面,同时音乐厅的大小、音响、灯光等环境因素也都会引起细微差异。在研究有关复杂系统的问题时,必要的简化是不可缺少的,这也是揭示问题本质的一种有效手段。

1. 个体行为的简化与建模

对于音乐厅里鼓掌的单个观众,当完成第一次击掌并经过一个较短的时间后,会接着第二次击掌、第三次、第四次,……,直至鼓掌完毕。单个观众的连续鼓掌不妨表示成一个连续的方波信号,如图6.3所示。

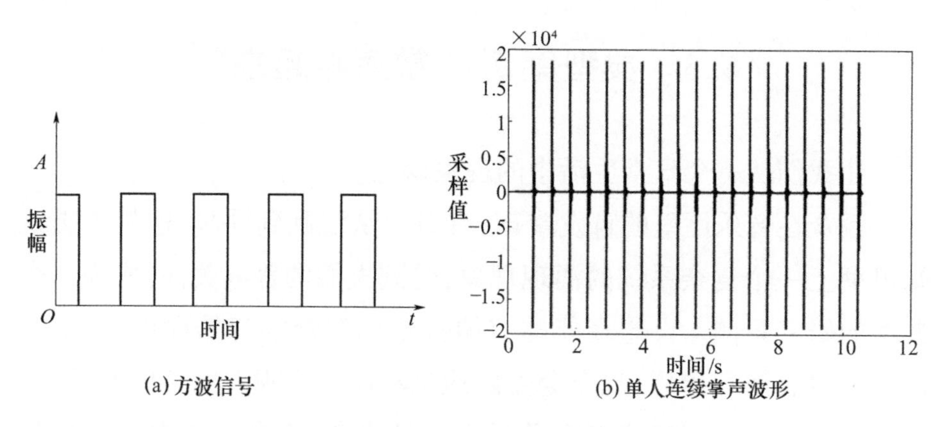

(a) 方波信号　(b) 单人连续掌声波形

图6.3　方波信号与单人连续掌声波形

通常信号可以用周期、相位、振幅来表示,借用这种描述方法,同时为了区别,使用起拍时间、击掌间隔、掌声强度来表示一个观众的鼓掌行为[68]。所谓起拍时间就是指该观众的第一次击掌时间，记为t_1；击掌间隔是指该观众两次击掌之间的时间，用Δt_i表示该观众的第i次击掌间隔($i=1,2,\cdots,n$)；掌声强度用于衡量观众掌声的强弱程度，记为Q。这三个参量分别对应于一个周期信号的初始相位、周期和振幅，如图6.4所示。

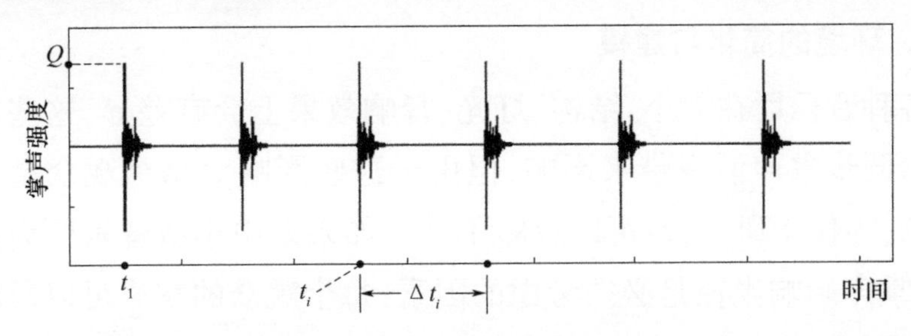

图6.4　单人掌声参数化表示

观众在音乐厅观看表演时，当节目演到高潮或者节目结束时，观众会在一个很短的时间内有先有后鼓掌，因为生理、心理等特征的差异性，每个观众第一次击掌的时间(起拍时间)是不一样的，且每个观众的初始击掌时间间隔也是不一样的，因此整体听上去是混乱的，通过观众之间的相互作用，掌声有可能会从混乱转向同步。

除起拍时间、击掌间隔、掌声强度三个描述单个观众鼓掌的参数外，还有一个重要的参数——鼓掌次数，每个观众鼓掌的次数是不一样的，还会受到现场气氛的影响。这四个参数共同描述了单个观众在鼓掌过程中的行为。为了在下文中叙述方便，在此再引入一个新的参数——击掌时刻，这个参数不是独立的，它由观众的起拍时间和击掌间隔决定，所谓击掌时刻是指观众的起拍时间和到此前为止的所有击掌间隔的总和。比如，观众的第一次击掌时刻就是他的起拍时间t_1，而第二次击掌时刻则是$t_1+\Delta t_1$，以此类推，第i次击掌时刻$t_i=t_1+\sum_{k=1}^{i-1}\Delta t_k$。

对于音乐厅整体掌声的研究,集中在每个观众的鼓掌行为上,包括起拍时间、击掌间隔、掌声强度、鼓掌次数等。如同人的身高、体重有差异一样,每个人的起拍时间、击掌间隔、掌声强度、鼓掌次数也都不一样,它们在整体上均近似服从高斯分布。至于年龄、性别、心情等方面的差异可以忽略。

2. 环境的简化与建模

各种音乐厅在大小、结构、灯光、音响效果上会有差异,这些差异也会给同步掌声涌现带来影响,但由于这些影响对每个观众是近似相等的,为便于研究,也可以忽略不计。如果以中小型音乐厅为研究对象,掌声影响半径是必须考虑的因素,每个观众的掌声可以影响周围有限距离范围内其他观众的掌声。

3. 个体行为的初始分布及表示

音乐厅里的观众在不鼓掌的时候是相互独立的,他们之间不存在相互作用,每个观众的初始击掌是独立的单个微小事件,因为这时观众还没有因听到其他观众的掌声而受到影响。每个观众的起拍时间、击掌间隔、掌声强度、鼓掌次数的初始值可以认为近似服从高斯分布。**因此,可以用云模型生成观众的初始状态,通过高斯云发生器得到每个观众的起拍时间、击掌间隔、掌声强度和鼓掌次数的初始值。**

在日常生活中,正常人每秒钟大约鼓掌两次,设正常人的击掌间隔的期望值为500ms;而当一个节目达到高潮或结束时,观众平均会在1秒钟后做出反应,即所有观众起拍时间的平均值为1000ms左右;而观众掌声强度的平均值大约为50dB。选取适当的熵和超熵,利用高斯云发生器可以得到每个观众的起拍时间、击掌间隔、掌声强度的不同初始值以体现差异。图6.5给出了音乐厅里1000个观众的起拍时间、击掌间隔、掌声强度在选择不同的熵和超熵后,通过云发生器生成的云滴图，每个云滴对应一个观众，当然也可生成更多的云滴。

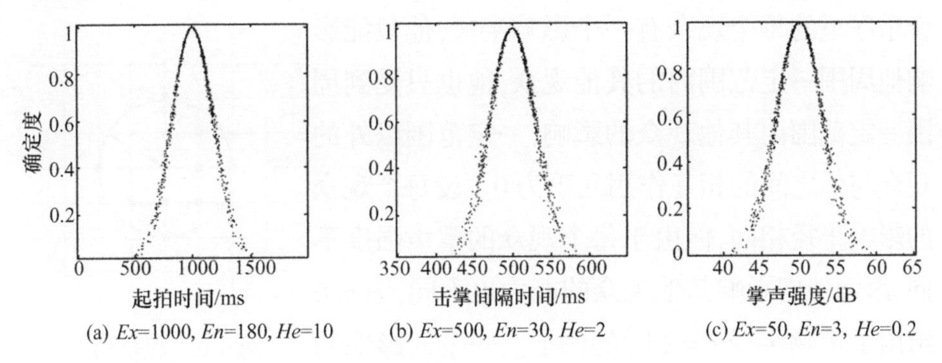

(a) Ex=1000, En=180, He=10　(b) Ex=500, En=30, He=2　(c) Ex=50, En=3, He=0.2

图6.5 "掌声响起来"中个体的初始状态

6.3.2 用数据场反映掌声的相互传播

从社会心理学的角度，观众在音乐厅里形成的鼓掌同步是从众心理所致。从众是社会心理学的一种基本机制，表现在人们的衣着追求、工作选择、购房购物等方方面面，音乐厅的掌声相互影响也是如此。当一个节目演到高潮或结束时，观众自发地为精彩演出而鼓掌。观众击掌的快慢和强度不一样，一个观众如果听到周围人鼓掌比他快，他常常也会加快鼓掌频率，听到周围人鼓掌比他强，他也会增强鼓掌力度。通过不断的相互影响，最终就有可能使全场的掌声达到同步。

在鼓掌过程中，观众之间的击掌间隔和击掌时刻存在差异，击掌间隔的差异表现为频率不同，击掌时刻的差异表现为相位的不同。由于受到从众心理的影响，观众会根据周围掌声的快慢和早晚来自发地调节自己下一次的击掌间隔，并反过来影响别人。每个观众的下一次击掌间隔是在自己上一次击掌间隔基础上，根据周围人的击掌间隔和击掌时刻所调整的结果，而其自身的击掌间隔和击掌时刻也影响着周围观众的下一次击掌间隔。最终大家的击掌间隔和击掌时刻趋于同步状态,涌现现象就出现了。

掌声强度随距离而衰减,距离是观众之间相互影响的一个重要因素。音乐厅里的每个观众有一个影响半径,他只能影响他周围一定范围内的其他观众,他也只受到周围一定范围内其他观众的影响,一定范围以外的观众与他之间的相互作用几乎为0。设每个观众的影响半径相同,但由于每个观众的掌声强度不同,因而他们影响其他观众的能力也不同,图6.6给出了影响半径 $r=2$ 时的例子。一个人影响周围的12个人,图中空心节点表示的观众也受周围以 r 为半径的圆内实心节点表示的其他观众的影响。**每个观众受到周围其他观众的影响,同时又作为周围人去影响其他观众,整个过程不存在一个全局的控制,只存在局部的观众的有限环境交互。**

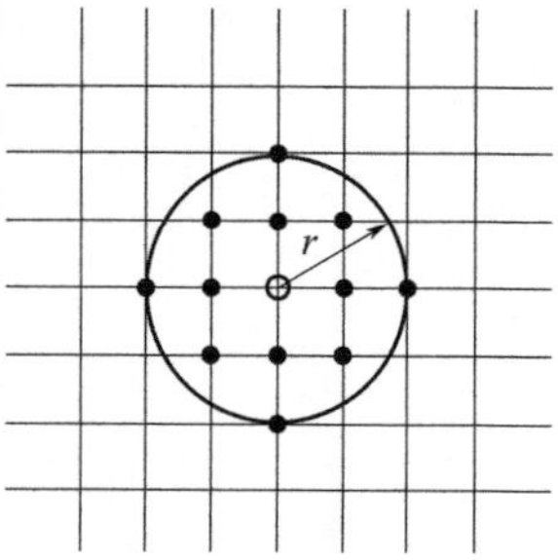

图6.6 观众相互作用范围($r=2$)

根据个体间的这种相互作用模式,可采用场的方法来描述。根据数据场理论,每个观众的鼓掌被看作一个对象,对象的主体行为包含击掌时刻、击掌间隔、击掌强度这三个不断变化着的参数,观众的掌声通过掌声强度传播,掌声强度越大,距离越远,对周围观众的影响越大,因此,可以将掌声强度作为对象的质量,两个观众之间的物理距离作为两个对象之间的距离。这样,每个对象的周围就会形成一个均匀、对称的场,一个对象在别的对象所处位置上形成的势可以通过数据场来计算[69]。

6.3.3 "掌声响起来"的计算模型

根据数据场理论,设音乐厅里有 M 行和 N 列座位,观众组成一个 $M\times N$ 的矩阵,定义 $A_{i,j}$,$A_{x,y}$ 分别为处在 $M\times N$ 矩阵中 $[i,j]$ 和 $[x,y]$ 位置上的观众,$A_{i,j}$ 发出的掌声传播到 $[x,y]$ 位置上的势为

$$\varphi_{i,j}(x,y) = Q_{i,j} \times \mathrm{e}^{-\frac{(x-i)^2+(y-j)^2}{\sigma^2}}$$

式中：$Q_{i,j}$为观众$A_{i,j}$的掌声强度；σ为距离影响因子，它与观众$A_{i,j}$的影响半径r关系为$\sigma=\frac{\sqrt{2}}{3}r$（对于给定的$\sigma$，高斯函数的影响区域近似为$\frac{3}{\sqrt{2}}\sigma$），其中$1\leqslant x\leqslant M$，$1\leqslant y\leqslant N$，$1\leqslant i\leqslant M$，$1\leqslant j\leqslant N$。

定义$S_{x,y}$为与观众$A_{x,y}$的距离小于影响半径r的所有其他观众组成的集合，即$S_{x,y}$是观众$A_{x,y}$周围观众组成的集合，则

$$S_{x,y} = \left\{A_{i,j} \,\middle|\, \sqrt{(x-i)^2+(y-j)^2} \leqslant r\right\} \qquad x \neq i, y \neq j$$

集合$S_{x,y}$中的每个观众的掌声都会对观众$A_{x,y}$产生影响，这些观众在$[x,y]$位置上的势可以通过叠加求得

$$\phi(x,y) = \sum_{A_{i,j}\in S_{x,y}} \left(Q_{i,j} \times \mathrm{e}^{-\frac{(x-i)^2+(y-j)^2}{\sigma^2}} \right)$$

观众$A_{x,y}$的下一次击掌间隔$\Delta t'_{x,y}$，是由他自身的上一次击掌间隔$\Delta t_{x,y}$以及周围观众$A_{i,j}(A_{i,j}\in S_{x,y})$的最近一次鼓掌行为共同决定的，观众的鼓掌行为由鼓掌的快慢和早晚两个部分构成。观众$A_{x,y}$根据周围观众的平均击掌间隔与自己击掌间隔的差距、周围观众的平均击掌时刻与自己击掌时刻的差距来调整自己的击掌间隔。如果周围观众的平均击掌间隔比自己小，则减小自己的击掌间隔，反之，则增大自己的击掌间隔；如果周围观众的平均击掌时刻比自己早，则减小自己的击掌间隔，反之，则增大自己的击掌间隔。因此观众下一时刻的击掌间隔可形式化描述为

$$\Delta t'_{x,y} = \Delta t_{x,y} + \frac{\sum_{A_{i,j}\in S_{x,y}} \left\{ \left[c_1(t)(\Delta t_{i,j} - \Delta t_{x,y}) + c_2(t)(t_{i,j} - t_{x,y}) \right] \times Q_{i,j} \times \mathrm{e}^{-\frac{(x-i)^2+(y-j)^2}{\sigma^2}} \right\}}{\sum_{A_{i,j}\in S_{x,y}} Q_{i,j} \times \mathrm{e}^{-\frac{(x-i)^2+(y-j)^2}{\sigma^2}}}$$

式中：$c_1(t)$、$c_2(t)$为耦合函数，$c_1(t)$反映$A_{x,y}$的周围观众的击掌间隔

对 $A_{x,y}$ 的影响强弱,$c_2(t)$ 反映 $A_{x,y}$ 的周围观众的击掌时刻对 $A_{x,y}$ 的影响强弱;$\Delta t_{i,j}$ 和 $\Delta t_{x,y}$ 分别为观众 $A_{i,j}$ 和 $A_{x,y}$ 上一次击掌间隔;$\Delta t'_{x,y}$ 为观众 $A_{x,y}$ 下一次击掌间隔;$t_{i,j}$ 和 $t_{x,y}$ 分别为观众 $A_{i,j}$ 和 $A_{x,y}$ 上一次的击掌时刻;分母是所有周围观众的掌声在 $A_{x,y}$ 处形成的势,用以归一化。

上式表明,**每个观众只受周围影响半径 r 范围内的其他观众的影响,即每个观众只能利用他周围的局部信息来调节自己,整个过程中不存在一个全局的控制,没有一双看不见的“手”对观众进行统一的指挥。每个观众都影响其他周围的观众,同时又平等地受到周围观众的影响。由于每个观众的初始状态通过云模型来产生,因而模型也充分地考虑个体初始状态的随机性。**

观众的鼓掌次数显然对能否形成同步有直接的影响。如果观众的鼓掌次数都很少,那么即使耦合作用很强烈,也同步不了;只有当鼓掌次数足够多时,由于一定程度的相互耦合作用才可能形成自发同步的掌声。此外,观众不可能一直鼓掌下去,当现场气氛不再热烈时,观众的鼓掌会逐渐停止。一般情况下,每个观众在一个节目表演到高潮或结束时,都会有一个鼓掌次数的初始值,这个初始值服从泛高斯分布,在此基础上,单个观众的鼓掌次数受到气氛感染因子的调节,这个气氛感染因子可以用音乐厅里观众鼓掌的有序程度来衡量,因而观众的鼓掌次数变化可以表示为

$$\begin{aligned} L_{x,y}(t+1) &= L_{x,y}(t) + c_3(t) \times L_{x,y}(t) \\ &= L_{x,y}(t) + K \times (\mathrm{std}(t-1) - \mathrm{std}(t)) \times L_{x,y}(t) \end{aligned}$$

式中:$L_{x,y}(t+1)$ 为观众 $A_{x,y}$ 受气氛感染因子影响后的鼓掌总次数;$L_{x,y}(t)$ 为观众 $A_{x,y}$ 受气氛感染因子影响前的鼓掌次数;$c_3(t) = K \times (\mathrm{std}(t-1) - \mathrm{std}(t))$ 为气氛感染因子,随时间而变化,且与现场的鼓掌情况有直接的联系;$\mathrm{std}(t-1)$ 为 $t-1$ 时刻击掌时刻的标准差;$\mathrm{std}(t)$ 为 t 时刻击掌时刻的标准差;K 为标准化系数。

当计算出来的气氛感染因子小于0时,所有观众的鼓掌次数不再增加。实际上,不需要在每次鼓掌后都计算鼓掌次数的增加值,当有观众鼓掌次数达到上一次计算出来的鼓掌总次数时,再计算下一次的增加值即可,如果增加值小于0,鼓掌过程结束。

一般地,耦合函数 $c_1(t)$、$c_2(t)$ 反映观众之间的相互作用强弱随时间而变化,$c_3(t)$ 反映现场气氛的变化。特殊地,当 $c_1(t)$、$c_2(t)$ 很小乃至为0时,意味着**观众之间几乎不发生相互作用,这样形成的是一般掌声,又称为礼貌性掌声,这种掌声多发生在场景需要或礼节性的场合**。在研究涌现过程时,很多情况下可以用常量的耦合函数来简化问题,这时耦合函数就变成了耦合系数。

6.3.4 实验平台

在"掌声响起来"计算模型被形式化的基础上,建立实验计算平台,运用计算机程序去模拟同步掌声的形成,进而研究同步掌声涌现的机理。这里特别要说明的是,掌声仅仅是一个载体形式,用数字音频工具录制的单人单掌声可以很容易地载入到由每个人的起拍时间及一个个击掌间隔形成的流数据中去,形成单人连续掌声,进而可以通过多个单人连续掌声的混音形成音乐厅里的多人掌声。因此重要的是要得到每个人在相互作用影响下的击掌间隔形成的流数据。

为简化说明计算实验平台的流数据的生成方法,设想一个 $M = N = 8$ 的观众矩阵(图6.7(a)),他们的鼓掌初始状态用云模型生成。鼓掌时,根据当前每个观众的击掌时刻找出当前最先鼓掌的观众,按照前面给出的公式计算出他的下一次击掌间隔。接下来,再根据击掌时刻寻找下一个最先鼓掌的观众,重复这一计算过程,直至鼓掌完毕。图6.7(b)所示,是抽取 8×8 方阵中处在(4,5)位置及其周围位置上的13个观众的击掌间隔流数据。图中每行代表的那个观众自起拍至结束的全部击掌间隔皆用数字标出,单位为ms,小圆圈的横轴位置表示实际的击掌时刻。以$A_{4,5}$为例,第一个数据249表示他的起拍时间为249ms,后面是他的一次次击掌间隔345ms、363ms,小圆圈中的数字是他在这13个观众全部鼓掌中的顺序,即$A_{4,5}$的第1、2、3次鼓掌分别是13个观众中的第2、14、27次鼓掌。当所有观众击掌时刻足够接近时,掌声同步听起来会十分明显。

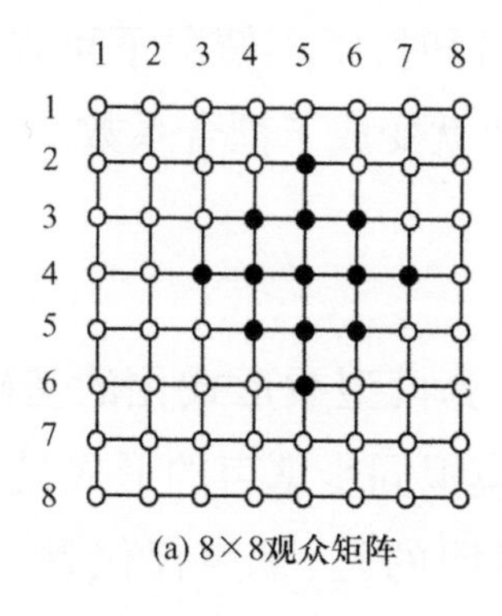

(a) 8×8观众矩阵

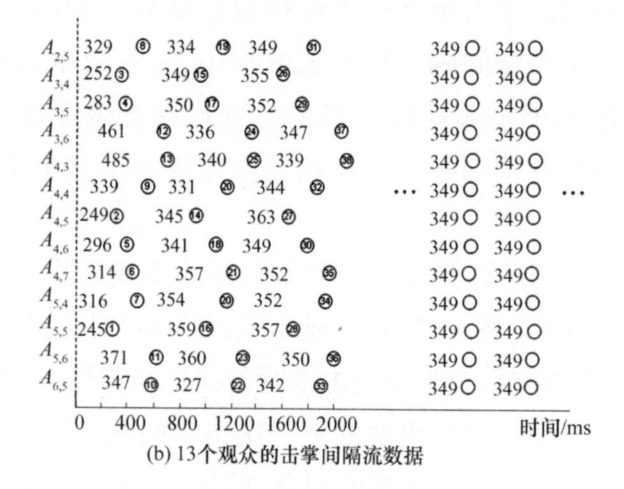

(b) 13个观众的击掌间隔流数据

图6.7 流数据文件的生成

按照此算法，这种流数据的生成方法很容易扩展到更大规模的矩阵中去，如32×32或64×64的观众规模。流数据文件的生成过程再次表明，不存在一只看不见的“手”来控制全场的同步。

根据“掌声响起来”的初始状态和观众间的相互作用，以掌声作为表现手段，建立“掌声响起来”的计算实验平台，如图6.8所示。左上角部分是平台的参数设置与控制按钮，右上角是多人合成掌声，下半部一排排是每个观众形成的掌声矩阵如64(8×8)、256(16×16)或1024(32×32)名观众的掌声，每一排矩形方格是一个观众的单人连续掌声波形。可以通过鼠标在掌声矩阵中任意选择组合区域，在右上角得到该区域掌声的合成效果。实验平台记录音乐厅里每个观众一次次击掌间隔的流数据，通过它们可计算出相应的击掌时刻，然后将录制的单人单掌声载入到流数据文件中的这些时刻点上，形成单人连续掌声文件，再用多媒体混音算法对所有观众的单人连续掌声文件进行合成，得到多人鼓掌的掌声文件，可以通过数字音频播放器播放。

通过改变实验平台初始参数，可以得到不同类型的掌声。选择适当的$c_1(t)$、$c_2(t)$，可以得到从混乱到有序的自发同步掌声。如果让耦合系数$c_1(t)=c_2(t)=0$，这时候时间间隔的计算公式就变成$\Delta t'_{x,y}=\Delta t_{x,y}$，即每个观众都自主地鼓掌，不受周围人的影响，观众之间不存在相互作用，这样模拟的是通常所说的礼貌性掌声，在日常生活中是经常发生的；当改变$c_1(t)$、$c_2(t)$为较小的值时，反映观众之间的弱耦合相互作用，这样得到的是交织杂乱的掌声，如果耦合作用增强，则会出现快要同步，但又没有达到同步的情况；当$c_1(t)$、$c_2(t)$增大到一定的值时，观众之间的相互作用到达一定限度，掌声同步现象突然出现了，形成自发同步的掌声。我们的实验平台生动地表现了掌声从无序到有序的同步过程。

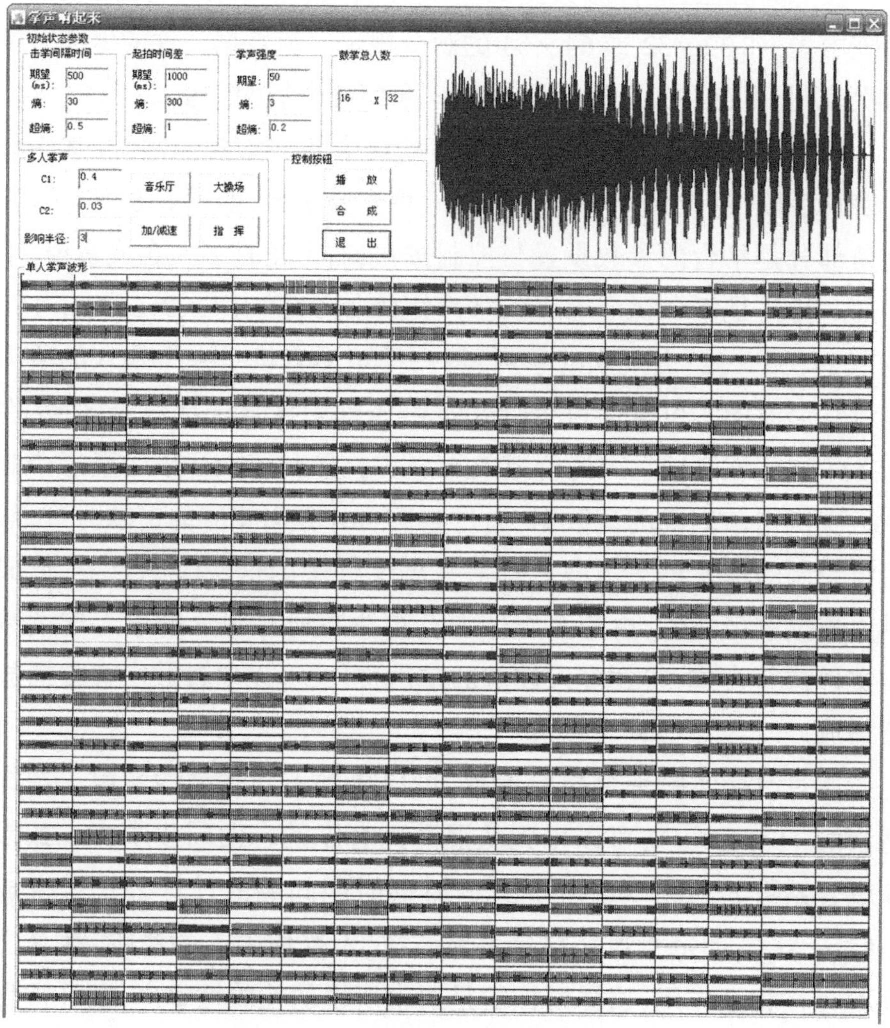

图 6.8 "掌声响起来"计算实验平台

图 6.9 可视化了一个 1024(32×32)名观众鼓掌的情况,每个节点代表一个观众,将每个观众的鼓掌看作一个节点上下振动,其中纵轴表示振幅,底平面是由鼓掌人群组成的方阵,当振幅大小为正时,节点颜色为红色,振幅大小为负时,节点颜色为蓝色。

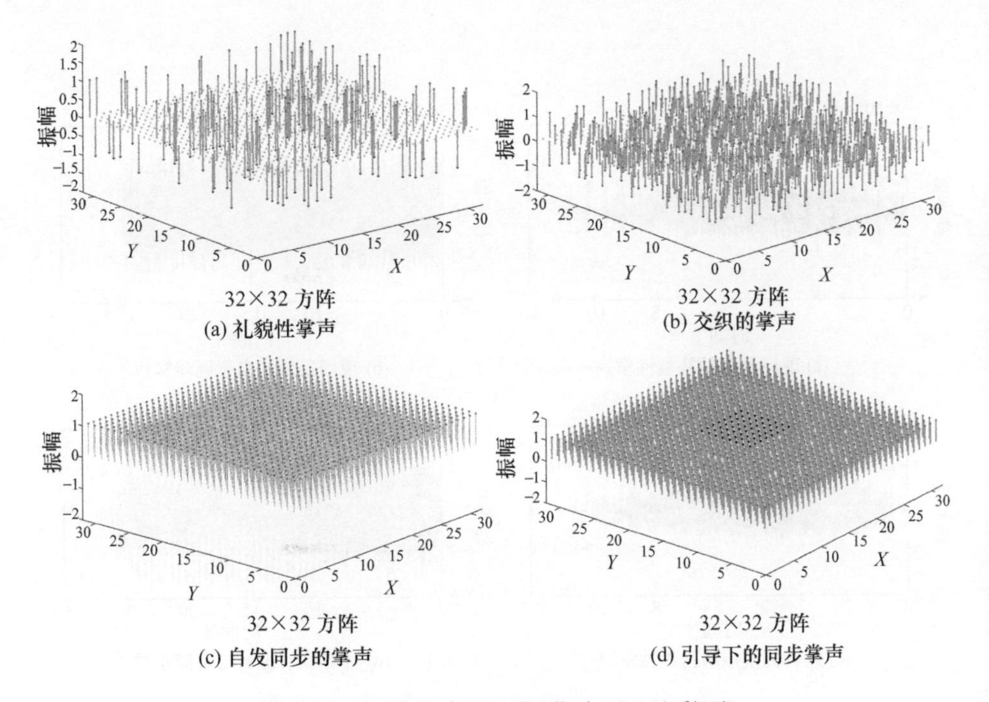

图6.9 四种掌声的可视化表示(见彩页)

考虑随机性,实验生成的每一次掌声都不会完全相同。尽管如此,通过在音乐厅中进行实验,让它与在音乐厅中观众的真实掌声进行对比,通过真人进行鉴别,人耳几乎不能将二者分辨。图6.10给出了4个掌声的波形图,左边两幅图为礼貌性掌声,右边两幅图为自发同步掌声,上边的两幅图为现场录制的掌声,下边两幅图是通过计算机模拟生成的掌声。从波形上看,录制的掌声与计算机虚拟生成的掌声波形是非常接近的,说明实验平台的模拟是成功的。

6.3.5 涌现的多样性分析

掌声涌现过程中存在着从混乱到有序的过渡。熵是描述热力学系统混乱与有序程度的经典方法,可以借用熵理论来分析观众鼓掌过程中的混乱程度。

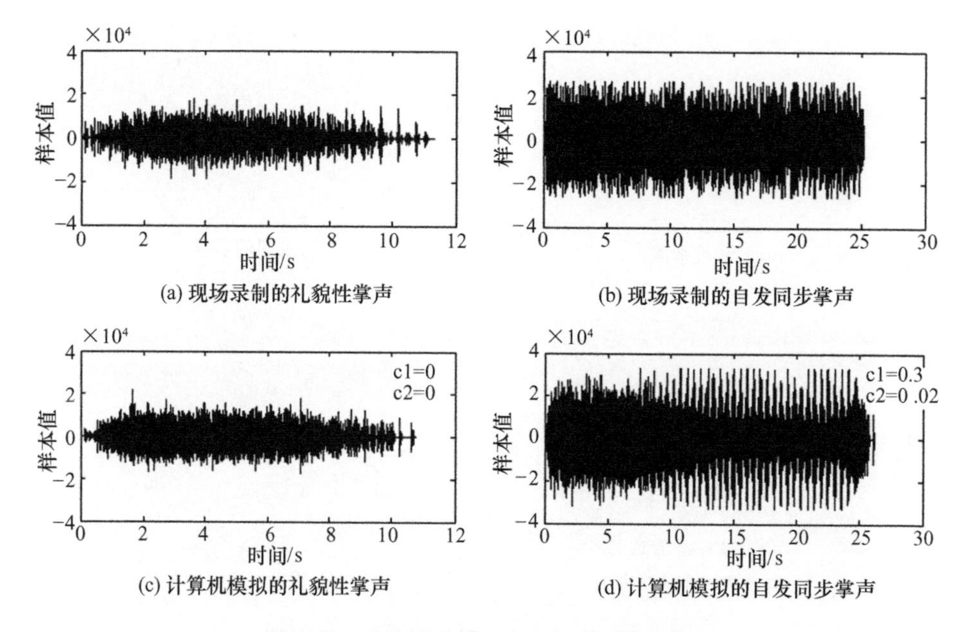

图 6.10 虚拟掌声与真实掌声的比较

设音乐厅里 m 个观众鼓掌,在时间宽度为 ΔT 的观察窗口内,对击掌时刻流数据进行统计分析。统计在 T 时刻,观众的击掌时刻落在 ΔT 观察窗口内的观众数 n。则 T 时刻鼓掌的概率可定义为

$$P(A) = \frac{n}{m}$$

不鼓掌的概率为

$$P(\bar{A}) = \frac{m-n}{m}$$

根据该定义可知,$P(A) + P(\bar{A}) = 1$。将 T 时刻人们的鼓掌划分为击掌和不击掌两种情形,用熵分析击掌的混乱程度,在 ΔT 时间内的音乐厅里鼓掌的混乱程度可以用熵表示为[70]

$$H = -[P(A) \times \log_2 P(A) + P(\bar{A}) \times \log_2 P(\bar{A})]$$

若所有观众同时击掌或不击掌，即 $P(A)=1$ 或 $P(A)=0$，此时熵 $H=0$，掌声同步；如果恰好有一半人击掌，即 $P(A)=P(\bar{A})=0.5$，熵 H 达到极大值0.7，掌声最无序。因此，熵 H 的变化可以反映观众鼓掌时的混乱和有序状况，$H=0$ 时最有序，$H=0.7$ 时最混乱。熵 $H=0$ 可以成为判断掌声从混乱转向同步的标准。

分别选取一段典型的礼貌性掌声和自发同步掌声，用熵进行对比分析，如图6.11所示。根据前述对熵取值的讨论可知，当熵 $H=0$ 时，表示鼓掌最有序，即达到掌声同步；H 曲线消失代表鼓掌过程结束，掌声也随之消失。从图中流数据对比分析可以发现，礼貌性鼓掌时，观众鼓掌行为仅为自身状态，彼此间几乎无耦合，这种鼓掌开始后会迅速变乱，持续一段时间后结束。相反，在自发同步情况下，由于节目精彩，从众心理使得耦合机制发生作用，开始的混乱逐步减弱，有序性涌现出来，当熵曲线达到0时，形成同步的掌声，当熵曲线结束时，鼓掌过程结束。

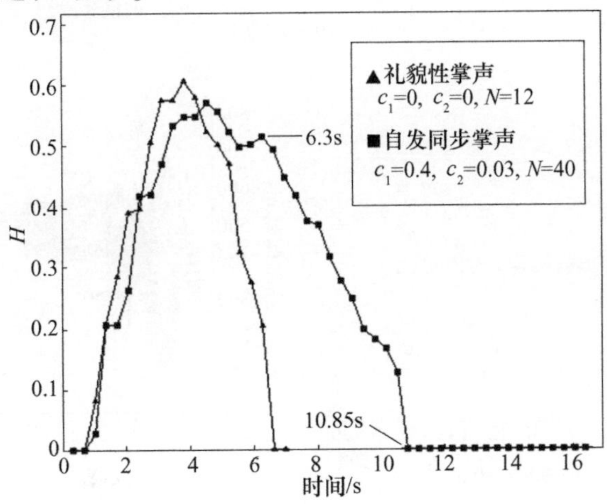

图6.11　两种掌声的熵曲线对比(时间窗口 $\Delta T=400\text{ms}$)

通过反复播放涌现计算实验平台生成的不同的虚拟掌声，可以发现自发同步的掌声同步后观众的击掌间隔明显放慢，且对不同的耦合系数，击掌间隔放慢的程度不一样。选取三个典型的音乐厅自发同步掌声的实验数据，绘制观众击掌间隔随时间变化曲线，如图6.12所示。每幅图中的每条曲线代表一个观众击掌间隔的变化趋势，横坐标表示时间，以s为单位，纵坐标表示击掌间隔，以ms为单位，图中的直线是初始状态高斯分布所使用的击掌间隔的期望值。

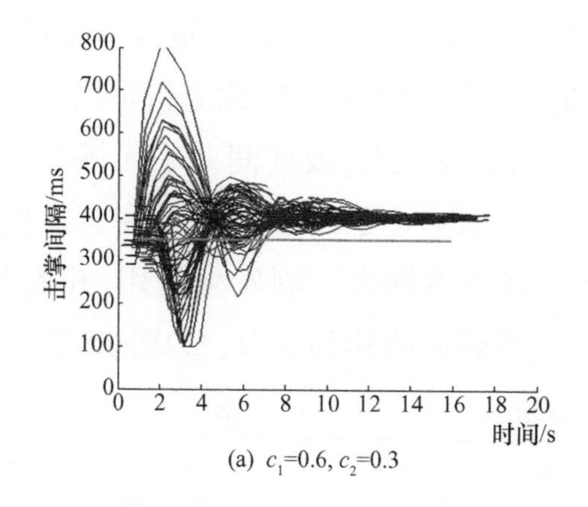

(a) c_1=0.6, c_2=0.3

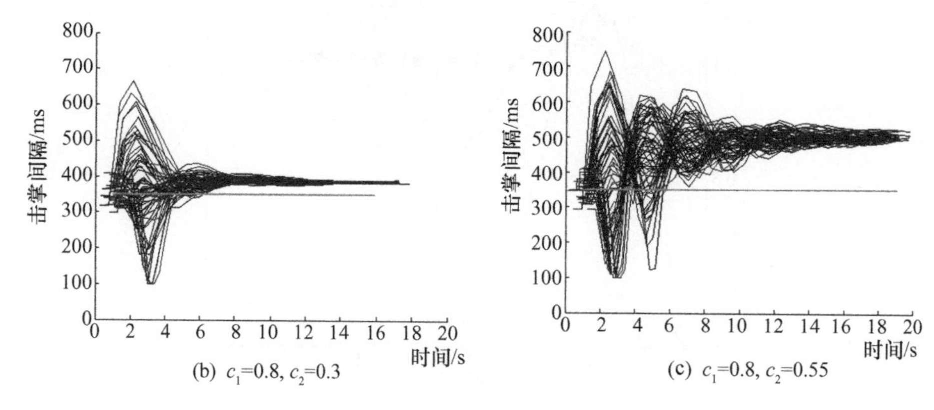

(b) c_1=0.8, c_2=0.3　　(c) c_1=0.8, c_2=0.55

图6.12　观众的击掌间隔变化曲线

从图 6.12 中可以发现,所有观众的击掌间隔经过上下几次振荡后,逐渐趋向一致,且比初始状态的期望值明显增大。在不同的耦合系数下,同步后击掌间隔放慢的程度不一样。涌现具有多样性,现实中存在不同的涌现模式,使得在击掌间隔放慢,在间隔时间不一定加倍的情况下,也能形成同步的掌声,这是我们在实验中新的发现[71]。他区别于 Z. Néda 发表在 *Nature* 上的论文[72]中的结论,即只有间隔时间加倍才能形成同步掌声。生活中有这样的例证,并且存在遵循此机理的其他复杂系统。

6.3.6 带引导的掌声同步

正如现实复杂系统中的众多同步现象一样,需要具备很多条件才行,在大多数情况下音乐厅中的掌声是难以同步的。这自然会让人产生一个疑问,**是否存在启发式的方法,可以实现这些复杂现象的同步,如果存在,我们又可以通过什么方式来模拟实现。**

如果在观众席上安排部分"托儿",让他们始终同步掌声影响他人,但不受观众的交互影响,常常会"呼悠"出全局的同步掌声来。

若将托儿的掌声的起拍时间、击掌间隔、掌声强度、鼓掌次数的初始值设置为所有观众的期望值,**而在观众击掌的整个过程中,这些托儿处于"免疫"状态,只会影响其他观众的掌声,而不受到其他观众的影响,最终全部观众的击掌频率等于初始的期望值,在这样的情况下,通过对托儿的行为进行控制,观众会在这些托儿的带动下,能较快地达到掌声同步。托儿的数量对同步的速度会有明显的影响。**

分别选取一段没有托儿的自发同步掌声、有 30 个托儿的自发同步掌声和有 60 个托儿的自发同步掌声,托儿随机散落在所有观众之中,用 6.3.5 节中定义的熵对这三组同步掌声的流数据进行对比分析,结果如图 6.13 所示。根据 6.3.5 节所述,当熵等于 0 时,掌声达到同步,熵曲线消失时,掌声停止。因而,从图中可以发现,没有托儿的情况下同步速度最慢,托儿数量越多同步速度越快。

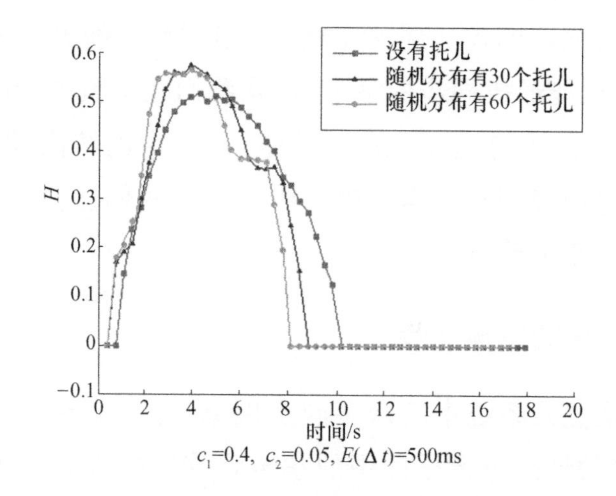

图 6.13　托儿数量的差异对同步的影响(见彩页)

不仅托儿的数量会对同步速度产生影响,托儿在观众群中的布局对同步的速度也会产生明显的影响。分别选取一段托儿集中分布、托儿随机分布和托儿人为规则地均匀分布(图 6.14)的同步掌声,用 6.3.5 节中定义的熵对这三组同步掌声的流数据进行对比分析,结果如图 6.15 所示。从图中可以发现,托儿集中分布情况下,同步出现得最晚,人为地把托儿规则均匀分布和托儿随机分布情况下,同步出现速度非常接近,说明在相同托儿数量的情况下,尽管托儿的分布足够均匀,对同步速度的影响也不大。从图 6.15 中还可以看出,将一个集团(社区)的信息传播出去需要一个较长的时间,而如果将这个集团的个体分散在更大的集团中,则它们的信息能较快地传播出去。

群体智能作为群体在整体上表现出的特征或行为,正受到人们越来越多的重视。如果群体内部的个体之间不存在相互作用,那么

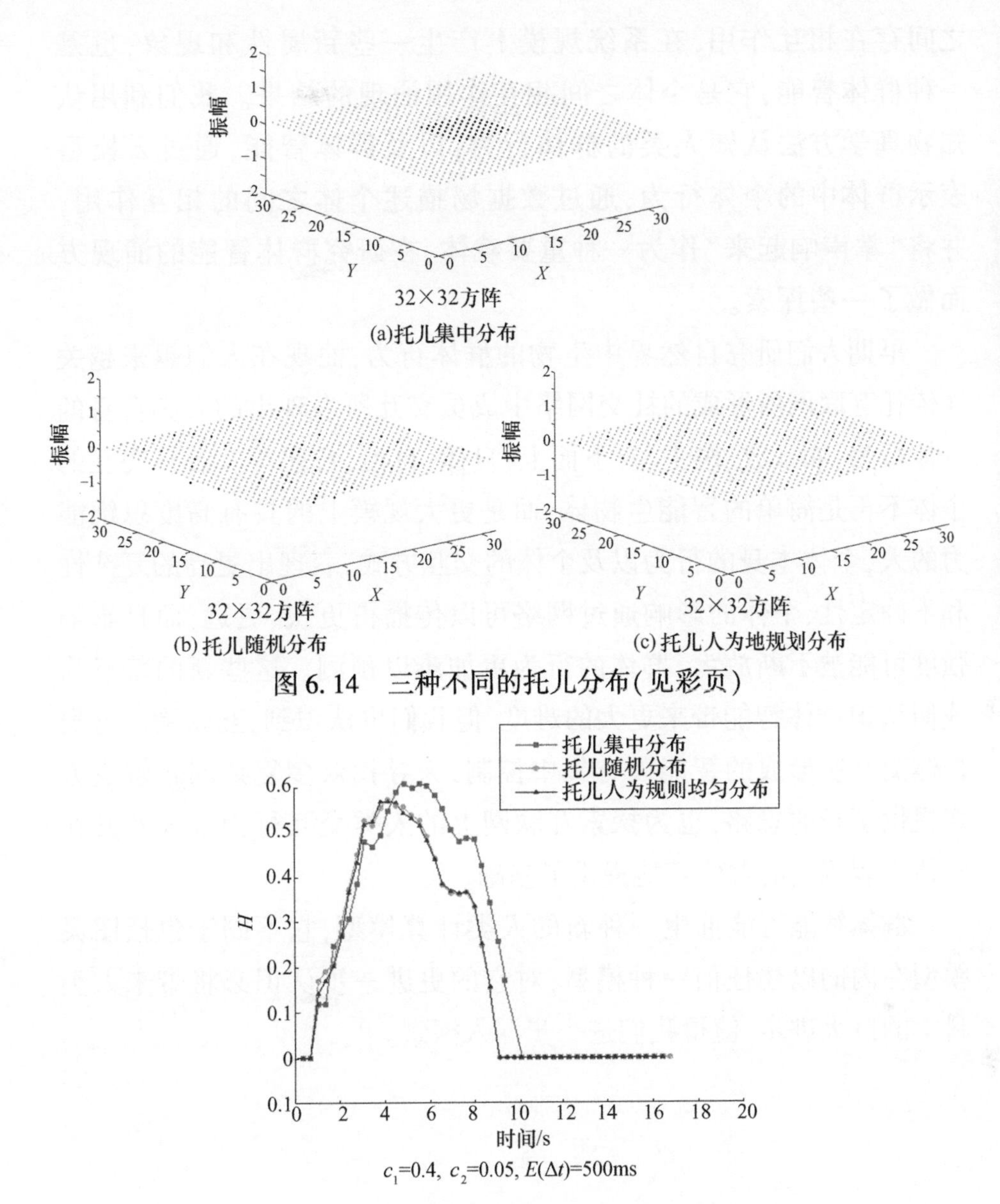

图 6.14　三种不同的托儿分布(见彩页)

图 6.15　托儿分布的差异对同步的影响(见彩页)

整体上表现出的特征从统计学的角度看是一种群体智能，云模型通过期望、熵和超熵可以很好地对其进行刻画；如果群体内部的个体之间存在相互作用,在系统规模上产生一些新属性和现象,也是一种群体智能,它是个体之间相互作用涌现的结果。**我们利用认知物理学方法认知人类的群体行为,以及群体智能,通过云模型表示群体中的个体行为,通过数据场描述个体之间的相互作用,并将“掌声响起来”作为一种重要载体,在研究群体智能的涌现方面做了一些探索。**

早期人们研究自然界中生物的群体行为,而现在人们越来越关注依托互联网所形成的社交网络中成员交互所表现出的人类自身的群体行为,如开放、民主、自下而上、自律、自治、自愿等。参与交互的个体不再是简单的智能生物体,而是更大规模上的具有高度思维能力的人,个体本身的行为以及个体的交互方式,表现出更高的复杂性和不确定性,个体的影响通过网络可以传播得更快、更远,而且影响强度可能被不断放大,群体的行为更加难以预测。这些新的特点为我们认识群体智能带来更大的难度,但我们也认识到,互联网上这类群体交互所形成的智能没有集中控制,为寻找众多复杂问题解决方案提供了新的思路,也为探索互联网上的人类交互行为方式及其在整体上表现出的群体智能提供了基础。

群体智能可能催生一种新的人类计算模型,它不同于包括图灵模型在内的以往任何一种模型,对它的更进一步认识必将带来人类科学的巨大进步,值得我们进一步深入探索。

第7章 云计算推动不确定性人工智能大发展

7.1 从云模型看模糊集合的贡献与局限

7.1.1 模糊逻辑似是而非的争论

自从扎德教授于1965年提出模糊集合,至今已近半个世纪了。扎德对于模糊集合做出的开创性努力,推动了认知科学的进步,足以载入史册。扎德教授是一位很有见识的科学家,他借助经典数学,建立了模糊集合论,提出语言变量、粒计算、软计算以及词计算等思想,为认知科学的发展做出了卓越贡献。但是,模糊性现象比确定性现象复杂得多,随着对模糊性问题的深入研究,人们发现建立在康托(G. Cantor)集合论基础上的模糊集合论不可避免地具有局限性,而常常受到非议。

1993年在华盛顿召开的美国第十一届人工智能年会上,加州大学圣迭戈分校Clarles Elkan博士作了一篇题为“模糊逻辑似是而非的成功”[73]的报告,在人工智能界引起了强烈反响,引出了15篇评论文章,其中,包括扎德发表的“为什么模糊逻辑的成功不是似是而非的”[74],最后C. Elkan博士发表了一篇“关于模糊逻辑似是而非的争论”[75]的文章作为答复,成为学术碰撞的一段佳话。C. Elkan的基本观点是:模糊逻辑方法在全世界的许多实际应用领域中被成功地运用,差不多所有应用都是嵌入于控制器中。然而,绝大多数关于模糊方法的理论文章是基于模糊逻辑的知识表示和推理,模糊逻辑的基础屡屡受到质疑。合起来看,**模糊理论和模糊应用这两件事之间没有过渡,形成了一条鸿沟或断层,嵌入于控制器中的确定性计算和逻辑上的模糊推理没有必然衔接**。长期的争论表明,在模糊控制器取得成就的同时,模糊集合本身的理论还有待完善,理论与实践令人信服的结合更有待加强。

50 年来,模糊逻辑提供了一种不同于传统建模方法的新方法论,为定性知识如何定量表示提供了一条途径。模糊逻辑与神经网络、概率统计、优化理论等其他学科的结合也大大提高了人类对知识表示和信息处理的能力。模糊集合理论还带动了粗糙集合、区间集合、粒计算等不确定性认知的前沿研究。不同学术思想的碰撞,促进了学术繁荣,推动了社会进步。这些碰撞,有模糊逻辑理论自身的反思,也有来自应用模糊逻辑于复杂工程实践的局限。**甚至可以说人工智能学界的许多研究工作者,对模糊逻辑的意义以及它对知识表示、规则推理和自学习的根本性问题提供解答的潜力,一直表示怀疑**。这类讨论和争论对发展不确定性人工智能是十分有益的,不会动摇扎德的认知思想和方法在推动认知科学发展的半个世纪中存在的客观性、进步性和合理性。

云模型作为定性定量转换的双向认知计算模型,为人类对客观世界的认知过程中形成的定性概念,给出了定量的解释,利用二阶的高斯分布方法,来反映定性概念的随机性,同时又通过计算求得反映定性概念的亦此亦彼性,即模糊性,体现这种亦此亦彼性自身还带有的不确定性。这既是对模糊性的解释,更是对模糊集合的背离。从云模型看,造成模糊集合理论质疑与模糊控制器之间鸿沟的根本原因,是模糊集合只能描述一阶或者低阶的模糊性,即描述模糊性的不彻底性。

概念的成因,首先是大脑和感觉器官直接感受到的客体的物理、几何等特性,是对客观世界的感觉和知觉。最先是有了感觉或者知觉,然后逐步形成意象或者表象,即客观事物在大脑中的再现,它既可以是直觉的、易变的,又可以是记忆的、偏好依附的,这是人类智能的表现,是认知的重要环节。再后来,人们通过不断抽象和交流,通过语言、文字和符号表达,甚至超越了时空,形成了概念,形成可表达的思维。并在此基础上,又形成更高层次的概念和概念之间的关系。如此循环,达到更为抽象的认知,即知识。在以上思维的四个环节中,包括模糊性、随机性等在内的不确定性弥漫在整个思维活动和进化的过程之中。

概念的成因,还源于同一个人在不同情境下对同一类对象、或者不同人对同一类对象的认知差异。差异是绝对存在的,智力不一样,感觉和知觉的能力不一样,意象表象的差异也比较大。人们在思维过程中,还会出现不易表达、难以言传、但能意会的现象。在可表达性思维中,有的可以析出各种因素、对象的本质,属性和属性之间的关系,应用具有概念的语言、文字、符号来表达其概念的内涵和外延,形成了概念性思维。因此,**自然语言表达的概念必然具有不确定性,这既是人类认知的客观属性,也是自然语言的魅力所在。**

要用数学语言描述人类概念形成的上述两个主要成因,最接近的就是统计学中著名的中心极限定理:如果决定随机变量取值的是大量相互独立的偶然因素,并且每个偶然因素的单独作用相对而言都均匀地小,那么这个随机变量近似服从高斯分布。**在特定情境和主题下,对一个概念的认知所达到的共识,形成常识,反映了服从高斯分布的近似程度。认知的共识程度越差,或者超熵越大,或者熵的**

阶次越高,总之,偏离高斯分布越远。概念的统计学成因,正是构造云模型的基础。

人类在认识、改造自然和社会的过程中,首先寻找最为简单的确定性判断——是或非的规律性,建立相应的数学。康托建立的集合论,奠定了现代经典数学的基础,处理确定性现象,取得了辉煌的成果。如果人们要求数学也能处理更为复杂的不确定现象,特别是人文科学、社会科学和思维科学中的不确定现象,如果人们还要求计算机像人脑一样能识别和处理客观世界中的不确定性问题,就必须用计算的方法建模人类在形成概念过程中的认知模型。

因此,要研究智能,研究以自然语言为思维载体的人类智能,把语言值表达的概念的确定性及其不确定性形式化,就成为不可或缺的重要环节,正是高斯云模型和高阶云模型担当了此项任务。

7.1.2 模糊性对随机性的依赖性

扎德建立的模糊集合论和相应的数学方法,利用精确的隶属函数表示不确定性概念,一旦隶属度被选择,“硬化”成精确数值,关于概念的所有不确定性都消失了。从此,在概念的定义、由概念之间关系构成的规则库,以及基于规则库的定性推理等模拟人类不确定性的思维环节中,就不再有丝毫的模糊性了。这种不考虑隶属度自身模糊性的模糊逻辑,只能称为一阶模糊性或者狭义模糊性问题。

为了突破这些局限,蒙代尔等人提出模糊再模糊的二型模糊集合理论[76],认为隶属度是一个区间,重点对区间型二型模糊集进行了研究,提倡将区间不确定性转换成不确定区(Footprint of Uncertainty, FOU)。选择不确定区来构建语义不确定性模型,不确定区的选择并不是唯一的。在实际应用中,许多情况需要用到概念,即用词来表达规则,或者是由专家预先给定规则。用词的建模方法来表达模糊集,就可以用二型模糊集。二型模糊集的正向问题是指根据给定的模型参数生成定量数据,例如,给定二型模糊集的上隶属函数、下隶属函数的类型和参数,如梯形、三角形、钟形等,生成二型模糊集模型,并分析其不确定区的几何属性,描述其不确定性。二型模糊集的逆向问题是指根据样本数据生成二型模糊集的参数,具体有两种方法:区间端点法和专家隶属函数法。正向问题是从定性到定量的映射,逆向问题是从定量到定性的转换。

二型模糊逻辑系统包括模糊化、规则库、推理引擎、输出处理器,运用一型模糊逻辑系统推理的数学方法推导出区间二型模糊逻辑系统触发规则的输出。将规则的前件和后件分别分解成若干个嵌入式一型模糊集,对这些嵌入式一型模糊集所构成的前件和后件,用一型模糊逻辑系统的方式进行推理,将所有触发的嵌入式一型规则的推理结果组合成一个集合,构成触发二型规则集,或者只利用触发规则前件和后件的上界、下界隶属函数进行推理运算。

蒙代尔领导的团队发表了数百篇关于二型模糊集合和系统的论文,区间二型模糊集合应用于智能控制、词计算、通信信号分析等方面,得到了同行的认可,获得了 2002 年 IEEE 杰出论文奖、2006 年 IEEE 粒度计算大会先驱奖、2008 年 IEEE 计算智能协会先驱奖。

区间二型模糊集利用 FOU 表征模糊概念,利用上隶属函数曲线(Upper Membership Function, UMF)和下隶属函数曲线(Lower Membership Function, LMF)限定 FOU 的范围,对于某个确定的样本,其隶属于该模糊集的隶属度是一个[0,1]内的连续区间,在该连续区间内,其隶属度是相同的。**云模型与二型模糊集的最大不同,是用服从某种分布的云滴群(样本集)构成的整体来表征定性概念,没有明确的不确定性区域边界,对于某个确定的云滴(样本),其隶属度仍然有**

不确定性,可通过概率分布的计算求得的,不但无需人为给定,而且样本的隶属度处处不同。但是,云滴群的整体形态和二型模糊集的隶属函数具有惊人的相似性(图7.1)。

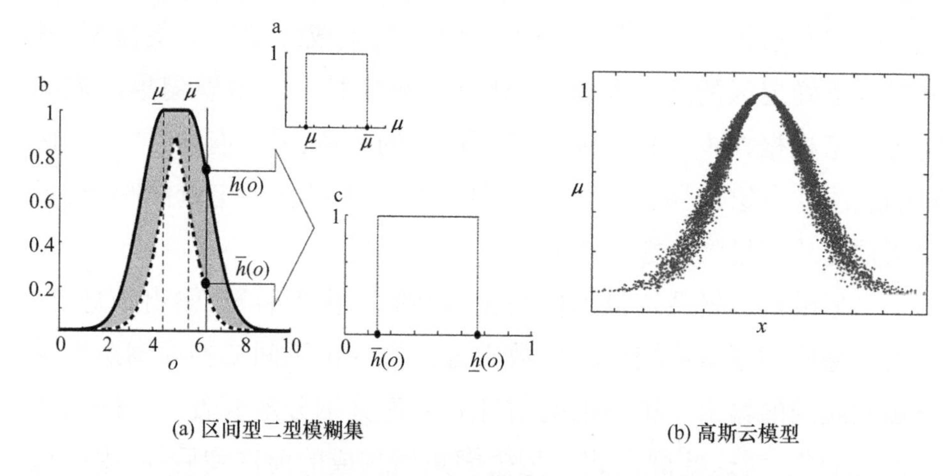

(a) 区间型二型模糊集 (b) 高斯云模型

图7.1 二型模糊集与云模型的表达方法比较(原图)

回顾历史上关于模糊逻辑似是而非的争论,分析扎德、蒙代尔等人的学术思想,**应该说,云模型已经背离了扎德、蒙代尔等人试图发明新的不精确数学——模糊数学的轨道,而是从认知科学的角度,研究作为人类认知基本单元(概念)的不确定性。**

概念常常用外延和内涵来表征。外延表示属于这个概念的一个个具体的、实在的事物,内涵表示概念的本质,即抽象属性。概念的不确定性既包含了概念外延的不确定性,也包含了概念内涵的不确定性。**云模型直接运用概率和数理统计的方法,借助高斯概率密度分布函数,通过构造二阶或者高阶的云发生器,利用条件概率形成偏离高斯分布的云滴群。**云模型方法指出,客观上人们在不确定性思维活动中,也许并不存在一个确定而又精确的隶属度或者隶属函数,那种确定而又精确的隶属度方法容易把人们对模糊现象的处理强行纳入精确数学的理想王国,扼杀了事物的高阶模糊本质。在云模型方法中,尤其是递阶利用高斯随机数实现的正向云发生器中,用生成的离散云滴群构成的整体模型来表征一个定性概念。正向云发生器生成云滴的过程,是一种非解析形式的问题求解方法,用计算机程序实现,无法用解析的数学公式清晰表达出来。因此,不宜将云模型简单地看作是随机加模糊、模糊加随机或二次模糊等。云模型作为一种全新的双向认知模型,用期望、熵和超熵三个数字特征表达一个定性概念。期望是概念外延的所有云滴(样本)在论域空间不确定分布的中心,反映概念的基本确定性。熵是定性概念的不确定性度量,既可以反映云滴的离散程度,即随机性,又可以反映可被概念接受的云滴(样本)的大致范围,即模糊性,反映了模糊性对随机性的依赖性,还可以反映这个概念的粒度。超熵是熵的熵,是高阶不确定性,是概念的共识程度的度量。当然,还可以用更高阶的熵去刻画概念的不确定性,理论上是可以无限深追的。

人是借助语言进行思维的,并不涉及过多的数学运算,通常用这三个数字特征足以反映一般情况下概念的不确定性程度。大道至简是人类智能的表现,过多的数字特征反而违背了人类使用自然语言思维的本质。高斯云具有普适性,高斯分布的普遍性与高斯隶属函数的普遍性,共同奠定了高斯云模型普适性的基础。不管一个概念的具体语义是什么,我们证明了概念的数字特征和具体概念的语义属性无关,即期望、熵和超熵组成了概念的普遍属性,从而实现了概念的形式化,这就证明了云模型作为人类双向认知模型的普适性。目前,云模型在理论和应用方面均取得了一系列的进展。云模型在解决世界性难题三级倒立摆中取得了成功的应用,该项成果获得了世界自动控制联合会杰出论文奖。云模型还在轮式机器人的自学习过程中模拟驾驶员的行为中发挥了重要作用。

7.1.3 从模糊推理到不确定性推理

人们对模糊推理的一个质疑是:在已开发的专家系统中,很少真正有利用模糊逻辑来作为不确定性推理的形式化工具。这里的专家系统特指用具有一定规模的知识库来执行复杂的推理任务,如诊断、排序或数据挖掘等。而有些已开发的专家系统中,以各种形式创造出迎合特殊需要的“模糊算子”,通过调试算子来适应给定的数值,很难被学术同行认可。至于设计一个嵌入式的模糊控制芯片,不能称为是复杂的专家系统,因为不涉及太多的人类认知的不确定性。通常的模糊控制器,实际上是一个确定的计算器,只要给定适当的平滑约束,许多数学函数和公式都可用来作为 M 维输入、N 维输出映射的普适近似器,正如任何连续函数能以任意精度被一充分高阶的多项式所近似一样。

这一质疑,和前面提到的“模糊理论和模糊应用这两件事之间没有过渡,形成了一条鸿沟或断层,嵌入于控制器中的确定性计算和逻辑上的模糊推理没有必然衔接”,实际上说的是一回事。云模型和云推理恰恰可以对此做出比较清晰的回答。

对于一个 M 维输入、N 维输出的复杂系统,如果变量之间关系复杂,呈现诸多非线性和不确定性,无法用传统的解析方法求得输入和输出之间的传递函数或者函数组,更无法用精确的数据去穷尽或者填满状态空间所需的所有数据项。那么,怎么能够实现输入和输出之间的不确定性推理呢?

在不确定性推理中,利用云模型来表示概念,利用规则表示概念之间的关系,即定性知识。进行云推理与云控制时,不要求给出被控对象的严密的精确数学模型,也不要求给出主观隶属度,更不去创造任何扩展了的模糊算子。云规则发生器中的前件和后件中的概念,都可能含有不确定性。当输入一个特定的条件激活多条定性规则时,通过推理引擎,即实现带有不确定性的推理和控制。每次得到的输出控制值都具有不确定性,在认知上可以看作是输出了期望附近的一个样本(云滴),这正体现了不确定性推理的本质。

可贵的是,对一个 M 维输入、N 维输出的特定的复杂系统,人类在长期的实践中行之有效地总结出利用概念表述的经验知识,对于各种各样的概念和概念之间的关系,用规则一条条表示出来,并形成规则库。尽管与概念和规则对应的样本数据远远没有填满状态空间中那么多的数据项,体现出稀疏性,而如果规则库内容较为客观、完整,足够体现复杂系统的本质,则这些规则反映的恰恰是复杂系统变量关系呈现非线性的一个个重要拐点,至于在这些重要拐点数据之外的那些缺省的大量数据空间,实质上可以看成是由最相邻规则线性拟合"插值"生成的虚拟概念或者虚拟规则,这就是云控制的基本方法,例如在倒立摆中多条规则被激活时的云推理方法。这里,线性控制成为缺省,只是强调了非线性,这是一个创新。

这样一来,云推理的方法恰好对"似是而非的争论"给出了解释。对应同一个复杂系统的不确定性推理和控制,那些已经成功应用的嵌入式控制器中的数据,只是云推理生成的一次次随机实现而已,这正体现了云推理得到的解的不确定性,即多样性,只要这些数据不偏离对应的概念和规则太远。

稀疏性无处不在,它存在于大自然中,存在于许多复杂系统中。云推理和云控制把人类对复杂系统控制的宝贵的定性经验,看成是非线性控制的拐点给凸显出来了,通过认知的云模型数值化了。

7.2 从图灵计算到云计算

如果说计算机的出现为人工智能的实现提供了一个确定性的物理实体的话,那么互联网为不确定性人工智能的研究提供了一个更通用的、无所不在的、人作为主体可以随时随地与之交互的泛在的载体。互联网的产生与发展,充满了不确定性,它没有一个明确的顶层设计,没有人为地规定开始、中间和结尾,在互联网发展史的任一时刻,都是通过协议来规范它的架构。**互联网的发展和演化过程中,带来了网络规模和结构的不确定性、信息处理和服务方式的不确定性以及公众行为的不确定性。**

1969 年,ARPA 网的出现首次使得计算机之间能够进行数据的传输,1984 年开始 IP 协议逐渐在互联网上得到广泛应用,一切基于 IP (everything is over IP),通过包交换,提供一种面向无连接的通信,实现尽力而为的服务,这是对面向连接电路交换通信的一次突破,网络的规模、拓扑结构、节点的接入方式以及数据包的传输路径等都具有不确定性。1989 年万维网出现,通过 Web 技术便捷地实现了信息的发布与共享,信息以半结构化数据表示,Web 网站内容的规模与分布、超链接的结构等都具有不确定性。21 世纪随着 Web 服务、语义网、Web 2.0、云计算等半结构化数据的出现和发展,尤其是以流媒体为典型代表的非结构化形态涌入的大数据,逐渐形成了基于互联网的公众参与的社会计算环境,**互联网已经发展成为一个沟通思想、汇集观点的社交平台,人们的感知能力和认知能力挣脱了地球上时间的差异和物理距离的束缚,人类智能中的不确定性更多地反映到互联网上的个体、小众(社区)和大众认知的不确定性中。**2009 年 9 月美国自然基金委组织的网络科学与工程委员会发表《网络科学与工程研究纲要》报告,认为在过去的 40 多年里,计算机网络,尤其是互联网,不仅改变了人类的生活方式、生产方式、工作方式、娱乐方式,也改变了我们关于政治、教育、医疗、商业等方方面面的思想观念。互联网强大的技术价值与应用价值日益显现,已经成为技术革新和社会发展强有力的引擎。

图灵奖获得者吉姆·格雷(Jim Gray)认为,“网络环境下每 18 个月产生的数据量等于过去几千年的数据量之和”。海量数据或者大数据在网络时代经常被提到,如大数据存储、大数据挖掘、大数据计算等。然而,计算任务或信息搜索常常都是面向特定情境、特定主题的,人类的认知和推理活动根据已有的概念和知识、根据实际的情况,需要非结构化的大数据,或者足够大的半结构化数据,或者一定数量的结构化数据来获得满意解;而从鲜活的、伴有噪声的,甚至存在矛盾的、原生态的非结构化的大数据中获取唯一的最优解,几乎是不可能的,满意解更容易达到人们内心的预期。以搜索引擎为例,通过网络爬虫将整个互联网的半结构化数据做集中处理后进行排序,千人一面的搜索引擎界面将人们带入搜索的海洋,其返回结果需要不断地在“下一页”中找寻答案,却不一定能找到一个适合自己的结果,人们已经不耐烦了。更希望通过特定情境和主题的数据挖掘和服务,综合考虑用户自身需求的语境和语义,从社会行为、社会化标注等信息中挖掘用户的个性偏好,为用户提供可变粒度的、贴近个性化需求的、尽力而为的搜索服务。以 Map - Reduce 为代表的集群服务器和虚拟化集群服务器技术,通过动态负载均衡及资源调配机制,可以根据需求的变化,对计算资源自动地进行分配和管理,实现“弹性”的缩放和优化使用,对复杂问题采用分而治之的策略,拆分后进行并行的运算,再将结果进行整合和简约,表现出良好的扩展性、容错性、时效性和大规模并行处理的优势,在数据管理和分析等方面得到广泛应用。新一代的搜索引擎将能够根据注册用户的搜索历史和搜索偏好对每一次新发起的搜索任务进行智能计算,并在秒级的时间延迟内呈现出最贴近用户需求的、个性化的、跨粒度的信息搜索结果。

基于 IP、HTTP 和 Web 服务等标准协议族,互联网上的应用可以屏蔽底层传输与交换的差异,应用的种类向多元化发展,人们更注重内容层面的交互,甚至直接使用声音、图像、图片、文字表述与机器或机器人直接沟通,这种基于自然语言的交互成为一种软计算或词计算,在特定情境下,根据上下文关系和语法,形成对语构和语义的理解,出现各种各样善解人意的网络机器人。**互联网环境下公众通过自然语言和知识参与的交互方式带来的数据与概念之间的定性定量认知转换、概念之间的软计算和可变粒计算等不确定性计算,将成为互联网环境下社会计算的核心问题。**

7.2.1 超出图灵机的云计算

1936 年图灵的著名论文《论可计算数及其在判定问题中的应用》[77]指出,有些数学问题是不可解的,回答了希尔伯特在 1900 年提出的 23 个数学难题中涉及逻辑完备性的问题。自动计算机的理论模型(后来被广泛称作图灵机)在该论文中被首次提出。图灵机抽象模型可以把推理化作一系列简单的机械动作,有许多等价描述,如递归函数、算盘机等。如图 7.2所示,图灵机由一条双向可无限延长且被分成一个个方格(格里写有符号)的磁带、一个有限状态控制器和一个读写磁头组成。图灵机的动作由五元组 $<q, b, a, m, q'>$ 确定。其中,q 和 q'为控制器的当前状态和下一状态;b 和 a 为方格中的原有符号和修改后的符号;m 指示磁头移动方向,或左或右或停。由状态和符号确定的工作过程称为图灵机程序,在程序机械的自动工作过程中,不需要人的任何干预或指导。实际上,图灵模型还有很多种表述。人们基于图灵机提出了“图灵论题”,即凡是可计算的函数都可以用图灵机计算。从 20 世纪 60 年代开始,计算机科学界逐渐将图灵机用来说明通用的可计算能力,进而作为一种解决所有计算问题的通用模型加以对待,有点过了。

基于图灵机模型,随后发展起来了冯 · 诺伊曼结构,它是对图灵机模型的一种物理实现,如图 7.3 所示,主要包括控制器、运算器、存储器、输入和输出设备,基本原理为程序按数据形式存储并按地址顺序执行。控制器按照程序顺序,逐条把指令和数据从存储器中取出并加以执行,自动完成由程序所描述的处理工作。这样,计算机的核心就是包括运算器和控制器在内的中央处理单元,即CPU。人们把CPU和操作系统称为计算机的"核",通过微程序级、一般机器级、操作系统级、汇编语言级和高级语言级等多个层次的软硬件组成整个计算机系统。图灵机和冯·诺伊曼结构奠定了现代计算机的基础。

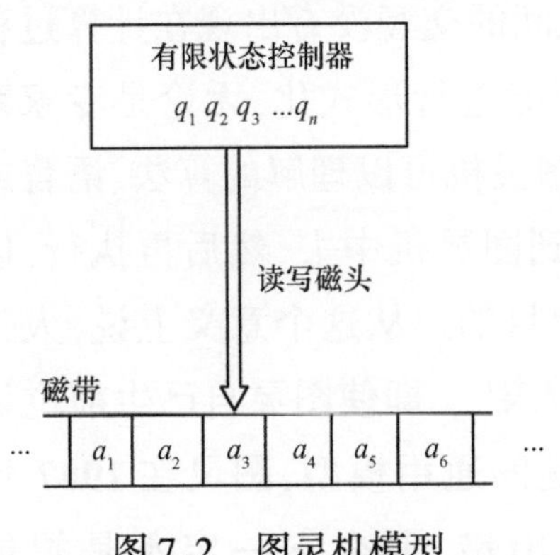

图7.2　图灵机模型

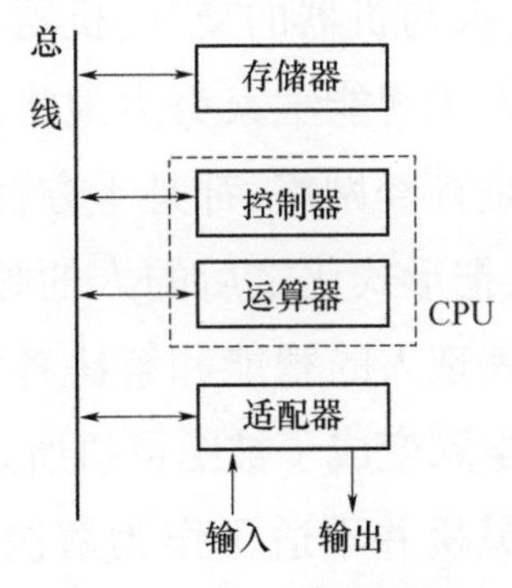

图7.3　冯·诺伊曼结构

人工智能学科发展了很多基于图灵机模型的形式化推理方法,通过模拟人在解决确定性问题时的机械步骤来解决具体问题,后来又逐步提出了一系列模仿人类学习行为的方法,着力把人的智能用图灵机表现出来,称为机器学习。50多年来基于图灵机智能的人工智能方法取得了一个又一个进展,人们认为计算机在一定程度上代替、延伸和增强了人的智力。

当面对很多人类认知的问题时,图灵机智能遇到一些难以克服的问题。例如,类似于图像识别、文本识别等对于人来说很简单的任务,却难以精确转化为图灵机的可计算问题。同样,对于评论、写作、谱曲、聊天和写程序等融合了人类认知特点的能动性智能行为和形象思维能力,用图灵机智能来模拟会遇到更大的困难。

事实上,人们对图灵机的局限性可能认识还不够,其原因至少可以列举出以下三条:第一,图灵机求解的输入输出是从初始字符串到终态字符串,可认为是确定空间里点到点的映射,无法解决不确定性问题;第二,图灵模型中用离散的数值量表示计算的内容,时钟频率决定了读写磁头动作的快慢,等粒度的细分决定了离散的数字化程度,至于这样的近似是否可行,数值量如何返回现实问题的模拟量,都不在图灵模型考虑之内;第三,图灵模型中没有输入输出的形式化方法,人与机器的交互、机器与机器之间的交互没有出现在计算过程中。人工智能学家努力地将人类的智能进行形式化,无论是专家系统还是神经网络,都是千方百计地用图灵机可以理解的算法、语言或符号,把形式化之后的人的智能装填到图灵机中去,然后再执行,以达到表现人的智能和解决各种问题的目的。**从这个意义上说,人工智能学家变成了被图灵机所束缚的“奴隶”。即使图灵自己生前也认为图灵机并不适于作为解决计算问题的通用模型,图灵在1947年就说过,如果期望一台机器永远不出错,那么它一定不是智能的**[78]。包括图灵和图灵奖获得者罗宾·米尔纳(Robin Milner)等在内的学者曾经尝试用交互机等来扩展图灵机模型[79],形成超图灵计算。遗憾的是,超图灵计算研究没有也不可能预见到互联网的发明,而事实上,迅速发展的互联网已经改变了整个人类的计算格局,人机共生,无论网络结构还是公众行为都带有很多的不确定性,这些都无法通过图灵机描述。

互联网中描述骨干网带宽增长速度的“吉尔德速度”,常常是6个月翻一番,而描述CPU处理能力和微电子集成密度发展的“摩尔速度”是18个月翻一番,既然传输带宽速度远远比信息处理能力增长得快,根据自然界偏好依附的演化规律,可以用传输带宽换取数值计算和信息处理能力,因此,信息技术的发展必然会更加依赖网络,人人联网的事实使得地球真的成为一个地球村，地理距离不再重要。回顾一下信息技术产业发展历程：在计算环境和设施方面，从20世纪60年代的大型机，70年代的小型机，80年代的个人电脑和局域网，到90年代对人类生产和生活产生了深刻影响的桌面互联网，再到今天人们高度关注的移动互联网的转变过程，这一切都告诉我们，计算设施和环境已经从以计算机为中心到以网络为中心，再到以人为中心；在软件工程方面，从长期以来面向机器、面向语言和面向中间件等面向主机的软件开发形态，正在转变为面向网络、面向需求、面向服务的开放式的众包开发形态，真正实现了软件即服务（Software as a Service，SaaS）；在人机交互方面，最初主要以键盘交互为主，1964年鼠标的发明，改变了人机交互方式，使得计算机得到普及，为此，鼠标的发明者获得了图灵奖，现在交互的主要方式又演进为触摸、语音和手势等，或者摇一摇、刷一刷、照一照。如果说传统的键盘操作、微软的视窗系统、苹果iPhone的多点触摸操作分别标志着人机交互的1.0时代、2.0时代和3.0时代，那么当前直接的语音或文字交互技术则是人机交互进入4.0时代的驱动力。交互的方式远远超出了早先图灵机的范畴，已经从人围着计算机转，转变为计算机围着人转。

无论从计算环境和设施的变化、软件工程的发展，还是从交互方式的改变，都告诉我们现在已经进入到一个新的时代——云计算的时代（图7.4）。

云计算是一种基于互联网的、大众参与的计算模式。之所以把它比作为“云”，不仅仅是人们通常理解的“云在天上，人在地上”这种现象，更本质的，是因为计算具有云一样的不确定性，其计算资源，包括计算能力、存储能力、交互能力等，都是动态、可伸缩、被虚拟化的，而且以服务的方式提供。这些都是不确定性的典型表现，与天空中

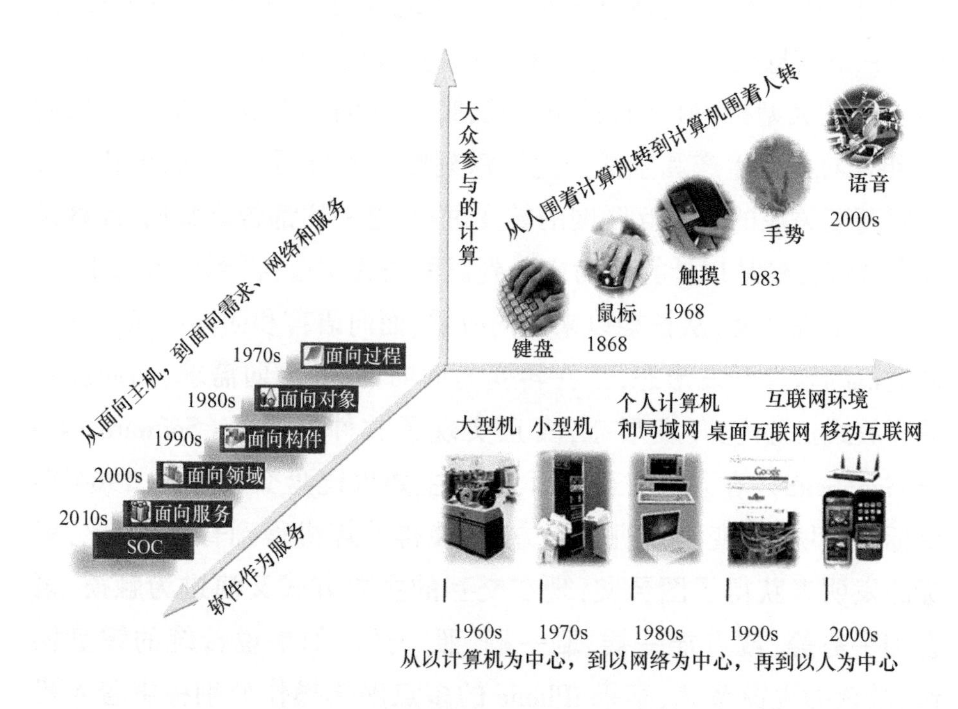

图 7.4　云计算产生的背景(见彩页)

大量云滴构成的千姿百态、舒卷飘逸的云的形态，具有惊人的相似性。

计算资源的虚拟化在互联网时代得到了迅速发展，虚拟化使人们可以无需关心特定软件的服务方式，即软件作为服务(SaaS)；无需关心计算平台的操作系统以及软件环境等底层资源的物理配置与管理，即平台作为服务(PaaS)；无需关心计算中心的地理位置，即基础设施作为服务(IaaS)。与工业化革命促使传统制造业的大生产向社会化、集约化、专业化的转变趋势极其相似，云计算正在让信息技术和信息服务实现社会化、集约化和专业化，让信息服务成为全社会的公共基础设施。

近年来，随着从2G、3G到4G的无线通信技术的普遍应用，移动互联网得到迅速发展,信息服务也从话音业务、简单信息业务发展到即时通信、视频通信、位置服务、社交网络等丰富多彩的互联网应用。人们使用的端设备也发展到以用户体验为中心的各种形态的智能端机,将信息产业带进了一个全新的领域。云计算中心将成为众多移动互联网应用的发布和管理平台,提供形形色色的、专业的、精细的计算服务、存储服务和信息搜索服务,并衍生出更多的其他增值服务等。

初期的互联网,核心简单、边缘丰富,支持尽力而为的服务。现在,云计算可以让各种各样的云计算中心提供多样化、多粒度的信息服务,网络变得丰富,边缘变得简单,交互更加智能。**人们依托互联网,尤其是移动互联网,通过轻量化的智能端机,随时随地获得个性化服务,买计算不买计算机,买存储不买存储器,买带宽不买交换机。同一个端设备可以享受网络上不同的服务,不同端设备可以享受网络上同一种服务,端设备通过服务定制,实现个性化服务。不同端设备还可以享受集群服务。**

继20世纪50年代的计算机和20世纪90年代的互联网之后,云计算经历一段时期的环境、技术和应用积累,已经成为信息领域又一个新的里程碑。移动互联网的实时性、交互性、低成本、个性化和位置感知能力,形成了移动用户迅速增长的服务需求。移动互联网上的位置服务,以及基于位置的衍生服务,会来得更加迅猛,成为最接地气的云计算。

7.2.2 云计算与云模型

"云"作为基于互联网的虚拟计算、软计算、变粒度计算、个性化计算等服务计算的代名词被提出后,云计算得到全球业界的广泛认可。云的最大特点是不确定性,这就预示云计算的最根本问题是处理不确定性。但是,至今尚没有很多人弄清关于“云”和“云滴”的不确定性含义。

云模型作为人类定性定量转换的双向认知模型,其数学基础是概率论与数理统计,“云”对应定性的人类认知中的概念,一个个“云滴”作为定性概念的一次次随机的定量实现,形成外延。通过正向高斯云算法和逆向高斯云算法可实现双向转换,或者借助云变换实现多个不同粒度概念的提取,这就为人类通过互联网的自然而友好地交互,实现“计算即服务”的云计算奠定了基础,也为物联网,通过信息和信息技术调控物质和能量奠定了基础。

人们习惯于用自然语言描述和分析客观世界,特别是涉及自然、社会、政治、经济和管理中的复杂过程。在研究和探索问题的过程中,人们关心的往往不是绝对的数量值,而是定性的概念与特性。因此,用定性的语言概念替代定量的数值是云计算服务于人类不可不解决的关键技术。定性的描述在本质上一定是不确定的。扎德早先提出的词计算和软计算,目的在于为将来的智能计算以及基于词的信息系统实现计算建立一个理论基础。扎德认为“人类最终会认识到,利用自然语言的词计算,不是可有可无的可选项,而是必需的”。人们必须利用自然语言,利用定性的方法,建立以词(概念)计算为基础的知识和信息系统,这是云计算服务中心的重要研究方向。在各种各样的特定情境和主题的云计算中心里,云模型作为定性定量转换器,等同于物理系统中的 A/D 和 D/A 转换器一样的重要和广泛,区别在于前者是在认知层面,后者是在数字化实现层面,前者是不确定性处理方法,而不是确定性处理方法。

认知科学家和脑科学家认为,客观世界涉及物理客体,主观世界从认知单元和它指向的客体开始,反映了主客观内外联系的特性。任何思维活动都是指向一定客体的,是从客体的存在到主观意识自身存在的过程,人们这才把大脑比作小宇宙。毫无疑问,人脑的思维基本上不是纯数学的,自然语言才是思维的载体,语言文字是人类进化的产物。人们对定性知识的表述才是本质的。人与其环境的相互作用,包括人体的所有运动和感知等活动,都要反映到人脑的神经活动中来。人脑将客观的物体形状、颜色、序列,主观的情绪状态等进行抽象,并通过归纳结果产生更高层次的表示,这就是概念,并通过语言值表现出来。语言值是自然语言中的基本单元,是人类思维的基本“细胞”。根据语言值,人脑进一步选取概念,并激发产生相应的词语,或反过来,根据从他人那里接受到的词语抽取相应的概念。

人类创造了语言文字。人类使用语言文字的过程,就是运用语言文字这样的“符号”思维的过程。从人类进步的角度看,以概念为基础的语言、理论、模型是人类描述和理解世界的方法。概念在把事物和现象的感觉和知觉在头脑中加工、补充感官的活动过程中起到了关键作用。概念是人脑的高级产物,它是客体在人脑中的反映。概念可能带有主观色彩,但统计的结果,即不确定中的确定性,本质上是反映事物一般的、最重要的属性的某种规则。人们使用概念是将现实世界中形形色色的客体,按照其本质特征抽象、归类或者聚类,构造出用心理学尺度衡量复杂性的认知,使认识从低级的感性阶段上升为高级的理性阶段,人脑中的这种概念形成过程是思维的一种最基本的表现。

与概念直接关联的语言值能够起到认知浓缩的作用,并把概念结构的复杂性降低到可以掌握的程度。因而人类需要从大量的、复杂的数据中提取发现自然语言可以表达的定性知识,定性知识具有不确定性的自然属性,包括不确定性、不完整(全)性、不协调性和非恒常性。云计算在处理这些不确定性中将发挥更大的作用。

7.2.3 游走在高斯和幂律分布之间的云模型

高斯分布广泛存在于自然界中。如果决定随机变量取值的是大量独立的偶然因素,并且每个偶然因素单独作用对整体的贡献相对均匀地小,那么这个随机变量近似的服从高斯分布。

在自然界中还存在另一种分布,即幂律分布,它是指其概率密度函数与变量之间为幂函数的关系。幂律分布一个最为重要的特征是在双对数坐标系下幂律分布呈现直线,这说明幂律分布既具有重尾特征又具有标度不变性,即它不仅尾部衰减缓慢,而且在不同标度上以相同的比例衰减,因此在复杂网络理论中幂律分布又称为无标度分布,也有人把它简称为二八定律,来说明其重头肥尾的特性。最早发现幂率分布现象是在语言学领域中,称之为 Zipf 定律,即在特定语用的范围内,如果使用的词汇量足够大,将词汇按照使用率由高到低排序,则某个词汇出现的概率与该词汇对应的序号之间的关系呈幂律分布。近年来,*Nature*、*Science* 上发表的一系列文章揭示,现实世界的复杂网络大多具有无标度特性,由此引发了来自数学、统计物理学、计算机科学、生态学、生命科学等不同领域学者对幂律分布的兴趣,把幂律分布提高到与高斯分布同等重要的地位。

云模型自提出以来,得到了广泛的关注和多方面的应用,让我们重温从算法角度定义的高斯云模型:

输入:表示定性概念 C 的三个数字特征值(Ex, En, He),云滴数 N;

输出:N 个云滴的定量值,以及每个云滴代表概念 C 的确定度。

算法步骤:

(1) 生成以 En 为期望值,He 为标准差的一个高斯随机数 En';

(2) 生成以 Ex 为期望值,abs(En')为标准差的高斯随机数 x;

(3) 令 x 为定性概念 C 的一次具体量化值,称为云滴;

(4) 计算 $y = e^{-\frac{(x-Ex)^2}{2En'^2}}$,令 y 为 x 能够代表定性概念 C 的确定度;

(5) 重复步骤(1)至步骤(4),直到产生 N 个云滴。

高斯云中的云滴,是通过二阶高斯过程产生的,云滴 X 的分布与标准高斯分布(取 $He=0$)存在差异,图 7.5 中的 4 个子图表明在 $Ex=0$,$En=1$ 的情况下,不同超熵情况下分别产生的 10000 个云滴,图 7.5(a)是高斯分布,其超熵为 0,分布柱状图表现出两头小中间大的现象,是标准高斯分布;随着超熵的增大,分别为 0.1, 1 和 10,形成图 7.5(b)、(c)与(d)中云滴的分布情况。可以看出,靠近期望 Ex 的云滴量占整体的比率越来越高。

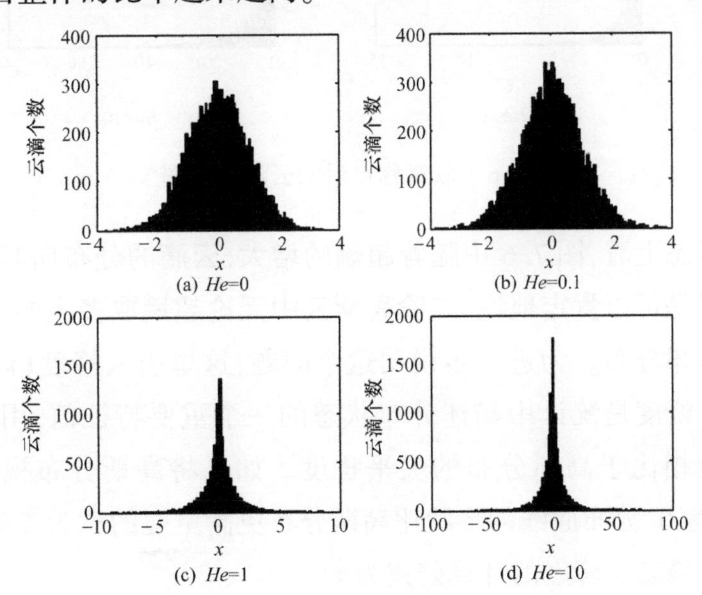

图 7.5 不同超熵下的云滴分布图

我们对高斯云的生成算法稍加改造,如果仅仅关注那些 X 取值大于期望的云滴,而对于小于 Ex 的云滴转为以 Ex 为中心的对称点的方式获得,则转化得到的云滴分布柱状图如图 7.6 所示。

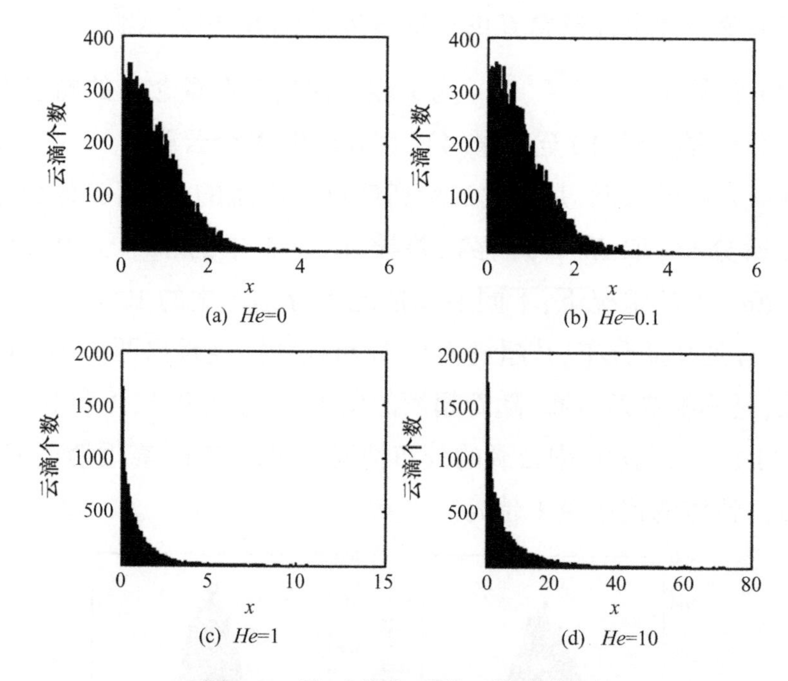

图 7.6　取对称点后的云滴分布图

从形态上看,图 7.6 中随着超熵的增大,云滴的分布向幂律分布靠拢。**但是可以肯定地说,二阶高斯云中无论超熵取多大的值,都不能形成幂律分布**。为进一步说明这个问题,这里引入峰度(kurtosis)的概念。峰度是统计中描述分布状态的一个重要特征值,用以判断分布曲线相比于高斯分布的尖平程度。如果将高斯分布视为常峰态,峰度为 0,分布曲线的形状比高斯分布更高更瘦的称为高峰态,反之称为低峰态。峰度的计算公式为

$$k(X) = \frac{E[X - E(X)]^4}{\{E[X - E(X)]^2\}^2} - 3$$

高斯云的四阶中心矩具有峰度的含义,其峰度为

$$k(X) = \frac{E[X - E(X)]^4}{\{E[X - E(X)]^2\}^2} - 3$$

$$= \frac{3(3He^4 + 6He^2En^2 + En^4)}{(En^2 + He^2)^2} - 3$$

$$= 6 - \frac{6}{\left(1 + \frac{He^2}{En^2}\right)^2}$$

当 He 趋近于无穷大时，高斯云的峰度趋近于6。

从实验的角度看，当超熵变到很大时，其 X 投影区间频度统计如图7.7所示，图7.7(b)中，超熵已经100倍于熵，但其双对数坐标系下的频度与取值之间的关系仍旧与直线（幂律分布）有较明显的偏离。此时，**若继续无限制地增大超熵，则云滴无限度的离散，高斯云与幂律分布会渐行渐远。**

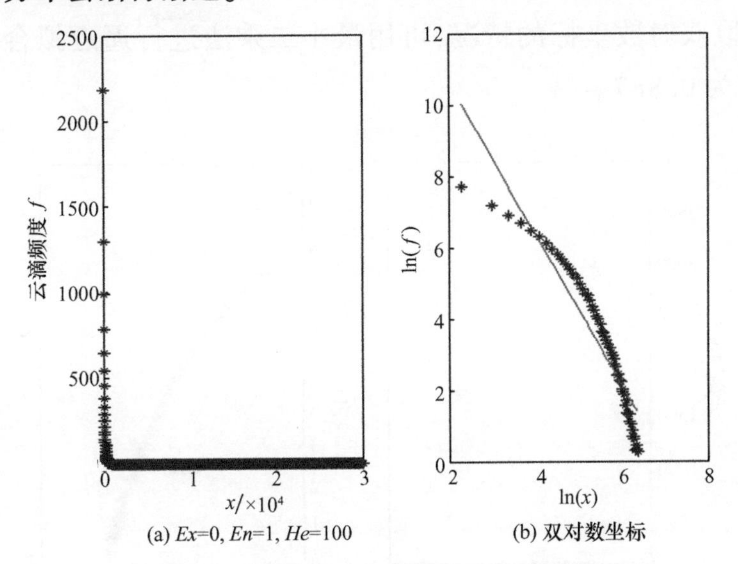

图7.7　超熵100倍于熵时的云滴分布

我们引入超超熵，乃至高阶熵的概念。高斯云是二阶高斯分布的产物，是用二阶高斯的随机样本值作为一次高斯的方差，随着超熵的增大，其形态发生了向幂律的趋近。考虑云模型中超熵是对熵的不确定性的度量，是熵的方差，可以有超超熵（三阶）、四阶、五阶，直至更多。这里,考察三阶高斯、五阶高斯、高阶高斯作用情况下云滴的分布。

先讨论三阶高斯云:给定 *Ex*、*En*、*He*、*HHe*,生成 *N* 个云滴的情况。

首先,以 *He* 为中心值,*HHe* 为方差,生成满足高斯分布的一个大于 *He* 的随机超超熵 *HHe′*(也可称为三阶随机熵);然后,以 *En* 为中心值,*HHe′*为方差,生成服从高斯分布的一个大于 *En* 的随机超熵 *En′*(可称为二阶随机熵);再其次,以 *Ex* 为中心值,*En′* 为方差,生成服从高斯分布的一个随机云滴。如此循环,直到生成 *N* 个云滴为止,云滴群的频度分布图如图 7.8 所示。图 7.8(b)为取双对数坐标的情况,可用最小二乘法进行逼近拟合,幂指数近似为0.887。

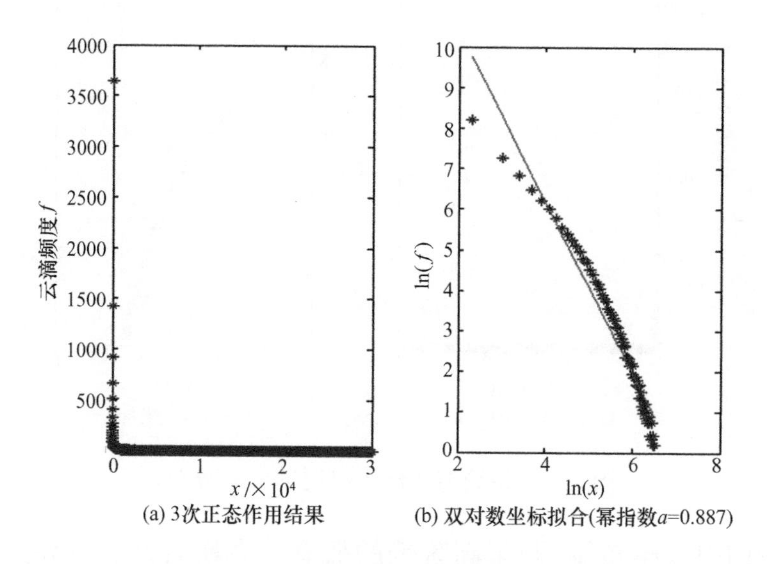

(a) 3次正态作用结果　(b) 双对数坐标拟合(幂指数*a*=0.887)

图 7.8　三阶高斯云的云滴分布

类似地,可以生成五阶、十阶、二十阶的高阶云滴群,分别如图 7.9 ~ 图 7.11 所示。

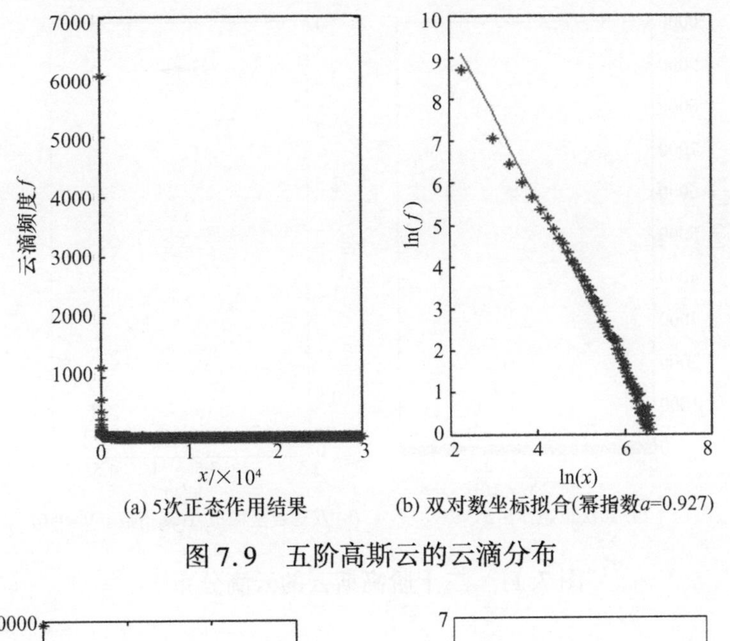

(a) 5次正态作用结果　　(b) 双对数坐标拟合(幂指数a=0.927)

图7.9　五阶高斯云的云滴分布

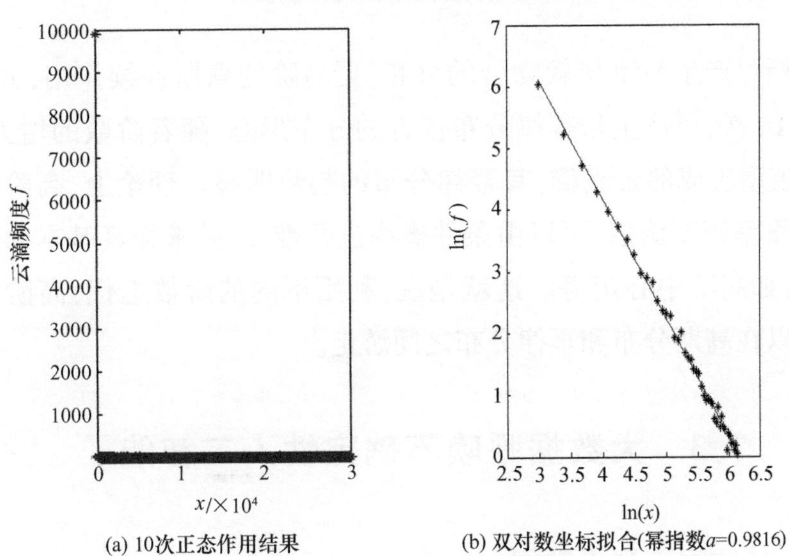

(a) 10次正态作用结果　　(b) 双对数坐标拟合(幂指数a=0.9816)

图7.10　十阶高斯云的云滴分布

实验告诉我们，二阶高斯云模型中，随着超熵的增大，云滴群开始呈现重头肥尾的分布特征，但超熵进一步增大并不导致幂律分布；

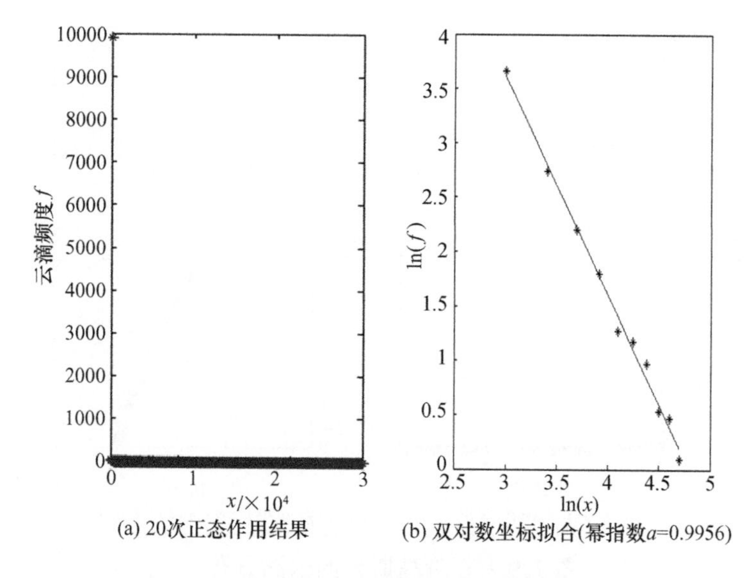

图 7.11　二十阶高斯云的云滴分布

三阶高斯可产生与幂律较吻合的分布,更高阶的高斯连续作用,如 5 次乃至 10 次,可产生与幂律分布接近的分布形态;**随着阶数的增大,*K* 阶云模型生成的云滴群,其幂律分布的趋势明显。理论上,高阶高斯云的概率密度函数,可以由条件概率进行推导,并求得其基本的数学性质,如高阶中心矩等。这就是说,利用不同的阶数迭代,高阶云模型可以在高斯分布和幂律分布之间游走。**

7.3　大数据呼唤不确定性人工智能

7.3.1　从数据库到大数据

如果说图灵的可计算模型开创了计算机时代的话,那么可以认为,关系代数模型开创了在计算机上管理结构化数据的数据库时代。从此,计算机不再是单纯的面向科学研究领域的数学计算或者数值计算,而更多的是数据处理和信息处理,面向全社会各行各业。从20世纪70年代起,层次和网状数据库模式向关系数据库模式聚拢,人们创建了各种各样的关系数据库管理系统,通过数据建模工具、索引和数据组织,通过用户界面、查询语言、优化查询处理和事务管理,方便灵活地访问数据,或者更新数据库,联机事务处理(On-Line Transaction Processing, OLTP)性能成为数据库管理系统的重要指标。然而,随着全球数字化进程的加速,使用频度大或者价值大的数字内容被结构化或者碎片化,加入到数据库中,成为结构化了的热数据,以满足反复使用的需求,库的规模越来越大,80年代称为大数据库(Large Databases,LDB),90年代称为非常大数据库(Very Large Databases, VLDB),21世纪初称为超级大数据库(Extremely Large Databases, XLDB)。然而,称谓上的变化仍然赶不上数据量规模的增长,人们把多个数据源收集的信息,存放在一个大体一致的模式下并驻留在单个站点,称为数据仓库,利用多维数据库来构建数据立方体或者超立方体模型,通过数据清理、数据变换、数据集成、数据装入和定期数据刷新来维护数据仓库,联机分析处理(On-Line Analysis Processing, OLAP)性能成为数据仓库的重要指标,大大促进了全社会的信息化。

应该说,在数据库和数据仓库技术的发展过程中,人们很少考虑数据和数据使用中的不确定性。如果有的话,也许仅仅是一些模糊匹配、模糊查询的技术而已。

数据库和数据仓库规模的迅速扩大,必然导致“数据丰富,信息贫乏,缺少知识”的尴尬局面。于是,从数据库中发现知识(KDD)成为技术热点。对数据对象进行分类或者聚类,挖掘数据库中的关联规则或者序列规律,分析作为孤立点的数据对象的异常行为,或者预测数据对象的演变趋势等,人们开始关注发现知识任务的背景,关注如何描述挖掘任务、知识的类型、概念的粒度和概念层次,乃至如何度量发现的兴趣度等。

然而,由于互联网技术、尤其是万维网(WWW)和移动互联网技术的迅速崛起,促进了基于超链接和超文本的信息的互通与共享,基于网站爬虫技术的虚拟集群搜索服务器兴起,搜索引擎作为应对半结构化数据的一匹黑马横空出世,吸引了全社会的眼球,挑战传统的结构化数据库技术和从数据库中发现知识的研究,网络时代人们的生活,使得搜索无处不在,无时不用,无人不要,人们心甘情愿地为获得的搜索结果付费。在云计算的旗帜下,把搜索当作服务(Searching as a Service),甚至当作个性化服务,以获得信息价值成为潮流,那种先进行顶层设计构建库或者仓库的框架,然后再把数据进行预处理并结构化,搬进预定框架中的传统做法受到了质疑。从1995年起,SIGKDD召开一年一度的知识发现和数据挖掘国际会议,会议规模越来越大,讨论知识发现的内容越来越少,讨论数据的价值和海量数据挖掘的技术越来越多,2012年在北京召开的第18届KDD大会,热点已经转移到大数据(Big Data)的挖掘了。

信息时代数据量激增,如自然大数据、生命大数据和社交大数据,其增长速度大大超过了反映微电子、计算机和计算能力的摩尔速度。来自多种传感器的各种各样的数据,特别是流数据,规模已经大到无法在一定时间内用常规数据库或者数据仓库的软件工具对其内容进行抓取、管理和处理,并快速获取有价值的信息。大数据通常具有鲜活性,且有高噪声、高冗余、低价值密度、不完整、不一致等诸多原生态的特点,尤其是具有在使用过程中与人和环境进行及时交互和相互作用的特点,在单台计算机上用强计算模型来处理大数据明显不被看好。大数据引来PB(10^{15}字节)时代的科学。

有没有一个非结构化的解决方案,如同传统的关系数据库那样,能够最终广泛应用到大数据的众多领域、较快地发现大数据的价值?这种全新的方法和手段必须能够保证处理的简单性、易扩展性、时效性和交互性。

可以说,云计算和大数据是网络时代的一对孪生兄弟,在软件作为服务的引领下,把搜索当作服务必将导致把挖掘当作服务(Mining as a Service)。人们也许并不急需太多的、如同英国《大不列颠百科全书》的普遍的百科知识,而是要从开放环境下,通过数据挖掘及时获得自己的价值需求,如发现最感兴趣的朋友、观点、消息、信息、机会、走势等,这些肯定不是唯一的最优解,但可以是满意解、尽力而为解;肯定不是一个确定的解,但可以是不确定性中的基本确定解;最好不是千人一面的解,而是个性化的解。大数据推动不确定性人工智能的大发展。

7.3.2 网络交互和群体智能

随着互联网的普及和网络科学的发展,尤其是社交网络的发展,人们越来越关注一个个有主体行为能力的个体,以及个体之间通过沟通和交互所涌现出的群体行为。

早先,人们研究粒子群、蚁群、鱼群和蜂群等群体行为,关注生物的进化、演化计算,乃至自然计算。现在,人们更加关心互联网上通过分享、交互所形成的形形色色的、规模不同的小众社区(社团),及其所涌现出来的群体智能,形成社会计算。例如,微博中的关注关系、社交网络中的好友关系、在线商店中因共同购买或评论产品结成的共同兴趣关系,都表现出普遍存在的局部集聚性,以及由此反映出来的群体智能。互联网面对的公众,不再是简单的、相同需求的、粗放的大众,而是由各具特色的"小众"构成的"大众",或者说,没有小众,就没有大众。

如果说曾经千家万户都有相同的电话机,通信设施的普及是"大河有水小河满"的话,那么今天社交网络普及情况下满足小众的服务则是"小河有水大河满"的另一番景象。

计算机被嵌入到网络、环境或日常工具中去,计算设备淡出计算过程的中心位置,人们关注的中心回归到任务本身。通过互联网建立起一个泛在的计算、存储和通信能力的环境,这个环境与人们逐渐地融合在一起。例如,分众分类利用公众主动贡献内容、分享数据所形成的群体智能,可以完成诸如多媒体识别、标识与分类等图灵机运算难以完成的任务。**必须指出的是,群体智能常常是在无集中控制、开放的互联网环境下交互涌现出的统计形态。**在云计算环境下,人人都是信息资源的使用者,又都是信息资源的开发者,人人都是服务的消费者,又都是服务的提供者,体现的是人机共生的协同智能。

以图像识别为例,对于人来说这也许是简单的事情,但基于内容的图像搜索引擎却难以实现。目前搜索引擎公司可能不再要专门聘请人工来整理图像、加贴标签,而是让公众参与进来,让有兴趣的个体参与这种整理,网络连接的就将不只是计算机,还有人组成的社区。美国学者路易斯(Luis von Ahn)在文献[80]中开发了一款 ESP 游戏,通过公众参与产生大量的图像标签,用于图像整理。图 7.12 展

(a) 提供给参与者的图像

(b) 参与者达成共识的6个分类结果

图 7.12　群体智能对图像进行分类的实验(见彩页)

示了一个利用公众参与来实现图片分类的实验,其中图7.12(a)给出了一批杂乱的人物和宠物的照片。当实验参与者在网站上给这些图片分类时,大部分的参与者都选择将人和宠物配对在一起,形成了如图7.12(b)所示的结果,这是计算机无论如何都无法自动实现的。参与者根据社会生活常识和观察,习惯从外形上的某种相似性将人和宠物分成6类。公众参与者的判断达成了高度的一致,而图灵机智能下的分类算法也许只能将图像分成人和宠物两类,因为计算机不具备人的生活常识。众分的结果更加符合人类生活和自然常识的认知方式。

维基百科利用公众来集体创作百科条目,是公众参与形成群体智能的又一个典型应用。在维基模式中,任何个体都可以对自己感兴趣的条目进行编辑。这种编辑是自由的,个体可参与到任意的条目中贡献任何看法。尽管参与者在条目编辑中可能会出现错误,甚至有人恶意篡改,但是在公众参与的情况下,错误与恶意篡改的部分会很快被纠正过来,大多数条目都保持了相当高的水平。如图7.13以“cloud computing”词条为例,它创建于2007年9月4日。“cloud computing”的定义从最初简单的、片面的受争议版本,至2011年2月23日,在经历了1825位用户的4562次编辑之后,逐渐形成了比较准确、稳定和富有条理性的解释。条目的单月浏览量也从2008年1月的21537次上升到2011年1月的751383次,增加了一个数量级。和人类探索某个概念真实含义的认知过程一样,在多次分享、交互、包容、修正与演化之后,群体合作编辑下的维基条目会得到相对而言更为正确的答案。这样的答案可被大部分参与者或读者认同,形成相对稳定和接近真理的共识结果。

可以说,正是无集中控制的互联网将公众的认知反馈纳入到计算过程,而人具有选择性,思维具有不确定性,因此,网络上计算的输

Cloud computing

From Wikipedia, the free encyclopedia

This is an old revision of this page, as edited by Metapsyche (talk | contribs) at 17:14, 4 September 2007. It may differ significantly from the current revision.

(diff) ← Previous revision | Current revision (diff) | Newer revision → (diff)

Cloud Computing is the new revolution in Computing where Software that used to reside on PC's are moved or extended to the internet. These "Software through the Internet Cloud" or Cloud Applications (Cloud Apps) is the newest paradigm shift to occur in our time. It is as momentous as the Industrial Revolution. The architecture behind Cloud Computing is a massive network of "cloud servers" interconnected as if in a Grid (hence the term Grid Computing) running in parallel (hence Parallel Computing). Collectively, these architectures are all necessary for the leading software giants (such as Microsoft and Google) to provide a wide array of Cloud Applications to the masses in this new age of Cloud Computing.

(a) 2007年9月4日

Latest revision as of 12:43, 23 February 2011

This article appears to **contain a large number of buzzwords**. Specific concerns can be found on the Talk page. Please improve this article if you can. *(February 2011)*

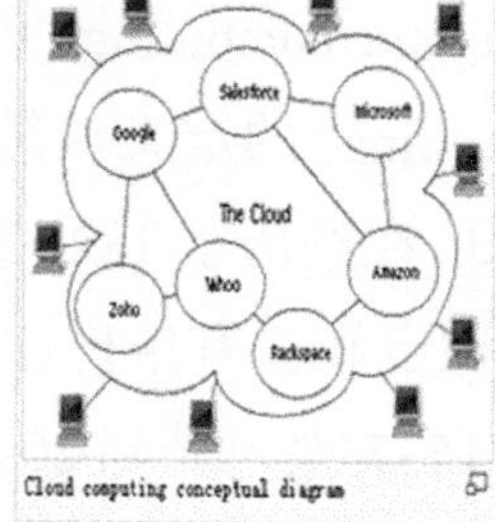

Cloud computing conceptual diagram

Cloud computing describes computation, software, data access, and storage services that do not require end-user knowledge of the physical location and configuration of the system that delivers the services. Parallels to this concept can be drawn with the electricity grid where end-users consume power resources without any necessary understanding of the component devices in the grid required to provide said service.

Cloud computing is a natural evolution of the widespread adoption of virtualization, service-oriented architecture, autonomic and utility computing. Details are abstracted from end-users, who no longer have need for expertise in, or control over, the technology infrastructure "in the cloud" that supports them.[1]

Cloud computing describes a new supplement, consumption, and delivery model for IT services based on Internet protocols, and it typically involves provisioning of dynamically scalable and often virtualized resources.[2][3] It is a byproduct and consequence of the ease-of-access to remote computing sites provided by the Internet.[4] This frequently takes the form of web-based tools or applications that users can access and use through a web browser as if it were a program installed locally on their own computer.[5]

The National Institute of Standards and Technology (NIST) provides a somewhat more objective and specific definition:

"Cloud computing is a model for enabling convenient, on-demand network access to a shared pool of configurable computing resources (e.g.,

(b) 2011年2月23日

图 7.13 维基百科中"cloud computing"条目的演化

入状态也不再通过确定的集合来表示，群体智能产生的过程也无法像图灵机那样用确定的操作序列来表示，不确定性在这一过程中显得尤为突出。但不确定性的特征并不意味着我们无法探究群体作用于看似无序的互联网上所产生的整体结果，通过不确定性人工智能方法研究网络的物理特性，或许能得到部分有价值的规律。

建立在公众交互基础上并遵循某些重要统计特征的群体智能，与图灵机智能有显著不同。图灵机智能具有机器在数值计算、存储、检索和确定的推理能力等方面的优势，但是在面对更多需要形象思维，或者常识、灵感和顿悟等不确定性认知的处理时，一直没有取得实质性的突破。**而基于互联网的群体智能则具有对参与者观点的反复交互、提升、抽象和利用，感知与反馈现实世界中的各种模式，可以利用人的常识，形成形象思维、联想、感悟和顿悟等不确定性认知的优势。**

群体智能是公众在网络上不断交互与沟通的过程中所涌现的智能，能够吸收和利用参与者所贡献出来的某种认知能力，并体现出稳定的统计特性或涌现结构。社区成为互联网上在特定情境下对特定主题感兴趣的人群。社区的出现巧妙地解决了人工智能中无法解决的情境常识知识的界定和表达问题。信息时代，人人都在社区之中，人人都在有差异的多个社区之中。从整体上看，社区之间的交叉、覆盖、包含以及社区成员之间多元化、多样化角色的交互和跃迁，使得互联网上经常出现围观者“扎堆”、意见领袖涌现、主题聚焦与消散、差异化评注逐步向共识状态收敛等典型网络行为。站在人工智能学者的角度，深入研究群体智能的表征和利用手段，完善网络上由人机、机机和机人交互形成的智能，最终将促进我们研究出思维能力更强、更易于被人类思维接受、能与人和谐共生的人工智能，这也正是把计算机作为思维机器发明伊始追求的目标。

7.4 不确定性人工智能展望

回顾历史,人类在对客观世界的认识过程中,已经取得的最集中、最突出的惊人成就,当属物理学。人们对物质结构的认识,一方面去探索大尺度的目标,包括行星、星球、银河系等;另一方面积极探索微观世界,发现物质更小的构成单元,从分子、原子深入到原子核,再到中子、质子,进一步又深入到夸克层次。用更统一的理论去覆盖万有引力、电磁力、强作用力和弱作用力这4种相互作用力,是物理学家孜孜不倦的追求。

那么,对人脑这个小宇宙自身的认识是否可以借鉴对客观世界的认知呢?**我们认为,21世纪认知和思维科学发展的一个重要方向,就是把现代物理学中对客观世界的认知理论成果引申到对主观世界的认知中来,这就是我们孜孜所求的认知的物理学方法,即认知物理学。**

众所周知,物理学在对客观世界的认识中,模型和场起到了关键的作用。借鉴物理学中场的思想,我们将物质粒子间的相互作用及场的描述方法引入到抽象的认知空间。按照认知物理学的思路,人自身的认知和思维过程,从数据到概念,从概念到知识,如果也用场的思想来形式化表示,就可以建立一个认知场来描述数据之间的相互作用,可视化人的认知、记忆、思维等过程。论域空间中的数据也好,概念也好,语言值也好,群体也好,都是场空间中相互作用的客体或者对象,仅仅是粒度不同而已。

用不同尺度分析并理解自然界、人类社会和人的思维活动,是人们常用的方法。借鉴物理学中的粒度来反映发现知识的粒度或概念的尺度,是认知物理学的又一个重要内容。研究人类自身的认知机理,研究数据、概念、规则、知识之间的不确定的层次结构。人的认知过程有感觉、知觉、表象、概念、抽象等不同层次。层次和客体的粒度相关,知识的层次和概念的粒度相关,无论是发现哪一类知识,如果对于原始较低粒度的概念进行提升,就可以发现更普遍、更概括的知识,这就是正在兴起的粒计算。

人类智能的一个公认特点,是人们能够从极不相同的粒度上观察和分析同一问题,不仅能够在同一粒度世界里进行问题求解,而且能够很快地从一个粒度世界跳跃到另一个粒度世界,往返自如,甚至具有同时处理不同粒度世界的能力,这正是人类解决问题的强有力表现。而人类的认知和思维的过程,实际上对应着不同粒度表述的概念在不同尺度之间的转化过程,即从一种相对稳定的发现状态向另一种相对稳定的发现状态的过渡。如何形式化描述人类认知过程中从数据到概念,从概念到知识的发现状态转换,以及知识由细粒度到粗粒度的逐步归纳简约的过程,也是人工智能研究中的基础问题。我们借鉴物理空间的多视图、多尺度、多层次等特点,借用物理学中状态空间转换的思想,形成了知识发现状态空间转换的框架,空间中的每个状态代表一个相对稳定的知识形态,而认知过程则对应着从一个状态空间到另一个状态空间的转换,云变换和数据场成为发现状态空间转换的重要工具。

从20世纪末到21世纪中叶,人类处在一个科学高度分化又高度综合的时代,信息科学和技术在整个科学之中,依然是发展最迅速、最持久的学科,继续充当人类发展最强大的引擎,继续成为支撑学科交叉、技术创新、经济发展的主导力量,继续向全社会全方位渗透,并推动全社会从多个金字塔结构向扁平的网络结构的转型。在组成世界的物质、能量和信息三个要素中,早先认为的浩瀚地球成了物质和能量有限的"地球村",要通过信息科学和技术去精细调控物质和能量,使得人与自然可以和谐地、可持续地发展,从数据和信息中去挖掘生产力,通过互联网、移动互联网、人联网、物联网和云计算,感知地球,让地球在数字地球的基础上成为智慧地球。

横向发展催生更多的边缘学科和交叉学科,成为科学进步和技术创新的主要源泉,曾经分隔的、垂直的学科划分转变为交叉的、协作式的科学研究,传统创新演化为基于网络的开放、开源、合作式的群体创新。

科学的发现和技术的发明常常相互依赖,在科学发展过程中,有时发现在先,有时发明在先,并不总是先有发现后有发明。如果说,1936年的图灵模型是“形而上”的科学,1944年把图灵模型物化成为物理实体的冯·诺伊曼计算机是“形而下”的技术的话;如果说,上世纪70年代的关系代数模型是“形而上”的科学,后来把关系代数物化成为数据库和数据仓库是“形而下”的技术的话;那么,今天我们身边的云计算和大数据挖掘技术的出现则是先有发明后有发现。近年来图灵奖、香农奖和诺贝尔奖等获得者中,以实验技术的成果而得奖,占有相当大的比例,技术也可以成为科学的先导。我们期待着能够指导云计算和大数据的新的科学理论,迎接数字化导致的科学革命。

伟大艺术作品的美学鉴赏和伟大科学的理解,都需要智能和智慧,都追求普遍性、深刻性和富有意义,都追求真和美,这正是基础研究和交叉研究的魅力所在。领略不同学科交汇,乃至科学和艺术的交汇所产生的奇妙景观是人生的一大享受,让诗人和科学家都保持一颗“童真”的心!我们和读者共勉。

参考文献

[1] 李德毅,刘常昱,杜鹢,等. 不确定人工智能[J]. 软件学报, 2004, 15(11): 1583 - 1594.

[2] 吴鹤龄,崔林. ACM 图灵奖(1966—1999)——计算机发展史的缩影[M]. 北京:高等教育出版社,2000.

[3] 马颂德,王珏. 人工智能技术发展回顾与展望[R]//中国科学院. 2000 高技术发展报告. 北京:科学出版社,2000:102 - 108.

[4] Hopfield J J. Neural Networks and Physical Systems with Emergent Collective Computational Abilities[C]. In: Proceedings of the National Academy of Science of the United States of America,1982,(79): 2554 - 2558.

[5] 吴文俊. 数学的机械化[R]//余翔林,邓勇编. 中国科学院研究生院演讲录(第一辑)科学的魅力. 北京:科学出版社,2002.

[6] Li Deyi, Liu Dongbo. A Fuzzy PROLOG Database System[M]. New York: John Wiley&Sons, 1990.

[7] Barr A, Feigenbaum E A. The Art of AI: Themes and Case Studies of Knowledge Engineering [C]. In: Proceedings of the 5th International Joint Conference on Artificial Intelligence. Cambridge(MA): 1977, 5:1014 - 1029.

[8] 林尧瑞,张钹,石纯一. 专家系统原理与实践[M]. 北京:清华大学出版社,1988.

[9] McCulloch W S, Pitts W. A logical calculus of ideas immanent in nervous activity[J]. Bulletin of Mathematical Biophysics. 1942(5):115 - 133.

[10] Rumelhart David E, Hinton Geoffrey E,Williams Ronald J. Learning internal representations by backpropagating errors[J]. Nature, 1986, 323(99):533 - 536.

[11] Norman D A. Twelve Issues for Cognitive Science. Center for Human Information[R]. California University, San Diego, 1979.

[12] Edward O. Wilson. 社会生物学:新的综合[M]. 毛盛贤,译. 北京: 北京理工大学出版

社, 2008.

[13] 李德毅,史雪梅,孟海军. 隶属云和隶属云发生器[J]. 计算机研究与发展,1995, 32(6): 15 -20.

[14] Li Deyi, Shi X M, Gupta M M. Soft Inference Mechanism Based on Cloud Models[C]. In: Proceedings of the 1st International Workshop on Logic Programming and Soft Computing: Theory and Applications, Bonn, Germany, 1996.

[15] Li Deyi, Han Jiawei, Shi Xuemei. Knowledge Representation and Discovery Based on Linguistic Models[C]// Lu H J, Motoda H eds. KDD: Techniques and Applications. Singapore: World Scientific Press, 1997, 3 -20.

[16] Li Deyi, Han Jiawei, Shi Xuemei, et al. Knowledge Representation and Discovery Based on Linguistic Atoms[J]. Knowledge - based Systems. 1998(10): 431 -440.

[17] Li Deyi. Knowledge Representation in KDD Based on Linguistic Atoms[J]. Journal of Computer Science and Technology, 1997, 12(6):481 -496.

[18] 李德毅,王晔,吕辉军. 知识发现机理研究[R]//中国人工智能学会. 中国人工智能进展2001 . 北京:北京邮电大学出版社,2001: 314 -325.

[19] 李德毅. 隶属云发生器和由其组成的控制器[P]. 中国专利 ZL 95 1 03696.3.

[20] 杨朝晖,李德毅. 二维云模型及其在预测中的应用[J]. 计算机学报,1998, 21(11): 962 -969.

[21] 李德毅. 知识表示中的不确定性. 中国工程科学[J],2000, 2(10): 73 -79.

[22] 刘常昱. 基于云 X 的逆向云新算法[J]. 系统仿真学报, 2004, 16(11):2417 -2420.

[23] 王立新. 高斯云的定义及数学特性[R]. 个人通信, 2011.11.09.

[24] 王国胤, 许昌林. 基于样本分组的高斯逆向云算法[R]. 个人通信, 2012.

[25] 李德毅,刘常昱. 论正态云模型的普适性[J]. 中国工程科学,2004, 6(8): 28 -34.

[26] Slingo Julia, Bates Kevin, Nikiforakis Nikos, et al. Developing the next - generation climate system models: challenges and achievements[C]. Philosophical Transactions of the Royal Society A - mathematical Physical and Engineering Sciences, 2009, 367(1890): 815 -831.

[27] Jeff A Bilmes. A Gentle Tutorial of the EM Algorithm and its Application to Parameter Estimation for Gaussian Mixture and Hidden Markov Models[R]. International Computer Science Institute,Berkeley, April 1998.

[28] 刘玉超. 基于云模型的粒计算方法研究[D]. 北京:清华大学,2012.

[29] Arifina A Z, Asano A. Image segmentation by histogram thresholding using hierarchical cluster analysis[J]. Pattern Recognition Letters. 2006, 27(13): 1515 - 1521.

[30] http://www.eecs.berkeley.edu/Research/Projects/CS/vision/bsds/.

[31] 李德毅,淦文燕,刘璐莹. 人工智能与认知物理学[C]. 中国人工智能学会第10届全国学术年会,广州,2003.

[32] 淦文燕. 聚类——数据挖掘中的基础问题研究[D]. 南京:解放军理工大学,2003.

[33] 淦文燕,李德毅,王建民. 一种基于数据场的层次聚类方法[J]. 电子学报, 2006, 34(2): 258 - 262.

[34] Gan Wenyan, Li Deyi, Wang Jianming. Dynamic Clustering Based on Data Field[C]. In: The 11th International Fuzzy Systems Association World Congress on Fuzzy Logic, Soft Computing and Computational Intelligence (IFSA2005), 2005.

[35] Wang Shuliang, Gan Wenyan, Li Deyi, et al. Data Field for hierarchical clustering[J]. International Journal of Data Warehousing and Mining, 2011, 7(4):43 - 63.

[36] Guha S, Rastogi R, Shim K. CURE: an efficient clustering algorithm for large databases [C]. In: Proceedings of the 1998 ACM SIGMOD International Conference on Management of Data, Seattle, 1998.

[37] Duda R, Hart P. Pattern classification and scene analysis [M]. New York: John Wiley&Sons, 1973.

[38] Zhang T, Ramakrishnman R, Linvy M. BIRCH: an efficient method for very large databases [C]. In: Proceedings of ACM SIGMOD International Conference on Management of Data, Montreal(Canada), 1996.

[39] 戴晓军,淦文燕,李德毅. 基于数据场的图像数据挖掘研究[J]. 计算机工程与应用, 2004, 26:41 - 44.

[40] Michael J Lyons, Shigeru Akamatsu, Miyuki Kamachi, et al. Coding Facial Expressions with Gabor Wavelets[C]. In: Proceedings 3rd IEEE International Conference on Automatic Face and Gesture Recognition. Nara Japan, 1998.

[41] Watts D J, Strogatz S H. Collective dynamics of small world networks[J]. Nature, 1998, 393(6684):440 - 442.

[42] Barabási A L, Bonabeau E. Scale - Free Networks[J]. Scientific American, 2003, 50 - 59.

[43] 淦文燕. 数据场方法及其在网络化数据挖掘中的应用研究[博士后出站报告][D]. 北京:清华大学,2007.

[44] He Nan, Gan Wenyan, Li Deyi. Evaluate Nodes Importance in the Network using Data Field Theory [C]. The 2007 International Conference on Convergence Information Technology, 2007.

[45] Zachary W W. An information flow model for conflict and fission in small groups[J]. Journal of Anthropological Research, 1977, 33:452 - 473.

[46] Girvan M, Newman M E J. Community structure in social and biological networks[C]. Proc. Natl. Acad. 2002, 99:7821 - 7826.

[47] Newman M E J. Modularity and community structure in networks [J]. Proceedings of the National Academy of sciences of the United States of America, 2006,103(23):8577 - 8582.

[48] 淦文燕,赫南,李德毅,等. 一种基于拓扑势的网络社区发现方法[J]. 软件学报,2009, 20(8): 2241 - 2254.

[49] Wikimedia Foundation. [2012 - 5 - 7]. http://meta.wikimedia.org/wiki/Main_Page.

[50] 韩言妮. 网络拓扑度量与多粒度挖掘方法[D]. 北京:北京航空航天大学,2010.

[51] 张海粟,陈桂生,马于涛,等. 基于在线百科全书的群体兴趣及其关联性挖掘[J]. 计算机学报,2011, 34(11): 2234 - 2242.

[52] 邸凯昌. 空间数据发掘和知识发现的理论与方法[D]. 武汉:武汉测绘科技大学,1999.

[53] Li Deyi, Duyi, Yin Guoding, et al. Commonsense Knowledge Modeling[C]. 16th World Computer Congress 2000, Beijing, 2000.

[54] Roger C S, David B L. Creativity and learning in a cased - based explainer[J]. AI, 1989, 40(1 - 3):353 - 385.

[55] Kandel A, Martins A, Pacheco R. Discussion: on the very real distinction between fuzzy and statistical methods[J]. Technometrics, 1995, 37(3): 276 - 281.

[56] Mizumoto M. Fuzzy controls under product - sum - gravity methods and new fuzzy control methods[R]. In: Kandel A, Langholz G. Fuzzy Control Systems. London: CRC Press, 1993, 276 - 294.

[57] Li Deyi. Uncertainty Reasoning Based on Cloud Models in Controllers[J]. Computers and Mathematics with Applications. Elsevier Science, 1998, 35(3): 99 - 123.

[58] 陈晖. 定性定量互换模型及其应用[D]. 南京:解放军理工大学,1999.

[59] 周宁. 云模型及其在智能控制中的应用[D]. 南京:解放军理工大学,2000.

[60] 张飞舟,范跃祖,李德毅,等. 基于隶属云发生器的智能控制[J]. 航空学报,1999, 20(1):89 - 92.

[61] 陈晖,李德毅,沈程智,等. 云模型在倒立摆控制中的应用[J]. 计算机研究与发展,1999, 36(10):1180 - 1187.

[62] 张飞舟,范跃祖,沈程智,等. 利用云模型实现智能控制倒立摆[J]. 控制理论与应用,2000, 17(4):519 - 524.

[63] Li Deyi, Chen Hui, Fan Jianhua, et al. A Novel Qualitative Control Method To Inverted Pendulum Systems[C]. 14th International Federation of Automatic Control World Congress, Beijing, 1999.

[64] 李德毅. 三级倒立摆的云控制方法及动平衡模式[C]. 中国工程科学,1999, 1(2):41 - 46.

[65] Bonabeau E, Dorigo M, Theraulaz G. Swarm Intelligence: From Natural to Artificial Systems[M]. New York: Oxford University Press,1999.

[66] Kennedy J, Eberhart R C, Shi Y H. Swarm Intelligence[M]. San Francisco: Morgan Kaufmann Publishers, 2001.

[67] Zalta E, ed. Emergent Properties[R]. Stanford Encyclopedia of Philosophy, Sept. 2002.

[68] Li Deyi, Liu Kun, Sun Yan, et al. Emergent Computation: Virtual reality from disordered clapping to ordered clapping[J]. Science In China, 2008, 51(5):1 - 11.

[69] 刘坤,李德毅,孙岩,等. 复杂系统自组织同步研究(特邀报告)[R]. 2006 全国复杂网络学术会议论文集, 2006, 03 - 04.

[70] Shannon C E. A mathematical theory of communication[J]. Bell System Technical Journal, 1948, 27(6, 10): 379 - 423, 623 - 656.

[71] Li Deyi, Liu Kun, Sun Yan, et al. Emerging Clapping Synchronization From a Complex Multiagent Network with Local Information via Local Control[J]. IEEE Transactions on Circuits and Systems—II: Express Briefs, 2009, 56(6):504 - 508.

[72] Néda Z, Ravasz E, Brechet Y, et al. The Sound of Many Hands Clapping—Tumultuous Applause can Transform Itself into Waves of Synchronized Clapping [J]. Nature, 2000, 403(6772):849 - 850.

[73] Elkan C. The Paradoxical Success of Fuzzy Logic[J]. IEEE Expert. 1994, 9(4):3 - 8.

[74] Zadeh L A. Responses to Elkan: Why the Success of Fuzzy Logic is not Paradoxical[J]. IEEE Expert, 1994, 9(4):43 - 46.

[75] Elkan C. Elkan's Reply: The Paradoxical Controversy over Fuzzy Logic. [J]. IEEE Expert, 1994, 9(4):47 - 48.

[76] Karnik N N, Mendel J M. Introduction to type -2 fuzzy logic systems[C]. in Proc. 1998 IEEE Fuzzy Conference,1998, 915 -920.

[77] Turing A M. On Computable Numbers, with an Application to the Entscheidungs problem [J]. Proceedings of the London Mathematical Society, 1936, 2(42): 230 -265, (43): 544 -546.

[78] Turing A M. Lecture to the London Mathematical Society[R]. Typescript in the Turing Archive, King's College, Cambridge, February 1947.

[79] Robin M. Communication and Concurrency[M]. Prentice Hall (International Series in Computer Science), 1989.

[80] Von Ahn L, Dabbish L. Labeling Images with a Computer Game[C]. In Proceedings of the SIGCHI Conference on Human Factors in Computing Systems, 2004.

基金资助目录

本书内容涉及到的研究课题,曾经受到以下基金资助。

(1) 国家自然科学基金资助课题

• 数据库中的知识发现研究,1993—1995,项目编号:69272031。

• 三级倒立摆系统的定性控制机理与实现,1998—2000,项目编号:69775016。

• 数据开采中的知识表示和知识发现方法研究,2000—2002,项目编号:69975024。

• 数据挖掘中的若干基础问题研究,2004—2006,项目编号:60375016。

• 非规范知识处理的基础理论及关键技术研究(重大项目),2004—2008,项目编号:60496323。

• 网络化数据挖掘方法研究,2007—2009,项目编号:60675032。

• 基于拓扑势的复杂网络结构演化研究,2010—2012,项目编号:60974086。

• 无人驾驶车辆智能测试标准与环境设计研究(重点项目),2010—2013,项目编号:90920305。

• 基于云计算的海量数据挖掘关键技术研究(重点项目),2011—2014,项目编号:61035004。

- 复杂网络鲁棒性研究,2012—2015,项目编号:61273213。
- 基于视听觉信息的多车交互协同驾驶关键技术研究(重点项目),2012—2015,项目编号:91120306。

(2) 国家重点基础研究发展规划(973 计划)资助课题

- 数据开采和知识发现的理论与方法研究,1999—2003,项目编号:G1998030508—4。
- 现代设计大型应用软件的共性基础,2004—2009,项目编号:2004CB719401。
- 基于视觉认知的非结构化信息处理基础理论与关键技术,2007—2011,项目编号:2007CB311000。
- 需求工程——对复杂系统的软件工程的基础研究(本书第一作者为该项目首席科学家),2007—2011,项目编号:2007CB310800。

相关专利

本书作者及其团队在不确定性人工智能的研究过程中取得授权的和已公开申请号的国家发明专利清单：

1. 隶属云产生方法、隶属云发生器与隶属云控制装置。专利号：ZL 95 1 03696.3。

2. 一种向关系数据库嵌入和提取数字水印的方法。专利号：ZL 2003 1 0117358.4。

3. 一种水印关系数据库管理的方法。专利号：ZL 2003 1 0122488.7。

4. 一种在英文文本中嵌入和提取水印的方法。专利号：ZL 2005 1 0077471.3。

5. 在英文文本中嵌入和提取频域水印的方法。专利号：ZL 2007 1 0178422.8。

6. 一种基于数据场的图像分割方法。专利号：ZL 2008 1 0172235.3。

7. 一种基于云模型的图像分割方法。专利号：ZL 2008 1 0172236.8。

8. 一种在计算机程序中嵌入和提取水印的方法。专利号：ZL 2008 1 0119358.0。

9. 一种复杂网络中的社区划分方法。专利号：ZL 2008 1

0224175.5。

10. 一种根据用户非功能性需求搜索 Web 服务的方法。专利号:ZL 2011 1 0103757.X。

11. 一种基于数据场的自动聚类方法。专利号:ZL2011 1 04487.2。

12. 基于数据场划分网格的自动聚类方法。专利号:ZL2011 1 0114544.7。

13. 一种基于高斯云变换的图像处理方法及装置。申请号:201210592697.7。

14. 一种基于广义数据场和 Ncut 算法的图像分割方法。申请号:CN201210265614.3。

15. 智能车在城市道路行驶中的接力导航方法。申请号:201310378718.X。

16. 一种基于三维高斯云变换的彩色图像处理方法及装置。申请号:201310309949.5。

17. 智能车辆利用变粒度路权雷达图进行信息融合的方法。申请号:201310128508.5。

18. 智能车周边环境信息短期记忆方法及系统(双黑板机制)。申请号:201310740531.X。

索 引

H

J

L

M

N

Q

Q

R

S

T

W

X

Y

Z

再版后记

《不确定性人工智能》出版9年了，仍然得到大家的热烈关注，让我们很欣慰。著书人的一个普遍遗憾，是书中有些内容当初写得不到位。这些年来，随着软计算、语义计算、粒计算、云计算、物联网和大数据的兴起，作者时不时有再版本书的冲动。直到去年，才有暇认真整理思路，着手回答读者和教学过程中学生们提出的问题，回忆和学界同行的积极讨论与质疑，归纳我们最新的进展，下决心修订此书。

一本好书，除了让读者曾经爱不释手之外，最好还能让有兴趣的读者能够自己复现书中提及的模型、算法和案例效果，为此我们做出了努力。无论一本书的内容多么深，我们仍然希望语言能够生动活泼有趣味，避免写成一本演绎式的百科全书，尽可能使读书成为享受，为此我们也做出了努力。为了不使本书过于厚重，我们突出自己原创性工作，把一些通用性的数学和基础知识从本书中删除了，突出了云计算、云变换、大数据，以及社会计算等关系到不确定性的智能计算的内容。本书可以有多种读法：由前向后顺序读，或者按照索引由后向前找着读，还可以快读书中的重体字，然后再细读。总之，可以浅读，也可以深读。

这本书的修改凝结着作者的研究生群体的辛勤劳动，淦文燕、刘玉超参与了部分章节的编写工作。此外，多次能够就相关问题和知名教授 Kleinberg、Barabasi 、Mendel 、黄凯、王立新等以及诸多年轻学者刘禹、刘常昱、秦昆、张天雷、郭沐、何雯、王树良、黄立威进行讨论，作者获益匪浅。值此书再版之际，特向这些同仁表示衷心的感谢！

还要感谢作者的亲人们，正是他们一如既往的支持和关怀，才使作者能够顺利地完成此书。

真诚感谢所有为本书提供过帮助的人！

不确定性人工智能理论与应用学术沙龙
——对 话 实 录

会议名称:中国科协第75期新观点新学说学术沙龙

时间:2013年5月29日

地点:中国科技会堂

部分参会人员:史忠植(中国科学院计算技术研究所研究员),张勤(中国科学技术协会书记处书记,清华大学教授),樊兴华(重庆邮电大学教授),戴琼海(清华大学教授),王双成(上海立信会计学院教授),耿直(北京大学数学科学学院教授),谢旻(香港城市大学讲座教授),孙松茂(清华大学教授)

史忠植:各位老师,我们沙龙讨论从下午开始。今天下午有三个精彩报告,第一个做报告的是李德毅院士,他是中国人工智能学会的理事长,下面我们欢迎李老师做报告。

李德毅:很高兴参加这个学术沙龙。科学发展中,所有的新观点、新学说都会有一个过程:从非主流走向主流,或者被淘汰、被替代。我最近到汪培庄先生那里去了一次,他以前搞了模糊计算机,在新加坡待了六年,在美国待了十五年,现在回国了。和汪老一起聊天也讲到,中国科学家是非常勤于思考的,但中国的学派走向国际化有困难,主要还不是语言问题,而是一些文化的隔阂和差异,但是我们很顽强,我们把自己比喻成草根,草根当然是弱势群体,但是草根有时候也不要命,但愿我们能够在科学道路上有一点中国人的坚定和忍耐。人工智能要再往前走一点,不是人工的、人造的,是自然的智能也可以。现在认知科学很兴旺,可以说,在所有的自然学科当中,跟哲学和认知接触最密切的就是我们人工智能。现在智慧城市、智慧地球的声音响遍全世界,这个对我们学科有很大意义,认知科学跟人工智能太相关了。2005 年我出版的一本书叫做《不确定性人工智能》,最开始题目定为《云模型及其应用》,后来出版商说你的云模型会被搞到气象学上去,还是要让大家看到这个书就买你这本书,改成了这个名字,这本书的英文版我把 uncertainty 从通常的 UAI 改为 AI with Uncertainty,也是要强调智能本身的不确定性。书出了 8 年之后,马上会出第 2 版,有机会送你们一人一本,这一版比上一版有改进,说得更清楚了,但基本思想没有太大变化。

人工智能走到今天,是不是到了研究不确定性人工智能的新时代?我想今天不确定性人工智能专业委员会的成立就是一个回答。我还想问问大家,如何看待模糊集合等理论半个世纪以来的"兴"和"衰"。扎德是我很敬佩的科学家,我跟扎德聊过很多次,扎德现在身体还好,但是模糊集合理论的持续发展不明朗、不乐观。还有发明粗糙集的波兰科学家 Pawlak,他已经去世了,粗糙集的持续发展也不乐观。这些新思想、新学说半个世纪以来曾经很兴盛,又将要衰下去,是为什么?兴衰是很正常的,这个兴衰实际上是不确定性人工智能发展的过程,丝毫不是说他们没有贡献,对学术的追求和质疑是很正常的现象。

这里先举个例子说说人类如何理解自然语言。请读一读这段话:"研表究明,汉字的序顺并不定一能影响阅读,比如当你看完这句话后,才发这现里的字全是都乱的!再回头仔看细看,真这是样的。"我们一下就看过去了,理解了。其实这句话里面竟然会有七个顺序错误!是什么原因没有太影响阅读呢?就是因为人有先验的知识。

认知科学研究表明,人类对先验知识的接受是优先的！但是我们人工智能学会的自然语言理解专业委员会,很少考虑这些人类认知的基本特性,一开始就对这段语句进行生硬的词切分。切分是切分不出来的,这就是说,要考虑语言理解中的不确定性,这个不确定性怎么办？如何切分？如何组织语料？这个例子里面七个错误都没有影响我们阅读理解,究竟是怎么回事？第二个例子,现在科大讯飞搞语音跟文字之间的转换,每天客服中心的语音搜索引擎要回答很多问题,你看这是一段语音记录:“您好！539 号话务员,很高兴为您服务。”“我问一下我那个包月的上网套餐现在还能恢复吗?”“先生您好,您这个套餐是您目前使用的就是一个神州行。”“免费的,那是赠送流量吗?”“免费赠送您 30MB 流量的,怎么了您说。”“我不是把那个 GPRS 关了嘛。”“您是说您的功能关闭了是吗?”“嗯,开通还要不要扣费啊。”“需要扣费,有密码吗?”“有密码,我能开通那个 GPRS 吗?”“是的,您稍后听到语音提示后输入一下您的密码,请稍等。”“噢行。”“先生您好,您的密码。”很口语的这段话,如果自动语音处理系统能够把其中的关键词找到,大概语言理解就解决了。例如说,找到“包月”、“上网套餐”、“GPRS 开通”、“密码”这几个词,就解决问题了。不同人的请求、甚至同一个人的每一次请求,语言表述都带有不确定性,都是不一样的。但是在线的客服语音机器人就能够通过碎片化的语音组织,通过语音搜索引擎完成上述对话。这两个例子都反映理解自然语言过程当中的不确定性。

人类视听觉认知的一个基本特征是先验知识优先。如果一名在校中学生读刚才那段文字,跟客服中心的服务员肯定感觉不一样,因为他们的先验知识不一样。另外,在人类的视听觉认知过程中,还常常会有全局优先、动目标优先、差异优先、前景优先等等,这些问题在确定的人工智能中都没办法解决。

我在1995年拿到第一个发明专利,叫云模型。作为云计算专家委员会主任,我当了5届云计算大会主席,每年一次,第5届规模超过一万人。经常有人问我,云模型和云计算是什么关系?我的回答是:他们都处理不确定性。对于受到大量不确定性因素影响、难以用图灵模型描述的移动互联网,人们却可以通过云计算,获得个性化的、满意的服务。因此云计算的基本问题,就是处理不确定性,而不是千人一面的数据中心,千人一面的端设备。我还认为,云计算和云模型都要解决交互和群体智能,是相通的。为什么大家都喜欢云呢?我在《不确定性人工智能》一书中有一段话;"天空中大量云滴构成的云,远观有形,近观无边,千姿百态,飘逸不定,有时如朵朵棉花,有时一泻千里,或淡或浓,或卷或舒,自在洒脱,在长空中漂浮着,聚散着,变幻着,引发人类诸多遐想,造就多少不朽诗句。"我比较喜欢云,就叫云模型,云的最大特点就是不确定性。

在我第二次做出国访问学者之前,在国内研究所当总工程师期间,在我用逻辑的观点解释关系数据库的基础上,我研究开发了模糊查询,写了"A fuzzy Prolog Database System"一书。现在回想一下,实际上做的是一个不确定性的搜索引擎。这本书一写出来,大家认为我是扎德这个圈子的,第二次到美国留学正赶上模糊学界跟统计学界进行学术争鸣,他们就叫我赶快写文章应对统计学界的质疑。我就开始想,哪些模糊学的问题统计学解决不了。因为我对数学一直有兴趣,觉得扎德讲了一辈子的概念都很简单,例如"年轻"这个概念,多少岁隶属度是多少,可是隶属度本身有没有不确定性啊?数学模型是什么?搞数学的很讨厌模糊两个字,数学精确,怎么会模糊?模糊这个词先天不足就在这儿!从2010年起,我们组织搞一年一度的"不确定性表示数学基础研讨会",从模糊集合理论半个世纪的兴和衰,看不确定人工智能的发展,想更深刻地挖掘和发展模糊集合、粗糙集合、二型模糊集合、粒计算等的新学说。犹太人扎德院士我很尊重他,他对知识的不懈追求甚至影响了我。在我心目中,更伟大的科学家应该是罗素。罗素是全球公认的逻辑学家、数学家和控制专家,诺贝尔奖获得者,但要让全世界多数人承认扎德也是逻辑学家、数学家和控制专家,好像有难度。说他是认知学家呢,扎德是第一个提出软计算、词计算的人,有很伟大的贡献,但是认知科学界也很少说他是认知科学家。我们再回过头来看他的论文,就是1965年的那篇论文“Fuzzy Sets”里到底有多少东西,要承认他是数学家、控制学家、逻辑学家等,我觉得有点难。还有Pawlak博士,他是波兰科学院院士,扎德是美国科学院院士,两人的影响都很大。我们人工智能学会里有个粗糙集专业委员会,很活跃,讲粗糙集为什么死不掉、粗糙集怎么好,但是一直都是在小圈子里,很顽强,非主流。这一代人之后,如果没有可持续发展,就有点悲催了。我曾经问过粗糙集委员会主任王国胤教授一个问题:用大小面积不一样的粗糙格做背景,看中国的版图,面积是不是精确的?当格子趋向无限小的时候是不是可以精确计算的?如果可以精确计算,我认为粗糙集就死掉了,大家可以讨论。现在形成这么多学科,还有商空间,还有灰色理论,还有就是现在的粒计算,怎么理解这些学说?

张勤:灰色理论具体是什么意思?

李德毅:灰色理论是邓聚龙教授提出的,我看过他的不少论文,邓教授有一句话,说灰色理论是把黑盒子变成白盒子的过程,这句话我不太满意。我认为就是要在灰色情况下研究解决问题才对,而不是把黑盒子变成白盒子。对云模型不少人还生疏,有人把它简单地理解成高斯模型。我觉得中国科学家需要在更多的小同行范围内进行交流、质疑、碰撞,在国际上发声,当然,这些绝对不应该是人身攻击,一定是心平气和的,探索真理性质的。

我做的事情,也和将贝叶斯概率方法引入人工智能有关,图灵奖获得者 Pearl 用模型来推理,Inference 和 Reasoning,中文不太好翻译出区别来,还有因果关系图,也不是物理学意义的因果,今天上午讨论了这个词。

张勤:我也没搞清楚他这个 Reasoning 和 Inference 到底什么关系?

李德毅:有点不同。逻辑推理的因果在物理意义上未必清楚,主要是现象或者事件的关联,或者互为因果。因果关系太强对科学而言是好事情,但对于解决故障问题而言,要画一个因果图表示。因果出不来,即前提出不来,那个故障图便出不来。

回到 1993 年的那场争论,当时有两篇文章,甲方一位副教授写的题目是《模糊逻辑的似是而非的成功》,乙方扎德反驳的题目是《为什么模糊逻辑的成功不是似是而非的》,很有意思,一个是 negative,一个是 positive,可仔细体会。我们可以对模糊集合做个冷思考,如何确定隶属度?隶属度自身的不确定性?模糊集合用经典逻辑运算的必要性?模糊推理的不可替代性?蒙代尔也是犹太人,他做二型模糊集,让隶属度再一次模糊。

张勤:我们领域里也有,概率参数本身有不确定性,成为二阶不确定性。

李德毅:我对上面的几个问号都有些质疑,第三点尤其重要。模糊集合把一般的集合广义化了,还要不要做经典的"与"、"或"和"非"的有严格定义的操作运算,这个"与"、"或"、"非"是要重新定义的,为了这个,没完没了地严格计算最大最小,很麻烦,有意义吗?人们实际上生活中说话,有时"与"和"或"甚至是相同的含义,靠你去理解,不是像我们数理逻辑那样定义的。此外还有模糊推理的不可替代性问题。

张勤:不管模糊逻辑也好还是今天中午说的 Evidence Reasoning 也好,都有一个共同点:"与"、"或"运算都是采用的最小最大算符。我个人从学概率的时候就特别质疑这件事情,事件"与"、"或"的计算,麻烦在于这两个事件相关还是独立。如果相关,关联度是多少?这是最麻烦的。如果用简单最大最小算符,不管关联度多少,实际上是一个把问题取消的办法,而不是解决问题的办法。

李德毅:我就是对计算最大最小有质疑,道理很简单,人不是这样思维的,所以打问号。比如说隶属度,你说0.92356,他说0.92357,就大了小数点后面很远的一位,你就比我要厉害吗?其实不是那样的。这个太多的精确的计算是错了。我自己的云模型中,对用得比较多的三角形或者梯形的隶属函数,统统用高斯型或者钟型来近似,因为它在任何点的高阶导数都是存在的,这才是模糊的本质,模糊再模糊、再模糊。把高斯云形态叫做标准型。蒙代尔提出的二型模糊集合模型中,存在一个模糊区,区内隶属度是1,区外隶属度是0,也太武断了。

云模型算法生成了这张漂亮的云图。你给我一个"年轻人"的概念,我生成一个年龄值给你,这个量化的数值就是一个云滴,这是数学可表述的东西,可用概率论来解释的,成千上万的云滴构成"年轻"的整体特征——隶属云。我的贡献之一,就是从概率或统计的角度,解释并产生隶属度,取消了隶属度的人为确定环节,能自动计算出来,更重要的是,它总是带有不确定性。

中国农历里有24个节气,春夏秋冬更替,立春后面有雨水,芒种后面有夏至,这个定性描述很了不起,我用云模型对24个节气作解释,看每天或者每个时间段,对春夏秋冬的贡献,定性和定量之间的表述转换很到位、也很自然。但翻译成英文很费劲,节气西方人不太知道。和蒙代尔给出的二型模糊集合"裤衩模型"比较一下,很有意思。

这是他通过电子邮件给我的最新论文里的一张图,每一个用语言值表示数量的词,他将上下界的范围都标出来了,想说明隶属函数不能是确定的,左右两端是晃动的。其实,在晃动区里面实际上也不是均匀的,用我们的云模型描述可以更到位。所以说,模糊集合、粗糙集合、云模型的比较研究,不是简单地比对错,比好坏,要通过比较研究,推动基于自然语言的不确定性认知的机理研究。要有平和的心态,尊重别人,实事求是。这一点尤其重要。

在用概率和统计的方法解释模糊时,我特别关心两个重要分布:正态分布和幂律分布。正态分布在大学里学到了,幂律分布是在网络挖掘过程当中逐步理解的,尤其云计算经常用到。正态分布通过平均值和方差描述。幂律分布的情况不一样了,是个头重、尾巴长的现象,在网络上很多东西都是头重、尾巴长,头重叫领头羊。领头羊不只是一个,可能有几个,但不会太多。

张勤:我们有个类似的曲线:对数正态分布曲线,从图上看是指数递减的。

李德毅:对,如果两个坐标都取对数,就是一条直线。

张勤:正态分布只取它的 1/2 再取对数,前面很陡,到后面就平了,拉很长尾巴。

李德毅:幂律分布是单边的,正态分布是对称的,所以把正态砍去 1/2。云模型中有三个数字特征值:期望、熵、超熵。

云模型中,云是由许许多多的云滴组成的,每一个云滴就是定性概念映射到论域空间的一个定量的点,即实现了一次量化。这是一个离散的映射过程,许多云滴在论域空间的分布形成一朵云。刚才"年轻人"的概念,通过给定的期望、熵、超熵,生成那么多的云滴,放在一起就是那幅图,图中云滴的位置点每次都不一样,不是固定的点。云图是怎么产生的呢？其实很简单。首先用熵做中心值，用超熵做标准差，生成一个正态随机数。这个正态随机数就成为下一个正态分布的一个熵，也就是二阶正态产生云滴，得到刚才那张图。所以绝不是有的人想象的“不就是高斯分布呗！”当然，超熵还可以有超超熵。如果变成三阶、四阶，就向幂律方向过渡去了，这件事情很有意义，是我在研究复杂网络的时候提出来的。我在清华大学校庆100周年时做过一个学术报告《游走在幂律分布和正态分布之间的云模型》。

高斯云有很多可贵的数学性质，我们作了系统的梳理。随机变量X的概率密度的分布，是条件概率的相乘。于是，其方差是熵的平方加超熵平方，形成了新的二阶中心矩，因为对称，三阶中心矩为0，还有四阶中心矩的特定表达式等，说明它已经离高斯分布很远了，具备一定突起的峰值，比高斯尖锐。

我们还做了一个事情——云变换。高斯云代表的是一个概念，把一个实际的概率分布，用不同高斯云去叠加，来近似它，形成不同概念，就叫做云变换。既然任何一种概率密度分布函数都可以用若干高斯分布之和去近似，那么，任何一种实际的概率分布图就可以用若干高斯云代表的离散概念叠加去近似，把高斯混合变换发展成高斯云变换。

这儿有个例子。776名中国工程院院士年龄分布就是这张图，如果按年龄分类，可以分成5个概念，也可以分成3个或者两个概念。按常识分类，可分为非常年轻的、年轻的、中年的、老年的、长寿的五类。那么他们的期望、熵、超熵就定了。能不能根据自身分布情况确定它到底是几类呢？这是个聚类问题。我们按照“类内关系要强，类间关系要弱”的聚类原则，进行高斯云变换，结果发现目前工程院院士年龄分布以两个云模型表示的概念为最好。因为高斯云变换不是唯一的,所以如果把它聚成5个或者3个概念都行,然而,聚成两个概念是最好的,是最接近实际的分布。我们以相邻的概念含混度最小为原则为判据。几种聚类结果可以构成一棵层次结构的概念树。再好比这张激光熔覆图,对这张图进行聚类,可以把其中的过渡区作为一类提取出来,分为3类,过渡区很清楚。还有用云变换对图形进行理解,这个图的背景里有很多棵树,通常的方法是由细而粗先找到每棵树,由下而上才能找出树林。我们可以直接通过大尺度提取,一下子就把树林作为整体挖掘出来。另外一张图,图中的两个人不是一个一个被找出,而是把两个人作为群体直接找出来,把人群从背景中提取出来。下面这张图是在沙漠背景里有一条蛇,一般方法很难把蛇找出来,两者区别不明显。而云变换方法仍然可以把这个蛇捉出来,说明云变换做聚类很有用。

关于云推理,经常的情况是因果映射中的非线性难以处理。对一个 M 维输入 N 维输出的复杂系统,人类在长期的实践中行之有效地总结出利用概念表述的经验知识,反映各种各样的概念和概念之间的关系,用规则一条条表示出来,形成规则库。尽管概念和规则对应的样本数据远远没有填满在状态空间中那么多的数据项,体现出稀疏性,如果规则库足够体现复杂系统的本质,这些规则反映的应该是复杂系统变量关系呈现非线性的一个个重要拐点,至于在稀疏数据之外的那些缺省的大量数据空间,实质上可以看成是由最相邻规则线性拟合“插值”生成的虚拟概念或者虚拟规则,这就是云控制、云推理方法,线性控制成为缺省,强调了非线性。用云模型控制倒立摆展现各种动平衡的姿态,是一个成功的案例。这是我发表在1999年IFAC大会上的论文,当时还把倒立摆拿到大会现场,做了控制演示,大家很关注。我给大家讲讲倒立摆,通常人们能够把摆控制竖起来就行了,其实摆杆可以有各种摆动的形态。三级倒立摆的动平衡花样比二级倒立摆更多,我们这项工作至今还没有人能超过。如果通过带有数字特征的定性规则描述能够把因果映射中的拐点找着了,找齐了,其他位置的控制就好办了。我那时候用的伺服系统尽管很差,但还能够在摆杆上放置塑料花,或者放一个带啤酒的瓶子,或者夹一个夹子让摆杆偏心,鲁棒性都很好。在我发表的另外一篇重要论文中,我用云模型解释了常规的模糊控制机理,即 Mamdani 的"砍脑袋——拼起来——求质心"方法,即把两个同时被触发的相邻规则的结果拼起来,把脑袋砍掉,求出质心,变成为输出,并和云模型方法做了对等性证明。可惜这篇论文一直没有引起太多关注。

还有一个例子,用云模型刻画大众掌声的涌现行为及其不确定性。音乐厅里自发的鼓掌,在很少的时候,会形成掌声的同步。每个人都鼓掌,鼓掌周期、强度都不一样,有他们的固有频率,可以是高斯云分布。我利用云模型和数据场方法,来说明其初始条件以及他们之间怎么相互影响。这个群体的掌声是我们用计算机模拟出来的,第一个实验是一般性的掌声,相互之间的影响还不够强大。第二个也是一般性的掌声,由于相互感染的气氛还不够热烈,在一定程度下有点儿从局部到全局的掌声同步的味道,但起不来。而第三个才是从一般性的掌声到全局涌现出的同步现象,很有意思。

最近还做了一件事情,用云模型表现驾驶员的驾驶行为的不确定性。驾驶员中,有的是菜鸟,有的是飙车手,驾驶行为人人不同。例如,有的换道很慢,有的换道很着急,怎么去描绘他们的不确定性,依然拿云模型来做。我们的智能驾驶在新闻里报道蛮多的,策略是解决自主驾驶、网络导航和人工干预三件事。我们用个 ipad 就能把车开跑,五个触摸键驾驶。在驾驶过程中随机的情况靠自主驾驶解决。自主驾驶说简单一点,就是"你快我快,你慢我慢,你停我停,你退我退",对周边路口和障碍物有应对。依靠云计算中的位置服务实现导航,人工干预的优先级别最高,自主驾驶次之,网络导航优先级别最低。用我们发明的驾驶脑认知,即路权雷达图来融合周边的路况信息,靠车近的格子小,靠车远的格子大,路权雷达图的半径为200m,最小格径向5cm,最大径向335cm,变粒度计算,用一个二维数组表达路权态势。位置、速度、加速度情况分别都有对应路权雷达图,就可以做控制了。目前从北京到天津的城际道路已经做完,我们跑了18次约2万km,最高车速达到110km/h,全程无一次人工干预。结果很令人鼓舞。这个视频是我们在京津高速上进行无人驾驶实验的实际情况。

对于人工开车来说,对应路权雷达图展示的驾驶轨迹,每次记录下来,积累起来,就是人工开车的各类模式,可以用云模型来做驾驶行为的归纳。例如从家里开车到单位,人天天开,在这个过程当中,有换道,有自主跟驰,还有泊车等,通过云模型归纳出换道模式、自主跟驰模式、泊车模式等,分别用期望、熵和超熵去表示它们,这样就可以实现智能车的自学习了。下一次轮式机器人自动开车了,就用云模型发生器生成一次特定的换道路径、自主跟驰路径、泊车路径就可以了。这样的带有不确定性的机器人自学习,很有意义。具体讲讲换道模式,大家看这个车子,本车道前方的车在减速,而左侧车道前方的车在加速,后方的车在减速,于是可换到左道来,进行换道计算,换道空间这么大,是个梯形,但实际换道用到的是三角形,不断在变化,所以用云模型表现这些东西,就可以模拟出不同驾驶员的换道模式,既有不确定性,又有个性化特征。

樊兴华:这个无人驾驶在有人过马路时很麻烦吧?

李德毅:对呀,这一份实验报道中写道,从北京到天津检测到周边移动障碍物17497次,但没有人过马路的情况。现在我们准备做市区驾驶试验。市区驾驶有很大的难度,除了行人,还经常有很多车子把车道线盖住了,车道线不成行,还有遇到堵车的麻烦,高架桥下GPS

导航丢点问题。我们课题组刚刚召开了年度工作会议,确定了今年的市区智能驾驶的目标。目前我们对GPS导航抱有希望,尤其是RTK-GPS/BD导航。此外,还要靠雷达、摄像头、精细地图和惯导。

用云模型的期望、熵和超熵这三个数字特征表达一个定性概念,期望是概念外延的所有样例(云滴群)在论域空间分布的中心,反映概念的基本确定性;熵是定性概念的粒度度量,既可以反映云滴的离散程度,即随机性,又可以反映可被概念接受的云滴的大致范围,即模糊性,反映了模糊性对随机性的依赖性;超熵是熵的熵,是这个概念达成共识程度的度量。如果超熵很大,云就变成雾了,即难有共识。当然还可以用更高阶的熵去刻画概念的不确定性,数学上是可以无限深追的。

这是我的《不确定性人工智能》(第2版)的清样,大家可以看一下,但愿这本书能便于大家更好地理解,谢谢大家。

史忠植:李老师给我们做了很精彩的报告,下面大家讨论一下。

樊兴华:你那个鼓掌的模型很好。想问一下这个模型对数据的依赖性。假设我前面采集到的数据都是一些40岁到50岁的所谓成功人士,由于阅历、心态的差异拍掌会不一样,我下一次采集一些15岁到25岁年轻人。由于年龄阶段不一样、样本不一样,导致做出来图不一样,在这种情况下预测能力有多强?

李德毅:观众中不同群体的差别,如老人和小孩,可以反映在初始掌声的设定参数中,还可以通过数据场参数反映相互作用的不同,这件事不难。我们目前的软件交互界面可以绘出会场任一区域的群体掌声。美国有学者研究交通流中车队群体行为特征,区分是青年人还是老年人开车,跟这个问题的本质是一样的。女人开车怎么样,青年开车怎么样,老人开车怎么样。云模型可以通过期望、熵和超熵反映开车人的行为特性。

戴琼海:在已知多少信息量情况下我们能用云模型刻画?

李德毅:多少样本可以形成概念,没有确定解,看需求。对特定问题,云滴足够多就行了,判断的标准是:如果再多,对三个数字特征的贡献就很小了。误差允许量决定样本数量,误差越小,要求样本数越多。另外,我今天讲得比较快,只讲一个因素影响“年青”这个定性概念。影响年龄可能有两个因素,一个是生理年龄,一个是心理年龄,这就需要两个变量,构成二维的期望、熵和超熵。云模型可以是多元的、多变量的,需要看概念到底涉及到多少变量。

戴琼海:高阶的阶数究竟用多少合适?

李德毅:希望用二阶、三阶就行了,为什么不讲四阶、五阶呢?因为人的认知本质是定性的,不是靠数学来推理的,是靠自然语言理解的,自然语言值是人类认知的基本载体,不是数学,但不排斥高阶。

王双成:云模型用到自动驾驶中的主要用途?

李德毅:例如,用在我刚才讲的换道模型上,用在驾驶行为的自学习上。

王双成:是为了做这些测试吗?

李德毅:不是,是模拟驾驶行为的不确定性。

王双成:您这个模型可不可以放到飞行器来进行实验?

李德毅:我认为无人车、无人机、无人船差不多,仅仅是动力系统、伺服系统不一样,认知和控制是一样的。如果用到无人机上,路权雷达图要变换成为路权雷达球。

谢旻:我被这个云弄模糊了,云计算、云模型是不是模糊概念?

李德毅:不对,是用概率和统计解释模糊。这个不是扎德的模糊,可以说我们已经偏离扎德越走越远,但我非常尊重扎德的贡献,他在特殊的历史时期认识到定性概念是需要研究的,所以千万别把云模型说成是模糊数学。

谢昊:我对您刚刚说的灰色理论还不是很清楚。

李德毅:灰色理论讲的是在不完全信息情况下怎么做出决策。当前,对一个现象或者一个问题的表征和表达方面,有的是海量数据。例如一个病的病灶是什么?可用大数据表达,一个现象用大数据来表达,但是想解释这个病灶,仍然解释不清楚,怎么办?靠经验来做。地震数据就是采集大数据,地震的原因不知道,但应对地震是有办法的,根据这些办法来决定下一次地震怎么对付。例如通过大量地震救灾数据分析,发现72小时对救生而言是个关键时刻点,这就是大数据价值的所在。

张勤:是不是可以这么理解:大数据里头找出一些特征量,实际上是相似度分析。如果这个相似度跟某一种事故的相似度很高,能够计算出来,用概率来表达,我就预测那种事情可能发生,采取相应对策。

李德毅:不完全是。就像疑难病,病因并没有解决,但是患病人基本都治愈了,靠大样本,甚至全样本,靠数据积累,做关联和类比。

张勤:这就是找相似性对吗?

李德毅:它比相似性复杂,有聚类、推理在里面,推理不是严密的、完整的,但是是有效的。

张勤:找关联度,谁关联度更高你就往他那边多靠一点,给概率数据,根据属于哪一个概念的隶属度大,你就往哪一边推理?

李德毅:支持大数据挖掘,最强大就是生命科学中的数据,怎么对同样病症的人不同诊治。两个人既然是同一个病为什么用药不一样?当然大数据里面有很多垃圾数据,要把垃圾数据赶走,不是所有大数据都含金子。

孙茂松:您刚才讲了好几个应用,一个不太明白的就是鼓掌那个,是联合概率分布云模型吗?

李德毅:鼓掌不是联合概率分布模型,而是用云模型表示鼓掌的初始条件,用数据场反映相互影响,我把云模型和数据场一起叫做认知物理学。认知物理学中有两个最基本的东西,一个是模型,另一个叫场,这和物理学一样。我鼓掌怎么影响你的,基本随距离变大而衰减,用数据场的办法形成相互影响,构成一个反馈,你鼓掌影响到我,就加一个反馈因子进去,所以掌声就起来了。我还做了个实验,在一个会场上安排若干托儿,托儿的不同分布使掌声到达同步的时间变短。

孙茂松:所以说影响也是用云模型刻画的,是吗?

李德毅:影响是用数据场刻画的,初始条件是云模型刻画的。

耿直:想理解一下云分布,高斯云实际上是混合正态分布。我们做图模型的人通常有一种条件高斯分布,有一个变量指向一个随机变量 X,这个变量本身也是一个方差,它也有一个分布,指向正态分布,这个也是一种图模型表示方法,就是说参数也是有一个分布。您书的45页图我想理解一下,假设正态分布对称过来,您那个45页图,他就像鱼翅,两头尖中间粗,两根鱼翅搭起来中间那么细,不太理解,应该中间很粗,为什么会细?

李德毅:这是计算机算出的结果,我们花很多时间研究了高阶云整体的特征,对应期望的这个地方实际上没有厚度,这是显示的分辨率造成的问题。

耿直:这个就相当于取绝对值对吗?

李德毅:对,这个就是中心值,3σ 就将99%的点盖住了。

耿直:从上面去看好像正态分布混合,如果那个横轴表述一个年龄概念,为什么中间20的方差极端小。

李德毅:这是个泛正态分布,不是正态分布。横轴表达的是年龄,中间是期望值,假如年轻人,大家认为18岁是年轻人的最典型值。期望是最能代表定性概念的值。如果方差小,离散度小,则就很细。

耿直:纵轴是什么?

李德毅:纵轴是隶属度。

耿直:这是混合正态分布?

李德毅:是的,这是一个混合分布,是二阶正态分布。

耿直:如果更一般化,方差可以任何一个,如 X^2 分布之类,会怎样?

李德毅:可以,云模型还有很多,均匀正态,正态均匀等,多了去了。

耿直:我理解李老师可以用贝叶斯网络去做更高维的,每一个分布有多个参数,每个参数又是随机变量。

李德毅:是的。

内 容 简 介

本书讨论了人类知识和智能中，不确定性存在的客观性、普遍性和积极意义，并围绕不确定性人工智能的特征、表示、模型、推理机制、不确定性思维活动中的确定性等进行了研究，利用认知的物理学方法，从定性定量双向认知转换的云模型，到云变换、数据场，到数据挖掘、智能控制和群体智能逐层展开，寻找不确定性知识和智能处理中的规律性，最后反思了模糊集合的贡献与局限，并对不确定性人工智能研究的发展方向进行了展望。

本书的读者，可以是从事认知科学、脑科学、人工智能、计算机科学和控制论研究的学者，尤其是从事自然语言理解与处理、智能检索、知识工程、数据挖掘、智能控制的研究和开发人员；同时，本书也可作为大专院校相关专业的研究生教学用书或参考用书。

The book is concerned with uncertainty in Artificial Intelligence. Uncertainty in human intelligence and human knowledge is universal, objective and beautiful but also difficult to be simulated. The model and reasoning mechanism for Artificial Intelligence with uncertainty are discussed in this book by cloud model, cloud transformation, data field, data mining, intelligent control and collective intelligence.

As the author's research contributions, this book has distinct characteristics. It is valuable for scientists and engineers engaged in cognitive science, AI theory and knowledge engineering, and also can be used as a reference book for graduate students in universities.